Effective DevOps

4本柱による持続可能な組織文化の育て方

Jennifer Davis、Ryn Daniels　著
吉羽 龍太郎　監訳
長尾 高弘　訳

Effective DevOps

Building a Culture of Collaboration, Affinity, and Tooling at Scale

Jennifer Davis and Ryn Daniels

Beijing • Boston • Farnham • Sebastopol • Tokyo

本書への推薦の言葉

devopsとは何か、devops文化をどう育てればよいかを理解したいすべての人が読むべき素晴らしい本だ。

ジェームス・ターンブル
Kickstarter CTO

devopsは後回しにして知らなくてもよい「技術運動」のひとつではない。コンセプトをキャッシュに変えるまでの組織のあらゆる部分に関わる問題だ。新しい機能の開発コストが上がっていくのを目の当たりにしたり、予想外のダウンタイムを何とか乗り切ったりしたことのある人なら、devops運動の価値観を理解できるはずだ。
本書は、私が知る限りではこのテーマをいちばん包括的に取り上げた本だ。技術部門を始めとする企業のさまざまな部門に所属する人なら誰でもわかり、当てはまることが書かれている。私が特に気に入ったのは、devopsにまつわるありきたりな神話やミーム[†1]の誤りを暴いていったところだ。devopsはコストがかかりすぎるとか、devopsはスタートアップ以外では通用しないとか、devopsは社員のポジションのひとつだといったものである。このような誤りを徹底的に正したことは、devopsの精神を維持し陳腐化を防ぐ上で有益だ。本書は、ソフトウェアのコンセプトを考え、開発してデプロイするあらゆる企業のための推奨図書である。

ニビア・ヘンリー
Summa シニアアジャイルコーチ

†1　監訳注：習慣や物語など人から人に伝わるさまざまな情報のこと。

高い業績を上げている企業は、技術を戦略的な能力と見ている。しかし、その一方で、いちばん難しい側面は技術ではないことも理解している。大切なのは文化だ。企業は、コラボレーション、実験、学習、知識の共有をいかにうまく進めているかによって、許容レベルだけでなく達成レベルも大きく左右される。ジェニファーとリンは、本書を通じて、企業が継続的な成長や改革を目指して自分なりの道を切り開いていく作業システムを作る上で必要な条件を明らかにした。本書を読み、じっくり考えて、実行に移そう。

バリー・オライリー
ExecCamp創設者兼CEO、『リーンエンタープライズ』著者

devops運動の歴史と伝統に細かく注意を払いつつ、今日の実践者たちに詳しいアドバイスと共感を贈っている。

ブリッジト・クロムハウト
Pivotal主席テクノロジスト

本書は、技術の世界で、アジャイルソフトウェア開発宣言の発表以来最大の転換と呼ぶべきものを構成する小さな部品を丹念に集めた素晴らしい本だ。まるでかけ離れた世界のように感じられる多様なソースからストーリーとリソースを集め、それらすべてをわかりやすく並べ、ツールだけではなく、技術チームが成功するためにきわめて重要な文化、行動、作業の特徴的なパターンを示している。

マンディ・ウォールズ
Chef Software テクニカルコミュニティマネージャー、『Building a DevOps Culture』著者

devopsでは文化が重要なのは誰もが知っている。だが、この重要なテーマを書籍としてしっかりと取り上げたものは今までなかった。本書は、能力の高い技術チーム、テクノロジー企業を作りたいと思うすべての経営者や管理職が学ぶべき人間的要素を広く深く探求している。

ジェズ・ハンブル
『継続的デリバリー』、『リーンエンタープライズ』共著者

ジョン・アレスポウによる序文

ソフトウェア開発と運用の世界では、単に用語集に新しい単語をひとつ追加するだけでは済まないとても大きな変化が起きている。その変化はソフトウェアの設計、構築、運用に対する見方を根本的に変えるものだ。ソフトウェアは、単に構築してリリースするだけでなく、運用しなければいけないものだということである。成功を収めているほとんどの企業はそれを理解している。

この変化がユニークなのは、技術チームが日常的に直面する現実を熟考し、その現実を包み込む全体的な視野があるところだ。ソフトウェア開発と運用を工場の生産ラインにたとえる時代はとうの昔に終わった。製品の全体を計画してから設計し、そして最終的にリリースするような時代もずっと前に終わっている。「最終的に」というものがもうないのである。あるのは、学習し、適応して、変化するという無限のサイクルだ。

チームや組織に属するエンジニアたちは、仕事を「シンプル」にしようとして、逆にさまざまな複雑さを生み出した。ジェニファーとリンが本書で示したのは、その複雑さに対処するために紡ぎ出した無数のストーリーである。

ジェニファーとリンは、万能で決定的な答えを見せてくれるわけではない。優れた製品、優れたユーザーエクスペリエンス、優れたソフトウェアの中心には、人と人同士の協力、思慮深い評価、効果的なコラボレーション、優れた判断といったものが見事に絡み合った世界がある。2人が示してくれるのは、そのことを知っているチームや企業における問題領域、実践内容、観察結果がどのようなものかということだ。

友人のポール・ハーモンドと私は、2009年にO'ReillyのVelocityカンファレンスで「10+ Deploys Per Day: Dev and Ops Cooperation at Flickr」というプレゼンテーションを行った。そのなかで、継続的デプロイの考え方に少しだけ触れた。しかし、多くの人は「Cooperation」(協力)の部分ではなく「10+ Deploys」の部分ばかりに注目してしまったのだ。技術すなわち「ハードな部分」は、社会的もしくは文化的な「ソフトな部分」とは別のものであり、そういったものから切り離して見ることができるという考え方は間違っている。切り離すことはできない。両者は複雑に絡み合っており、成功のためには等しく重要である。つまり、ほとんどの人が思う以上に、人やプロセスはツールやソフトウェアに影響を与えるのだ。

読者には、何よりもまず、技術は人やプロセスとは無関係だと考えてしまう間違いをしないように強く忠告したい。そのように考えた途端、あなたは生きたままライバル企業に食われてしまう。

こういったテーマは、よくあるコンピューターサイエンスのカリキュラムでも、リーダー向けの能力開発講座でも取り上げられない。現場で苦労して勝ち取った仕事だけが見せることのできる成熟した実践の産物である。

ジェニファーとリンは、本書のなかで詳細な道標をいくつも示している。親愛なる読者に切に希望したいのは、これらの道標を活かし、あなた自身のコンテキストと環境のなかで深く考えることだ。

ニューヨーク、ブルックリンにて
Etsy CTO
ジョン・アレスポウ

ニコール・フォースグレンによる序文

2003年に、ニコラス・カーは世界に向けてITは重要ではないと宣言した。彼がそう言ったのはハーバード・ビジネス・レビューの誌上だったため、企業やその重役たちは彼を信じた。時代は変わり、ITも変わった。2009年以来、イノベーティブなチームと企業は、ITが本物の価値と競争優位をもたらす上で重要な役割を果たすことを示した。この技術革命をDevOpsと呼ぶ。本書は、ITで価値を提供するイノベーティブな企業の仲間入りをするための方法を示している。

ジェニファーとリンは、イノベーティブな企業での経験とコミュニティで一目おかれる専門家としての経歴を踏まえて、DevOps（あるいは2人の呼び方に合わせてdevops）を効果的に実践するのに必要なものにスポットライトを当てている。2人は複数の業種にまたがるさまざまな企業の知識を組み合わせており、あらゆる読者に当てはまり、役に立つユニークな知見をもたらした。devopsジャーニーのなかのどこにいても、組織がどれだけ大きくても、あるいは小さくても、読者が学べるものを抽出したのである。

本書に含まれているストーリーやアドバイスは、私がこの10年間に自分の仕事のなかで見てきたものと一致している。私はこの分野の研究者であり、State of DevOps Reportsの主任調査員でもある。そのような立場もあり、私は、何よりも情報の流れと信頼を重視する強固な組織文化こそがDevOps改革で大切な構成要素であり、従来のITからDevOps運動を分ける要因だということを知っている。私が2万人のDevOpsプロフェッショナルから集めたデータを見ても、このような文化がITと組織全体のパフォーマンスを押し上げ、最高のIT企業がライバルの2倍の生産性、利益、マーケットシェアを達成する原動力になっていることがわかる。ジェニファーとリンは、本書でまず文化、コミュニケーション、信頼を取り上げ、あらゆる改革におけるこれらの要素の重要性を説くためにかなりの時間を割いている。これは正しい。私たちはエンジニアとしてツールやプロセスのようなところから話を始めたくなる。だが、データを見ると、先ほど触れたITと組織のパフォーマンスだけでなく、ツール整備と技術的な成功という面においても、文化がきわめて重要なのがわかる。DevOps改革に乗り出したばかりで何を実現し、何に注意すべきかを知りたい場合でも、すでに開始しているDevOpsの実践を次のレベルに引き上げ、最適化やトラブルシューティングの方法を探している場合でも、コラボレーションとアフィニティを議論している第Ⅱ部と第Ⅲ部は必読である。

イノベーティブな企業に対してコンサルタントとして仕事をした経験から言うと、DevOpsを実現し、技術改革の道筋の計画を立てるときにいちばん難しいのが、チームや組織に答えはひとつではないことを理解してもらうことだ。答えはいつも、そのチームや組織にとって何が正しいかによって左右されるのである。リンとジェニファーはDevOpsのためのプラグアンドプレイの単一のソリューションなど存在しないことを理解している。そして、本書のなかでこのような曖昧さを受け止め、人それぞれのDevOpsソリューション、DevOpsジャーニーを成功させるために必要なツールや構成要素を示していることには好感が持てる。第Ⅱ部と第Ⅲ部に加え、DevOps改革に欠かせないツールについて説明している第Ⅳ部も、ぜひ読んでほしい。特に、ここで技術のことだけでなく、改革を進める文化の重要な要素にも触れているところが素晴らしい。

私が本書で特に気に入っているのは、条件の異なる多くの人たちのためになることがふんだんに盛り込まれている点だ。スケーラビリティを取り上げている第Ⅴ部は、特に一般社員やチームリーダーにとって重要な部分だ。私は個人的にもクライアントのためにも参考文献として活用している。用語集の4章とエコシステムの概要を説明する11章は、分野が違うと語彙が異なることの多いエンジニアにとっても、経営者にとっても最新のリファレンスとして役に立つ。また、本書全体は、学校でこのようなトレーニングを受けていない大学生たちを対象としたこの分野の待望の入門書として役立つ。私が大学で教えていたときにこの本があればよかったのだが。

私たちはとてもおもしろい時代に生きて、仕事をしている。技術がビジネスの中核に組み込まれたため、あらゆる企業がソフトウェア企業になっている。今や、技術は、従来不可能だったスピードを持つ新しい方法で、顧客に機能を送り届ける機会を提供している。そのような状況で、企業は時代についていくために四苦八苦している。従来のウォーターフォール型のITでは、組織は十分なスピードで価値を届けることはできない。そのことはデータにも現れているし、それぞれのDevOpsジャーニーのためのソリューションを作っていった私の顧客や企業でも明らかだった。ジェニファーとリンは、古い形の技術改革の課題も知った上で、DevOpsによって可能になった素晴らしい結果を見てきた。DevOpsジャーニーの全体の道筋を教えてくれる本書を書くことを通じて、それらの課題に答えている。ぜひ本書を読んで、あなた自身の冒険を選択してほしい。学習と成長を繰り返して、さらにまたあなた自身の冒険を選択し直してほしい。

ワシントン州シアトルにて
Chef Software 取締役
ニコール・フォースグレン博士

監訳者まえがき

本書は、Jennifer Davis、Ryn Daniels著『Effective Devops: Building a Culture of Collaboration, Affinity, and Tooling at Scale』（ISBN：978-1491926307）の全訳である。

「10+ Deploys Per Day: Dev and Ops Cooperation at Flickr」がこの業界に与えた影響は非常に大きい。DevOps（筆者たちはdevopsという表記を意図的に使っている）という単語は、見ない日がないくらい多くの場所で使われるようになった。その一方で、アジャイルソフトウェア開発宣言のような明確な定義をDevOpsが持たなかったことから、人によってDevOpsに対する定義が異なっているのが実情だ。DevOpsはプロビジョニングやデプロイの自動化を進めることだと考え、ツールを導入すればすぐにDevOpsを実現できると考える人も少なからず存在する。

一方で、トム・デマルコ、ティモシー・リスターによる名著『ピープルウェア』[†1]には、次のような一節がある。

> 実際のところ、ソフトウェア開発上の問題の多くは、技術的というより社会学的なものである。

つまり、人間関係の要素を無視して仕事を進めてはいけないし、多くの問題は技術的なところではなく、人間関係や組織を起点にして起こることを理解しておく必要があるのだ。

本書でも、DevOpsとは文化的・人間的側面に注目するものであるとしている。本書の目次を見ると、技術的な話題が少ないことに気づくだろうが、文化的な土台を抜きにして、流行の技術の話をしても、多くの組織の問題は解決しない。

組織や人に目を向けると、同じものは2つとして存在しない。したがって「これをやれば必ずうまくいく」という万能のソリューションも残念ながら存在しない。そこで本書は、さまざまな環境での実例を紹介して、読者にいろいろな観点から考えさせるアプローチを取っている。それぞれのストーリーに共通する考え方や原則がある一方で、それを「どうやったのか」は大きく異なっているのもわかるはずだ。

自分の環境であればどのように進めるのかを考えた上で、行動に移すとよいだろう。そして、何を考えてどう行動したのか、結果としてどうなったのかを、ぜひ組織内外で共有し、あとに続く人

†1 『ピープルウエア 第2版 − ヤル気こそプロジェクト成功の鍵』日経BP社

たちのためにストーリーを示して貰えればと思う。

謝辞

刊行に際しては、多くの方に多大なるご協力をいただいた。翻訳を担当された長尾高弘さんに感謝している。株式会社アトラクタの同僚である原田騎郎さん、永瀬美穂さんには全体の進行を含めて多くのアドバイスをいただいた。

大谷和紀さん、及部敬雄さん、梶原成親さん、木村卓央さん、高橋裕之さん、高橋陽太郎さん、竹林崇さん、中村知成さん、中村洋さん、林栄一さん、松永広明さん、森實繁樹さん、山田悦朗さんには翻訳レビューにご協力いただいた。みなさんのおかげで読みやすいものになったと思う。

オライリー・ジャパンの高恵子さんには企画段階から発売まで数多くのアドバイスや励ましをいただいた。

2018年3月
吉羽龍太郎

はじめに

次のようなシナリオを想像してほしい。小さなウェブ企業が問題にぶつかり始めている。ウェブサイトにひずみが出てきており、未だかつてない成長のためにしょっちゅうエラーを起こしている。新しい機能を実装してデプロイしようとしているのに、サービスの保守に時間を食われる。そのため、社員はだんだん不満を溜めてきている。グローバルに分散しているチームのあいだでは、言語やタイムゾーンの違いが対立の原因になっている。サイトがサービス障害を起こしたときの緊張したやり取りから非難だらけな（非難の応酬がある）文化が広がり始めており、他のチームを信頼せずチーム間の透明性が失われてきている。

この企業は、このような問題を解決するにはdevopsというものがよさそうだと考える。経営陣は、新しいdevopsチームをつくり、そこに新たに社員を採用する。devopsチームはオンコール（勤務時間外の電話呼び出し）に対応しなければいけない。従来の運用チームは、自分たちでは問題に対処できないときに、devopsチームのメンバーにエスカレーションするのである。devopsチームのメンバーは、運用チームのメンバーよりも経験が長く、彼らのほうが本番システムで起きた問題をうまく処理できる力を持っている。しかし、運用チームのメンバーは、新しいスキルを学ぶ時間と機会がないために、同じ問題を繰り返しエスカレーションしてくる。

devopsチームは、開発と運用の橋渡し役を務めるのに疲弊してくる。どのチームも、他のチームの計画立案プロセス、メール、チャットメッセージはもちろん、バグトラッカーのことも知らない。経営陣の「ソリューション」は、非難文化を取り除くどころか、単に誤解を倍増させただけである。

そこで、経営陣は「このdevopsなるもの」は失敗であり、これ以上運用にもdevopsにも時間と労力、資金を投下しないと宣言する。彼らは、「サイトを落とし続け」、「本物の」開発作業の「邪魔をする」無能な人たちだとされてしまう。まともな職を見つけられる人は退職して、職場習慣として非難や怒号が認められていない別の企業に移る。そのため、残されたチームはもっと無能になる。

効果的なdevopsを導入するには

この話のどこがまずかったのだろうか。devopsはよさそうな感じがしたのに、devopsチームを作ったらかえって悪い結果になってしまった。状況を改善し、問題を本当に解決するにはどうすればよかったのだろうか。本書全体を通じて、devopsのマインドセットによって効果的な変化を生み出すとはどういうことなのかを示していく。

本書は、devopsを行うための「唯一無二の正しい方法」を示す処方箋ではない。全部入りのdevopsだとかdevops-as-a-serviceといったものを提供することはない。あなたのdevopsのやり方が間違っていると言うこともない。本書は、個人と個人のコラボレーション、チームや組織のレベルのアフィニティ（親近感、一体感）、企業全体でのツールの使い方といったことを改善するためのアイデアやアプローチを示す。そして、必要に応じて、組織が変化するためにこれらがどのように機能するかも説明する。すべての組織はそれぞれ異なる。そのためdevopsを実践する万能な方法など存在しない。ソフトウェアの品質を向上させ、社員の生産性と満足感を引き上げたいと思うすべての組織は、これらの共通テーマにそれぞれの形で取り組んでいくことになるのだ。

> 効率とは、ものごとを正しく行うことだ。有効とは、正しいことをすることだ。
>
> ピーター・F・ドラッカー

有効、効果的とは、正しいことをして求めていた結果を達成することと定義される。正しいことをするには、最終目標を理解し、短期間の具体的で小さな目標が最終目標にどう役立つのかを理解しなければいけない。

私たちは、使っているプロセスやツールを含めた現在の文化にもとづき、あなたの組織にとって正しいこととは何かをあなたが突き止める助けになりたいと思っている。本書全体で紹介する原則や知見は、開発や運用チームだけでなく、組織全体に応用できる。本書の執筆プロセスでさえ、同じものを応用できた。

本書を執筆する上での最終目標は、すべての企業が自分たちの作業のやり方に応用できるような共通のストーリー、ヒント、プラクティスを紹介することだった。私たちはそれぞれ自分のストーリーと経験を持っている。小さなスタートアップから巨大企業までさまざまな企業と公的機関で、開発や運用、品質保証やコンサルティングなどの仕事をした私たちの幅広い経験は、本書を執筆する上で知見の宝庫となった。

Devops、devops、DevOps: どれがよいか

devopsという用語で大文字をどのように使うか、もしくは使わないかについては何度も議論した。単純にオンライン投票をしてみたら、DevOpsの圧勝だった。これは、企業のなかでDevとOpsに重点が置かれているということでもある。DevOpsではDevとOps以外が排除されてしまうので、DevSecOpsとかDevQAOpsといった言葉を作る動きもある。

最終的にdevopsという表記を選んだのはそのためだ。Twitter上で、#devopsというハッシュタグは、**こちら対あちら**という対話のあり方を変えて、人を重視し持続可能な仕事の方法で進められる**ビジネスを実現したい**と思う人たちをつなぐのに使われていた。それを利用したのである。

プロジェクトを成功させるためには、組織全体の人たちのインプット、努力や知見、コラボレーションが必要になる。あなたの組織の固有の問題は、開発チームと運用チームの対立に限らないかもしれない。devopsは、排除ではなく開放のための運動だという私たちの考え方を反映させるために、本書全体を通じて意識的にdevopsという小文字表記を使うことにした。

対象読者

本書は、組織に対立があることを意識し、いまの環境にdevops文化を作ったり既存のdevops文化を向上させたりするのに使える具体的で実行可能な手順を探している経営者、管理職、リーダーとしての職務を持つ一般社員を対象としている。何らかの問題を緩和する実践的な方法を探している一般社員も、実行可能なヒントを見つけられるはずだ。

devopsは情報のサイロを壊し、関係を観察し、チーム間で発生する誤解を解消するための反復的な取り組みを強調するプロフェッショナルで文化的な運動だ。したがって、読者の職種はさまざまなものになる。

本書は、基本的な発想や概念の紹介を含め、devopsのスキルと理論を幅広く取り扱う。読者がdevopsという用語を耳にしたことがあり、この分野で広く使われているツールやプロセスについて基本的なことを知っている前提で話を進めていく。

読者には、devopsの厳格な定義を求めず、私たちがいちばん効果的だと感じてきたdevopsの原則に開かれた心で接するようにしてほしい。

あなたの組織にとってdevops文化を持つということが実際にどういう意味なのか。さまざまな経歴を持ち、目標や作業スタイルが異なるさまざまなチームに属する人たちが生産的に共同作業を進めていく効果的なコラボレーションをどのように促したらよいのか。社員の満足度を高め、矛盾し合う目標のバランスを取りながら、チームがそれぞれの力を最大限に出し切ってコラボレーションするにはどうすればよいか。組織の力を補うツールやワークフローをどのようにして選べばよいか。本書を読み終えれば、そういったことがしっかり理解できているはずだ。

本書の構成

私たちは章の順序と構成についてじっくりと考えた。devopsを実践するための「唯一無二の正しい方法」はないのと同じように、「devopsのやり方」にも唯一無二の順序はない。本書の読者はdevopsジャーニーのなかでそれぞれ異なる段階にいるはずだ。そして一つひとつのdevopsジャーニーは、それぞれのストーリーで語られ、異なる道筋を通り、異なる問題や対立を解決するものになる。

本書は、複数の部に分かれている。第Ⅰ部では、全体像を示してから、devopsの発想や定義、原則を細かく見ていく。第Ⅱ部から第Ⅴ部では、効果的なdevopsの4本柱を説明する。第Ⅵ部では、個人やチーム、企業や組織のあいだに結び付きを築いていくためにストーリーをどのように使えばよいかを説明して本書の議論を締めくくる。

- 第Ⅰ部　devopsとは何か
- 第Ⅱ部　コラボレーション
- 第Ⅲ部　アフィニティ
- 第Ⅳ部　ツール
- 第Ⅴ部　スケーリング
- 第Ⅵ部　devops文化への架け橋

第Ⅱ部から第Ⅴ部は、効果的なdevopsの4本柱のそれぞれについてのさまざまな疑問に答え、関連するシナリオの問題解決方法を示す章で締めくくられている。自分の組織でこれらの柱を実現するために苦労している読者は、これら「誤解と問題解決」の章を見れば、実践的で役に立つアドバイスが見つかるはずだ。

人とうまく付き合っていくよりもコンピューターを操作していたほうが楽だと思う読者は、本書の個人間の関係や文化を扱った部分を読み飛ばしたくなるかもしれない。しかし、それらの部分は、文化と技術の相互作用を含め、私たちがどのようにして共同作業を行っているかを理解するためのものだ。これらの組み合わせが効果的なdevopsの力を生み出す要因のひとつになっていることを忘れないようにしてほしい。

どこから読み始めるかは自由だ。あなたのストーリーにとって重要な部分から選んで読んでもらってかまわない。本書は「あなたの冒険を選びましょう」というスタイルの本だ。ただし、本書で取り上げる4本柱は、どれも互いに絡み合い、結び付いている。読者がdevopsジャーニーの過程で本書に戻ってきて、そのときに必要だと思ったところを読み直し、そこに書かれた原則からまた新たに学ぶことができればと考えている。

ケーススタディーの方法論

本書全体には、さまざまな企業の個人が語るストーリーが含まれている。情報は、その組織のさまざまなレベルの人とのインタビュー、公開されているブログ記事、プレゼンテーション、企業の提出文書などから集めている。ケーススタディーの方向性は各章のタイトルが示しているとおりだが、devopsの性質上、個々のケーススタディーは、4本柱のすべてではなくても多くのものに関わる意味を持っているはずだ。

また、devopsが意思決定やナラティブ（物語）に与える影響の広さを示すために、正式な形のケーススタディーとくだけた形のストーリーを織り交ぜ、さらに私たち自身の個人的な経験も示している。

このあとの各章でそれらのストーリーを読んでほしい。そして、あなたの組織のストーリーを考えよう。あなたのチームは、何に影響を受け、何によって情報を得ただろうか。組織内部のコミュニティイベントや外部の業界全体のイベントでストーリーを共有しよう。そして、自分のストーリーを共有するのに加え、常に心を開き、他の人たちのdevopsのストーリーから学ぼう。

表記

太字（Bold）
: 新しい用語を示す。

`等幅（Constant Width）`
: プログラムリストのほか、本文中でも変数、関数、データベース、データ型、環境変数、文、キーワードなどのプログラムの要素を表す。

`等幅太字（Constant Width Bold）`
: ユーザーが文字通りに入力すべきコマンド、その他のテキストを表す。

メモ、tip、アドバイスを示す。

警告、注意を示す。

効果的なdevopsのための４本柱を元にした具体的な提案を示す。

お問い合わせ

本書に関するご意見、ご質問等は、オライリー・ジャパンまでお寄せいただきたい。

株式会社オライリー・ジャパン
電子メール　japan@oreilly.co.jp

この本のWebページには、正誤表やコード例などの追加情報を掲載している。

https://www.oreilly.com/catalog/0636920039846（原書）
https://www.oreilly.co.jp/books/9784873118352（和書）

この本に関する技術的な質問や意見は、次の宛先に電子メール（英文）を送っていただきたい。

bookquestions@oreilly.com

オライリーに関するその他の情報については、次のWebサイトを参照してほしい。

https://www.oreilly.co.jp
https://www.oreilly.com/（英語）

謝辞

本書は、多くの友人、同僚、家族の支援と指導がなければ実現できなかった。O'Reillyのチーム全体に感謝している。特に、私たちに本書を執筆するよう励ましてくれたコートニー・ナッシュ、さまざまな支援をしてくれた編集担当のブライアン・アンダーソン、私たちの公式動物として毛を剃っていないヤクを選んでくれた秘密の動物選定グループ、本書を世に出すために関わってくれたすべての人たちに感謝している。また、執筆過程で支援し励ましてくれたEtsyのジョン・アレスポウ、ララ・ホーガン、ジョン・カウィー、Chefのニコール・フォースグレン、イボンヌ・ラム、Pivotalのブリッジト・クロムハウト、Stack Exchangeのトム・リモンセリにも感謝を述べたい。

正式なケーススタディーに参加してくれたアレックス・ノーバート、ブリッジト・クロムハウト、ティム・グロス、ティナ・ドンベック、フェイドラ・マーシャルに感謝している。

個人としてストーリーを共有してくれたダビダ・マリオン、リンダ・ラーベンハイマー、ホリー・ケイ、ニコール・ジョンソン、アリス・ゴールドフスに感謝している。

私たちのナラティブに磨きをかけてくれたレビューワーのアリス・ゴールドフス、ダスティン・コリンス、アーネスト・ミューラー、マシュー・スケルトン、オリビエ・ジャック、ブリッジト・クロムハウト、イボンヌ・ラム、ピーター・ニーロンに感謝している。

私たちのウェブサイトとステッカーにかわいいdevopsのヤクを描いてくれたアンディ・パロフに感謝している。

リンより

私に本書の執筆や多くのカンファレンスでの講演の機会を与え、あらゆる面で素晴らしい職場を提供してくれているEtsyに感謝している。特に、私を手助けしてくれていて、このプロジェクトの間迷惑をかけてしまったウェブ運用チームに感謝している。チームのみんなと働いていると、そもそもこの仕事がなぜ好きなのかを思い出させてくれる。自分にはここで面接を受けるほどの力もないと言うたびに決して「そうだね」とは言わないマイク・レンベッシ、私を励まして信じてくれるジョン・アレスポウ、支援と知識を与えてくれるだけでなく運用エンジニアとして私を育ててくれたローリー・デネスとジョン・カウィーには特別な感謝の気持ちを伝えたい。

素晴らしい友人、ロールモデル、そして素晴らしい女性でいてくれるララ・ホーガン、ブリッジト・クロムハウト、ケイト・ヒューストン、メリッサ・サントスに感謝している。あなたがたと知り合い、話すようになったおかげで、苦境に立っているときでも前進できた。あなた方のフィードバックと手助けがどれだけ役に立っていることか。

ずっと前にTwitterで私に手を差し伸べ、運用コミュニティに私を紹介してくれたジェームス・ターンブルに感謝している。あなたと知り合いになれたこと、執筆中に知恵を授け励ましてくれたこと、運用エンジニア秘密結社のもうひとりのメンバーを確保できたことをありがたいと思っている。

最初にカンファレンスで講演するよう誘ってくれ、私が思うよりも前から私が話す価値のあるものを持っていると信じてくれたジェイソン・ディクソンに感謝している。

運用やdevopsコミュニティ全体、私に手を差し伸べてくれて、新しい機会やおいしいビールを一緒に飲めるSysdrinkの友人たちを与えてくれたNYCの運用エンジニアたちのコミュニティに感謝している。

素晴らしい友人、カンファレンスの仲間、そして共著者であるジェニファー・デイビスに感謝している。あなたとのブレインストーミング、執筆、非難の応酬、トレーニング、編集は素晴らしい冒険であり、あなたとの仕事で得たものと、遠く離れた場所で、そして同じ場所でお祝いに食べたカップケーキに感謝している。

最後に、私を支え、励まし、信じてくれている母に感謝している。変わった髪の毛の色をしていても、本物の仕事を手に入れられると私が言ったことを信じてくれた。それから、プロジェクトの期間中、私の猫たちからの愛や励まし、温かいペロペロなめ、編集ごっこがなければ、本書は完成していなかっただろう。

ジェニファーより

とても多くの組織から学ぶ機会を作ってくれて、スピーチやトレーニングを通じた学びの共有をサポートしてくれたChefに感謝している。

新しい視点、許容できる行動と基準を通じて私たちの仕事のあり方を変えてくれたこの業界のすべての女性に感謝している。みなさんの声が大きな力になったのだ。これからもみなさんの経験を共有し、支援を続けてほしい。

コミュニティの一員でいたいという気持ちを再燃させてくれたdevopsコミュニティ全体に感謝

している。このコミュニティは支援システムを提供し、持続可能な職場習慣を推進してきた。個人的なストーリーと経験を共有してくれたすべての人たちに感謝したい。

イボンヌ・ラム、ブリッジト・クロムハウト、ドミニカ・ディグランディス、メアリー・グレイス・ゼンボール、エイミー・スカバルダ、ニコール・フォースグレン、シェリ・エルジンの素晴らしい友情に感謝している。私が問題を理解し、自分の視点を成長させることができたのは、みなさんの考えとフィードバックのおかげだ。みなさんの支援のおかげで、私は元気づけられ強くなった。

私たちのdevopsに対する考えを実証するこのプロジェクトという旅のなかで、思慮深く協調的かつ協力的で刺激に富んだ思考を示し、文章を書き、編集してくれた友にして共著者であるリン・ダニエルズに感謝している。笑いと涙、罵倒と激賞に彩られたあなたとのdevopsは、私にとって誇りであり、刺激だった。

自分のストーリーを共有し、生涯を通じて教え、学ぶことを追求するように勧めてくれた祖母であり小学校の先生であるフランシス・ワーズワース・ヘイズに感謝している。そして、家族のブライアン・ブレナンとジョージの愛と支援がなければ、この仕事はできなかっただろう。

目　次

第Ⅰ部
devopsとは何か

1章
大局を見る

devopsはものの考え方であり、仕事の進め方である。ストーリーを共有し、共感を育み、効果的かつ永続的に力を出せるようにする。そのためのフレームワークだ。文化を織りなす要素の一部であり、私たちの働き方やなぜその働き方をするのかに影響を与える。devopsのことをChefやDockerなどの特定のツールだと考える人が多いが、ツールだけではdevopsにはならない。そういったツールが「devops」になるのは、ツール自体の基本特性ではなく、ツールの使い方によってである。

文化のなかでは、私たちが力を出すために使うツールだけでなく、私たちの価値観や基準、知識といったものが同じくらい重要だ。人がどのように仕事を進めるか。どのような技術を使うか。技術が仕事のしかたにどのような影響を与えるか。人が技術にどのような影響を与えるか。こういったことを調べれば、組織や業界の状況について明確な意図のもとに判断を下していくのに役立つ。

devopsは、単なるソフトウェア開発手法のひとつではない。確かに、devopsはアジャイルやXPといったソフトウェア開発手法と深く関わっており、これらの影響を受けている。またdevopsの実践にはソフトウェア開発手法やインフラストラクチャーの自動化、継続的デリバリーといったものも含まれている。だが、devopsはこういった部品の寄せ集めではない。これらのコンセプトは相互に関連しており、devopsの実践現場ではよく見られる。しかし、そういったものだけに囚われていると、大局を見失う。devopsに力を与えているのは、文化的、人間的側面なのだ。

1.1 devops文化のスナップショット

devopsの文化が成功を収めるとどのような姿になるのだろうか。手作りのものやビンテージものを扱うオンライン市場をグローバルで展開しているEtsy[†1]を例にして、人とプロセス、ツールがどのように交わっているかを見てみよう。Etsyを選んだのは、技術的にも文化的にも優れていることで業界内で有名だからというだけではない。著者のひとりリンがEtsyで働いており、devopsの文化がどのようなものかを内側から詳細に見ることができるからだ。

Etsyの新人エンジニアには、初日にノートPCと開発用仮想マシンが与えられる。この開発環境には、適切なアクセスと権限を持つアカウントがセットアップされ、よく使うGitHubリポジトリ

†1 監訳注：日本向けにもサービスを展開している。https://www.etsy.com/jp/

がクローンされており、重要なツールのエイリアスやショートカットがあらかじめ作られている。そして新入社員のためのガイダンスと社内リソースへのリンクが用意されている。チーム間でツールとプラクティスが標準化されているため、新人エンジニアはどのチームに配属されてもすぐに新しい職場に慣れることができる。だが一方で、各チームにはそれぞれの事情に合わせてそれらをカスタマイズする自由も与えられている。

新人エンジニアには、先輩社員がペアを組んで、日常業務で使うテストや開発プロセスを説明する。そのあと、本番環境とほぼ同じになるように構成管理システムでセットアップされた開発用仮想マシンでコードを書き始める。開発用仮想マシンは、ローカル環境に閉じてコードを実行し、テストできるようになっている。そのため、入社早々でも、他の社員の開発作業に影響を及ぼすことなく、すぐにコードを書き始められる。

Etsyのエンジニアたちは、ローカルのユニットテストと機能テストスイートを実行する。それによって、自分が加えた変更が動作するというかなりの自信を、ローカル環境だけで持てるようになる。その後、彼らはトライサーバー（http://bit.ly/etsy-try）でコード変更をテストする。トライサーバーとは、本番の継続的インテグレーション（CI）クラスタとほぼ同じように作られたJenkinsクラスタである。コードをマスターブランチにコミットしなくてもテストできるようになっているのだ。トライサーバーでのテストに合格すれば、エンジニアたちは自分のコード変更によって他の箇所を壊していないという自信を、さらに高いレベルで持てるようになる。

コード変更の規模や複雑さによっては、新人エンジニアはプルリクエストを送ったり、カジュアルに同僚にコードレビューを依頼したりする。すべての変更でこういったことが義務付けられているわけではなく、個人の判断に任されている。社員に強い信頼を置き（信頼マネジメント）、非難のないEtsyの社内文化では、コードレビューが必要かどうかの判断は社員に委ねられているのだ。新人エンジニアや経験の少ないエンジニアには、コードレビューを受けるべきコード変更はどのようなものか、誰に関わってもらうとよいかを説明する。新人エンジニアには、デプロイする前にコード変更をチェックしてくれるチームメイトがいるのである。

ローカルテストとトライテストに合格すると、新人エンジニアは自分の変更を本番環境にデプロイするために、Etsyでプッシュキューと呼ばれているものに参加する。このキューシステムは、IRCとIRCボットを使って、複数の開発者が同時にコード変更をプッシュしてきたときにデプロイを調整する。自分の番が回ってくると、新人エンジニアは自分が担当しているリポジトリのマスターブランチにコミットをプッシュし、Deployinator（https://github.com/etsy/deployinator）を使って変更をQA（品質保証）環境にデプロイする。すると、自動的にQAサーバーでビルドが始まり、フルセットのCIテストスイートが実行される。

ビルドとテストが成功したら、新人エンジニアはQAバージョンのサイトを手早くチェックし、ログを見て自動テストでは見つからなかった問題がないかどうか探す。ここを通過すると、同じDeployinatorのプロセスを使ってコード変更を本番環境にデプロイし、そこでもテスト結果とログを確認する。テストで見つからなかった問題が発生したときのために、無数のグラフが描かれたダッシュボードやNagiosチェックが用意されている。さらに、多くのチームは、オンコール（当直。電話がかかってきたら職場に向かわなければいけない）のローテーションに対応した独自の

Nagiosチェックを組み込んでいる。これによって、サービスを問題なく動かし続ける責任を全員で共有するよう促しているのだ。そして、問題が起こったときには協力して問題解決に当たり、非難のないポストモーテム[†2]をもとに失敗から教訓を学ぶ。

このプロセスはとても合理化されており、平均10分程度で終わる。Etsyは、技術部門全体で1日60回ほどのデプロイを行っている。関心のある社員にはドキュメントが提供されており、チームの先輩の指導のもとですべてのエンジニアが入社初日から本番環境にコードをプッシュしている。これは、プロセスに早く慣れてもらうためだ。エンジニア以外の社員でもFirst Push Programへの参加が奨励されている。参加する場合は、ペアを組んだエンジニアの指導のもとで、ウェブサイトのスタッフページに自分の写真を追加するといった小さな変更を加えている。トライテストとDeployinatorのプロセスはとてもうまく機能しているので、通常のソフトウェア開発だけでなく、開発者が仮想マシンを作るために使うツール、ログの検索のためのKibanaダッシュボード、Deployinatorツール自体のNagiosチェックなど、デプロイできるほぼすべてのもので使われている。

1.2　文化の発展の経緯

今話した今日のEtsyの姿は、数年前とは大違いだ。当時のデプロイプロセスは、透明性が低く、エラーを起こしやすくて4時間もかかっていた。開発者たちには、仮想マシンではなく専用のブレードサーバーが与えられていた。しかし、ブレードサーバーでは自動テストスイートをやりきるには非力だった。ステージング環境で実行されていたテストは、終了までに2時間もかかるもので、信頼性が低く、結果はとても使いものにならなかった。

技術部門の各チームはサイロ化していた。壁の向こうの運用エンジニアにコードを投げ込むような開発者がたくさんいた。運用エンジニアはデプロイとモニタリングの全責任を負っていたため、変更にとてつもなく消極的だった。開発者たちはコードを書き、自作のシェルスクリプトを実行して新しいSubversionブランチを作り、使いやすいマージツールとは言えない`svn merge`であらゆるコード変更をこのブランチにマージして、最後にこのブランチをデプロイしていた。開発者たちは、デプロイ権限を持つ運用エンジニアにどのブランチを使うかを指示していた。そこから、何時間もかかる苦痛に満ちたデプロイプロセスが始まる。このプロセスはあまりにも大変だったので、2、3週間に1度しか行われなかった。

みんなこのプロセスに辟易していた。何かを変えなければいけないことはわかっていた。デプロイの状況がこれ以上悪くなることはあまり考えられなかった。組織には優秀で頭の切れる人たちが集まっていた。やる気があるのにイライラが溜まっていた彼らは、この問題の解決に乗り出した。彼らはCEOとCTOの支持を取り付けた。改革に使えるリソースを確保するにはこれが重要なのだ。

ひとりの運用エンジニアがふたりの開発者にデプロイ王国の鍵を渡した。彼らは時間を与えられ、デプロイプロセスをとことんまでハックした。「ハンマーを持つものはすべてが釘に見える」と言うが、ウェブアプリケーション開発者を抱えていると、必要なものはすべてウェブアプリケー

†2　監訳注：ポストモーテムとは障害などの問題が発生したときの事後検証のこと。4章で詳細に説明する。

ションに見える。そして、最初のDeployinatorが生まれた（**図1-1**参照）。最初のDepoyinatorは、既存のシェルスクリプトにウェブのラップをかけただけだったが、時間とともに多くの人が開発に参加し、改良するようになっていった。面倒な仕事をする水面下のメカニズムは変化したが、全体のインターフェイスは基本的に同じままである。

やがて、業務改善ツールを作っている彼らを支援すれば、自分たちの仕事も大幅に楽になることがすべての人に理解されていった。デプロイは、障害物ではなく、ユーザーの前に機能を提出するという目標を達成するのに役立つ手段になった。テストは当てにならない時間のムダではなく、バグを捕捉するために役立つものになった。ログ、グラフ、アラートによって、一部の選ばれた人たちだけではなく、全員が自分の仕事の波及効果を見られるようになった。

これらのツールのストーリーから学ぶべきことは、ツール自体の技術的な詳細ではない。こういったものを作る必要があることに気づいた人がいて、その人にそれを作るために必要な時間とリソースが与えられたという事実だ。

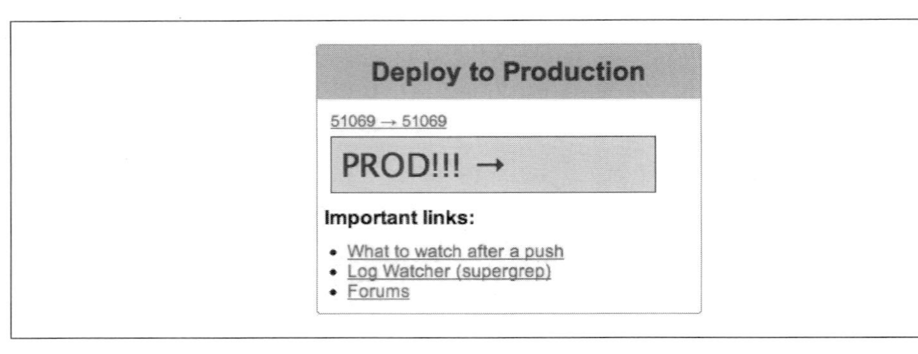

図1-1　Deployinator導入後。誰もが見られる単純なウェブインターフェイスが作られた

これらのツールを開発し、それとともにツール重視、共有、コラボレーションの文化を育むことができたのは、経営陣の支持、顧客向けではないコードの実験や開発を認める寛容、さまざまなチームからの信頼があったからである。

Etsyがdevopsのユニコーン（彼ら自身は、自分のことをただの元気な馬だと表現したがる）として今日のように有名になったのは、これらの要素のためだ。そして、Etsyではあらゆるレベルでこの文化を維持することが重視されている。この事例は、効果的なdevopsに対する私たちの定義を体現している。個人が仕事をどのように考えるか、さまざまな職務をどのように尊重するか、ビジネス価値をどのように高めるか、改革の効果をどのように計測するか。こういったことに影響を与えるような文化的な改革を大切にする組織がdevopsだ。Etsyがイライラとサイロの状態からコラボレーションとツールビルダーとして業界で名高い存在に脱皮する上で力になったのが、これらのdevopsの原則だった。私たちは、細部は異なっていても、業界のサクセスストーリーにこれらの原則が息づいているのを見てきた。そして、同じような改革を志す組織を指導するときには、これらの原則を紹介してきた。

1.3 ストーリーの価値

私たちはそれぞれ自分自身の考えを考える。共有するのは概念だ。

スティーヴン・トゥールミン『Human Understanding』

本書には、チームと個人の両方のケーススタディーとストーリーが含まれている。既存のdevops本を見て、読者が現実世界での直接的な経験を思い描けるストーリーが少ないと私たちは感じた。特定のツールや抽象的な文化的プラクティスに焦点をあてたストーリーがあまりにも多いのである。何かが理論的にどのように機能するはずなのかを議論するのは確かに一定の意味がある。だが、それが現実にどうだったのかとのあいだには大きな差が生まれることが多い。私たちは、実際にどうやったのかを示すストーリーを紹介したいと思う。何が機能し、何が機能しなかったか、意思決定を生み出した思考プロセスはどのようなものだったかを示し、読者がそれぞれのdevopsを始めるために役立つ情報をできる限り多く提供したい。

1.4 リンのストーリー

私のdevopsのストーリーはdevops運動自体と同じ時期から始まっている。devopsの発想が初めて世に出て、最初のDevOpsDaysカンファレンスが開催された直後に、偶然キャリアを変えて運用の世界に入った。幸運にも、eコマース業界の小さなスタートアップで自分ひとりのチームで運用の仕事をすることになり、運用の仕事が好きになった。長い間ひとりのチームで仕事をしていたが、devopsの発想はすんなり理解できた。devopsは常識のように感じられたし、自分のチーム以外の社内他部門と効果的に共同作業を進められる優れたアプローチだと思った。当時の私は、データセンターにこもっている気難しいシステム管理者だった。オンコールがまわってくるのは私ひとりであり、開発者や他の人たちが何に取り組んでいたのかほとんどわからないままに、開発から引き継いだ仕事の火消し作業に追われていた。そのため、責任と情報を共有し、チーム間にある壁を壊すという考え方には、響き合うものを感じた。

改革や新しい発想に対してオープンな組織とそうでない組織の差は大きい。このスタートアップは、改革に消極的な上に、経験の浅いシステム管理者が言っていることに耳を貸そうとしなかった。私の考えをはねつけるために、「キミは本物のシステム管理者でさえないんだ」とまで言った。たった2冊の本を買うための予算すらなかったのである（私は自腹でトム・リモンセリの『The Practice of System and Network Administration』と『Time Management for System Administrators』を買った。これらはとても価値のある本だった）。LISAやVelocityに送り出してくれることなどとうてい考えられなかった。DevOpsDays New Yorkが始まったのは、それから2年後だった。

幸い、私はオンラインのdevopsコミュニティを見つけた。運用と学習と共同作業について情熱をともにする人たちと話をして、彼らから多くのことを学べたし、新しい活力が得られた。現在はKickstarterのCTOで当時はPuppetの社員だったジェームス・ターンブル[†3]が、Twitterで私を

[†3] 監訳注：ジェームス・ターンブルはその後2016年10月にKickstarterのCTOを退任している。

見つけ、会話を交わし、あの『Pro Puppet』の本を送ってくれた。その頃の私は、管理のためのbashスクリプトさえないなかで、200台のスノーフレークサーバーを引き継いで四苦八苦していた。彼の小さな行動のおかげで、大きく成長し繁栄しつつあったコミュニティを知った。そして、いつかそのコミュニティの一員になりたいという希望が見えてきた。

ジェニファーも自分のストーリーのなかで触れるだろうが、自分が燃え尽きているときに改革を進めるのは難しい。その後1年ほど、その企業の改革と進化のための力になろうと努力したが、いつも自分の経験不足のために道を閉ざされてきた（経験は日ごとに深まっていったが）。そのため、転職することにした。学習を続け、スキルを成長させていったが、新しい職場でもまわりとうまくかみ合っている感じがしなかった。同僚たちや組織と共同作業をするというよりも、彼らと戦っているような感じだった。

2013年の1月に、私は初めてDevOpsDays New Yorkに参加した。すべてのセッションに参加し、ホールウェイトラックにもできる限り耳を傾けた。経験不足の自分がその会話に何かを付け加えられるとは思えなかったが。Twitterで#VelocityConfをフォローして、他人の経験を追体験して過ごした。同じ年の10月、2度目のDevOpsDays New Yorkでライトニングトークをする機会を得た。それがきっかけで、カンファレンスの共同オーガナイザーであるマイク・レンベッシと会えた。彼は私にEtsyに来るべきだと言ってくれた。だが、私は何年ものあいだ、自分のことを偽物のように感じながら仕事をしてきたので、彼が冗談を言っているとしか思えなかった。私は運用とdevopsのコミュニティを初めて見つけた日からCode as CraftとEtsy運用チームをフォローしてきたが、そのなかに入れるだけの力が自分にあるとは思っていなかった。

自分にそれほど力がないわけではない。それがわかる以上に幸せなことはなかった。運用の世界でキャリアを積むうちに、私はさまざまな組織構造と開発、運用、「devops」チームの共同作業の形を経験していた。25人のスタートアップから数十万の従業員を抱え数十年の歴史を持つ大企業まで、さまざまな企業で働いた。そこで、ソフトウェアやシステムを開発、デリバリーするさまざまな方法を見てきた。そのなかには効果的なものとそうでないものがあった。

私はかつて、たったひとりで年中無休のオンコールを引き受けるような仕事のために1年のかなりの部分を費やし、さらにあまりよいとは言えない別の職場でも時間を使ってしまった。かつての私のような、自分のことを組織の単一障害点になっていると感じる人を減らしたい。そのために、私と私のチームで何年ものあいだうまく機能してきたテクニックと手法を共有しようと思う。本書を執筆しようと思った理由のかなりの部分は、こういったストーリーを語れることにある。ストーリーは自分自身が個人的に体験したことと他の人が話してくれたことの両方で、コミュニティとして共有し、学習、成長するためのものである。今日の私があるのはコミュニティのおかげであり、本書はそれにお返しするひとつの方法である。

1.5 ジェニファーのストーリー

2007年にYahoo!の経営陣から「少しdev」で「少しops」な仕事に就いてみないかという誘いを受けた。Sherpaという、マルチテナントでホスト型かつ分散型で遠隔地レプリケーションの機能をもつキーバリューストア（KVS）のシニアサービスエンジニアというポジションである。

私はYahoo!のサービスエンジニアとして、プログラミング、運用、プロジェクト管理のスキルを磨いていた。Sherpaを構築する開発、品質保証チームと一緒に働き、データセンター、ネットワーク、セキュリティ、ストレージのそれぞれのチームとの調整を行った。2009年にdevopsのささやきがYahoo!にちょろちょろと流れ込んできたときには、その価値を低く見積もった。何しろ私はすでにdevopsだったのだ。

2011年の夏、ジェフ・パークが私のチームのリーダーになったときまで話を早送りしよう。彼はチームの拡大に尽力し、サービスエンジニアリングは、アメリカとインドに複数の人たちを抱えるようになった。それでも人が足らなかった。私は、ノンストップで働き、ほとんど独力でサービスを維持していた。彼はそんな社員の私のことを心配してくれた。彼はビジネスにも心を配っており、スタッフ数に余裕を持たせることによって、サポートモデルに弾力性を組み込もうと考えていた。12月になって、彼は私に休暇を取るように命令してきた。彼は、私のメールは読まず、電話をかけてきても取らずに切るというのだ。

うまくいっていない部分や期待どおりに動作していない部分があると感じていることを彼に伝えた。しかし彼は、私が休暇を取らなければクビにすると言ってきた。そして、すべてをうまく動作させると言って私を安心させた。私は、cronジョブで実行されるPerlスクリプトと、JavaScriptのことを気にしていた。そこで、休暇の前の晩に、それらのメトリクスを見るための簡単なビジュアリゼーションを用意した。それがあれば十分な警告が得られるだろうと考えたのだ。

休暇から戻ってくると、サービスの品質は落ちていた。何年もかけて見つけた多数の小さな問題点のせいでイベント全体が影響を受けており、デバッグが難しくなっていた。最後に作ったビジュアリゼーションは問題点を見つけて監視する上できわめて重要な役割を果たしたが、それでも、私は大失敗だと感じた。

ジェフは私を呼び出し、私が休暇を取っているあいだにシステムに問題が起きる高いリスクがあることはわかっていたし、チームが私に頼り切っていた歴史に起因する問題のリスクも認識していたと言った。私の頑張りが、かえってシステムにあった欠陥を隠していたのだ。

ときどき短期的な後退が起きても、あとでそれを長期的に正しい方向に進むための教訓として利用できるならかまわない。彼はそう考えていた。障害が起きたときには、私の知識と専門能力を社内で共有し、ドキュメントにまとめ、広めることが優先される。究極的には、それによって安定性が高まり、組織とチームの個人にとって全体としてよい結果に結び付く。

この事件により、Sherpaチームはひとつにまとまり、サービスを修復し、何が起きているのかを理解しようとするようになった。私たちは、問題のあるさまざまなコンポーネント（エラーハンドラ、通信、ツール、モニタリング、クリーンアップ）に対処するため、職能横断型チームに分かれた。管理職の重要な人たちが常駐して、難しい判断を下せるようにした。これらの判断は、サービス障害の長さを短縮するために役立った。

> 失敗は最悪だがものを教えてくれる。
>
> ボブ・サットン、スタンフォード大学経営大学院教授

この事件から私が得た重要な教訓は、失敗の価値だ。失敗を恐れてはならなかったし、失敗から学ばなければいけなかったのである。私たちは、この事件でスポットライトが当たった運用上の問題点を解決するために、継続的に会議を開いた。また、サービス障害の解決にあたっては、サービスエンジニアリングチームだけで行わず、職能横断型チームで行うことをその後も続けた。システムの弱点をもっと理解するために、ユーザー側との議論も積極的に行った。

長期間ひとりぼっちでシステムエラーを避け続けるという、運用の民族文化とも言うべき作業習慣を10年かけて築き上げてしまった私は、必要な変化を呼び起こすためにどうしただろうか。

私はdevopsを受け入れる準備ができていた。私にとって、devopsの価値は「devがXを行いopsがYを行う。つまりdevとopsは対立する」という呪文を唱えることではない。ストーリーを共有し、この業界のなかでのコラボレーションを通じて問題を解決し、コミュニティを強化することだ。オープンスペースから共同でのハッキングまで、持続可能な職場習慣の基礎を強化し、人同士の関係を築く新たな支援システムが登場してきている。

本書のためにリンと共同作業を行ったおかげで、私のdevopsについての理解はかなり深まった。持続可能な職場習慣を生み出し、改良していくために、世界中から使える戦略やテクニックを集めて共有していくのは、素晴らしい旅だった。この旅は、本書の最後のページまで終わらない。

私たちはみな、異なる視点から毎日さまざまな経験を積み重ねている。キャリアを積み始めたばかりの人、文化の変革の真っ只中にいる人、職種や責任がまもなく変わろうとしている人、どのような人でも、あなたの経験は他の人たちに教訓を与える。私は、読者のみなさんのストーリーを聞き、広めていきたいと思っている。そうすれば、私たちはコミュニティとして成長し、みんなの失敗と成功のすべてから学べるようになる。

1.6 devopsをストーリーで説明する

私たちは効果的なdevopsの文化が異なる形で現れるのを説明するために、さまざまなケーススタディーを選んだ。これらのストーリーの目的は、そっくりそのまま従えばよいテンプレートを提供することではない。他の組織や個人の方法をただ猿真似しても、彼らがその方法を選択した状況や理由を無視することになってしまう。

これらのストーリーは、解説やガイドのようなものである。読者には、ストーリーを読み、現時点での自分の経験や将来考え得る姿と照らし合わせて考えてほしい。私たちはさまざまなソースから、正式なケーススタディーも非公式の個人的なストーリーも含めてさまざまなストーリーを取り入れている。実在するさまざまなdevopsのストーリーのショーケースを作るために、有名な企業や組織のストーリーも使っているが、わざとあまり有名ではないストーリーも入れるようにしている。

ストーリーを読むときには、どのような選択がなされ、どのような結果が得られたかだけではなく、おかれていた環境や状況も考えるようにしてほしい。彼らの状況と自分の状況にはどのような類似点があるか。大きな違いはどこにあるか。自分の組織でまったく同じ選択をしたときに、あなたの職場に固有な要素のなにが結果に影響を与えるか。これらのストーリーを読み、理解するうちに、ストーリーを支えているテーマを見つけ出し、あなた自身のdevopsのストーリーにそれを応用するようにしていただければありがたい。

共有されたストーリーのところで学習が止まってはいけない。新しいプロセス、ツール、テクニック、アイデアを試してみよう。進歩を計測し、いちばん重要なことだが、自分にとっての理由を理解しよう。試したことのなかで機能するものとしないものを判別できるようになってくれば、高度な実験を始められるようになる。

2章
devopsとは何か

devopsは文化運動だ。仕事に対する個人の考え方を変え、仕事の多様性を尊重し、ビジネスが価値を実現するスピードを加速させる意識的なプロセスを支援し、社会的および技術的変化の効果を計測しようしている。devopsは思考の方法であり、仕事の方法である。個人と組織が持続可能な作業習慣を生み出し、維持していくことを可能にするためのものだ。devopsは文化的なフレームワークだ。ストーリーを共有し、共感を育み、個人とチームが効果的かつ永続的に力を出せるようにする。

2.1 文化のための処方箋

devopsは文化のための処方箋である。文化運動はそれだけで自立しているわけではない。本質的に、文化は社会構造と絡み合っているものだ。組織内の階層構造、業界内でのつながり、グローバル化は文化に影響をおよぼす。そして、それらには、価値観、基準、信念、作為などが反映されている。私たちが作るソフトウェアは、それを使う人たち、それを作る人たちから切り離された形では存在しない。devopsとは、効果的に仕事をするために、社会構造、文化、技術を革新する方法を見つけることだ。

2.2 devopsの方程式

> 自分のことを新しいと思っている運動には、古くないすべてのものを支持しようとする危険性がある。
>
> リー・ロイ・ビーチ 他『Naturalistic Decision Making and Related Research Lines』

本書は、devopsを進めるための「唯一無二の正しい方法」を示す処方箋ではない。本書では、広く見られる誤解やアンチパターンも示していく。だが、それ以上に注目するのは、成功しているdevopsの文化がどのような姿でどのように機能するのか、企業や環境のさまざまな違いを越えてそれらの原則を適用するにはどうすればよいかという点だ。

devopsという用語自体は「development」(開発)と「operations」(運用)の混成語だ。だが、devopsの基本概念は、組織全体に応用できるし、応用すべきものだ。成功を持続できる企業は、開発、運用チームだけから成り立っているわけではない。ソフトウェアを書いてそれを本番環境にデプロイするチームのことだけに思考を限定すると、全体としての企業に害を与えるだろう。

2.2.1 通俗モデルとしてのdevops

devopsは、さまざまな意味で**通俗モデル**となった。devopsという単語が伝達ミスや誤解を招くようなさまざまな意図で使われるようになったのだ。認知科学の分野では、通俗モデルとは、議論の対象となっている本当のテーマよりも理解しやすい抽象的な考え方で、本当のテーマの代用物になっていることが多いもののことである。たとえば、**状況認識**という用語は、認知と短期記憶のような限定的な観念の代わりによく使われる。通俗モデルは必ずしも悪いものではない。問題が起きるのは、異なるグループが異なる意図で同じ用語を使ったときだ。

多くの人が、本当に議論したいことを明らかにするよりも、devopsとはどのような意味か、つまり何の通俗モデルとしてdevopsという用語を使っているかを議論するために多くの時間を費やす[†1]。しかし、あえてdevopsを定義するという問題を回避し、概念や原則についての議論を進めるために「悪い」行動様式を誇張して、「devops」はこれだという「良い」行動様式を際立たせようとすることもある。実は私たちも本書の序章で同じことをした。そこでは、チーム間の効果的なコラボレーションについて説明した。ある企業が開発チームと運用チームの仲介の役割だけに専念するdevopsチームを作ったという、マンガのような例を持ち出したのを覚えているはずだ。これは極端な例だが、これによって、定義よりも意味があって実践的に役立つことについて話ができるわけだ。

2.2.2 古い見方と新しい見方

ミスを犯した人が非難され懲罰をうける環境では、恐怖の文化が、明解なコミュニケーションや透明性を阻む壁をつくってしまうことがある。これと対照的なのが、非難のない環境だ。発生した問題を全員の協力で解決し、問題発生を個人や組織の学習機会と捉える。シドニー・デッカー教授は、著書『ヒューマンエラーを理解する—実務者のためのフィールドガイド』(海文堂出版)[†2]のなかで、これら2つの環境をヒューマンエラーの「古い見方」、「新しい見方」と呼んでいる。

第1の環境は「ヒューマンエラーはトラブルの原因だ」と考える。この「古い見方」は、ヒューマンエラーの削減に重点を置くマインドセットだ。ミスは「腐ったりんご」が犯すものであり、そのようなものは外に弾き出さなければいけない。ミスは悪意や能力の低さによって起きる。失敗の責任を負う個人には、非難と屈辱を与えなければいけない。あるいは、単純に解雇しなければいけない。この考え方は、非難文化で見られる。

第2の環境は「ヒューマンエラーをシステムのもっと深いところにある問題の兆候」として捉える。この「新しい見方」は、ヒューマンエラーを個人的なものではなく構造的なものとして見ている。人は、意図的な悪意や無能さではなく、問題の文脈と合理性にもとづいて行動を選択する。組織が問題を最小限に抑え、問題を今後に活かしたいと思うなら、システムを全体像として捉えなければいけない。

---

†1 Sidney Dekker and Erik Hollnagel, "Human Factors and Folk Models." *Cognition, Technology & Work* 6, no. 2 (2004): 79–86.
†2 Sidney Dekker, *The Field Guide to Understanding Human Error* (Farnham, UK: Ashgate Publishing Ltd, 2014).

devops運動を理解するには、「新しい見方」を理解して取り入れるのが重要だ。「新しい見方」ではすべてのことを学習機会だと考えるので、ストーリーの共有が進む。

ストーリーの共有には、次のような効果がある。

- チーム内の透明性が増し、チーム内に信頼が生まれる
- 実際にダメージの大きいミスをする前に、それを防ぐ方法を同僚に伝えられる
- 新しい問題の解決に使える時間が増え、イノベーションが促進される

ストーリーが業界全体で共有されれば、業界全体にインパクトを与え、新しい機会、知識、共通理解を作り出せるのだ。

2.2.3　devops共同体

devopsの中心はただの人の寄せ集めではない。互いの理解を求める人たちで構成されるチームが中心となる。それぞれのチームは、互いに協力し、意図や直面した問題を伝え合い、共通の組織的な目標の達成のためにダイナミックに調整する。これはチームとチームの共同体と言える。

2.2.3.1　共同体の例

このような共同体は、ふたりのロッククライマーのコミュニケーション、意図の明確化、相互信頼を調べれば視覚化できる。ロッククライミングでは、自然が作り出した岩や人工の壁を縦横無尽に動き回る。共通の目標は、途中で落ちることなく、頂上や特定のルートの終点に到達することだ。問題を克服するために必要な肉体的な耐久力と、次の手順を理解し準備する精神的な鋭さの両方が必要になる。

ロッククライミングのある形態では、ふたりのうちのひとり（クライマー）が落下を防ぐためにロープとハーネスを使う。もうひとり（ビレイヤー）はロープの張りを監視して、クライマーが大きく落下しない程度に張りつつ、クライミングに必要な動作ができる程度に緩みがあるようにする。

適切かつ安全に確保（ビレイ）するには、ツールとプロセスについての共通理解とその場その場でのコミュニケーションの両方が必要だ。クライマーは、ハーネスに安全に身体を結び付ける。ビレイヤーは自分のハーネスにビレイ器具が正しく装着されていることを確認する。クライミングを始める前に、それぞれが相手のことを信頼しつつ、作業状況を確認する。

クライミングには、準備完了を知らせる合言葉がある。クライマーが「オンビレイ」と尋ねると、ビレイヤーが「ビレイオン」と答える。すると、クライマーは「クライミング」と答えて自分の準備が整っているのを知らせる。最後に、ビレイヤーが「クライムオン」と応答する。

このような共同体を機能させるための原則は、次のとおりだ。

- 明確に定義された目標を共有する
- その場その場でコミュニケーションを取る
- 理解をダイナミックに調整、修正する

これらの原則は、岩場でのクライミングと同じように、作業現場でのdevopsにも当てはまる。次節でさらに見ていこう。

2.2.3.2 devops共同体の例

Sparkle Corpには、別々のチームで働くふたりの社員がいる。大佐は、さまざまな経験を積んだシニア開発者だ。2年前に入社した。ジョージは、ある程度の経験を積んだ運用エンジニアだ。社歴はそれほど長くない。

彼らが所属する2つのチームは、グローバルなコミュニティをサポートしている。このコミュニティの人たちの創造的な活動には、Sparkle Corpのウェブサイトが欠かせない。彼らが共有する目標は、できればサイトに悪影響を与えずに、エンドユーザーにとってサイトの価値が上がるような新機能を実装することだ。

大佐は、ジョージよりは社歴が長いので、Sparkle Corpで期待されること、価値、プロセスをジョージに明確に伝える。それに対し、ジョージは、助けがほしいときやプロセスでわからない部分があるときには、大佐にそれを明確に伝える。大佐とジョージは、どちらも次の手順に進むときには、相手にそのことを伝える。これは、クライミングのプロセスでも示した「信頼しつつ確認する」モデルの一例である。

大佐とジョージは、自分たちの目標についての理解を共有している。

- Sparkle Corpの顧客にとってサイトの価値が上がるような新機能を実装する
- 相手とのコミュニケーションで安全と信頼を維持する

devopsに取り組んでおらずサイロ化している環境では共通理解が欠如している。そんな環境だと、大佐は、ジョージが要件を理解しているかを確認せず、いきなりコーディングを始めようとするかもしれない。それでもうまくいくことはあるが、意思疎通がないので、失敗する確率のほうが高くなるはずだ。

組織では、進んでいく過程で、必ず予想外の問題や障害にぶつかる。しかし、全員が共同体に属しているという共通理解があれば、人は修復に向かっていく。

誰かがその機能を担当するだろうとか、そのうち終わるだろうといった考えは改める。そして、ソフトウェアの本来の動作を妨げているバグを修正する。本番環境でものごとが期待どおりに進まないときには、プロセスを直しドキュメントにも反映する。

このdevops共同体の考え方は本書全体で一貫している。私たちは、devopsの技術的側面と文化的側面の両方が、共通の相互理解を育み維持する手段であることを示そうと思う。

3章
devopsの歴史

この業界と、そこで繰り返されるパターンや考え方を調べれば、何がdevops運動を形作ったのかを理解する助けになる。その理解があれば、私たちが今どこにいるかがはっきりする。そして、効果的なdevopsを通じて、サイロを作り特定の職種を低く見るような専門化のサイクルを壊せるようになる。

3.1 オペレーターとしての開発者

最初の頃の開発者はオペレーターだった。第2次世界大戦が勃発すると、アメリカ合衆国政府は、数学専攻の人たちに「コンピューター」、すなわち戦争遂行のために弾道表を計算する仕事をするよう求めた。ジーン・バーティクは、それに応じた多くの女性のうちのひとりである。彼女の指導教官は、その求めには応じないよう彼女に勧めた。彼女の家系は伝統的に教職についており、繰り返し計算するという反復作業はそれにそぐわないと考えたからだ。

数値の計算が反復的な性質を持つという点では彼女の指導教官は正しかった。ここで使われたのは、世界最初の電子的でプログラム可能な計算システムであるENIAC（Electronic Numeric Integrator and Computer）（http://eniacprogrammers.org）だった。そして、この仕事はバーティクが最初のプログラマーになる適切なタイミングと場所となった。

バーティクと5人の女性たちは、ドキュメントも計画もないなかでENIACを操作していた。そして、デバイスのハードウェアとロジックダイアグラムを何度も見るうちに、プログラムの方法を見つけ出した。ENIACとそれに含まれる18,000本の真空管を使ったプログラミングとは、40枚のコントロールパネルのダイヤルを設定し、配線を変えることだった。

当時、この業界ではハードウェアエンジニアリングばかりに力を入れていて、システムを機能させるのに必要なプログラミングは置き去りになっていた。問題が起こると、ハードウェアエンジニアがやってきて「マシンではない。オペレーターだ」と宣言していた。プログラマーは、ヒューズとケーブルを交換し、システムに入り込んだ本物のバグ（虫）を取り除かなければならず、システムの管理と操作に苦労していた。

3.2 ソフトウェアエンジニアリングの始まり

1961年になって、ジョン・F・ケネディ大統領は、10年以内にアメリカが人類を月に送り込み、安全に地球に戻れるようにするという目標を立てた。実行を担当するNASA（アメリカ航空宇宙局）には、期限が決まっているにもかかわらず、必要なスキルを持った人がいなかった。この課題を実現するのに必要なオンボードフライトソフトウェアを書ける人を探さなければいけなかったのだ。そして、NASAは、MIT（マサチューセッツ工科大学）の数学者マーガレット・ハミルトンに協力を求め、リーダーとした[†1]。

ハミルトンは次のようにふりかえっている。

> 新しいアイデアを考え出すのは冒険でした。献身的な努力は当然のことでした。職場全体に互いを敬う気持ちがありました。何しろソフトウェアは謎であり、ブラックボックスだったので、上層部は私たちに完全な自由を与え、信頼してくれました。私たちは自分で道を見つけなければいけなかったのです。そして、私たちは実際に道を見つけました。あとからふりかえれば、私たちは世界でいちばん幸運な人間でした。開拓者になる以外選択肢がなかったんですから。初心者でいられる時間はなかったのです[†2]。

ハミルトンは、この複雑なソフトウェアの開発を追求する過程で、**ソフトウェア工学**という言葉を生み出したと言われている。彼女は、リアルタイムで宇宙飛行士に警告を知らせるソフトウェアである**プライオリティディスプレイ**の概念も生み出した。彼女は要求をとりまとめ、ソフトウェア工学の課題リストに品質保証を追加した。そこに含まれていたのは、次のようなものである。

- すべての個別コンポーネントでのデバッグ
- コンポーネントの結合前に、それぞれのコンポーネントをテスト
- 統合テスト

1969年のアポロ11号のミッションでは、月着陸船の誘導ソフトウェアは、限られた能力では扱いきれない計算をしなければいけなかった。ハミルトンのチームは、ソフトウェアの動作を手動で上書きできるようにプログラムした。ニール・アームストロング船長が手動制御で月着陸船を操縦できるようにしたのである。

上層部がオンボードフライトソフトウェア開発チームに与えた自由と信頼、チームメンバー同士の互いに相手を敬う気持ち。これらが、ニール・アームストロングによる月面着陸という人類の技術の歴史における大きな飛躍につながった。このような高信頼の環境がなければ、そしてこの手動切り替えの機能がなければ（きわめて重要だったことがあとで判明している）、月面着陸のストーリーは、大きく異なる結果になっていたかもしれない。

---

†1 Robert McMillan, "Her Code Got Humans on the Moon——And Invented Software Itself," *WIRED*, October 13, 2016.

†2 A. S. J. Rayl, "NASA Engineers and Scientists——Transforming Dreams Into Reality," 2008, http://www.nasa.gov/50th/50th_magazine/scientists.html.

ソフトウェアの課題

1960年代にソフトウェアがきわめて重要な意味を持つことになった分野は宇宙飛行だけではない。ハードウェアが入手しやすくなるにつれて、他の技術分野の基準から外れたソフトウェアの複雑さに対して懸念が広がっていった。システムの成長の速度とシステムへの依存の始まりが警戒感を生んだのである。

各国のさまざまな業界の科学者から構成されたNATO科学委員会は、1967年にソフトウェア工学の現状を評価するための議論を始めた。その年の秋には、ソフトウェアの課題を集中的に検討することを目指したコンピューター科学研究グループが作られた。あらゆる分野から50人の専門家を招き3つの作業グループを作った。そこでは、ソフトウェア工学の課題を明らかにして解決に着手するために、ソフトウェアの設計、ソフトウェアの作成、ソフトウェアのサービスについて議論が行われた。

1968年に開催されたNATOソフトウェア工学カンファレンスで、ソフトウェア工学の主な課題が明らかにされた。それは次のものである。

- 成功の定義とその計測方法
- 大きな投資を必要としながら、実現可能性が不透明な複雑なシステムの構築
- 納期と仕様を満たすシステムの構築
- 特定の製品を作る業者に対する経済的圧力の実行

これらの課題を明らかにしたことは、その後のコンピューター業界が重点を置くべき分野を明確化し、育てるために役立った。今日の私たちもまだその影響を受け続けている。

3.3　プロプライエタリソフトウェアと標準化の登場

1964年までは、コンピューターは顧客の要件に合わせて個別に作られていた。ソフトウェアとハードウェアは標準化されておらず、互換性がなかった。1964年、IBMは、ビジネスから科学まで幅広い範囲でさまざまな用途に使えるよう設計したSystem/360というコンピューターファミリーを発表した。

ここでの目標は、製品開発、製造、サービス、サポートにかかるコストを削減すること、必要に応じて顧客がアップグレードできるようにすることだった。System/360は、市場を支配するメインフレームコンピューターになった。そして顧客には小規模から始めて、必要に応じて計算リソースを増強できる柔軟性が手に入った。また、System/360は、職種の柔軟性も生み出した。密接に絡み合っていたソフトウェアとハードウェアを別々に学べるようになり、他の企業で同じような職種に就くために必要なスキルもはっきりしていったのだ。

1960年代末までは、コンピューターは購入するものではなく、リース契約するものだった。ハー

ドウェアはとても高価で、ソフトウェアやサービスの料金も含まれていた。ソフトウェアのソースコードは広く提供されていた。1969年、反トラスト法違反で訴追されたIBMは、製品のソフトウェアとハードウェアを切り離した。そしてメインフレームハードウェアのためのソフトウェアには別料金を徴収するようにして、再び業界にインパクトを与えた。これがソフトウェアに対する見方を変えた。突然、ソフトウェアそれ自体が金銭的に大きな価値を持つものになり、オープンに提供されなくなった。

3.4 ネットワークの時代

1979年、デューク大学の学生だったトム・トラスコットとジム・エリスによって、Usenetという世界規模の分散ディスカッションプラットフォームが始まった。Usenetは、UUCP（Unix-to-Unix Copy。コンピューター間のファイル転送とリモートコマンド実行を実現する一連のプログラム）を使って自動的に他のコンピューターを呼び出し、それらにあるファイルの変更を探して、他のコンピューターにコピーする単純なシェルスクリプトからスタートした。エリスは、USENIXというUnixユーザーグループで、「Invitation to a General Access UNIX Network」（広くアクセスできるUNIXネットワークへの招待）[†3]という講演を行った。Usenetは、コンピューターを使って組織間で知識を伝えて共有する最初の試みのひとつで、その利用は急速に拡大していった。

Usenetは大学や企業間で知識の共有を促進するために始まったものだったが、その頃、企業の経営方法の詳細は「秘密のソース」の一部と考えられるようになりつつあった。問題解決のための知識は競争優位のひとつと見なされ、それを外部に話すことはなくなった。競合他社の仕事の効率を下げるために意図的な働きかけが行われたこともある。これらは、コラボレーションを大きく阻害し、せっかく作ったコミュニケーションチャネルが持つ意味を狭めてしまった。文化のサイロ化によって、企業は複雑化していったのだ。

システムの複雑化にともない、スキルや職種の専門分化が進んだ。そのようにして生まれた職種には、システムの管理と費用の最小化を専門とするシステム管理者、新しいニーズを満たす製品や機能の開発を専門とするソフトウェアエンジニアがある。さらに、NOC（ネットワーク運用センター）、QA（品質保証）、セキュリティ、データベース、ストレージといったものがすべて独立した専門分野になっていった。

このような流れは、企業版のバベルの塔を生み出した。問題意識の違いのために、サイロごとに使う言葉も異なるようになったのである。こうしたサイロ化とともに、ソフトウェアとそれを実行するハードウェアをめぐる苦痛に満ちた仕事も専門分化していった。開発者が深夜に落ちたシステムのために呼び出されたり、不満を持つユーザーの怒りに晒されたりすることはなくなった。また、プログラミングでは高級言語を使うのが主流になっていったため、ソフトウェア開発は以前にも増して抽象化され、ハードウェアや過去のシステムエンジニアからは大きくかけ離れていった。

システム管理者たちは、サービス障害を防いで自分たちの仕事に集中できるように、手作業で行う定常運用業務の手順をドキュメントに残すようになった。また、TQM（総合的品質管理）から「根本原因分析」のアイデアを取り入れるようになった。根本原因分析の考えはリスク軽減に注目

†3 Ronda Hauben and Michael Hauben, *Netizens: On the History and Impact of Usenet and the internet* (Los Alamitos, CA: IEEE, 1997).

を集め、そのための取り組みを増やすことにもつながった。一方で、実際の取り組みにおいて透明性や変更管理が欠けていたため、エンジニアが対処しなければいけないエントロピーの量はどんどん増えていった。

3.5 グローバルなコミュニティの始まり

相互接続ネットワークによって、プログラマーやITプロフェッショナルがオンラインでアイデアを共有できるようになってくると、アイデアをじかに共有する方法も求められるようになってきた。さまざまな技術の専門家とユーザーが顔を合わせて議論できるユーザーグループの数が増え、多くの人が集まるようになっていった。世界最大のユーザーグループのひとつに、1961年に設立されたDECUS（Digital Equipment Computer Users' Society）があった。主としてDECのコンピューター向けにコードを書いたり保守を行ったりしていたプログラマーが集まっていた。

DECUSのアメリカ支部は、さまざまな技術カンファレンスを開き、全米各地でローカルユーザーグループ（LUG）を組織していた。同じことをアメリカ以外の支部でも行っていた。それぞれのカンファレンスやイベントでは、論文やアイデアを集めて、それを会報として発行するようになった。会報は情報共有の手段としてメンバーに公開され、コミュニティ全体の知識量が増えてメンバーの結束が固まっていった。

USENIX[†4]にも、システム管理者向けの同じようなコミュニティが生まれ、System Administrators Groupという分科会となった。この分科会はその後SAGEと呼ばれるようになり、今日ではLISA（Large Installation System Administration）という名前で同名の年次カンファレンスも行っている。それとは別に、NSFNETのRegional-Tech Meetingsは、コラボレーションを促進し、インターネットをよいものにすることを目的とするネットワーク管理者向けのコミュニティであるNANOG（North American Network Operators' Group、北米ネットワークオペレーターグループ）に発展している。

こういったローカル、グローバルのさまざまなユーザーグループの最大の特徴は、知識の共有に力を注ぐことだった。しかし、それとは裏腹に、テクノロジー企業は実際にどうやったのかは秘密情報として厳重に管理しようとした。企業はそれぞれの経済的物質的成功を目指しており、そのプロセスを厳重管理の秘密情報としたのだ。競合企業のやり方が非効率なら、それが自分の相対的な成功につながるからだ。そして、こういった競争優位を維持するために、社員による業界内のカンファレンスでの知識の共有は迷惑がられ、明示的に禁止される場合さえあった。知識の共有と企業間のコラボレーションのためにコミュニティやカンファレンスが盛んになっている近年のソフトウェア開発とは対照的だ。

†4 USENIXは、2016年末でLISAを解散すると発表した。詳細はhttps://www.usenix.org/blog/refocusing-lisa-communityを参照のこと。

企業秘密とプロプライエタリな情報
一般に広く知られておらず、ビジネス上のメリットや経済的な利益を生み出すために秘密にされる情報は、企業秘密と言える。企業が所有、保有し、排他的な権利を保持する情報は、プロプライエタリ（独占所有）と考えられる。企業のプロプライエタリ情報の例として、ソフトウェア、プロセス、手法、給与構造、組織構造、顧客リストなどがある。たとえば、プロプライエタリソフトウェアは、ソースコードがエンドユーザーに一般公開されていないソフトウェアである。すべての企業秘密はプロプライエタリだが、すべてのプロプライエタリが企業秘密だというわけではない。
企業が秘密として社内に留めようとする情報の範囲は、業界の文化の変化、知識と技術のコモディティ化とコストの影響を受ける。

3.6 アプリケーションとウェブの時代

おなじみのApache HTTPサーバー（https://httpd.apache.org/ABOUT_APACHE.html）は1995年にリリースされた。これは、企業の壁を越えた共同作業の初期の成功例だ。Apache HTTPサーバーは、イリノイ大学アーバナシャンペーン校の学部生だったロバート・マックールが開発したパブリックドメインのNCSA HTTPデーモンをもとにしていて、誰でも必要最小限の設定作業で、すばやくウェブサーバーをデプロイできるようになっている。Apache HTTPサーバーのリリースは、オープンソースソリューションの流行のきっかけとなった。ソースコードの閲覧、変更、配布をユーザーに認めるライセンスになっているオープンソースソフトウェアは、プロプライエタリなクローズドソースソリューションと競い合うようになった。

さまざまなLinuxディストリビューションが登場し、PHPやPerlなどのスクリプト言語の人気が高まった。オープンソース運動によって、LAMPスタック（Linux、Apache、MySQL、PHP）がウェブアプリケーション構築ソリューションとして広く普及したのだ。MySQLは1995年に初版がリリースされたリレーショナルデータベース管理システムだ。PHPのサーバーサイドスクリプティング機能と組み合わせることで、更新が簡単でコンテンツを動的に生成できるウェブサイトやアプリケーションの開発が可能になった。新しいウェブアプリケーションは簡単に作れるようになり、1990年代末には、人や企業は競争力を維持するためにもっと速く柔軟に仕事をしなければいけなくなった。

これは、システム管理者にとってもプログラマーにとっても不安でイライラの募る時期だった。システム管理における風土病にかかり、「ダメです」「大切なのはシステムを安定させることです」と言ってしまう文化が長い時間をかけて定着していた。サイモン・トラバグリアは、1992年にUsenetに“The Bastard Operator From Hell”（BOFH）（http://bit.ly/wiki-bofh）という連載シリーズを投稿した。自分のイライラをシステムのユーザーにぶつける悪いシステム管理者を描いたものだった。あまりにも運用の環境が劣悪だったため、一部の人たちはこの悪いシステム管理者を英雄と見なし、彼の行動を真似て、周囲の人に迷惑をかけていた。

開発の分野では、開発者たちが「この変更のリリースは何よりも重要なんだ」とか「身動きが取れなくなりそうだからそれのやり方は知りたくない」と口にする文化があった。このような言い分のもとに、開発者が自分の目標達成のことだけを考えて、決められたプロセスを回避する非公認の方法を見つけ、システムの安定性をリスクに晒すようなこともあった。結果的に大規模なクリーンアップが必要になり、システム変更は極度にリスクが高いという見方が強くなっていた。プロセス全体を変えようと考える開発と運用の異端者たちは、それぞれの分野の専門家になるという泥沼にはまった。そして、彼らは、気づくとシステムの維持に不可欠なサポートの職務に閉じ込められてしまっていることが多かった。

3.7 ソフトウェア開発手法の発展

2001年、ソフトウェア開発について議論する会合が行われた。業界内のエクストリームプログラミング（XP）や他のコミュニティのなかで、ソフトウェア開発に関心を持ち活発に活動している人たちに招待が送られた。XPは、アジャイル開発手法のひとつだ。変化していく要件に対して従来のやり方よりもすばやく対応することを目指しており、短いリリースサイクル、徹底的なテスト、ペアプログラミングなどが特徴である。この誘いを受けて、17人のソフトウェアエンジニアがユタ州スノーバードに集まった。そして、ソフトウェア開発においては、それを作る人たちを中心におきながら、変化に適応できるようにすべきだという共通の価値観を表明した。これがアジャイルソフトウェア開発宣言である。この宣言は、アジャイル運動をスタートさせるスローガンになった。

アジャイルソフトウェア開発宣言の起草者のひとりでソフトウェア開発者のアリスター・コーバーンは、成功しているチームについて10年間研究を続けていた。そして、2004年に、研究結果にもとづいて、小さなチームのためのソフトウェア開発手法をまとめた『Crystal Clear †5』（クリスタルクリア）を発表した。同書では、成功しているチームに共通する性質として次の3つをあげている。

- 使えるコードを頻繁に届ける。大きなデプロイをたまに行うのではなく、小さなデプロイを頻繁に行うようにする
- ふりかえりによる改善。直近の仕事でうまくいったこと、うまくいかなかったことをふりかえり、今後の仕事に活かす
- 開発者間の浸透的なコミュニケーション。開発者たちが同じ部屋にいれば、情報は自然に流れ出して知らず知らずのうちに伝わる。それを浸透という言葉で表現したもの

この運動はソフトウェア開発の世界で数年間続いたあと、影響の範囲を広げていった。同じ頃、マルセル・ウェガーマンというシステム管理者が、クリスタルクリア、スクラム、アジャイルの原則をシステム管理の分野に応用する方法についてのエッセイを書いた。また、彼はライトニングトークで画期的なアイデアの提案も行った。Linux OSの/etcディレクトリをバージョン管理する、ペアでシステムを管理する、運用でもふりかえりを行うといったものだ。そして、2008年にAgile System Administrationのメーリングリストを立ち上げた。

†5 Alistair Cockburn, *Crystal Clear: A Human-Powered Methodology for Small Teams: A Human-Powered Methodology for Small Teams* (Boston: Addison Wesley, 2004).

3.8 オープンソースソフトウェアとプロプライエタリサービス

オープンソースソフトウェアが急激に増え、ソフトウェア全般がモジュール化されて相互運用できるようになったことで、エンジニアが仕事をする上での選択肢が広がってきた。ひとつのハードウェアベンダー、そのハードウェアのもとで動作するOSやプロプライエタリソフトウェアに縛られるのではなく、自分が使いたいツールや技術を選べるようになった。ソフトウェア、特にウェブアプリケーション用のソフトウェアはコモディティ化し、どんどん値段が下がって広く普及するようになった。その一方で、ソフトウェア開発者には高い給与が与えられ、引く手あまたになった。

Amazon.comは、本をはじめとする商品を一般消費者向けにオンラインで販売するeコマース企業だ。2006年に、Amazon.comは、Amazon EC2（Amazon Elastic Compute Cloud）とAmazon S3（Amazon Simple Storage Service）の2つのサービスを立ち上げた。仮想化されたコンピュートインスタンスとストレージをプロプライエタリサービスとして提供する最初の試みであった。これにより、あらかじめハードウェアに多額の出費をせずに、すばやくコンピュートリソースを立ち上げ、必要に応じてリソースを増強できるようになった。System/360が導入されたときと同じように、このサービスはすぐに受け入れられた。そして、使いやすさ、エントリーコストの安さ、柔軟性から、デファクトスタンダードとなった。

Web系技術が成長し発展し続けたことで、人がオンラインでコミュニケーションしたりコラボレーションしたりする方法も進化した。オンラインソーシャルネットワークサービスのTwitterは、2006年にスタートした。初期のTwitterは簡潔に情報を共有したい人、集中力がすぐ切れて横道にそれる人、ファンにメッセージを送りたいセレブの人のためのツールにみえた。しかし、2007年のSouth by Southwest Interactive（SXSW）カンファレンスで、通路のスクリーンにカンファレンスについてのライブツイートをストリーム配信したことでユーザーが爆発的に増えた。

Twitterは、あっという間に、世界にまたがるアドホックなコミュニティを形成する手段になった。カンファレンスでは、マルチトラックシステムからさらに価値を引き出し、同じ考えを持つ個人とつながるための手段になった。ホールウェイトラックという言葉は、もともとカンファレンス会場の通路で交わされる会話、やり取りという意味だった。しかし、物理的な空間からウェブに拡張され、あらゆる人がこういった偶発的なやり取りを見つけて参加できるようになった。

3.9 アジャイルインフラストラクチャー

トロントで開催されたAgile 2008カンファレンスで、システム管理者兼ITコンサルタントのパトリック・デボアが講演を行った。「Agile Operations and Infrastructure: How Infra-gile are You?」（アジャイル運用とインフラストラクチャー：あなたはどれくらいインフラジャイル？）と題する講演で、運用にスクラムを組み込むことについてだった。彼は、データセンター移行をテストするプロジェクトで、開発チームと運用チームとともに仕事をしていた。開発を行った翌日には運用チームとともに火消しに追われるような仕事だった。このコンテキストスイッチによって、彼は健康を損ねた。実際、ひとつの仕事に集中するのではなく、2つの仕事を切り替えながら行うと、コンテキストスイッチのオーバーヘッドのために生産性が20%近くも落ちてしまう†6。

†6 Gerald Weinberg, *Quality Software Management: Systems Thinking* (New York: Dorset House Publishing Company, 1997).

同じカンファレンスで、アンドリュー・クレイ・シェーファーがアジャイルインフラストラクチャーセッションを提案した。彼は、もともとソフトウェア開発者で、ITの問題に大きな興味を持ち始めていたのだ。しかし、彼はこのテーマに興味を持つ人はいないだろうと考え、自分が提案したセッションをキャンセルしてしまった。パトリックは、これを見て、アジャイルシステム管理に関心があるのは自分だけではないことに気づいた。そして、このテーマについてさらに議論するためにアンドリューに連絡を取ったのであった。

同じ頃、個々の企業も急激なインターネットの変化についていくためのプロセスに向かって大きく前進した。それだけでなく、O'ReillyのVelocityカンファレンス（http://velocityconf.com/）のような人気のカンファレンスの周辺で立ち上がりつつあったコミュニティを通じて、自分たちのストーリーを広く共有するようになっていた。

そのような企業のひとつがFlickrだ。写真愛好家のためのコミュニティサイトを運営しており、人気を集めていた。Flickrは、2005年にYahoo!に買収されてから、すべてのサービスとデータをカナダからアメリカに移行しなければいけなかった。ジョン・アレスポウは、長年に渡ってシステム運用の仕事に携わり、ウェブ運用に情熱を注いでいた。そして、この新しい移行プロジェクトのスケーリングのために、運用部門のエンジニアリングマネージャーとしてFlickrに入社した。2007年には、ポール・ハーモンドがFlickrの開発チームに入った。2008年には、開発部門のエンジニアリングマネージャーに昇進して、アレスポウと協力しあって仕事を進めるようになった。

2009年にサンタクララで開催されたVelocityカンファレンスで、ハーモンドとアレスポウは「10+ Deploys per Day: Dev and Ops Cooperation at Flickr」（1日10回以上のデプロイ：FlickrにおけるDevとOpsの協力）というタイトルで講演を行った。講演では、チームがすばやく動けるようになった革命的な変化にスポットライトを当てた。彼らは、サイロを打ち破ろうとしたり、プロフェッショナルで文化的な大きな運動を始めようとしたりしてこの変化を実現したわけではない。Flickrでは、仕事をする上で互いがたくさん協力しあえたというだけだ。アレスポウが前職のFriendsterで経験したのとは対照的だった。Friendsterでは、プレッシャーがきつく、感情がぶつかり合ってしまったために、チーム同士が協力し合う余地はほとんどなかったのだ。

「1日10デプロイ」を実践しているからといって「devopsをうまくやっている」とは言えない。他の組織から聞いたメトリクスではなく、自分の組織で解決しようとしている具体的な問題に注意を払わなければいけない。単純にデプロイ数などのメトリクスばかり見るのではなく、具体的な改革を行おうとしている理由を常に考えていなければいけない。

ふたりが活用したのは、一緒に仕事をする機会だった。ふたりとも、ある日目覚めてこの企業には大きな改革が必要だと考えたわけではない。ただ、少し一緒に仕事をしてみたら、ものごとがうまく回るようになったことに気づいたのだ。彼らはそういった小さなことを記録していき、それがはるかに大きな文化的改革になったのである。彼らの共同作業は、デプロイ数とは比べものにならないほど大きなインパクトを生んだのだ。

3.10 DevOpsDaysの始まり

> ただ「ノー」と言ってはいけない。それでは他の人の問題を尊重していないことになる……#velocityconf #devops #workingtogether
>
> アンドリュー・クレイ・シェーファー（@littleidea）

これは、Velocityカンファレンスの期間中の2009年6月23日にアンドリュー・クレイ・シェーファーがツイートしたものだ。それを見て、パトリック・デボアはカンファレンスに直接参加できなかったことを残念がった（リモートでは見ていた）。すると、当時Guardianのシステム結合チームのリードエンジニアだったプリ・ナズラットがリプライしてきた。「ベルギーで君自身のVelocityイベントを開催したらどう？」。そのツイートに触発されたパトリックは、まさにそのとおりやってのけた。開発者、システム管理者、ツール開発者、その他同じ分野で働く人たちが一堂に会するローカルなカンファレンスを作ったのである。その年の10月、初めてのDevOpsDaysカンファレンスがヘントで開催された。2週間後に、パトリックは、次のように書いた（http://bit.ly/debois-devopsdays）。

> 正直に言うと、ここ数年、アジャイルのカンファレンスに行くたびに、砂漠のなかで祈るような気分だった。ほとんど諦めかけていた。こんな考え方はたぶんまともじゃない。devとopsが一緒に仕事をするなんて。しかし、今や火は広がりつつある！！

第1回のDevOpsDaysが、まだ満たされていないニーズが詰め込まれた火薬樽に火をつけた。サイロに分割されて現状に不満を感じていた人たちが、devopsとは自分たちがすでにやっていた仕事の進め方のことだと気づいたのである。世界中のさまざまな地域で新しいDevOpsDaysイベントが始まり、DevOpsDaysは成長し、拡大していった。Twitterでリアルタイムコミュニケーションが可能になり、ホールウェイトラックはいつまでも終わらなかった。#devopsには、独立した生命が宿ったのだ。

3.11 devopsの現状

パトリック・デボアがベルギーで最初のDevOpsDaysを開催してから6年のあいだに、devops運動がどこまで成長したのかを見ておこう。Puppetが発行している"2015 State of DevOps Report"（http://bit.ly/2015-state-of-devops）によると、devopsを実践している企業はそうでない企業よりもパフォーマンスが高い。多くの人が思っていたことが、ついに数字の上で明らかになったのだ。チームと個人が協力し合って仕事するのを重視するほうが、他者と連携しようとしないエンジニアが集まったサイロを抱えているよりもよい。パフォーマンスの高いdevops組織のほうが頻繁にコードをデプロイし、エラーが少なく、エラーからの回復が早く、社員が気持ちよく仕事をしている。

DevOpsDaysカンファレンスの数は、2009年には1だったものが、2015年には世界中で22になった。DevOpsDaysのイベントは、毎年世界中の新しい場所で開催されるようになっている。これは、シリコンバレーやニューヨークといったテクノロジーハブに限った現象ではない。Twitterでdevopsについての会話が毎日交わされていることは言うに及ばず、世界中の数十もの都市に数千人のメンバーを抱えるミートアップグループができている。

3.12 まとめ

私たちの歴史をふりかえると、人とプロセスではなく、結果を重視する傾向が見える。ジョン・アレスポウとポール・ハーモンドの「10+ Deploys per Day」の講演にはさまざまな成果が含まれていた。しかし、多くの人が重視したのは、1日10回以上というデプロイの回数だった。「Dev and Ops Cooperation at Flickr」というサブタイトルは、陰に隠れてしまっていた。

特定の成果を強調しすぎると、すでに組織での限界にストレスを感じている人たちにさらにストレスを与えてしまう。機械的なプロセスとは違って、ソフトウェアは人的要因に依存する部分が多い。ソフトウェアは完成する前から賞味期限切れになったり、顧客の期待を無視する結果になったり、予想外の形でエラーを起こし激しい影響を残したりすることもある。

文化とプロセスを重視すると、反復が尊ばれ、なぜ、どのように仕事をするかを改善することが重視されるようになる。わたしたちの重点が「何」から「なぜ」に移ると、私たちの仕事が持つ意味とその目的を確立する自由と信頼が与えられる。これは、仕事の満足度にとって重要な要素だ。仕事に夢中になれれば、特定の成果を達成することに集中しなくても、結果を大きく変えられる。人は幸せで生産的になり、人類の次の飛躍を生み出せるのだ。

devopsの導入によってソフトウェア業界は大きく変わった。専門化を競い合うのではなく、互いの協力と協調を重視し、職種を越えて人とプロセスを重視するようになったのである。

4章
基本的な用語と概念

効果的なdevopsのためのしっかりとした基礎を作るには、いくつかの重要な用語と概念について説明しておく必要がある。読者がよく知っているものもあるだろう。なぜなら、ソフトウェア工学の歴史のなかで言及されているものも多く、いろいろなソフトウェア開発手法を経験していれば知っているものだからだ。

ソフトウェア工学の歴史のなかでは、ずっとソフトウェアの開発と運用のプロセスを改善し、楽にするための手法が議論されてきた。どの手法も仕事をフェーズに分割し、それぞれのフェーズでは別々の作業をするものだった。しかし多くの手法はある問題を抱えている。開発プロセスだけを重視してしまって、運用の仕事とは切り離してしまい、その結果チーム間で矛盾する目標を目指してしまうというものだ。そして、開発以外のチームに特定の手法に従うことを強制すると、チームの仕事がその手法のプロセスや目標に合わないときには怒りや不満を生むことにもなる。しかし、さまざまな手法がどのように機能し、どのような効果が得られるかを理解すれば、この摩擦を理解し、緩和するために役立つ。

devopsは、特定の手法を禁止するほど厳格に定義されているわけではない。devopsは、アジャイルシステム管理や開発と運用の協力を支持する実践者たちによって生まれたものだが、実際にどのようなことをしたのかは環境ごとに異なっている。devopsの重要な部分とは、いろいろなツールやプロセスを評価して、自分の環境にとっていちばん効果的なものを見つけられることである。私たちは本書全体を通じて、これを繰り返し示していく。

4.1 ソフトウェア開発手法

開発の仕事を別々のフェーズに分割するプロセスのことを、**ソフトウェア開発手法**と呼ぶことが多い。

フェーズには次のようなものが含まれている。

- アーティファクト（成果物）の仕様作成
- 開発と、コードが仕様に従っていることの確認

- エンドユーザーや本番環境へのコードのデプロイ

本書ですべての手法を取り上げることはとてもできないが、devopsを支える考え方に何らかの影響を与えたものには簡単に触れておこう。

4.1.1 ウォーターフォール

ウォーターフォールモデルはプロジェクト管理プロセスのひとつで、各ステージを順に進んでいくことに重点を置いている。製造業や建築業で生まれ、ハードウェア工学に採用された。そして、1980年代初頭にソフトウェアに取り入れられた[†1]。

もとのステージは、要求仕様作成、設計、実装、統合、テスト、インストール、保守だ。**図4-1**に示すように、あるステージから次のステージに流れていくという形で表せる（名前はそこに由来している）。

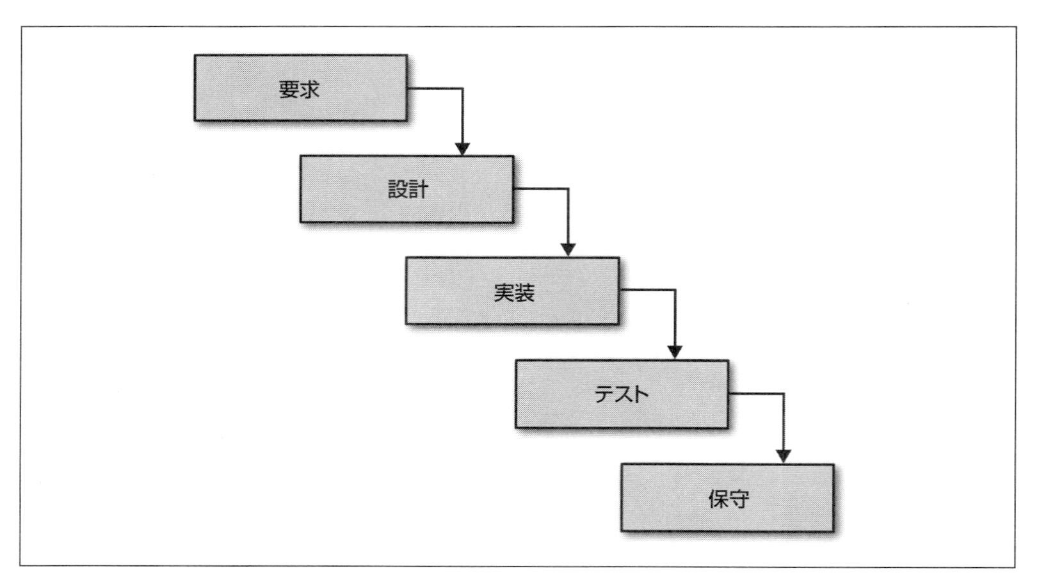

図4-1 ウォーターフォールモデル

ウォーターフォールモデルのソフトウェア開発では、要求仕様の作成と設計のフェーズに大量の時間を割き、構造化[†2]される傾向が強い。最初の要求仕様と設計が正しければ、その後のミスは減るという考え方が根底にある。

ウォーターフォールの全盛期には、ユーザーが手作業でインストールするコストを抜きにしても、ソフトウェアをCD-ROMやフロッピーディスクで流通させるために高いコストがかかってい

†1 Herbert D. Benington, *Production of Large Computer Programs*. IEEE Annals of the History of Computing, October 1, 1983, http://bit.ly/benington-production.

†2 監訳注：ソフトウェアに必要な機能やそれぞれで必要なデータの流れを分析して設計する手法のことを構造化設計と呼ぶ。

た。バグ修正のためには、新たにCD-ROMやフロッピーディスクを作って配布する必要があった。したがって、ミスをあとで修正するよりも、最初に時間と労力をかけて要求をしっかり定義することに意味があったのである。

4.1.2 アジャイル

アジャイルは、ウォーターフォールを始めとする従来の手法よりも軽量かつ柔軟な一連の手法に与えられた名前である。前の章でも触れた2001年のアジャイルソフトウェア開発宣言[†3]は、その原則を次のようにまとめている。

> 私たちは、ソフトウェア開発の実践あるいは実践を手助けをする活動を通じて、よりよい開発方法を見つけだそうとしている。この活動を通して、私たちは以下の価値に至った。
>
> プロセスやツールよりも個人と対話を、
> 包括的なドキュメントよりも動くソフトウェアを、
> 契約交渉よりも顧客との協調を、
> 計画に従うことよりも変化への対応を、
>
> 価値とする。すなわち、左記のことがらに価値があることを認めながらも、私たちは右記のことがらにより価値をおく。

アジャイル開発手法のひとつが、このあと説明するスクラムだ。他にも、コラボレーションや柔軟性を重視し役に立つソフトウェアを最終的な成果とするプロセスがいくつもある。

devopsは単なるアジャイルなのか

devopsとアジャイルには多くの共通する特徴がある。特に、人、対話、コラボレーションを強調するところなどだ。それでは、devopsはアジャイルの新しいブランドにすぎないのだろうか。確かに、devopsはアジャイル開発手法の周辺で成長してきている。だが、devopsは開発者だけでなく、広い範囲の人たちに影響を及ぼしている。コンピューター業界の歴史のなかの別個の文化運動として扱うべきだ。devopsはアジャイルの原則を取り入れて、それを発展させたものであり、開発プロセスだけでなく組織全体が適用の対象となる。devopsにはアジャイルを越える文化的な意味があり、デリバリーのスピードだけにとどまらず幅広い範囲の価値を重視している。あとの章で詳しく見ていくつもりだ。

4.1.3 スクラム

アジャイルソフトウェア開発宣言の17人のなかのケン・シュエイバーとジェフ・サザーランド博士は、1990年代半ばに、さまざまな取り組みをまとめて、スクラムという新しいソフトウェア開発プロセスを作り出した。スクラムは、開発チームが変化にすばやく対応する能力を最大化することに重点を置く開発手法だ。変化とはプロジェクトの変化と顧客のニーズの変化の両方だ。

†3 監訳注：アジャイルマニフェストとも呼ばれる。日本語版をhttp://agilemanifesto.org/iso/ja/manifesto.htmlから引用した。

スプリントと呼ばれる1週間から4週間までの固定長の開発サイクルを繰り返す。スプリントは、目標を設定するスプリントプランニング†4から始まり、そのスプリントで達成した成果を確認するスプリントレビューと、スプリント中に起こった問題点を議論するスプリントレトロスペクティブ†5で終わる。

スクラムの重要な特徴のひとつが**デイリースクラム**と呼ばれる立ったまま行うミーティングだ。そこでは、チームメンバーは次の3つの質問に簡潔に答える。

- チームがスプリントの目標を達成するために、昨日何をしたか
- チームがスプリントの目標を達成するために、今日何をするか
- 目標達成の妨げとなるものは何か

メンバーがその日にする仕事を決め、それに従って進め、問題の解決のために互いが助け合うためだ。このミーティングの司会進行は**スクラムマスター**が務めることが多い。スクラムマスターは重要な役割だ。以下にあげるような多くの責任を担っている。

- チームの自己組織化を支援する
- 仕事の調整を助ける
- チームが前進できるように障害を取り除く
- プロダクトオーナーやステークホルダーを巻き込んで、何をもって「完成」なのか、現在の進捗がどうなのかについて共通理解を持てるようにする

スクラムの原則の多くは、今日でもさまざまなソフトウェア開発に緩やかな形で取り入れられている。

4.2 運用手法

ソフトウェア開発手法では、プロセスに秩序を与えるために、仕事を異なるフェーズに分割するなどの工夫をしていた。それと同じように、ITや運用の仕事も分割したり構造化したりできる。すべての運用手法をこの章で取り上げることはとてもできないので、一部に絞って紹介する。

4.2.1 ITIL

ITIL（Information Technology Infrastructure Library）は、ITサービス管理のためのプラクティス集だ。プロセス、手順、タスク、チェックリストなどを解説した5冊の書籍で構成されている。準拠の状況を示したり、目標に向かっての進歩の度合いを計測したりするために使われてい

†4 監訳注：スプリント計画会議と呼ぶこともある。
†5 監訳注：ふりかえりと呼ぶこともある。

る。ITILは、1980年代にIT組織が増え、多くの多様なプラクティスが使われるようになったことが背景で生まれた。

イギリスのCCTA（Central Computer and Telecommunications Agency、中央電算電気通信局）は、これらのプラクティスを標準化するために、推奨事項をまとめていた。最初の書籍は1989年に出版された。その後、本とプラクティスは年を追うごとに見直され、最新版（2011年）では、サービス戦略、サービス設計、サービスの変遷、サービスの運営、継続的なサービスの改善の5つのコアセクションから構成されている。

ITアナリストでコンサルタントのステファン・マンは、ITILの標準化によって多くの効果が生まれ、世界中で150万人を超えるITIL資格取得者がいることを評価しつつも、実際にはITIL以外の部分で力を入れなければいけないところもあると指摘している。マンによれば、ITILは攻めよりも守りに立つことが多い。ITILを使っている企業は、より大胆な計画と顧客重視の姿勢を取り入れるためにできることを意識的に探すとよいだろう。

4.2.2 COBIT

COBIT（Control Objectives for Information and Related Technology）は、ISACA（情報システムコントロール協会）が1996年にリリースした情報と技術のガバナンスと管理のフレームワークである。

COBITは、次の5つの原則のもとに成り立っている。

- ステークホルダーのニーズに応える
- 企業全体をカバーする
- ひとつに統合されたフレームワークを適用する
- 包括的なアプローチを実現する
- ガバナンスとマネジメントを分離する

4.3 システム手法

手法のなかには、ソフトウェア開発やIT運用といった企業の特定の領域を対象とするもの以外に、全体としてのシステムを扱うものもある。システム思考のスキルは、今日作られている多くのソフトウェア製品をはじめとした複雑なシステムに携わる人にとっては必要不可欠だ。システム思考について詳しく学びたければ、ドネラ・メドウズの『Thinking in Systems』（システム思考）、リチャード・クック博士の『How Complex Systems Fail』（システムはどのようにして失敗するか）を読むとよいだろう。

4.3.1　リーン

ジェームス・P・ウォマックとダニエル・T・ジョーンズとダニエル・ルースの3人は、自動車生産の未来とトヨタ生産方式（TPS）を5年間に渡って研究した結果、**リーン生産**という言葉を生み出した[†6]。ウォマックとジョーンズは、次のようにリーン思考の5原則を定義した[†7]。

- 価値
- バリューストリーム
- フロー
- プル
- 完全性

これらの思想、特に全体での問題の特定とムダの除去による完全性の追求は、**リーン**を顧客価値の最大化とムダの最小化と定義することにつながった。

リーンでは、価値を与える部分に注目し、他のすべての部分からムダを取り除くことに全力を注ぐ。部品の作りすぎ、作り直しが必要な欠陥品、他の部分の作業待ちの時間などを徹底的に取り除くのだ。ここからリーンIT、リーンソフトウェア開発という考えが生まれた。これらは、リーンの原則をソフトウェア工学やIT運用に応用したものである。

これらの分野で取り除くべきムダには、次のようなものがある。

- ソフトウェアの不要な機能
- 通信遅延
- アプリケーションの応答の遅さ
- 高圧的で官僚主義的なプロセス

リーンの世界では、ムダは価値の対極にある。メアリー・ポッペンディークとトーマス・ポッペンディークは、リーン生産におけるムダを次のようにソフトウェア開発のムダに対応づけた[†8]。

- 仕掛りの仕事
- 余分な機能

---

†6　James P. Womack, Daniel T. Jones, and Daniel Roos, *The Machine That Changed the World* (New York: Rawson Associates, 1990).

†7　James P. Womack and Daniel T. Jones, *Lean Thinking* (New York: Simon & Schuster, 1996).

†8　Mary Poppendieck and Thomas David Poppendieck. *Implementing Lean Software Development* (Upper Saddle River, NJ: Addison-Wesley, 2007).

- 学習のやり直し
- 不要な引き継ぎ
- タスクスイッチ
- 遅れ
- 欠陥

devopsと同じように、リーンソフトウェア開発の方法はひとつではない。リーンには、主に2つのアプローチがある。ひとつは、ツールを通じたムダの除去に重点を置くもので、もうひとつが、ザ・トヨタウェイとも呼ばれる作業のフローの改善に重点を置くものだ[†9]。どちらのアプローチも目標は同じだが、アプローチの違いによって結果にも違いが出ることがある。

4.4　開発、リリース、デプロイの諸概念

ソフトウェアの開発、リリース、デプロイについて、ここまで説明したいずれの手法にも含まれない用語がある。それらは、ソフトウェアの開発とデプロイのhowの部分を説明する概念だ。それぞれが何でどう関連し合っているかを理解すれば、devopsの実践を全面的に支えるツールの使い方を深く理解できるはずだ。

4.4.1　バージョン管理

バージョン管理システムは、ひとつまたは複数のファイルに対する変更を記録するのに使う。対象にできるのは、ソースコード、アセット、そして、ソフトウェア開発プロジェクトで作られるドキュメントなどだ。一度に行われた変更の集合のことをコミットとかリビジョンと呼ぶ。それぞれのリビジョンは、変更を加えた人やその時刻などのメタデータとともにシステムに格納される。

コミット、比較、マージ、過去のリビジョンの復元ができることで、チーム内でもチーム同士でもコラボレーションが活発となり、共同作業しやすくなる。バージョン管理システムを使えば本番環境のオブジェクトを前のバージョンに戻せるため、リスクは最小となるのだ。

4.4.2　テスト駆動開発

テスト駆動開発では、開発者はまず新しいコードのために失敗するテストを書くところから始める。それから、コード自体を書き、最後にコードが完成したらテストに合格するかどうかを確かめる。テストを先に書くことで、新しい機能を明確に定義できるし、コードが行うべきことがはっきりする。

開発者自身にテストを書かせることで、フィードバックループが大幅に短縮される。それだけでなく、開発者が自分で書くコードに対して責任感を持つようにもなる。責任の共有と開発サイクル

†9　Jeffrey K. Liker, The Toyota Way: 14 Management Principles from the World's Greatest Manufacturer (New York: McGraw-Hill, 2004).

の時間短縮というテーマは、devops文化の重要な要素のひとつだ。

4.4.3 アプリケーションのデプロイ

アプリケーションのデプロイとは、ソフトウェアリリースの計画作り、リリース実行、保守を含むプロセスを指す。アプリケーションのデプロイでは、システムに対する変更の考慮が必要だ。アプリケーションを動かすのに必要な依存部分をインフラストラクチャー自動化を使って構築することで、依存部分の不一致が与える影響を最小化できる。これは依存部分がコンピューターであれ、OSであれ、それ以外であれ、あてはまる。

アプリケーションの種類によって、重要となる技術的関心は変わってくる。たとえば、データベースでは、厳格な整合性保証を必要とする。トランザクションが発生したら、それはデータに反映されなければいけない。アプリケーションのデプロイは、高品質のソフトウェアを実現するためにきわめて重要な意味を持つ。

4.4.4 継続的インテグレーション

継続的インテグレーション（CI）は、開発者が書いた新しいコードとマスターブランチを頻繁に統合するプロセスだ。開発者たちが独立したフィーチャーブランチを数週間とか数か月も抱え込み、完成してからでなければマスターブランチにマージしないという方法とは対照的だ。マージとマージの間隔が長くなれば、変更された部分が多くなる。そして、それらのなかに問題のあるものが含まれる可能性が高くなる。一回のコミットでの変更量が大きくなれば、問題を起こした原因を特定し、それを分離するのが難しくなる。一回のコミットでの変更量を小さくして頻繁にマージすれば、リグレッションを引き起こした変更をはるかに見つけやすくなる。継続的インテグレーションの目標は、大規模で頻度の低いマージが引き起こす問題を防ぐことである。

CIシステムは、統合の成功を確認するために、新しい変更のマージのたびに自動的に一連のテストを実行する。変更をコミットやマージするときに、忘れずに手動でテストしなければいけないというのはオーバーヘッドだ。それを取り除くために、テストを自動実行するのだ。特に急いでいる場合には、オーバーヘッドが大きければ大きいほど、それが正しく実行される可能性は下がるものだ。テストの結果は可視化される。「緑」はテストに合格し、新しく統合されたビルドがクリーンだという意味であり、「赤」はビルドに問題があり、修正が必要だという意味である。こうしたワークフローを取り入れることで、問題点のすばやい特定と修正が可能になる。

4.4.5 継続的デリバリー

継続的デリバリー（CD）はソフトウェア工学の一般的な原則を集めたものだ。自動テストと継続的インテグレーションを活用して、新しいソフトウェアを頻繁にリリースできるようにする。CDはCIと密接に関連しており、CDはCIを一歩先に進めたものと言える。新たな変更をしても自動テストが失敗せずに統合できるようにするだけでなく、変更をデプロイ可能にすることがCDだと考えられることが多い。

4.4.6 継続的デプロイ

継続的デプロイ（同じくCDと呼ばれる）は、変更を本番環境にデプロイするプロセスのことだ。リスクを最小化するために、テストや結果検証の仕組みを用意する。継続的デリバリーでは新しい変更がデプロイ可能なことを保証するが、継続的デプロイでは本番環境に実際にデプロイする。

ソフトウェアが本番環境に反映されるのが早くなればなるほど、自分の仕事の結果が見えるのも早くなる。結果がすぐ見えるようになると、自分の職務に対する満足感、仕事全般に対する満足感が高まり、パフォーマンスの向上につながる。これは、学習する機会が早く得られるということでもある。設計や機能に根本的な間違いが見つかっても、まだ仕事のコンテキストは古くなっていない。したがって、理由を明らかにしたり変更したりするのも簡単だ。

継続的デプロイは、顧客のもとに製品を早く届けることでもある。これは、顧客満足度を上げることにつながる（しかし、ただ早く届いたとしても、それが自分の問題を解決してくれるものでなければ顧客は喜ばない。そのため、他の手法を活用しながら正しいものを作る必要があることを覚えておいてほしい）。継続的デプロイは、デプロイの成功/失敗を早くチェックできることでもある。これによって、チームや組織は、必要に応じて、すばやく繰り返し変更できるようになる。

継続的デリバリーと継続的デプロイが幅広く使われるようになって、その違いが議論されることが増えてきた。『継続的デリバリー』（KADOKAWA/アスキー・メディアワークス）の著者であるジェズ・ハンブルは違いを次のように定義している。「継続的デプロイはウェブアプリケーション固有のものであり、継続的デリバリーはIoT（モノのインターネット）や組み込みソフトウェアを含むあらゆるソフトウェア開発プロジェクトに応用できる一般的な原則の集合を指す」。これらの概念の違いを詳細に知りたければ、「20章 さらに深く学習するために」を参照してほしい。

4.4.7 MVP（実用最小限の製品）

製品を作るときの開発コストの低減とムダの除去という考えが、近年顕著になってきた。企業が何年もかけて新製品を市場に送り出したとしても、それが顧客のニーズに合わなければ、時間や労力や資金がとてつもなくムダになってしまう。

MVP（Minimum Viable Product、実用最小限の製品）は、製品のアイデアを確かめるために、必要最小限の労力で製品のプロトタイプを作るという考え方である。100%完全な製品を開発してからユーザーに届けるのではなく、その割合を劇的に減らすことを意図している。そうすれば、大幅な変更が必要になっても、それまでに費やした時間や労力はわずかで済む。たとえば、コンセプトの核となる部分の評価のために機能を減らす、高度な設定を省略する、デザインやパフォーマンスより機能に重点をおくことを意味する。リーンや継続的デリバリーなどと同じように、MVPは、企業がコストやムダを削減しつつ、すばやく反復作業と改善を進めるための考え方である。

4.5 インフラストラクチャーに関する概念

あらゆるコンピューターソフトウェアは、何らかのインフラストラクチャー上で実行される。インフラストラクチャーは、企業が自ら所有し管理しているハードウェアのこともあれば、他社が維持管理しているリース製品のこともあるし、必要に応じて簡単にスケールアップ/スケールダウンできるオンデマンドの計算リソースのこともある。以前なら、これらの概念は運用エンジニアだけが知っていればよいものだった。しかし、開発と運用の境界線が曖昧になってきた最近の環境では、ソフトウェア製品に関わるすべての人が理解すべき大切な概念になっている。

4.5.1 構成管理

1950年代にアメリカ国防省が技術面での管理規約として始めた構成管理(CM)は、多くの業界で採用されている。構成管理とは、ライフサイクルの最初から最後まで、対象の機能的な属性や物理的な属性やパフォーマンスを確立し一貫性を維持するプロセスである。構成管理には、一貫したパフォーマンス、機能、属性を実現するのに必要なポリシー、プロセス、ドキュメント、ツールが含まれる。

ソフトウェア業界では、IEEE(米国電気電子学会)、ISO(国際標準化機構)、SEI(カーネギーメロン大学ソフトウェア工学研究所)などのさまざまな組織や機関が構成管理の標準を提案している。この結果、他の通俗モデルと同じように、「構成管理」という単語の共通定義に関して混乱を招いた。

多くの場合、この用語は、さまざまな形のインフラストラクチャー自動化、バージョン管理、プロビジョニングと区別されずに使われている。その点が、他の分野でのこの用語の使い方との違いだ。読者と共通理解を持つために、本書では、ライフサイクルの最初から最後まで、製品を識別、管理、監視、監査するプロセスのことを構成管理と呼ぶことにする。このなかには、関連するプロセス、ドキュメント、人、ツール、ソフトウェア、システムが含まれる。

4.5.2 クラウドコンピューティング

クラウドコンピューティングは、単に「クラウド」と呼ばれることも多い。インターネット経由で利用する共有型のコンピューティングのことで、ユーザーは必要に応じてさまざまなクラウドサービス事業者のリソースを利用できる。クラウドコンピューティングを利用すれば、ハードウェアの購入やインストール、ハードウェアの保守といったオーバーヘッドがなくなる。

多くのクラウドは高性能でコストが安く柔軟性や利便性を有している。そのため、企業がコストの最小化と繰り返しのスピードの向上を目指す上で、クラウドは理想的な選択肢になっている。繰り返しと開発サイクルタイムの短縮は、devopsの文化を生み出すための重要な要素である。

クラウドとdevopsを同義語と捉えている人もいるが、そうとは限らない。devopsの重要な要素のひとつは、さまざまなツールやプロセスを評価して、自分の環境でいちばん効果的なものを探せることであり、それはクラウドベースのインフラストラクチャーに移行しなくても可能だからだ。

4.5.3 インフラストラクチャー自動化

インフラストラクチャー自動化はシステムを構築する方法のひとつだ。システムや関連するサービスを管理するための負担を軽減でき、サービスの品質、精度、正確性を上げられる。自動化は、繰り返し作業を削減する方法で、失敗を最小に抑え、作業者の時間と労力を軽減するためのものだ。

たとえば、企業のインフラストラクチャーを構成するすべてのサーバー上で複数のコマンドを手作業で実行するのではなく、1ステップで実行できるシェルスクリプトにそれらのコマンドをまとめるのが自動化である。

4.5.4　アーティファクト管理

アーティファクトとは、ソフトウェア開発プロセスのさまざまなステップでの生成物のことだ。開発言語次第で、アーティファクトは多数のものになることもある。たとえば、JAR（Javaアーカイブファイル）、WAR（ウェブアプリケーションアーカイブファイル）、ライブラリ、アセット、アプリケーションなどだ。アーティファクト管理はさまざまな形で行うことができる。単純に、ファイル管理用にアクセス制御機能を用意したウェブサーバーを使うこともできるし、さまざまな拡張機能を持つマネージドサービスもある。初期のバージョン管理と同じように、アーティファクト管理も予算にあわせていろいろな形で実現できる。

アーティファクトリポジトリは、次のような役割を果たす。

- バイナリや依存コードを管理するための中心点
- 企業と公開リポジトリ間のプロキシ
- ビルド昇格[†10]したソフトウェアの保存

4.5.5　コンテナ

伝統的に開発と運用が大きく対立しがちなポイントのひとつに、どうやってコードの変更を速やかに反映するかという点がある。本番環境とインフラストラクチャーの安定性を脅かしてはいけないし、一方で効果的に開発できなければいけなかったからだ。**コンテナ**は比較的新しい技術で、この対立を緩和するのに役に立つ。コンテナは隔離されており、土台のOSやハードウェアに比較的依存しない形で開発やデプロイが可能だ。

コンテナは、仮想マシンと同じように、そのなかで実行されるコードをサンドボックス化するための方法だ。仮想マシンよりもオーバーヘッドが少なく、OSやハードウェアへの依存度が低い。そのため、ローカル環境のコンテナで開発者がアプリケーションを開発し、同じコンテナを本番環境にデプロイするのは比較的簡単だ。加えて、運用エンジニアがデプロイのためにかける労力は少なくなり、リスクや開発のオーバーヘッドも下げることができる。

4.6　文化的な概念

本章の最後で見ておきたいのは文化的な概念だ。アジャイルなどの一部のソフトウェア開発手法

†10　監訳注：複数のビルド間に依存関係がある場合に、すべての依存関係を含めてビルドが成功した場合だけ、そのビルドをテスト候補やリリース候補として昇格させる仕組みのこと。

では、ソフトウェアの開発中に人がどのように協力し合うのかを定義しているものもある。しかし、それ以外にもコミュニケーションやそれに関連する文化について重要なものがあるので、ここで紹介しておこう。あとの章では、それらが登場してくる。

4.6.1 レトロスペクティブ

レトロスペクティブは、プロジェクト終了後に行われる議論のことだ。そこでは、うまく機能したことや将来のプロジェクトで改善すべきことを検討する。通常、レトロスペクティブは定期的に行う。必ずしも頻繁でなくてかまわない。あらかじめ決められた期間が経過したとき（たとえば四半期ごと）や、プロジェクト終了時などだ。その目標は、ローカル学習である。つまり、このプロジェクトの成功や失敗を将来の同じようなプロジェクトに応用できるようにすることだ。レトロスペクティブのスタイルはさまざまだが、通常は次のようなテーマを取り上げる。

何が起きたか

プロジェクトの範囲は何で、完成したものはどのようなものだったか

うまくいったことは何か

プロジェクトでうまくいったやり方は何か、チームが特に誇りに思っているのはどの部分か、将来のプロジェクトで使うべきものは何か

失敗したことは何か

うまくいかなかったことは何か、発生したバグにどんなものがあったか、守れなかった締め切りは何か、将来のプロジェクトで避けるべきことは何か

4.6.2 ポストモーテム

レトロスペクティブは計画的かつ定期的に行われるが、ポストモーテムはそうではない。想定外のインシデントやサービス障害が起きたあと、その結果が関係者にとって意外で、システムや組織の欠陥が少なくともひとつ明らかになったときに行われる。レトロスペクティブが計画的なのに対して、ポストモーテムはイベントが発生するまでは予期できない。ポストモーテムの目標は全社規模の学習だ。次のようなテーマを取り上げ、体系的で一貫性のある方法で議論を進めると効果的だ。

何が起きたのか

インシデントの最初から最後までのタイムライン。コミュニケーションの内容やシステムのエラーログも含む

報告

インシデントに関わったすべてのメンバーが、事象発生中に考えたことを含め、インシデントについての自分の考えを提出する

改善事項

システムの安全性を高め、同じようなインシデントの再発を防ぐために変えなければいけないこと

devopsコミュニティでは、ポストモーテムとレトロスペクティブを非難なしで行うことを説いている。インシデントが誰の責任なのかを明らかにしようとするような非難だらけなポストモーテムを開催することは可能だが、それではdevops運動で重視される学習には逆効果になる。

4.6.3 非難のない文化

非難のない文化は、非難文化とは対照的なものとして生まれてきた概念である。この概念は以前から何年にも渡ってシドニー・デッカーらが議論してきたものだ。だが、本当にこの概念が注目されるようになったのは、ジョン・アレスポウが非難のないポストモーテムについてのエッセイ（http://bit.ly/blameless-postmortems）を発表してからだ。このエッセイでは、インシデントをふりかえるときには、懲罰ではなく学習に重点を置いたほうが効果的だと述べている。

非難のない文化は、人を無責任のまま放置するためにあるのではない。たとえ特定の個人の行動がマイナスの結果に直接結び付いている場合でも、インシデントの細部を明らかにしようとしているときには、その人が落ち着いて話せるようにするためのものである。何が起きたのかが詳細にわからなければ、学習は始まらない。

4.6.4 組織的な学習

> 学習する組織とは、絶えず学習して自分自身を変えていく組織のことである。……学習は、仕事に組み込み、仕事と並行して進めるべきプロセスで、継続的かつ戦略的に使うべきものだ。
>
> カレン・E・ワトキンス、ビクトリア・J・マルシック『Partners for Learning』

組織的な学習とは、組織が持つ知恵を集め、成長させ、共有するプロセスである。学習する組織とは、学習を意識的に行い、学習を具体的な目標として掲げ、時間とともに蓄積された学習量を増やしていくために具体的な活動をしている組織のことだ。

組織的な学習を目標に掲げることは、非難文化と非難のない文化を分ける要素のひとつである。非難だらけな組織は学習よりも懲罰をはるかに重視する。それに対し、非難のない学習する組織は、経験から価値を取り出すことを考え、たとえマイナスの経験であっても、そこから学ぶべき教訓や得られる知識を探す。学習は個人やグループから企業全体までさまざまなレベルで起きるが、組織的な学習は企業全体に大きな影響を与える。そして、組織的な学習を実践している企業は、そうでない企業よりも成功していることが多い。

4.7 まとめ

本章では、ソフトウェアの開発、デプロイ、運用に関連するさまざまな手法や、それを支えるインフラストラクチャーを取り上げた。それとともに、個人や組織がインシデントやエラーにどのよ

うに対処し、それらからどのように学習するかを扱う文化的な概念も説明した。

本章で紹介したものはごく一部で、完全なリストとはほど遠い。将来的には、別の新しい手法や技術が開発されるだろう。しかし、開発、デプロイ、運用、学習についての土台となる考え方は、今後も変わらずに重要なはずだ。

5章
devopsに対する誤解とアンチパターン

devopsのような概念について議論するときは、それが何ではないかを議論しておくことも有用だ。そうすることで、devopsに対するよくある誤解や間違った思い込みを晴らすのに役立つ。本章では、devopsを取り巻く状況について説明し、よく見られるアンチパターンの例を示す。

5.1 devopsに対するよくある誤解

業界内には、devopsに対するよくある誤解が蔓延している。組織のなかで、devopsの考えと価値観を明確にしようとチームが苦しんでいるかもしれない。この節では、組織内でdevopsを共通語にしようとしたときにぶつかる問題をいくつか検討していく。

5.1.1 devopsに関係があるのは開発者とシステム管理者だけだ

devopsという言葉はdevelopment（またはdeveloper）とoperationsの合成語だが、これは厳密な定義というわけではない。devops運動がそこから始まったというだけのことだ。DevOpsDaysカンファレンスのキャッチフレーズは「開発と運用をひとつにするカンファレンス」だ。だが、devopsの概念とアイデアには、組織内のすべての職能が含まれている。devopsに参加する個人やチームをどのように決めどう巻き込めばよいか、決定版のやり方はない。誰もが使える「devopsをやる」方法はないのだ。

開発チームと運用チームがコミュニケーションを改善し効率よく共同作業するというアイデアは、企業のどこでも役立てられる。最も効果的にdevopsを活用するには、組織内のすべてのチームを考慮に入れる必要がある。セキュリティ、品質保証、サポート、法務などすべてだ。たとえば、法務と営業で効果的なdevopsプロセスができたとしたら、矛盾のない販売カタログから契約書を自動生成できるようになるだろう。

複数のチームが関わっているなら、devopsの原則の適用でメリットを得られる。devopsが適用できる範囲を過小評価しないのが大事だ。サイロを別のサイロに取り替えても意味はない。第Ⅲ部では、効果的にチームを巻き込む方法について考える。

5.1.2 devopsはチームである

「devopsチーム」のような特定のチームを作るのは、理想的な状態ではない。devopsと呼ばれるチームを作ったり、既存のチームの名前をdevopsにしたりすることは、devops文化を作るのに必要ではないしもちろん十分でもない。開発チームと運用チームのあいだでコミュニケーションが成立していないような組織であれば、そこに新たなチームを加えても、コミュニケーションの問題は悪化こそすれ軽減されることはないだろう。本質的な変化を根付かせるためには、背後にある問題に取り組まなければいけない。

既存のプロジェクトと一切関係のない新規プロジェクトを始められるなら、独立したチームを作り、新しいプロセスとコミュニケーション戦略を開始するのが効果的なこともある。大企業では、意味ある変化を起こすための短期戦略として有効なことが多いだろう。ただ、時間が経つと、たいていは、新しいチームのメンバーも既存のチームに戻していくことになる。

スタートアップ企業の場合は、開発と保守の両方の機能を持つチームを作るとうまく行くこともある。個人それぞれに仕事を割り当てて疲弊させるのではなく、サービス運営のミッションと責任を協働体としてのチームに割り当てられればだが。企業としてチームを必要に応じてスケールアウトできるようにするため、経営層は引き続き明確な役割と責任を示す必要がある。

本書では、さまざまな組織構造とチーム間のコミュニケーションと調整の方法を取り上げていく。そのなかで忘れてはいけないのは、devopsを実践するためのひとつの正しい方法(あるいは間違った方法)など存在しないということだ。devopsという名前のチームがしっかりと機能しているなら、それを変える必要はない。devopsは文化でありプロセスであることを忘れないようにして、チームに名前をつけ、組織していくのが大切だ。

5.1.3 devopsは肩書だ

「devopsエンジニア」という肩書が論争を引き起こしている。この肩書は、次のようにさまざまな意味を持つものとして使われている。

- コードの書き方も知っているシステム管理者
- システム管理の基礎を知っている開発者
- ひとり分のコストでフルタイムのシステム管理者もフルタイムの開発者もやってのけ、しかも仕事の品質が損なわれない伝説の十人力エンジニア(他のエンジニアの10倍の力があるらしいが、これは計測が難しく比喩的な意味しかないことが多い)

このdevopsエンジニアという概念はまったく非現実的であり、スケーラビリティもない。確かに、できたばかりの組織では、開発者に対して、コードのデプロイやインフラストラクチャーの保守の仕事を任せなければいけないかもしれない。しかし、企業が成長して成熟してくれば、社員には専門分化した肩書を与えたほうが合理的だ。

通常、ひとりの人にdevops担当ディレクターなどの肩書を与えることにはあまり意味がない。

devopsの本質は文化的な運動であり、効果的なdevopsのためにはその思想と原則を組織全体で取り入れる必要があるからだ。

とは言え、現実には「devopsエンジニア」という肩書は広く使われている。Puppetの"2015 DevOps Salary Report"(http://bit.ly/2015-devops-salary)によると、肩書にdevopsが含まれているエンジニアは、ただのシステム管理者よりも給料が高い。しかし、devopsエンジニアという肩書の解釈がまちまちで組織が異なればdevopsエンジニアの中身も異なることを考えると、これは危険な徴候だ。突然年収が1万ドル上がるなら、devopsエンジニアと呼ばれるのを嫌がる人はいないだろう。

2015 DevOps Salary Reportには、「毎週の平均労働時間が、システムエンジニアでは41～50時間、システム管理者では40時間以下だとされているのに対し、devopsエンジニアは50時間を越える」という気がかりな傾向も報告されている。仕事を選ぶときには、給料が高い理由のなかにプライベートの時間が短いとか、燃え尽き率が高いといった引き換え条件がないことを確かめるのが大切だ。

5.1.4 devopsはウェブ系のスタートアップだけの問題だ

ウェブ企業のメインの製品はウェブアプリケーションであり、ユーザーがその企業のウェブサイトを訪問して利用する。こういったウェブサイトは、状態をもたない形(ステートレス)で実装できることが多い。サイトの段階的アップグレードや、新バージョンへのトラフィック切り替えが可能なので、継続的デプロイが容易だ。

このようなウェブ企業でdevopsが効果的な理由はすぐにわかるだろう。devops運動は、開発とデプロイを妨げる障壁を壊しやすくするためのものだ。ウェブ企業のプロセスが遅すぎてタイポの修正に何週間もかかるようなら、新しい機敏な企業に太刀打ちできなくなる危険性が高い。

しかし、コラボレーション、アフィニティ(親近感、一体感)、ツールの改善によって利益が得られるのはウェブ系のスタートアップに限られない。確かに、小さなスタートアップのほうがチーム構造やプロセスをこまめに改善するのは簡単だ。大企業は急速な変化を拒むように訓練されており、変化を制限したり禁止したりする法律に縛られた政府機関はなおさらである。しかし、そのような組織でも変化は可能だ。本書のあとの部分では、大企業や政府機関にもdevops文化の考え方を応用する方法を示す例を紹介する。

5.1.5 devopsには認定資格が必要だ

devopsの大部分は文化の問題である。文化の認定などいったいどうすればできるだろうか。あなたが他の人とどれくらいうまくコミュニケーションを取れるか。それぞれのチームがどれくらい協力できるか。組織がどれくらい学習できるか。これらを証明できる60分の試験など存在しないのだ。認定資格に意味があるのは、うまく使うために高い専門能力が必要な特定のソフトウェアとかハードウェアといった具体的な技術を対象とするときに限られる。特定の技術や専門能力を必要とする企業は、認定資格の有無によって、個人がその分野の知識をどのくらい持っているかをある程度把握できる。

devopsには、必須の技術や万能なソリューションはない。認定試験でテストできるのは正誤が明確な知識だが、devopsにはそのような知識はない。devopsで普遍的に正しい答えのある試験問題を作るのは難しい。devopsの認定資格と称するものは、金儲けの手段かベンダーソリューションに固有なものになるだろう。いずれにしても、devopsの認定資格とは呼べない代物だ。

5.1.6 devopsとは、半分の人員ですべての仕事をすることだ

devopsとは、ひとりでソフトウェア開発とシステム管理の両方の仕事ができて、ひとり分の給料で働いてくれる人間を手に入れることだと思っている人がいる。このような認識は間違っているし有害だ。今日、職場で1日3回の食事を提供するとか、オンサイトで洗濯サービスを提供するといった、社員にもっと仕事をさせるための特典を提供するスタートアップがはびこり、週に60時間から80時間も働いているエンジニアが溢れかえっている。そんな時代に、ワークライフバランスをさらに崩してオーバーワークに追い込むような誤解は、私たちの業界にとって絶対によいものではないのだ。

確かに、ごく初期の段階のスタートアップ、特に運用の負担が重いクラウドサービス事業者や「aaS」(as a Service) 企業では、運用のこともよく知っていてデプロイまでこなせる開発者がいれば役に立つのは事実だ。しかし、すべての社員が複数の職務をこなさないとどうにもならないステージを超えた組織において、ひとりの社員に2つのフルタイムの職務を期待するのは、燃え尽きてくれと言うのと同じことだ。

devopsは、企業で必要なエンジニアの数を半分にしてコストを節約するわけではない。devopsとは、サービス障害の回数と時間を削減したり、開発にかかる時間を短縮したり、個人とチームの力を底上げしたりして、仕事の品質と効率を上げるための手段なのだ。

5.1.7 devopsには「正しい方法」(または「間違った方法」)がある

devopsのプラクティスと原則を早くから取り入れた企業のなかには、NetflixやEtsyのように業界でdevops企業として有名な企業もある。こういった企業は、devopsの「正しい」やり方に関する市場を独占したユニコーン[†1]と見なされることが多い。devops文化のメリットを手に入れたいと願う他の企業は、そういった企業のやり方を真似ようとする。

ある企業のdevops戦略がうまく行っているからといって、それと同じプロセスがどこでもdevopsの正しい方法になるわけではない。プロセスやツールを単にカーゴ・カルト[†2]しても、新たなサイロを作ったり変化に対する抵抗を生んだりするだけだ。

---

†1 devopsの世界では、ユニコーンとはdevopsのアーリーアダプター、イノベーター、実践者となっているインターネット企業のことを指す。10億ドル以上の評価を受けているスタートアップをユニコーンと呼んでいる金融業界の定義とは異なるので注意が必要だ。

†2 カーゴ・カルト(積荷崇拝)とは、ある戦略が成功を導いた理由や状況を完全に理解せずに、見よう見まねで行動を真似たり、ツールを導入したりすることである。

devopsは、プロセス、ツール、プラクティスに対する批判的な思考を奨励している。学習する組織になるためには、「唯一無二の正しい方法」や、いつも行われてきた方法を受け入れるのではなく、疑問を持って試行錯誤のプロセスを繰り返す必要がある。

また、自分の例に従わない人を「間違ったやり方」と言い放つような人にも注意が必要だ。devopsチームやdevopsエンジニアに対する正当な批判がある一方で、そのような用語を使ってうまくいった企業や人の事例発表が繰り返されている。自分の都合のよいように「間違ったやり方」という言葉を使っている企業や人の事例もある。devopsがスクラムやITILのように厳格に定義されていないのは意図的なものである。devopsをうまく実践している企業は、自分にとっていちばん効果的なツールやプロセスはどれかを試行錯誤しながら探しており、学習することを苦にしていない。

5.1.8 devopsを取り入れるためには*X*週間/*X*か月かかる

devopsのような組織全体の改革で経営陣の支援を求める際に、どれくらいの時間がかかるのかを聞かれることが多い。だが、この質問には問題がある。devopsとは簡単に定義できたり計測できたりする状態のことであって、その状態に達したら仕事は終わりだという考えを前提としていることだ。

実際には、devopsは継続的なプロセスである。目的地ではなく旅の過程なのだ。確かに、devopsには決まった終点がある部分も含まれている。構成管理システムをセットアップし、企業のすべてのサーバーをそのシステムで管理することなどがそうだ。一方で、保守、開発、構成管理の利用はいつまでも続いていくのである。

devopsのかなりの部分は文化的なものなので、改革の一部にどれだけの時間がかかるか予測するのは難しい。古いサイロ化の習慣を打ち破って新しいコラボレーションの習慣を確立してもらうのにどれだけの時間がかかるか。こういったことは簡単には予測できない。しかし、だからといって大きな文化的改革を目指した活動を止めてはいけない。

5.1.9 devopsはツールの問題だ

ツールは効果的だが、devopsは特定のツールを使わなければいけないものではない。大企業は新しい技術を受け入れられないことが多いので、devopsはスタートアップにしか関係がないという考えが生まれるのは、この誤解によるものだ。

devopsは文化運動である。あなたの環境において今使っているツールは、あなたの文化の一部である。ツールの変更を決める前に、既存の文化の一部だったツールには何があるのか、それらのツールを使っている人たちがどんな体験をしたのかを理解し、それぞれの体験の類似点や相違点を検討すべきだろう。この検討と評価は、どのような変化が必要かを明確にするのに役立つ。

技術は、改革のスピードや組織構造に影響を与える。ツールの大きな変更は、個人やチームにとっては価値があるかもしれないが、組織全体のスピードを下げる負荷がかかる場合がある。

本書が主張する原則は、特定のツールセットを必要とせず、あらゆる技術スタックに適用可能だ。devopsを実践している企業とコンテナやクラウドサービスを使っている企業とでは重なり合う部分が多い。だからといってそういった技術が必須とされるわけではない。ベアメタルを使いながらdevopsをうまく実現している企業もあるのだ。第Ⅳ部では、ツールを効果的に評価、選択、利用する方法を取り上げる。

5.1.10 devopsとは自動化のことだ

devopsと密接に関係するツールにおける多くのイノベーションは、理解の体系化、チーム間の橋渡し、自動化を通じたスピードアップに役立っている。devopsを実践する人たちは、インフラストラクチャーの自動化や継続的インテグレーションなど、退屈な反復作業を削減するツールを重視してきた。いずれにしても、自動化は技術の進歩が生んだ結果である。

自動化することで人の手がいらなくなるような反復作業があれば、その自動化は人が効率的に働くのに役立っている。このような場合には、明らかなメリットがある。サーバーの構築を自動化すれば、システム管理者がそれぞれのサーバーに使う時間を節約し、その分、彼らはもっとおもしろくて挑戦しがいのある仕事ができる。しかし、自動化して節約できる時間よりも自動化のために使う時間のほうが多ければ、それは時間の使い方がよくなったとは言えない（図5-1参照）。

日常的な業務を効率化するのに使える時間
（5年間）

削れる時間	その仕事の頻度					
	50/日間	5/日間	1日	1週間	1ヶ月間	1年間
1秒	1日	2時間	30分	4分	1分	5秒
5秒	5日	12時間	2時間	21分	5分	25秒
30秒	4週間	3日	12時間	2時間	30分	2分
1分	8週間	6日	1日	4時間	1時間	5分
5分	9か月	4週間	6日	21時間	5時間	25分
30分		6か月	5週間	5日	1日	2時間
1時間		10か月	2か月	10日	2日	5時間
6時間				2か月	2週間	1日
1日					8週間	5日

図5-1 XKCDに掲載されていた使った時間と節約した時間についてのイラスト

もとのイラスト（https://xkcd.com/1205）には次のようなaltコメントがついている。「この図を探して節約できる時間を調べるために使った時間を忘れてはいけない。それから、時間を費やすことについて説明したこのメモを読むのに使った時間と、どちらに意味があるかを考えるために使った時間もだ。そして、今のこの時間も含め、すべての秒数があなたの人生全体の一部であることを決して忘れてはいけない」。

さまざまな環境における自動化の役割や、何をどのように自動化するかの選択にヒューマンファクタが与える影響については、多くの議論が行われてきた。こういった話に注意を払うことは、分野を越えたアフィニティの一例だ。私たちが注意を払えば、他の業界からも、自分自身の業界についてたくさんのことが学べるのだ。

システムが複雑化し、共有サービスのために組織の相互依存が進むと、自動化はとても重要になる。しかし、相互のコンテキストの共有や人のニーズに対する配慮がなければ、自動化は未知のリスクを増やすことにもなる。確かに、自動化は仕事を速くするかもしれない。だが、いちばん大きな効果を生み出すためには、透明性やコラボレーションの水準を上げて理解を深める必要がある。

航空業界における初期の自動化

下院科学技術委員会は、1977年に航空業界を調査したときに、飛行機の自動操縦システムを重大な安全問題として捉えた。航空分野の研究によると、パイロットたちは自動操縦システムを使って飛行機を飛ばせるものの、批判的思考能力が萎縮することが明らかになった。

2013年7月には、アシアナ航空214便がサンフランシスコ国際空港で防波堤に接触し、3人が亡くなった。国家運輸安全委員会（NTSB）は、調査によっていくつかの問題点を発見したが、そのなかのひとつは、パイロットが完全に理解できていない自動システムを過度に信頼したために、飛行速度の監視が不十分だったことだった。

> 自動制御システムの設計者たちは、人間の能力に対する不信感と引き換えに、避けたかった誤りよりも深刻な新しい種類の誤りを意図せずに生み出してしまった。
>
> ジェームス・リーズン『Managing the Risks of Organizational Accidents』

5.1.11 devopsは一時的な流行だ

devopsは技術、ツール、プロセスに縛られたものではないので、古びたり新しいものに取って代わられたりする可能性は低い。組織の能力やそれぞれの社員の幸福度を向上させる運動は、普通のものとなって何かに吸収されることはあっても、古びることはない。

devopsとITILやアジャイルなどの手法には大きな違いがある。後者が厳格な定義を持ち、時間とともにコンテキストを追加していくのに対し、devopsは個人、チーム、組織のストーリーとアイデアによって定義される運動だ。devopsは持続的な対話であり、成長や変化を導くプロセスとアイデアの継続的な進化なのだ。

devopsコミュニティのなかで、devopsが方向性を失ったのではないかという議論もある。この運動に対して批判的な人たちは、devopsが否定形で定義されすぎだと主張している。「devopsとは何か」ではなく「devopsは何でないか」ばかりが議論されている。あるいは、devopsには正確な定義が与えられていない。そう指摘しているのだ。彼らは、devopsに特筆すべきところはなく、以前のアイデアに新しい名前をつけただけであり、次のバズワードやトレンドが出てきたらdevopsという名前は消えてなくなるだろうとも主張している。

実際、devops運動の背後にあるアイデアの多くは、以前から別の名前で存在していたものが多い。しかし、devopsの時代精神は、それらの部品の総和以上のものであり、今までのものとは異なるものである。確かに、部門のサイロに反対する議論は以前からあった。学習する組織の提案、人間的なシステムの推進、自動化と計測の推進も議論されてきた。

しかし、これらすべてのアイデアをひとつにまとめたのはdevops運動が初めてであり、それによって数字からも明らかな成功（http://bit.ly/2015-state-of-devops）を収めた。devopsを活用すれば、組織内のツール、技術、プロセスを成長、発展させることが可能なのだ。

5.2 devopsのアンチパターン

この節では、知っておくと役に立つ用語をさらにいくつか定義しておく。しかし、前の章で定義した用語とは異なり、これから紹介する用語はアンチパターンと見なされるものだ。すなわち、devopsに力を与えている考え方の反対を表すものである。

5.2.1 非難文化

非難文化とは、ミスが発生したときに、個人レベルでも組織レベルでも、人を非難し処罰する傾向のことである。こういった文化が支配している環境では、ポストモーテムやレトロスペクティブの一部として行う根本原因分析において、エラーやインシデントの原因を作った犯人探しが行われる。もちろん間違った形である。この分析である人物の行動を「根本原因」と糾弾すれば、その人物がインシデントで果たした役割の大きさに応じて非難や処分され、時には解雇される場合もある。こういった文化は、外部監査に対応しなければいけないような環境や、特定のメトリクスにもとづくパフォーマンスの向上がトップダウンで要求されている環境でよく見られる。

非難文化の肥沃な土壌になるのは、透明性を尊重せずとても分断された環境だ。上層部が「腐ったりんご」を排除するために、発生したインシデントごとに非難の対象となる個人やグループを見つけることに躍起になっている環境を想像してみよう。そこでは、インシデントの原因を作った人たちは、非難の対象を自分や自分のグループから他人にそらそうとするだろう。もちろん自己防衛に走る気持ちは理解できるが、オープンでコラボレーションを尊重する文化には向かっていかないのは間違いない。多かれ少なかれ、非難されるのを避けるために、インシデントの情報、特に自分に関係する部分の情報を隠し始めるのだ。

インシデント以外の例を見てみよう。パフォーマンス向上のために人（たとえば、コードベースにいちばん多くのバグを持ち込んだ開発者やクローズしたチケットがいちばん少ないITエンジニア）を叱りつける非難文化では、誰もが非難を避けようとするあまり同僚のあいだで険悪な空気が流れる。責められるのを必死に避けようとする環境では、学習やコラボレーションに力は入らないのだ。

5.2.2 サイロ

部門や組織のサイロは、同じ企業の他のチームと知識を共有する気がないチームの空気を表している。サイロ化されたチームでは、目的や責任を共有せず、それぞれバラバラの役割を重視する。これに非難文化が結び付くと、立場の安定のために情報の抱え込みが起きる。たとえば「*X*のやり方を知っているのが自分だけなら、私をクビにはできないだろう」と考えるのだ。結果として、複数のチームで行う仕事は完成が遅れたり困難になったりする。そして、チームやサイロが互いに相手を敵と見なすようになり、士気が下がる。

同じような仕事をするのに、それぞれのチームがまったく異なるツールやプロセスを使う。他のチームの人からリソースや情報を得るために、指揮系統の階層構造を何階層もたどらなければいけない。「つけをまわして」非難や責任、仕事を他のチームに押し付ける。サイロ化した環境ではこのような光景によく出くわす。

組織的なサイロに起因する問題や習慣を叩き壊してまともなものにするのには、時間と労力がかかり、文化の改革が必要になる。ソフトウェア開発者とシステム管理者や運用エンジニアがそれぞれサイロにこもっていること、そのせいでソフトウェア開発プロセスにおいて発生する問題を解決しようとしたことが、devops運動のルーツの大きな部分だ。しかし、組織に存在するサイロはこれだけではないことにも注意が必要だ。職能横断型チームは、アンチサイロとして称賛されることが多いが、これだけが選択肢ではない。チームがひとつの職能しか持たないからといって、必ずしもサイロになるわけではない。サイロは、職務の分離だけではなく、チーム間のコミュニケーションとコラボレーションの不足によって作り出されるのだ。

5.2.3 根本原因分析

根本原因分析とは、問題やニアミスのもととなった「根本」原因を明らかにして、再発を防ぐための適切な行動を取ろうとする手法である。すべての組織的な要因が明らかになるか、データを使い果たすまで反復的に続けられる。組織的な要因は、設計、開発、テスト、保守、運用、廃止などのシステムのライフサイクルのステージでシステムと関わるあらゆるものが候補になる。

根本原因を明らかにするための方法のひとつとして「5回のなぜ」がある。この方法は、根本原因が見つかるまで「なぜ」と問い続けるものである。「なぜ」に答える人は、問いに適切に答えるのに十分なデータを持っていなければいけない。他にも、特性要因図もしくは石川ダイアグラムと呼ばれる系統だった方法もある。この方法は、1968年に石川馨によって考案された。要因を大きなカテゴリにグループ化したり可視化したりするのに役立つ。これを使うことで、チームが変動の要因を明らかにしたり、要因の相互関係を発見したり、プロセスのふるまいに関する知見を得たりできる。

根本原因分析は、単一の問題の根本原因を究明するために行われることが多い。事象を管理するためのツールでは、多くの場合、原因項目をひとつしか指定できない。これが根本原因分析の限界となっている。これでは、直接の原因ばかりが注目されて、間接的に影響を与えたかもしれない要素が目に入らなくなる。根本原因分析においては、システムは線形に失敗（または成功）するという暗黙の前提がある。しかし、一定以上複雑なシステムでは決してそのようなことはない。

5.2.4 ヒューマンエラー

ヒューマンエラーとは、ミスを犯した人間自体がエラーの直接的な原因だとする考え方で、根本原因分析の結果、よく根本原因とされる。別の人ならそのようなミスはしなかっただろうという暗黙の前提をともなうことが多い。インシデントで果たした役割にもとづいて誰かを懲罰しなければいけないと考える非難文化でよく見られる。しかし、これも過度に単純化されたものの見方で、調査を中途半端で止めるためのポイントとして使われている。人間がミスを犯すことを単純な怠慢、疲労、能力の低さによるものだと考える傾向があり、その人の判断や実際の行動に至ったさまざまな要因を無視してしまう。

非難文化では、ミスを犯してまずい結果を引き起こしたのは誰かを考えることが中心になることが多く、ミスを犯した個人を見つけたところで議論は終わる。非難のない文化、学習する組織では、ヒューマンエラーは目的地ではなく出発点として扱われる。そして、判断をめぐるコンテキストやその時点で行った判断が合理的に感じられた理由が活発に議論される。

5.3 まとめ

これらの用語に親しんでいると、本書のこれからの部分を深く理解しやすくなるはずだ。前の章で取り上げた基本用語や概念、その前の章で説明した歴史のなかのパターンやテーマと組み合わせることで、今日この業界にdevopsを生み出すことになった全体像がはっきりとわかるだろう。次の章からは、ここまでの基礎をもとに、効果的なdevopsのための4本柱を定義して議論していこう。

6章
効果的なdevopsのための4本柱

パトリック・デボアは、devopsは人間の問題（http://bit.ly/debois-devops-culture）であり、すべての組織がそのなかの人たちにとって固有のdevops文化を持つことを意味する、と言っている。すべての組織に共通なひとつの「正しい」devopsの実践方法はない。しかし、devopsを取り入れようと思っているチームや組織が時間とリソースを割かなければいけない共通のテーマが4つある、と私たちは考えている。

効果的なdevopsのための4本柱は次のとおりだ。

- コラボレーション
- アフィニティ
- ツール
- スケーリング

この4本柱を組み合わせることで、組織の文化的側面と技術的側面の両方に対応できる。改革の過程では、力を注ぐのは4本のうちの1～2本にしたほうがよい。しかし、最終的に改革を永続的で効果的なものにするには、4本の柱がすべて機能し、かみ合っていなければいけない。

あなたは、すぐにツールについての話を読みたいと思うかもしれない。しかし、文化の尺度や価値観、個人間のコミュニケーションの問題である最初の2本の柱を決して軽く扱ってはいけない。改革を成功させるには、ツールを効果的に使わなければいけないが、それだけでは十分ではない。ツールだけで済むなら、ChefやDockerのベストプラクティス集を示せばそれで終わりになるが、そんなことはないのだ。実際には、組織内で発生する個人間、チーム間の摩擦を解決することがきわめて重要だ。そうすることで、最終的にdevopsの環境を作り出す永続的な関係性が育まれるからだ。

6.1 コラボレーション

コラボレーションは、複数人で対話したり、教え合ったりすることを大切にしながら、特定の結果に向かってものを作っていくプロセスである。devops運動を生み出すことになった原則は、開発チームと運用チームの協力（http://bit.ly/allspaw-flickr）だった。異なる関心を持つチームとうまく協力して仕事を進めるためには、まずチームのそれぞれのメンバーが協力して仕事を進めることができなければいけない。チーム内の個人のレベルでうまく機能しないチームが、チーム間のレベルでうまく機能するわけがないのだ。

6.2 アフィニティ

個人同士の協力関係を育てて維持するのに加えて、組織のチームや部門や業界全体でも関係の強さが必要になる。アフィニティとは、チーム間の関係を構築し、組織の共通目標を念頭に置いて個々のチーム目標の違いを乗り越え、共感を育て、他のチームの人たちからも学習するプロセスである。アフィニティは企業や組織にも応用できる。そうすれば、この業界の文化や技術知識の集合体をつくる時には、企業が互いにストーリーや学習したことを共有できるようになる。

6.3 ツール

ツールは加速装置だ。現在の文化と向かう先を踏まえて変化を推し進める。ツールの選択は、簡単だと考えているかもしれないがそうではない。なぜそのツールがよいのか、ツールが既存の環境にどのような影響を与えるのかを理解しなければいけない。これは、チームや組織の問題点が曖昧になるのを防ぐために重要だ。価値、規範、組織構造の問題点をきちんと検証できていないと、文化的な負債が増えるうちに、目に見えないエラー要因を生み出す。ツール自体やツールの不足が個人やチームの互いの協力の障害になってしまったら、devopsへの取り組みはうまくいかない。コラボレーションのコストが高い要因は、ツールに投資していないこと、もしくは合わないツールに投資してしまっているためだ。

6.4 スケーリング

スケーリングは、組織がライフサイクル全体で導入しなければいけないプロセスや軸に重点を置いている。スケーリングでは、単に大企業でdevopsに取り組む意味を考えるだけでは不十分だ。組織の成長や成熟、縮小にあわせて他の柱をどう適用すればよいかも考える。組織の規模が異なれば、技術的にも文化的にも考慮すべきことは違ってくる。本書では、「よくある中小企業」を超える規模の組織において考慮すべき点を取り上げていく。

6.5 まとめ

効果的なdevopsのための4本柱すべてを考慮することで、ソフトウェア開発に影響を与える文化的な問題や技術的な問題を解決できる。本書では、このあと、4本柱について深く掘り下げていく。ウェブ系のスタートアップから大企業まで、さまざまな企業の実例を紹介する。各章は必ずしも順番に読まなくても構わないが、最終的にはすべての章を読んでほしい。4本柱が組み合わさって調和するときに、devopsが本当に効果的なものになるからだ。

第Ⅱ部
コラボレーション

7章
コラボレーション：ともに仕事をする個人たち

週の大半を他の人と一緒に働く場合には、相手とのあいだにしっかりとして長続きする関係を構築することがとても重要だ。コラボレーションとは、一緒に働く人たちのあいだで対話、教育、支援をしながら具体的な結果を生み出そうとするプロセスである。アジャイルソフトウェア開発で脚光を浴びたペアプログラミングというテクニックでは、ふたり一緒になって同じコードに取り組む。これはコラボレーションの一例だが、これだけに限らない。

7.1 Sparkle Corpの週次プランニングミーティングにて

「新しいレビューサービスは、MongoDBを使うとてもよい機会だと思います。このチュートリアルを読むと、他と違って管理コストをかけずに簡単に起動して実行できるみたいです」Sparkle Corpのフロントエンド開発者、ジョーディーは言う。

大佐は、ジョーディーの熱弁を聞いて、MongoDBを導入するとメリットがあるかもしれないとメモする。そして、開発チームに「MongoDBの採用について他に意見や疑問はありますか」と質問する。

すると、シニア開発者のアリスが答える。「現時点で、私たちはすでにMySQLをサポートしています。MySQL対応のためにかなりの投資もしました。MongoDBに対応する場合、サポートと保守のコストが余分にかかります。そのコストを補うような大きなメリットがあるんでしょうか」

このような意見対立はチーム内ではしょっちゅう起きる。それぞれが他の人に対して次にどのように答えるか次第で、その後の関係はよくなることもあれば悪くなることもある。devops共同体を掘り下げ、コラボレーションがどのようにして共同体を強化したり弱体化したりするのかを考えてみよう。

7.2 コラボレーションの定義

コラボレーションはdevopsの柱のひとつであり、個人の意識的なプロセスや共通の目的にまで話が及ぶ。実際のコラボレーションの例に以下のようなものがある。

- 非同期でのコードレビュー

- ドキュメント作成
- 問題の更新とバグレポート
- その週に進んだ内容のデモ
- 定期的な状況報告
- ペア作業

コラボレーションのさまざまな形態の価値と目的を知っていることが重要だ。共同でしている仕事のうち、一部分をひとりの個人が責任をもって、その部分の完成に集中するという形のコラボレーションもあるし、ふたり以上の人たちが目標達成のために継続的に共同作業するという形のコラボレーションもある。
仕事や仕事を取り巻くコンテキスト次第では、どちらも正しい選択になり得る。どちらか一方が優れていると決めつけてしまうのは、ランニングだけがうまくいく運動だと全員に向かって言うようなものだ。

アニータ・ウーリーらは、チームを分析して明らかになったことを“Why Some Teams Are Smarter Than Others”（賢いチームとそうでないチームがあるのはなぜか）（http://bit.ly/nyt-smarter）という記事にまとめて2015年1月にNew York Timesに掲載した。ウーリーの言う賢いチームは他のチームよりも高いパフォーマンスを示した。賢いチームには次のような特徴があった。

- コミュニケーション
- 平等な参加
- 心の理論

つまり、効果的なコラボレーションは、コミュニケーション、平等な参加、心の理論[†1]を含む。心の理論とは、自分には自分の考え方があり、他者にはそれぞれのコンテキストから生まれた別の考え方があることを認める機能のことである。それぞれの人がどのように異なるかをじっくり考え、その違いがものの考え方にどのように影響を与えるかを探る。そうすることは自分の機能の強化に役立つとともに、相互理解を築いてdevops共同体にとって重大な対立を解決する助けとなり、賢いチームメイトとしての能力のレベルアップにもつながる。

7.3 個人の違いと経歴、背景

私たちはそれぞれ異なる文化的な背景を持ち、別々の経験を積んでいる。それらは、なぜ、どのように仕事をするかの選択に影響を与える。個人の違いを尊重することは、相互理解の構築に役立

†1 監訳注：Thery of Mind。ToMと略されることもある。

つ。そして、devops共同体にとってきわめて重要な形で対立を解決できる。創造性、問題解決能力、生産性といった観点で、多様なチームからは大きなメリットが得られる。その一方で、個人的にも仕事の上でも、それぞれの人の違いが短期的に対立関係を生み出すことがある。

7.3.1　職業人としての経歴

人が現在のポジションに至るまでの職業人としての経歴、つまり過去の職歴はさまざまだ。私たちは、現在の仕事だけにもとづいて他人のことを評価していると思っている。しかし、実際には、他人の経歴は自分の思考やコミュニケーションやコラボレーションにさまざまな形で影響を与える。

7.3.1.1　大企業かスタートアップか

職業人としての経歴の違いのひとつに、以前働いた企業の規模がある。スタートアップ界隈では、以前もスタートアップで働いていた人を採用して一緒に仕事をしたがる傾向が強い。これはそれなりに合理的だ。特に初期段階のスタートアップでは、中心的な人物が以前にスタートアップでの成功経験を持っているほうが成功しやすい。しかし、大企業で働いてきた人に対して過度に偏見を持ってしまうことには注意が必要だ。大企業で働いた経験が、小さな企業で働くのに役に立たないわけではない。大企業で働く人のすべてが「ダイナソー」であるわけではない。この手の偏見や年長者差別は避けるべきだ。

大切なのは、大企業で働いた経験がある人の適性を最初から軽く見ることではない。大きなチームの専門分化した仕事の形と、多すぎる職務を与えられてコンテキストスイッチが必要になる小さなチームの仕事の形とのあいだでうまくバランスを取ることが大切だ。

7.3.1.2　技術的な能力

技術的な経験の有無は対立の原因になることがある。これは企業全体規模の話だ。エンジニアは企業にとって価値が高い存在と見なされ、サポート、営業、マーケティングチームは二軍のように扱われることが多い。エンジニアが設立した初期段階のスタートアップにはこのような感覚があることもある。同じような感覚を経営陣が持っていると、非技術系社員の士気を大きく損ねてしまう。自分の仕事が尊重されていると全員が思えなければいけないのだ。

7.3.1.3　職種のヒエラルキー

もちろん、これは非技術系の職種に限った話ではない。昔ながらのソフトウェア開発企業では、IT関連の職種（システム管理者、運用エンジニア、品質保証エンジニア、データベース管理者など）を非エンジニアと同じように扱うことがよくある。会計上では、運用をコストセンターに分類することも多い。組織を支えるための経費は、組織にどれだけ価値を与えたかという観点では評価されず、操業のために発生した負債と見なされてしまうのだ。

運用が企業にどのような価値を与えているかは目に見えない。運用が企業に与える影響が明らかになるのは、何か問題が起こってサービス障害や品質低下が発生したときだけだ。運用チームは、他のチームから障壁、門番、邪魔者と見なされることが多い。こういった問題こそが、初期のdevops運動の原動力の一部になった。

7.3.1.4 技術職に就くまでの経緯

エンジニアでも経歴はさまざまだ。コンピューターサイエンスなどの学位の有無やコンピューターに触れてきた年数に違いはあっても、ソフトウェアエンジニアはほぼ間違いなく技術的な経験を持っているのが普通だった。子どもの頃に親のコンピューターを修理して、「生まれながらの」エンジニアとして自力でプログラミングを覚えた人を見つけるのも簡単だった。

しかし、ここ数年で開発の世界に足を踏み入れる障壁は劇的に下がった。必要なスキルを教えるメカニズムが進歩したからだ。コーディングブートキャンプ、3〜6か月の短期スキルアッププログラム、教育的なミートアップなどを経由して業界に入る人が出てきた。キャリアを変えたくても大学に4年通うお金も時間もない人たちは、このような方法を活用したのだ。

ブートキャンプはこの業界の少数派である女性や有色人種の人たちに安全な学習機会を提供するために作られた。このブートキャンプは、技術スタッフの多様性を高めたい企業にとっては素晴らしいリソースになる可能性がある。その一方で、「伝統的な」経歴を持つ候補者を優遇する企業もまだある。しかし、このようなバイアスは、技術以外のスキルに対する社員の価値観に影響を与える。そして、他者との関係の作り方、付き合い方、共同作業の進め方といった重要なソフトスキルに欠けるチームを作る危険性がある。

7.3.1.5 経験年数

職務レベルや経験からもチームメンバー間の対立が生まれる。経験を積んだ「シニアエンジニア」を優先して採用すると言うチームもある。そのほうが早く仕事になれてチームに貢献してくれると思っているからだ。

シニアエンジニアの数は限られている。それは、シニアエンジニアを募集している企業の数よりもはるかに少ない。経験の浅い社員は、技術的な経験を積むのに何年もかかるし、シニアエンジニアに成長するための指導や教育を必要とする。経験豊富で能力のある人を採用できなかったせいで成長が止まるのは防がなければいけない。そのため、チームメンバーを見るときには、本人の技術スキルだけでなく、教育やメンタリングの能力も考慮することが重要だ。

7.3.2 個人的な経歴

チームの多様性を高めたいなら、さまざまな個人的経歴、背景を持つ人を集める必要がある。性別、性的指向、人種、階級、母国語、能力、教育レベルといった観点も含めてさまざまな背景を持つ人を集めよう。そうすれば、チームは、多くの経験や視点を持てるようになる。結果として、技術力は向上し、製品や顧客サポートを重視する組織を作れるようになるのだ。

多様性のある社員は、チーム、組織、業界全体に利益をもたらす。その一方で、多様性は対立を激化させる原因にもなる。たとえば、チームの大多数が女性を恋愛対象とする白人男性だったとしよう。そのチームに女性、LGBTQ[†2]の人、有色人種の人を採用する場合には、対立を和らげるために、期待値やプロセスや行動形態も調整が必要だろう。

たとえばチームのメンバーに呼びかける方法にも調整が必要になる。いままで「おい、野郎ども！」「よう、元気かい？」「紳士諸君」といった男性を前提とした呼びかけだったのを、「やあ、みんな」のように男女両方に対して自然に使えるものに変えるといった具合だ。いままで緊張を和らげるために使っていた下ネタは、逆に緊張を高めてしまうことにもなるかもしれない。勤務時間やワークライフバランスの期待値が問題になることもある。長時間労働が当たり前で、仕事が終わったあとは一緒に飲み歩く若い独身男性のチームがあったとしよう。このチームが午後4時から8時までは職場を離れなければいけないシングルファザーを雇うと、彼自身は、メンバー間の交流や結束を固める活動から排除されていると感じてしまうだろう。

人事部は多様性に関連する問題を理解していなければいけない。こういった個人の違いによる対立を防ぐ上で、人事部はとても重要な役割を担う。管理職か否かにかかわらず全員に、無意識の偏見についてのトレーニングを受けさせるべきだ。そうすることで、職場でのコミュニケーションに影響を及ぼす何気ない過ちが理解できるようになる。

こういった取り組みは、人を尊重し、人を排除しない、安心できる環境を育てるという意味がある。個人的な安心感がなければ、社員のあいだに信頼は生まれない。個人的な背景の違いは、力の差を生みがちだ。その差が大きいと、話し合いに影響を与えたり、話し合いを不可能にしてしまったりする。

グローバル化とリモート勤務の増加によって、チームに国籍や文化が違うメンバーが入る機会が増えているのも頭に入れておこう。たとえば、仕事上の挨拶で、握手するかお辞儀をするかの違いがある。地域や文化の違いは、さまざまな形で姿を現す。

7.3.3　目標

チームメンバーは同じ目標に向かって働き、成功に対する責任を共有する。一方で、チーム内の個人はそれぞれ職業人として異なる目標を持っていることがあり、その違いが否定的に解釈されると、対立が深まる場合がある。異なるモチベーションが働いているのを意識することは、チームメンバーの間の理解を深めて共感を育てるのに役立つ。

- 今後のキャリアのための1ステップとして現在のポジションが重要だと考えている人もいれば、キャリア変更を考えていたり、副業を追求していたり、家族のために収入を確保したりするための「ただの仕事」と割り切っている人もいる。他のことに力を入れている人のせいで重要なプロジェクトが立ち往生するような状況を避けるために、個人的な優先事項を反映した仕事を与えることが役に立つ場合がある。
- 多くの人は学習して自分のスキルを伸ばしたいと考えているが、その具体的な内容は人に

†2　監訳注：レズビアン（L）、ゲイ（G）、バイセクシャル（B）、トランスジェンダー（T）、ジェンダークィア（Q）の頭文字をとったもの。QはLGBTに分類できないマイノリティを指す。

よって異なる。個人の学習目標に合わせた仕事を与え、チームの全体的な目標への影響や価値を明らかにするとよい。

- ひとりで仕事をすることに力を注ぐ人もいれば、メンタリングやカンファレンスでのスピーチのようなネットワークの拡大、コミュニティ活動への参加を大切に考える人もいる。後者のグループは、下を向いてコードばかり書いているエンジニアをお高くとまっているとか、大局観がないと評価することがある。それに対し、書いたコードの行数やクローズしたチケットの枚数に重点を置いている人たちは、コミュニティ絡みの問題のことを「本当の」仕事には寄与していないと考えることがある。いろいろなメンバーがいるなかで、チームや企業が期待することを明確にすれば、不満を軽減するために大きな効果がある。

7.3.4 認知スタイル

個人の情報処理の方法、すなわち個人の**認知スタイル**の違いが個人同士の対立を引き起こすことがある。認知スタイルには、次のものが含まれる。

- ものごとをどのように考えるか
- 情報をどのように学び、吸収するか
- 仕事、環境、周りの人たちとどのような関係を持つか

認知スタイルの違いは、いくつかの軸で説明できる。ここで示すものは網羅的なリストではないが、職場環境に影響を及ぼす代表的な認知スタイルを示している。

内向、外向、両向

この軸は、人が自分のなかのバッテリーをどのようにして「充電」するかを示す。内向的な人は、ひとりになるか、互いによく知っている小さなグループのなかに閉じこもってエネルギーを回復するのに対し、外向的な人は、大勢の人と交わり、話をすることによって力を得る。両向的な人は、内向と外向のあいだにいて、状況次第でひとりでも他人がまわりにいてもエネルギーを回復できる。外向的な人は、多くの人と交わるグループプロジェクトや組織に関わる職務、オープンスペース的作業環境を好むかもしれないが、内向的な人は、ひとりで課題をこなすのに集中することを好み、オープンスペース的作業環境では疲れてしまう場合がある。

質問と推測

質問文化と推測文化の違いは、人が他人にものを頼むときの方法の違いについて書かれた2007年のインターネットフォーラムへの投稿（http://bit.ly/ask-vs-guess）に由来する。質問文化の人たちは「ノー」という答えが返ってくるかもしれないことを理解した上で、ほとんどのことを尋ねてよいと思っているのに対し、推測文化の人たちは空気をよく読ん

で、答えが「イエス」になるという確信が得られない限りものを尋ねないようにする。

チームメンバーがどのようなコミュニケーションをすべきかを明確に文書化すると、相互理解が深まり、不満が溜まるのを防ぐのに役立つ。

スターターとフィニッシャー

スターターは、新しいアイデアを考え出してスタートさせることが好きで、新しいプロジェクトを始めるプロセスによってエネルギーを得る。フィニッシャーはプロジェクトに残る問題点を解決して仕事を仕上げるのを好む。スターターはフィニッシャーの仕事を頼まれると退屈するのに対し、フィニッシャーはスターターになってくれと頼まれると圧倒された気分になり、どこから始めたらよいかわからなくなってしまう。

分析的思考、批判的思考、水平思考

分析的思考は、事実と証拠に重点を置き、複雑な問題を単純な部品に分解し、誤った情報や無効な選択肢を消していく。水平思考は、間接的に情報を集め、足りない要素を見つけ、複数の視点から問題を検討し、ステレオタイプな考え方を排除する。批判的思考は、情報を評価、分析して、熟考してから判断を下す。議論の論理的な正当性や偏りを評価したり、判断を下すためにさまざまな議論や証拠に重み付けしたり、ある結論が議論から論理的に導き出されるかどうかや誰かの主張に欠陥がないかどうかを検討したりする。

純粋主義者と現実主義者

純粋主義者は問題解決のために絶対的に最高の技術を使いたがり、そのような完璧な技術がなければ、自分で作ろうとする。自分の原則に対して回り道や妥協が必要となるプロジェクトでは居心地が悪くなる。それに対し、現実主義者は、理想のソリューションを作るためのコストと現在の環境や制約の範囲内で仕事をするときのコストを秤にかけ、実現性を重視する。現実主義者は、純粋主義者のように技術自体に重きを置くのではなく、何かを動くようにすること、実際の本番環境で動作させることを考える。

さまざまな認知スタイルを持つ人を支援するような環境を作り、維持することが大切だ。不必要に特定のスタイルをよいものとみなすような規則には注意しなければいけない。たとえば、毎朝午前8時ちょうどに出社することを強制するとか、リモートからの会議への出席を認めないとか、静かで気が散らないような環境が必要なときに使える場所を用意せずに、うるさいオープンオフィス空間しか用意しないといったものである。

採用について考えるときには、これらの軸を頭に置いておくようにしたい。現在のチームメンバーがどのような分布になっているのかを考え、チーム内のバランスの悪さに注目する。早起きの人よりも夜更かしの人のほうが多くてもそれほど大きな問題にはならないだろうが、スターターとフィニッシャー、純粋主義者と現実主義者のバランスが悪いと、チームの生産性や作業品質に問題が起きる。このようなバランスの悪さを是正するために採用が必要だと思うのであれば、採用プロセスでは一貫してそのことを忘れないようにすること。

7.4 競争優位を得るためのチャンス

企業は、組織にとって特に重要な価値を社員に浸透させるためのプロセスに資金とリソースを投入する。

メンターシップ

教育やメンタリングに注意を払うことは重要だ。本物の熟練エンジニアは、指導や支援に力を入れない環境から生まれることはない。若いエンジニアの成長に投資する意思を持っていれば、企業は競争優位を得られる。それは単に人材の層を厚くできるからだけではない。現在の経験レベルに関係なく、周りから支援されていると感じられれば、エンジニアは離職しないのだ。正式なメンタリング制度を用意すれば、このような方向に大きく前進できる。

スポンサーシップ

組織内にメンターだけでなく、被支援者を守ったり助言したりするスポンサーがいると、社員にとって大きな利益になる。これは双方にとって利益のある共同関係であり、スポンサーも相手側から投資される立場になる。スポンサーは被支援者の昇進を支援したり、便宜を図ったり、自己認識を広げたり、上級リーダーに紹介したりする。被支援者は信頼された個人であり、スポンサーの名声をもとに昇進し、キャリアを築く。経済学者のシルビア・アン・ヒューレットは、イギリスとアメリカの12,000人の男女を調査し、昇進に関しては、メンターシップよりもスポンサーシップのほうがはるかに重要で、計測できるくらいの効果がある（http://bit.ly/nyt-sponsorship）ことを明らかにした。スポンサーになるためには何が必要か、被支援者の候補をどのように評価するか、どのようにしてスポンサーを見つけて評価するか。こういったことを従業員に教える包括的な制度を作ることが企業にとっては重要だ。

教育

一部の企業は、教育をたくさん与えて新しいスキルが身に付くと、それを使って、もっとよいポジションを提供してくれる企業に転職するのではないかと懸念している。しかし、教育と成長に関するもっと大きなリスクは、やる気のある社員が目標を支援してくれる企業に移り、やる気があまりない社員が残ってしまうことなのだ。そうなってしまうと、その企業はあまりよくない職場だという評判が立ち、全体的な能力にとってマイナスになる。

転職できるぐらいに人を訓練し、転職したいと思わないくらいに厚遇せよ。
リチャード・ブランソン

7.5 メンターシップ

正式なメンタリング制度がうまくいっている企業では、メンターとメンティーの両方に対して、その目的や役割、義務を教育している。健全なメンターシップは双方向なものであり、すべての参加者が学習して成長する。この関係を理解すれば、自分自身にメンターがいたことがなくても、メンターになれる。

7.5.1 上位者から下位者へのメンタリング

従来のメンタリングは上位者が下位者に行うものだ。エンジニアでも同じだ。通常は、何らかの正式なメンタリング制度のもとで組織的に行う。この制度は、経験を積んだメンバーの専門能力を活用して下位者のスキルを引き上げるのに役立つ。上位者が十分なコミュニケーションスキル、教える能力、他者の学習を助けるのに必要な忍耐力を持っているときにうまく機能する。我慢が効かない人だと、キーボードを離さず自分で仕事をしてしまうのでうまくいかない。下位者の質問によって、上位者が当たり前だと思っていたことを考え直し、過去のやり方が最良のやり方かどうかを自問するようになればいちばんだ。

7.5.2 上位者同士のメンタリング

上位者同士でのメンタリングは、上位者から下位者へのメンタリングほどは一般的ではない。この形でも知識を深く共有できることはあるが、両者が同じ企業で長い間上級職にいる場合には、質問が見つからず、新鮮な目でものを見る人を相手にするときのような視点が得られないだろう。

7.5.3 下位者から上位者へのメンタリング

これは下位者が上位者に対してメンタリングするものだ。うまく機能すれば、あらゆる人から学ぶことの重要性を再認識させることができる。特定のスキルに対する能力のレベルは人によって異なる。ある時期に自分で選んで集中して手に入れたスキルが、いちばん得意なものになることが多い。そのため、テーマによっては、下位者のほうが上位者よりも高い能力を持っていることがよくある。

7.5.4 下位者同士のメンタリング

最後に、下位者同士が互いに相手の学習を助けるメンタリングもある。これは、メンタリングに関わる上位者レベルのエンジニアがいないとか、上位者が忙しすぎてメンタリングに関わっていられない急成長中のチームで見られる。他の人と学習することで、ひとりで学ぶよりも早く学べることがある。しかし、グッドプラクティスに誘導したり、行き詰ったときに頼りになったりする経験者がいないため、あまり効果が上がらないこともある。

7.6 マインドセット入門

マインドセットとは、自分自身や自分の可能性に対するアプローチについての考え方である。キャロル・S・ドウェック博士は、モチベーションの分野での研究にもとづき、固定思考と成長思考に関する本を著している[†3]。**固定思考**の人は、能力は生まれながらのもので固定だと考えている。人は生まれながらにして、何かについて得意か不得意であり、その状態は変わらないと思っているのだ。それに対し、**成長思考**の人は、努力と練習によって能力は身に付き、向上していくと考える。マインドセットは人の仕事のしかた、難題への取り組み方、失敗への対処に大きな影響を与える。

7.6.1 正しいマインドセットを育てる

ミシガン州立大学助教授のジェイソン・ムーサーは、異なるマインドセットの神経機構に関する研究結果（http://bit.ly/moser-mindsets）を2011年に発表した。それによると、課題達成のために試行錯誤をするときには、固定思考の人は成長思考の人よりも脳の活動が低い。これは、成長思考の人にはミスに対する適応反応があるという発見と一致している。考え方を変えれば、脳の働き方やミスへの対処方法が変わるのだ。

自分自身の能力、正確にいえば自分の能力の由来についての考え方は、どう学んで成長していくかに大きな影響を及ぼす。成長思考になれば、人や組織は早く学び、早く環境に適応できるようになる。たとえば、仕事の現場で、個人やチームが本番環境に影響を与える事象にすばやく反応したり、プロジェクトのライフサイクルのなかで状況の変化にすばやく対応して方向性を変えたりできるのだ。これらは、企業全体の利益になる。

7.6.2 固定思考

固定思考では、スキルや性質は生まれつきのもので変わらないと考える。そうすると、他の人に対して自分のことを証明しなければいけないと考えるようになる。人の性質は生まれつきであり人は賢いかそうでないかのどちらかだ、と信じ込んでしまうと、自分に対しても周囲に対しても自分は賢いほうの人間であることを証明したがるのだ。

固定思考の人は、あらゆる失敗をその人の本質的な愚かさ、無能さ、その他価値のある性質の欠如の証明だと思ってしまう。固定思考の人は、失敗して能力の欠如を思い知らされるのを避けるために、失敗するかもしれない状況から距離を置こうとする。そのため、新しいスキルの学習が必要になるようなプロジェクトの仕事を避けようとする。

固定思考の人は、失敗や非難を避けることによって不確実性を避ける。したがって、仕事をしながら新しいスキルを得ることは期待できない。自分の能力に対する自信を確かめるために、とかく自分と他人を比較したがる。競争にこだわるマインドセットと言えるだろう。

7.6.3 成長思考

それに対して、成長思考の人は、学習と学習環境に自分の身を委ねる。成長思考の人は、自分の

†3 Carol Dweck, *Mindset: The New Psychology of Success* (New York: Ballantine Books, 2006).

スキルや知識は時間とともに変わると考える。今は特定の分野について大して知識がなくてもかまわない。十分な時間をかけて努力する。人に教えてもらう。練習する。そうすれば、自分はその分野を熟知するようになると思っているのだ。だからといって、誰もが次のアインシュタインやキュリー夫人になれると言っているわけではない。あらゆるスキルは、完璧とまでは言えなくても上達はできるということだ。

このように考えれば、難問は学習の機会となる。新しいスキルや知識を獲得し、既存の知識をレベルアップするチャンスでもある。成長思考の人は固定思考の人のように失敗を恐れない。したがって、リスクを取って、大きく成長できるのだ。失敗は個人の本質的な欠陥の兆候ではなく、学習プロセスの自然な一部にすぎないと考えることができる。

7.6.4 個人の成長

成長思考を育てるためにはどうすればよいだろうか。次の6つの方法を組み合わせれば、将来の難問に備え、時代の変化に対して柔軟に対処するために役立つだろう。

7.6.4.1 基本を学ぶ

チームに新たに加わるときには、自分のポジション上必要なスキルとチームに必要なスキルを学ぶようにする。この業界での経験が長くても、そのチームで成功するために必要なスキルを理解できているとは限らない。

新しいポジションに就くと、仕事するチャンスを与えられるためには、あらゆることを知っていなければいけないと考えがちだ。新しい同僚や上司に、自分を選んだのは正しい選択だったことを急いで証明しようとする。そして、環境ごとの文化の違いを含め、自分の仕事の基本を理解する時間がなくなってしまうことがよくある。

同じように、長い間同じポジションで仕事をし続けていると、時間とともに環境がどのように変化したかをいつも考えているとは限らなくなる。より良い支援を用意する上で重要なのは、基本をよく理解することだ。

誰が何をなぜどのように行っているのだろうか。さまざまなことの責任者が誰で、どのように仕事をするのか。サービス障害が起きて初めてそれを知るのは避けたいところだ。火消し作業が始まる前に、時間を確保しよう。先に、そういったことを学び、基本をしっかりと身に付けておくのだ。

ポジションに関係なく基本となるのが、観察する能力と観察される能力である。同じチームか、別のチームか、外部のチームかにかかわらず、それぞれの環境で複雑な状況を処理している他人をよく観察しよう。共同作業やメンバー交換制度を活用すると、事例の共有のときのように細部が隠蔽されてしまうことなしに、同じような問題に向き合っている人たちにじかに接することができる。つまり、事後ではなく、実際に事態が進行しているときに、問題を見極めて対処する方法に接することが可能になるのだ。

何が起きているのかを観察するときには、ノートPCよりも紙のノートが役に立つ。誰が何をなぜ行っているのかを書き留めよう。たとえば、インシデントの際に、上司がインシデントマネージャーをしているのか、それとも他の人がその役割を担っているのか。なお、手でメモを書いたほうが、新しい事項が記憶に残りやすく理解しやすいことが研究[†4]によって明らかになっている。

7.6.4.2 ニッチを開発する

自分の置かれた環境で、他の人よりもあなたが優れていることが何かしらあるはずだ。自分の現在のスキルがどのようなものかはわかる。まだ知らないことのなかから、自分ができるものを探してみよう。長い間同じことばかりするのは、同じ学年を何度も繰り返すのと同じだ。そのままでは間違いなく学習能力を失う。学習プロセスを学び直さなければいけない。

新しいスキルは、今の仕事と直接関係がなくてもかまわない。チームや組織のあいだにある隙間のようなものがよい。運用チームに所属していて、ストレージをサポートしている場合を考えてみよう。その場合は、Googleが開発した高速キーバリューストレージライブラリのLevelDBのような、新しいストレージアルゴリズムを学ぶとよいだろう。

この例で言えば、LevelDBの構成を調べることになる。他にも、自分が担当しているアプリケーションの特性を検討する際に役立つ知識として、LevelDBのパフォーマンス特性を調査するかもしれない。このような学習は、アプリケーションをうまく運用、管理するための全体的なスキルを強化してくれる。

チームの規模やチームに割り当てられたプロジェクトの数にもよるが、学習に利用できる閑散期は多少なりともあるはずだ。ニーズや希少性、チームの規模、他の仕事やそこで学んだこととの整合性にもとづいて、強化すべきスキルを選ぼう。

新しいテーマを学んで身に付けたとしても、そこで学習が終わるわけではない。文章を書いたり話したりして自分が学んだことを共有し、他人に教え、新たに学ぶべきテーマを選ぼう。この業界は激しく変化している。新しいツールやプラクティスが毎日のようにリリースされている。すべてでエキスパートになるのは無理だが、学習能力は強化できる。そうすれば、キャリアを転換する場合でも、新しい挑戦に立ち向かっていける。身に付けた専門能力を共有すれば、周りの人たちのレベルアップにも役立つ。

7.6.4.3 自分の得意なことを知り、それを伸ばす

何かをうまくできたとき、それをどうやって知るのだろうか。もう十分学んだので新しいことに移ったり次のレベルに学習を進めたりしてよい、と感じるのはどんなきっかけからだろうか。

外部のフィードバックソースは、称賛、指導、公式の評価などのどのような形であってもありがたいことだ。しかし、自分の進歩を把握して評価するのを外部システムに頼ることは基本的にできない。ほとんどのシステムは、自分の限界ぎりぎりまで到達したり、個人としてどんな能力を開発するのが重要かを理解したりといったことの手助けにはならない。

†4 P. A. Mueller and D. M. Oppenheimer, "The Pen Is Mightier Than the Keyboard: Advantages of Longhand Over Laptop Note Taking," Psychological Science 25, no. 6 (2014): 1159–1168.

自分が仕事で示した実力と成果を正確に測れることはとても重要だ。個人に対してフィードバックを返すメカニズムにはさまざまなものがあり、優劣の違いもある。しかし、外部システムがなくても、また外部システムとは無関係に、自分自身にフィードバックを与えられるようにならなければいけない。自分自身を率直に評価し、自分の評価メカニズムに満足できれば、望む方向に向かってキャリアを進めていくことができる。

> 私とは私と環境の合作である。
>
> ホセ・オルテガ・イ・ガセット

1960年代末にサックマン、エリクソン、グラントは個人のプログラミングの生産性を研究していた。そして、他の人たちよりも生産性の高いエンジニアがいることに気づいた。いつしか、生産性の高いエンジニアという観念は、どこかの企業の「十人力エンジニアしか雇わない」というおまじないになっていた。

グループ内の他の誰と比べても10倍の生産性で仕事ができる人がいたとしよう。それは、今のポジションを脅かされない人がいるという兆候である。ひとつのテーマの専門家になるのは立派だ。しかし、学習の継続や弾力性、柔軟性を犠牲にするものであってはいけない。

それぞれの活動のなかで最高になるように努力すべきだと、いろいろなことが示している。オルテガの仮説は、平均的で平凡な科学者が科学の進歩に大きく貢献するというものだった。そこからの当然の帰結として、平均的なエンジニアが技術の進歩に大きく貢献すると言ってよいはずだ。有名なソートリーダー[†5]を称賛するの同じように、ストーリー、ちょっとしたツール、プロセス、ドキュメントなどを通じてこの業界に大きな影響を与えた多くの無名の人も称賛すべきだ。彼らは、個人として高い生産性を発揮したわけではない。だが、標準の発展こそが、ツール、プラットフォーム、インターフェイスの共通の核を作り、それによって他の人がソフトウェアを設計、構築、テスト、利用するときの全体的なコストが削減されてきたことを示している。

7.6.4.4 意識的で質の高い実践を心がける

いま学んでいるスキルは使おう。学習は新しいミエリンを作り、脳をつなぎ直す。ミエリンとは、神経の電気信号を高速化して強化する、脳内の白い物質である[†6]。そのため、ただ実践の回数を重ねるだけでなく、質の高い実践が大切になってくる。つまり、間違ったやり方で実践して、不完全なメカニズムを強化することがないように注意しなければいけない。コーチングやメンタリングのメリットのひとつは、実践を適切な方向に導くのに役立つ外部のモニタリングやフィードバックを得られることにある。これはスキルレベルに関係ない。

毎日の仕事の多くは、自分の働きによって結果が変わる瞬間を目指して行う練習だと考えることができる。同じことを何度も繰り返す練習は、同じ箇所が何度も再生される壊れたレコードのようなものだ。本当のスキルを伸ばすには、別のことをして進歩し続けなければいけない。

意識的でない実践のひとつに、自動運転がある。多くの人は、年を取って能力が変化したことで難しいものとなっても、自動運転をしてみようとする。難しいのは、環境の変化を認識し、手慣れ

---

†5　監訳注：その分野の第一人者で、将来の展望や注目すべきテーマなどを語る人のこと。

†6　Alison Pearce Stevens, "Learning Rewires the Brain." *Society for Science*, September 3, 2014, http://bit.ly/learning-rewires.

たものでも時代遅れになったものにしがみつかないようにすることだ。

今はとてつもないペースで業界が変化し、技術が深く影響を与えるようになっている。そんなときに大切なのは、こういった惰性的な習慣に気づくことだ。惰性とは、今後決して変わらないように見えるアクティビティに気持ちよくなりすぎて停滞しているときのことだ。仕事の品質を保ち、非日常的な事象に反応できる能力を維持しよう。そのためには、新しいスキルを学んだり、既存のスキルを強化したりして、絶えず自分自身に課題を与え、自分自身を向上させていかなければいけない。

7.6.4.5 作業スタイルを開発する

私たちはいつも多くの仕事を抱えている。いつも、もっと仕事をこなせたはずだと思いながら、その環境を離れている。できそうなことがたくさんあると思ってその環境に来るのであって、なぜ結果がそうなってしまったのかを説明する状況を想定してはいない。現状に文句をつけて、新しい職に就いたり現在の仕事を続けたりするのでは視野が狭くなる。したがって、うまく機能していることを検証し、環境の長所と改善の可能性を見極めるようにすべきだ。

個人の作業スタイルはさまざまだ。自分に合う作業スタイルとそうでない作業スタイルをはっきりさせること。自分の仕事から最大限のものを引き出し、チームにいちばん大きな価値を提供すること。これらが重要だ。この学習プロセスでは、使うツールやテクニックに関しては自分自身のスタイルを開発することになる。

まわりを見回してヒントを探そう。他者を観察して、使っているツールや手法がわかったら、恐れずに試すこと。オープンソースの登場以降、大勢の人がドットファイルと呼ばれるファイル名がピリオドから始まるUnixの設定ファイルを共有したりショートカットを利用して仕事をしたりするようになった。

この業界に入ってある程度の時間がたっていれば、あなたにはすでに自分のスタイルがあるはずだ。なぜ自分がそのやり方で仕事をしているのかを理解するには、スタイルのさまざまな側面を評価して明らかにする必要がある。仕事を終わらせるために使っている方法は長年かけて身に付けた習慣であって、それがいちばんよい方法だからではなく、単にそれに慣れていたからである。そう考えることが大切だ。自分の好きなものは何で、何に由来しているのかを理解しよう。そうすれば、なじみのないスタイルを試しに使ってみて成長する自由と柔軟性が手に入る。

7.6.4.6 チームスタイルを拡張する

自分のスタイルがわかったら、自分の好みと今仕事をしているチームの好みを区別することを身に付けられるようになる。メンバー全員が足並みを揃えて協力して仕事をする方法を見つけることは、単なる人の集まりがチームに生まれ変わるときの要素のひとつだ。

失敗に対する組織のふるまいや態度は、個人が自分のやり方にどれだけしがみつくかに影響を与える。チームメンバーそれぞれが、失敗したときに言い訳できるようにしておこうと思うような場合には、自分にとってうまくいっているプロセスを変えることには抵抗しがちだ。

7.7 マインドセットと学習する組織

失敗に対するマインドセットは、個人レベルだけでなく、組織レベルにもあてはまる。非難文化では、エラーが起きると「原因」だと思われる個人を探し、その人たちをプロジェクトや組織から取り除こうとする。これは、非難文化がエラーを固定思考で見ているからだ。非難文化は、誰かがミスを犯すと、その人のことを優れていないとか賢くないと考える。非難文化は、人に進歩のチャンスを与えず、人を変わらないものと見ているのだ。こうなると組織全体が停滞する。失敗にうまく対処したり失敗から学んだりすることではなく、失敗を完全に避けることに主眼が置かれてしまうのである。

失敗に対する非難のない見方がうまく機能する理由の一部は、成長思考を採用していることにある。ミスが起きることを認めた上で、人と組織がともに学習、成長、進歩できると考えているのだ。今はチームにうまくいっていない部分があっても、向上する方法や学んで進歩する方法を探していれば、**よくなることができる**。このように学習、教育、自己改善に力を入れれば、賢くしっかりとした個人とチームが得られる。

成長思考と学習する組織は、devops共同体の発展にも役立つ。頻繁なフィードバックとコミュニケーションを加速するからだ。そこでは、現状がどうなっているか、目標は何か、現状と目標がどのくらい一致しているかがテーマとなる。

7.8 フィードバックの役割

ドウェック博士の長年の研究によれば、人が固定思考と成長思考のどちらに傾いていくかを決める重要なポイントは、どのようなフィードバックを受けているかにある。何かをうまくやり遂げたときに「よくやった。君は賢いね」というように褒められて賢さを強調されると、その人は固定思考に向かう。そして、難しい仕事を避けるようになったり、その賢さが疑われるかもしれないリスクがあることをしなくなったりする。それに対し「よくやった。頑張ったね」というように褒められると、その人は生まれつきの性質ではなく努力のおかげで成功できたと考える。そして、難しい仕事に立ち向かったり、失敗してもまたやり直してみようとしたりするようになる。

フィードバックとマインドセットの分野の研究は、もともと学齢の子どもたちを対象として行われていた。だが、フィードバックの種類によってマインドセットが形成されるのは大人にも間違いなく当てはまる。マインドセットはまず子どもの頃に形成されるかもしれない。しかし、固定思考でさえ固定しているわけではない。子どもの頃に固定思考を身に付けた人でも、大人になってから学習を重視する成長思考を育てていく潜在的な力を持っている。

これは、社員の成長と業績を考える上でとても重要である。固定思考の人は、自分の現在の能力に直接関係するフィードバックだけに注意を払いがちだ。将来どのように進歩していけばよいかについてのフィードバックが耳に入らない傾向がある。それに対し、成長思考の人は、自分をよくするために役立つあらゆるフィードバックに耳を傾ける。そして、自分の今の状態にこだわるのではなく、学習して自分をよくすることに力を注ぐ。

社員を評価してフィードバックを与えるときには、この2つのことを頭に入れておこう。上司や同僚として誰かにフィードバックを与えるときには、その人の努力、行動、成果、思考に重点を置くようにする。その人がどういう人なのかではなく、何ができるのかに着目し、成長思考になるように導いていくのだ。

以下は、ポジティブなフィードバックとネガティブなフィードバックを与えている例だ。次の2つのアプローチを比較してみよう。

固定思考のアプローチ

アリスはとても頭がよいね。分散システムの動作原理を直観的に理解しているよ。でも、人付き合いはあまり得意じゃないようだな。助けがほしい人が頼ってくるようなタイプじゃないね。

成長思考のアプローチ

アリスは仕事で扱う分散システムを理解するためにしっかりと勉強したのがよくわかるね。分散システムの動作原理を深く理解していることからも、努力のほどがうかがわれるよ。あとは、正式なプレゼンテーションでも、カジュアルな一対一のやり取りでも、自分の知識をうまく伝える方法を見つけてくれるとよいと思うんだけどな。

アリスはこのフィードバックにどのように応えるだろうか。「分散システムは得意だが、人間関係は改善が必要だ」というメッセージはどちらも同じだ。しかし、メッセージの組み立て方はまったく異なっている。固定思考のアプローチに含まれる「頭がよい」「直観的に理解している」「タイプじゃないね」といった表現は、アリスの生まれつきの性質、変更不能な事実を暗示させる。それに対し、成長思考のアプローチに含まれる「しっかりと勉強した」「努力のほどがうかがわれる」「自分の知識をうまく伝える方法を見つける」といった表現は、アリスの勉強や行動に着目し、過去にやったこと、将来すべきことを強調している。

7.9 評価とランキング

社員にフィードバックを与えるのには2つの目的がある。ひとつは、業績評価のような形でその人の現状を知らせることだ。それによって個人として成長し、スキルを向上し、知識やスキルセットのギャップを埋めることができる。もうひとつは、どの人が高い業績を残し、組織に貢献しているかを組織のために明らかにすることだ。これは、その人にとって価値のあることを提供するのとは別のものである。同僚よりも業績が悪くて改善が見られないような人がいたら、組織にいないほうがよいという考えによるものだ。

7.9.1 フィードバックの頻度

2011年のWall Street Journalの記事（http://bit.ly/wsj-reviews）によれば、51%の企業が年に1度業績評価を行っており、41%の企業が半年に1度業績評価を行っている。しかし、フィードバックが相手にとって役に立つものなら、頻度を上げたほうが社員に大きな影響を与えられると考える企業が増え始めている。もちろん、フィードバックによって新しい実行可能な情報を与えられないのであれば、頻度を上げても意味はない。しかし、役に立つ実行可能なフィードバックであれば、頻度を上げることで、個人にとっても組織にとっても大きなメリットになる。

今の仕事で少し問題がある人がいるときに、次の年次評価まで1年待つのは誰にとってもよくない。彼らは自分がちゃんと仕事をしていると思って1年を過ごす。そして、評価の時期が来たときに意外なことで嫌な思いをすることになる。フィードバックを受ける人の心理に関する研究によれば、人は嫌なことで驚かされると、知的に反応するのではなく、感情的に反応することがわかっている。この現象を**扁桃体ハイジャック**という[†7]。その状況では、フィードバックの意味をきちんと理解できず、与えられたフィードバックに適切に対処できなくなってしまう。

従来よりも小さなフィードバックを頻繁に行うことで、フィードバックを受けた側の調整も小さくてやりやすいものになる。チームがソフトウェア開発にアジャイルのプラクティスを取り入れ、ウォーターフォールモデルから離れていっている大きな要因のひとつはこれだ。継続的デリバリーがうまく機能する理由も同じである。フィードバックを得るのが遅れると、問題の解決も遅れる。その点では、年に1度の業績評価はウォーターフォールに似ている。組織は、継続的フィードバックというアジャイルな考え方に移行していくはずだ。

7.9.2　ランキングシステム

特に大企業では、社員の業績を分類するためにさまざまなランキングシステムが使われていることが多い。近年でいちばん大きな変化は、**スタックランキング**の廃止の流れである。スタックランキングは、**強制ランキング**とか**強制分布**とも呼ばれる。1980年代にGEのCEOだったジャック・ウェルチが広めたランキングの方法である。社員の**上位20%**を優秀、中位70%を十分な戦力と評価し、下位10%を解雇するというものだ。このやり方は、“rank and yank”（ランクを付けて引っこ抜くという意味）と呼ばれることが多かった。このランキングがあると、社員たちは下位10%に入らないようにしようとした。

システム内の個人が強制的に他の社員と競わされると、効果的なコラボレーションの実現は難しくなる。情報を持っていることが、報酬やキャリア、場合によっては仕事を失うかどうかにも影響を与えるかもしれない。そうなると、透明性の高いコミュニケーションが個人にとって価値がある、とは考えられなくなってしまうのだ。スタックランキングは、特に説明がまずいと、業績に貢献するどころか足を引っ張る結果になる。しかし幸いなことに、この方法を使っている企業の数は顕著に減っている[†8]。

これとはまったく逆で、多くのスタートアップはランキングシステム自体を廃止し、評価とランキングを完全に取り除こうとしている。しかし、初期段階の企業の特徴であるカオスと変化の環境では、フィードバックがないのは個人にとって有害だ。さらに、公式の手順やガイドラインが一切

---

†7　Daniel Goleman, Emotional Intelligence: *Why It Can Matter More Than IQ* (New York: Bantam Books, 1996).

†8　Max Nisen, "Why Stack Ranking Is a Terrible Way to Motivate Employees," *Business Insider*, November 15, 2013, http://bit.ly/stack-ranking.

なければ、意識的または無意識的なえこひいきが入り込みやすくなる。公式のフィードバックシステムと頻繁で役に立つフィードバックを組み合わせよう。そうすれば、自分を向上させてキャリアアップしたい人のために明確な方向を示すことができる。

さまざまな要素を見ていくと、個人の業績に対するフィードバックとランキングはひとりの個人だけに影響を及ぼすのではなく、チームや組織全体のコラボレーションに影響を与えることがわかる。業績評価をゼロサムゲーム化すると、人は企業全体のための価値を生み出すことよりも、自分の職の防衛に重点を置くようになる。結果として、コミュニケーションとコラボレーションが損なわれる。まして、顧客のために最大の利益を提供しようなどとは思わなくなるのだ。

フィードバックの頻度やそれが公式なものなのかどうかも、協力し合う環境を生み出す上で影響を及ぼす。プロセスがある程度公式であることは間違いなくよいことだ。しかし、毎週のキャッチアップミーティングと年に1度の大がかりな評価とでは、情報の流れやすさがどれくらい違うかを考えてみよう。フィードバックサイクルが短ければ、フィードバックを受けるのも与えるのも現実的になる。すると、トップダウンだけでなく双方向で情報の共有が進み、全体として協調的な環境が作られるのだ。

7.9.3 ロックスターやスーパーフロックの問題

「ロックスター開発者」とか「十人力エンジニア」といった概念が広まったことで、多くの企業やハイアリングマネージャーは「スーパースター」なるものを採用して、彼らが持つ（かもしれない）10倍の生産性を手にしようと考えるようになっている。だが、そういったエンジニアの採用に力を入れすぎると、効果よりも弊害が生まれる。

国際的なビジネスウーマンとして知られるマーガレット・ヘファーナンは、2015年6月のTEDでの講演（http://bit.ly/heffernan-pecking）で、エリートを採用する企業のあり方を「スーパーチキンモデル」という用語で表現した。これはパーデュー大学の進化生物学者、ウィリアム・ミュアが鶏を使って行った生産性の研究にもとづくものだ。

普通の鶏の普通の群れをそのままの形で6世代に渡って放っておくと、鶏たちの生産性は上がっていった。一方で、生産的な鶏を選抜して「スーパーフロック」を作り、各世代から生産的な鶏だけを選んで次世代を誕生させた。このスーパーフロックは、生産性がどんどん上がるどころか、3羽を残して死んでしまった。「スーパーフロック」は、他の鶏の生産性を犠牲にして自分の生産性を上げていただけだったのだ。

職場でも同じような結果が生まれることがわかっている。MITの生産性と創造的問題解決の研究チーム（http://bit.ly/hbr-building-teams）の発見によると、いちばん生産的で創造的なチームは「スーパースター」エンジニアを集めたチームではない。知性と技術力そのものだけでは、決して最良のチームは生まれなかったのだ。最良のチームは、社会的感受性が高く、みんなが均等に発言し、女性が多く含まれているチームだった。女性を増やしたことで、メンバーの精神状態に対する感受性が高くなり、相手の話を聞く時間が長くなったということかどうかはわからない（女性は共感的で話をよく聞き、相手の話に割り込まないように育てられることが多い）。だが、社会的感受性の向上、相手の気持ちや一般的な社会規範を認識して理解する能力、コミュニケーション能力がチームの生産性の決定要因になったことは間違いない。

7.9.4 チームにとっての社会関係資本の価値

社会関係資本、すなわち、人の社会ネットワークとそこでの関わりの価値は、豊かな情報のフロー、助け合い、相互信頼という形で作用する。これとスーパースターを中心に回っているチームを比較してみよう。スーパースター中心のチームでは情報と支援は一方通行であり、相互の助け合いはなく、相互の信頼感も薄い。

社会関係資本の発達には時間がかかる。しかし、その価値は時間の経過とともに次第にはっきりしてくる。生産的なチームや組織がほしいなら、信頼や社会関係資本を損なう「スーパースター」社員に重きを置くのを止める。そのかわりに、既存のチームのなかで共感を育て、競争ではなく協調を目指して仕事をするようにしなければいけない。

7.10 コミュニケーションと対立の解決スタイル

高性能の製品を安価に提供することが求められる状況では、時間と労力をどこに使うのかについて、人によって違う考えを持つことが多い。このような考えの違いから発生する摩擦や対立は、どうにかして解決しなければいけない。この問題に対しては複数のアプローチがある。ここではそれらを対立の解決のスタイル、あるいは交渉のスタイルの観点から見ていくことにする。

交渉とは、合意に達することを目的としたコミュニケーションのことだ。次節で示すように、合意に達するまでの形はさまざまである。チームや職場のなかでの主要な交渉スタイルとしてコラボレーションを育てていくことは、究極的にはコミュニケーションの問題になる。このことは、devops共同体を紹介したときに具体的に示した。効果的なコミュニケーション、共通の目的、その目的に到達するための戦略、危機管理計画がなければ、成功に近づくことはできない。

7.10.1 効果的なコミュニケーション

効果的なコミュニケーションができれば、互いに競争し合うだけでなく、共通の理解を築き共通の目標を見つけることができる。単に質問に答えたり、次に何をすべきかを指示したりする以外にも、私たちが人間としてコミュニケーションする理由はたくさんある。主要な理由を4つあげると、理解の深化、影響力の行使、感謝の表明、コミュニティの構築である。

コミュニケーションによって、人に自分がひとりではないことを教え、問題への対処方法の共有を実現し、人やグループに知識を伝えることができる。それらを通じて、人やチームは打たれ強くなるのだ。効果的なコミュニケーションは、組織全体に大きな影響を与え得る。

7.10.1.1 理解の深化

コミュニケーションの大部分は理解を深めることを目的として行われる。してもらいたいことを明確に理解してもらうこと、技術的なテーマについての知識を掘り下げること、その間のさまざまなことなどもそうだ。このような知識は、メンタリングセッションや講義のような形で明示的に共有することもあれば、チームのハックデーやバグフィックスセッションのような活動に参加することを通じてアイデア、基準、習慣を学んでいくときのように暗黙のうちに共有することもできる。学習の文化や知識を共有するためのグループとしての取り組みからは、自学自習では得られないコンテキストや理解が得られる。

エンジニアたちは、自分が担当するシステムやプロセスについての込み入ったコンテキストや状況認識を大量に抱え込んでしまいがちだ。そのような知識を他のエンジニアに積極的に教えていこう。さもないと、外部で何かが起きると簡単に崩れる知識の孤島を組織内に作ってしまう。特定のテーマを理解している人間が少数しかいないと、それらの人たちに重圧がかかる。たとえば、「ジョージにバカンスに行かれては困る。データベースを直せるのは彼だけだ！」と言われたときのことを考えてみよう。そうなると、ストレスが高まり、燃え尽きを誘発することになってしまう。

多くの場合、理解すべき内容には歴史的な経緯が含まれる。時間とともに有機的に発展してきた複雑なシステムの仕事をしている場合、チームやプロジェクトに新しく入ってきた人には、いまの形になっている理由が必ずしも理解できないことがある。しかし、現状を完全に理解して貢献できるようになるためには、コンテキストについての知識がとても重要になる。何かが異常かそうでないかの判断を求められる運用チームでは、特にそうだ。たとえば、このアラートは誤りか、それとも調査を必要とする本物の問題かを切り分けなければいけない。歴史的なコンテキストを伝えることで、はるかに早く、新人やチーム歴の浅いメンバーに知識や理解を深めて成長してもらうことができる。

7.10.1.2 影響力の行使

影響を与えるための方法にはさまざまなものがある。しかし、そのなかでも、他の方法よりポジティブで協調的な方法がいくつかある。意見が違う人の発言をさえぎったり、いちばん大きな声でいちばん長く発言する人になったり、何らかの権力や強制を使ったりすれば、確かに他人に影響を与えることはできる。しかし、このような方法では、健全な形、共感を呼ぶ形でチームの力を引き出すことはできない。影響は与えられても、相手はみんな不愉快になる。人に影響を与えるためにいちばん効果的な方法は、相手に単にあなたが望んだことをさせるだけではなく、相手もそれをやりたいと思うような十分な一致点を見出すことだ。詳しいことは後ほど紹介する。

7.10.1.3 感謝の表明

感謝の気持ちを表すことも、人がコミュニケーションする大きな理由のひとつである。感謝の気持ちを伝えれば士気を上げられる。人間は自分の仕事や達成が認められ、感謝されていることを実感したいと思うものだからだ。相手に対して寛容になり、相手の力になろうと思うようになり社員の間の協調が深まる。そして、あなたの期待どおりの行動が見られる機会も増えていくだろう。感謝の表明は、2つの部分から構成される。ひとつは、感謝の気持ちを示すべきことを見つけることだ。もうひとつは、実際にその気持ちを伝えることである。

いつ感謝の気持ちを表すべきかの判断は、習得に時間のかかるスキルだ。暗い気分になっていたり、仕事の負担が重すぎてストレスが溜まっていたり、チーム内の競争が激しくてみんな自分のことばかり考えていたりするときは、自分のマインドセットはよくない状態だ。そんな状態だと、褒めたり感謝したりする適切なタイミングを見つけるのが難しくなる。感謝の気持ちを伝えることも難しいスキルである。特に、それまでは職場に感謝の気持ちを伝える習慣があまりなかった場合には、他人を褒めようとすると落ち着かなくなる人がいるだろう。おおっぴらに人に感謝の言葉をかけるのは、個人的に言うときと比べて、落ち着かない気持ちになるものだ。しかし、チームミーティングなどの公式の場で褒めてもらえれば、相手は一段とうれしく感じるはずである。

7.10.1.4　コミュニティの構築

よいコミュニケーションによって個人間のつながりを強めると、コミュニティを構築しやすくなる。先ほど触れたMITの研究（http://bit.ly/hbr-building-teams）が示しているように、優れた「心の理論」を持ち、対等のコミュニケーションが多いチームは、創造的で生産的になる。コミュニティはこういったものと相まって築かれていく。メンバー同士が仕事とは直接関係のない話をよくするチームは、そうでないチームよりもメンバー間の信頼と共感のレベルが高く、生産性を上げたり逆境にグループとして対処したりする能力が高い。単なるメールアドレスや社員名簿のエントリではなく、血の通った個人として互いに相手を見られるときには、人は個人レベルで素晴らしい交流ができる。

コミュニティ・オブ・プラクティスとコミュニティ・オブ・インタレスト

コミュニティ・オブ・プラクティスとは、同じ職務や関心事を共有し、組織のなかでの行動のしかたを向上させるために定期的に集まるグループのことである。組織のすべての職務には、コミュニティ・オブ・プラクティスを形成する機会がある。そのため、開発者には開発者のコミュニティ、QA担当やテストエンジニアにはQAやテストのコミュニティ、スクラムマスターにはスクラムマスターのコミュニティが作られる可能性がある。コミュニティ・オブ・プラクティスは、特定のツールや言語を中心として形成されることもある。しかし、いずれにしても、コミュニティのメンバーは、ひとつのプロジェクトやチームのメンバーに限らない。こういったコミュニティは、上層部からの指揮命令を受けず、有機的に成長し変化できるようになっていたほうがうまく機能する。職務やプロジェクトと同じように、コミュニティの活動には時間とともに浮き沈みがある。コミュニティ・オブ・プラクティスは、対象とする職務に活発に参加している人に制限され、学習したり議論したりする内容は参加者が実際の仕事で得た知識や経験から来ていることに注意することが大切だ。

コミュニティ・オブ・インタレストはコミュニティ・オブ・プラクティスとよく似ているが、実践者だけに限定されない。チームのマネジメント、ガバナンス、コミュニケーションに関心を持つ人から構成されることが多い。コミュニティ・オブ・インタレストは、コミュニティ・オブ・プラクティスの立ち上げや監督を担当したり、実践者たちが議論している日常の現実的な問題には直接影響を及ぼさない高レベルの問題を議論したりする。コミュニティ・オブ・インタレストという用語を別の意味で使っている場合もある。自分で実践していなくても、特定のテーマ、チーム、技術に関心を持つ人が集まるコミュニティという意味だ。コミュニティ・オブ・プラクティスもコミュニティ・オブ・インタレストも、どちらも職種横断的なもので学習と共通の目標に重点が置かれている。

社員同士が仕事を離れても親友になることを期待してはいけない。他人を人として知ることと、近づきすぎて干渉的になることには明確な一線を引くべきである。他の社員にあえて自分の個人的な部分を見せたがる人もいるが、それはかまわない。大切なのは、コミュニティの構築のために個人的なコミュニケーションを強制するのではなく、コミュニケーションの機会を作り、控えめにコミュニケーションを促すところまでで止め、あとは自然に任せることである。関係の構築、コミュニティの構築には時間がかかる。どちらも一夜のうちに作られたりはしないし、強制して作れるものではない。

コーヒーブレークや、ゆっくり食べて話せるランチタイム、共通の関心を持つ人たちの自主的な活動などは、強力なコミュニティを構築するのに大きな効果を発揮する。

7.10.2 コミュニケーションの形

コミュニケーションから最大限の効果を引き出すつもりなら、メッセージの内容、緊急度、重要性に合わせてコミュニケーションの方法を変えることになる。コミュニケーションの方法を意図的に選択することで、考えを明確に伝え、チーム内の理解を深め、他のチームや個人との共同作業を円滑にする効果がある。さらに、効果的なコミュニケーションのために、どんな相手に話そうとしているのか、その相手にどれくらいのコンテキストや負担を求められるかも考えるべきである。コミュニケーションをどれだけ緻密に構成するか、それともくだけた形で話すかも考えるとよい。

文化が異なれば評価される表現のスタイルも変わる。自己主張の強さ、反対意見に対する対決姿勢、率直な表現を好む文化もあれば、間接性を尊重し、グループの調和を維持するために行間を読むことを求める文化もある。

7.10.2.1 コミュニケーションの手段

職場でコミュニケーションをとるための手段や方法はさまざまだ。すべての手段があらゆる状況で効果的に使えるわけではない。組織やチームによって好みの手段が異なる場合もある。**表7-1**は、さまざまな要素にもとづいてコミュニケーション手段を分類してみたものである（網羅的なものではない）。

表7-1 異なるコミュニケーションツール、手段

コミュニケーション手段	即時性	オーディエンスへの浸透度	受け手の負担	コンテキスト	構成の緻密さ
電子メール	低い	高い	平均的	多い	平均的
臨時の会議（またはビデオ会議）	高い	低い	平均的	少ない	低い
チャット	平均的	平均的	軽い	多い	低い
正式な会議	とても低い	高い	重い	少ない	高い
Twitterなどのマイクロブログ	低い	平均的	軽い	多い	低い
GitHubのプルリクエスト	低い	平均的	平均的	平均的	平均的
付箋紙のメモ	とても低い	平均的	軽い	多い	低い
PagerDutyページ	高い	高い	重い	平均的	低い
Nagiosアラート	平均的	高い	重い	平均的	低い
書籍またはブログ記事	とても低い	低い	平均的	平均的	高い
画像、グラフ	低い	低い	軽い	多い	とても低い

この表の各欄の意味を詳しく説明しておこう。

- **即時性**は、コミュニケーションがどれくらい早く成立するかである。たとえば、肩をぽんと叩いて話に割り込んでいくなら即時性はとても高い。電子メールは、相手のメールチェックの頻度をコントロールできないので即時性が低い。会議は、参加者のスケジュールを調整して会議室を確保するために時間がかかるため即時性がとても低い。

- **オーディエンスへの浸透度**は、オーディエンス全員にメッセージを届けるためにどれくらい効果的かを示す。個人を指定して送る電子メールは、読んでもらいたい人に読んでもらえる可能性が高い。チャットメッセージは、使っているプラットフォームにどのようなオフラインメッセージ、アラート機能があるかによるが、発信時にオンラインの人（または同じチャネルにいた人）にしか届かない。

- **負担**は、その形態のコミュニケーションに参加するために必要な時間と労力を示す。会議は、他の仕事をやりくりして時間を作り、どこか別の場所に行ったり、リモートから電話を入れたりしなければいけないので負担が重い。電子メール、書籍、ブログ記事などは、時間を見つけて読まなければいけないので負担は平均的なレベルだ。チャットやTwitterなどは負担が軽い。

- **コンテキスト**は、特定のコミュニケーション方法で必要とされるコンテキストがどれくらいあるかを示す。言い換えれば、それがなければ誤解される可能性がどれくらいあるかだ。Twitter、チャット、電子メールは、語句やトーンを誤解しやすい手段であり、多くのコンテキストを必要とする。文字によるコミュニケーションは、短ければ短いほどコンテキストが失われるため、誤解が生まれやすくなる。直接人と顔を合わせる（またはビデオを

使った）コミュニケーションは、ボディランゲージを見たり声のトーンを聞けたりするし、疑問があればすぐに質問して解決できるため、必要とされるコンテキストは少ない。

- **構成の緻密さ**は、伝える思考やアイデアがどれくらい緻密に構成されていなければいけないかを示す。会議では、参加者の時間がムダにならないように議題を設定しており、発言には緻密な構成が必要とされる。電子メールは、送信前に思考を十分に組み立てて書くかどうかを選べるので平均的だ。チャットやTwitterは、スピード重視で短いため、緻密さは低い。

第Ⅳ部で詳しく取り上げるが、コミュニケーションの方法には万能なソリューションはない。即時性や浸透度などの要素を考慮に入れたとしても、個人的な好みによって左右される部分がまだ残る。認知スタイルと同じように、コミュニケーションスタイルも人によって好みが違う。ボディランゲージや表情からコンテキスト情報を集められるという理由で顔を合わせてコミュニケーションすることを強く望む人もいれば、情報をそのまま簡単に残しておけるという理由で、文字を使ったコミュニケーションを好む人もいる。

7.10.2.2 交渉や対立解決のスタイル

コミュニケーションのしかたには、ツールの他に、交渉や対立解決のスタイルも含まれる。交渉スタイルには次のようなものがある。

- **競争**　相手を犠牲にして自分のニーズだけを追求する。自分のためだけに「筋のよい」プロジェクト（多くの称賛を集めそうなもの）を確保し、他のメンバーには退屈でつまらない仕事しか残さないチームメンバーのようなものである。

- **便益供与**　自分のニーズを犠牲にして他人のニーズに道を譲る。相手を支援することで相手とのあいだによい関係を築くのを目的とする場合もある。たとえば、他人が望んでいることに賛成し、その人がそのことを覚えていて、いずれ自分に便宜を図ってくれることを期待するような場合だ。

- **忌避**　両当事者が直接的な対立を避けようとして、受動攻撃的な行動、間接的な対立を増やし、緊張を高めていくこと。あまり直接的でない形で仕事を押し付けたり非難したりしようとするためメールスレッドが長くなる。不満に思う相手に直接言及するのではなく、他のチームの悪口がチーム内で増える。こういったものが一例だ。

- **妥協**　すべての当事者が「公平」な結論に到達しようとして、自分のニーズを少しずつ放棄し互いに合意できる線を見つけようとすること。特定のリリースに入れる機能や納期を決めるときに、中間の場所に歩み寄るような場合である。あるプロジェクトで他のチームの人の時間をどれくらい使えるかの話し合いが合意に至るのも妥協の産物である。

- **コラボレーション、協調、協力**　ウィンウィンだと考えられる点では妥協と似ている。しかし、妥協よりもはるかに多くの相互理解や学習が生まれ、すべての当事者がそれぞれのニーズを満たすようにするという点で異なる。特定のプロジェクトや機能のために異なるチームのメンバーがペアを組んで仕事を進める。プロジェクトのデプロイと保守にかかわる複数のグループの人たちがオンコールの負担を共有する。複数のグループのメンバーがプロジェクトの計画立案に参加する。こういった光景は、協調的な環境で多く見られる。

チームが目標のために最高の形で機能するには、メンバーは仕事で協力し合うことが必要だ。コラボレーションの多いチームは、全体として生産的であり、メンバーにもよいチームだと評価される。チームの士気や生産性のためには退職者が少ないほうがよいので、このサイクルを積極的に繰り返していくとよいだろう。

7.10.3 コミュニケーションのコンテキストと権力関係

コミュニケーションは、コミュニケーションのコンテキストからも大きな影響を受ける。ここで言うコンテキストには、先ほど説明したコミュニケーション方法が必要とするコンテキストだけでなく、コミュニケーションが行われる状況も含む。

7.10.3.1 コンテキストと場所

日常業務での通常のコミュニケーションは、サイトのサービス障害や運用上の問題が発生したときのような緊急事態のコミュニケーションとは大きく異なるものになる。ジョーク、インターネットミーム[†9]、かわいい猫の写真などは、通常のコミュニケーションのなかで友情や信頼を築くために役立つだろう。だが、問題が発生しているときには歓迎されない雑音になる。チャットを多用している企業は、緊急時のために、テーマに直接関係のあるコミュニケーションだけを行う専用のチャットルームやチャネルを用意したほうがよいかもしれない。このようなチャットルームは、ポストモーテムのように事後に問題をふりかえるためのコミュニケーションにも役立つだろう。

チームメンバーが同じ場所にいるかどうかも、コミュニケーションに大きな影響を与える。リモート勤務を認めたばかりの企業や、リモート勤務の社員に注意を払っていない企業では、リモートコミュニケーション、コラボレーションは重大な影響を受ける。仕事に関する大部分のことが、正式な会議以外の場で直接顔を合わせる人たちだけで決められてしまうと、リモート勤務者は価値のある情報や議論から取り残されていると感じるだろう。

この問題を解決するためのひとつの方法は、コミュニケーションを「デフォルトでリモート」とすることである。コミュニケーションには、電子メール、グループチャットなどのリモートフレンドリーなコミュニケーション方法を、最後の手段ではなく最初からできる限り使うようにする。疑問点があるときに、同僚のデスクに歩いていって質問するのではなく、チームのチャットルームにポストするようにする。そうすれば、リモート勤務者は以前なら知ることができなかったような議論にも参加できるようになる。これはチーム全体に情報を浸透させ、見通しをよくすることにもつながる。機密情報や他の人が関心を持

†9 監訳注：インターネットを通じて広がっていく情報のこと。模倣やパロディが繰り返されて内容が変化していくことが多い。

つこともないような場合でなければ、一対一のプライベートなチャットではなく、グループチャットを使うようにする理由にもなる。最後に、将来のためにコミュニケーションの記録を検索できるようにしておくと、とても効果的である。

7.10.3.2 権力関係

組織のなかではさまざまな理由から権力関係が発生するが、それがコンテキストに影響を及ぼすことも多い。部下よりも上司、一般のエンジニアよりもシニアエンジニアのほうが与えられた権限が大きいという単純なものもあるが、もっと微妙な形を取るものもある。たとえば、IT業界の主流のグループに属するメンバーのほうが、少数派に属する人たち（女性、有色人種、LGBTQの人たち）よりも力を持っている。

このような力の差は、人と人との交渉スタイルに大きな影響を与えることがある。力のないほうの人は、自分が劣勢であり、「妥協」を強いられる唯一の人間になる可能性があることを意識している（これは全然「妥協」ではない）。そして、同調させられて望まない妥協をすることがないように、あらゆる対立を避けようとする。同じように、力があるほうの人も対立や交渉そのものを避けようとする。それは自分の意思や考えを相手に押し付ければ、相手はそれを受け入れざるを得ないので、交渉する気がそもそもないからだ。コミュニケーションと対立解決について考えるときには、このような権力関係のことも頭に入れておくことが大切だ。

devopsのアンチパターン：コミュニケーションと割り込み

「*X*をしていればdevopsを実践できている」とはなかなか簡単には言えない。しかし、アンチパターン、つまり「*Y*をしているならdevopsを実践できていない」という形でdevopsの決定的な要素を言い当てられることは多い。本書全体を通じて、ある行動や実践がまずい理由を具体的に示す実例やちょっとしたケーススタディーを取り上げながら、適宜こういったアンチパターンを示していく。

一部の組織では、相手の話に割り込み、互いに相手の話を聞かないことが当たり前になっている。出席した会議で、参加者が他人の話を何回さえぎり、誰がそのように話をさえぎっているかを数えてみよう。極端な場合、話を始める人はほとんど必ず他人の話を中断させていることもある。誰かの話の最中に別の誰かがすでに言ったことを繰り返すのに多くの時間が費やされる。話を聞いてもらうだけのために、声がどんどん大きくなってくる。そういった事象が見られるだろう。

このような割り込み文化は、コミュニケーションが協調的ではなく競争的になっていることを示す兆候だ。そのような文化のもとでは個人やチームのあいだで信頼感を築くのが難しくなる。コミュニケーションは理解するためではなく影響を与えるために行われることが多く、社会関係資本を損なう。話をさえぎって割り込む回数を減らすこと。そうすれば、話が理解されるようになるだけでなく、話を聞いてもらっているという気持ちにもなり、信頼や共感が深まっていく。

たとえば、男性が言うと「率直だ」「リーダーシップがある」と評価されることでも、女性が同じように言うと「キツい」「耳障りだ」「攻撃的だ」と受け取られることが多い。これは、研究（http://bit.ly/review-gender-bias）からも明らかになっている。その一方で、女性は謝ったり、

「ちょっと」のようなぼかす言葉で話の内容をやわらげたりすることでも批判的に見られることが多い。男性の同僚がやるのと同じように女性が話に割り込むと、「いけ好かない」やつだと思われてしまう。しかし、オフィスの空気によっては、話に割り込まない限り、自分の意見を聞いてもらうことすら難しい場合もある。こういったコンテキストは、どの程度うまくコミュニケーションが取れるかを大きく左右する。特に、チームの多様性と開放性を上げようと努力しているときには、このことを念頭に置いて注意すべきだ。

7.11 共感と信頼

情報の流通を促進することに加え、コミュニケーションを効果的なものにすることは、人のあいだに信頼と共感を築くためのポイントである。devopsを本当の意味で機能させるためには、その信頼と共感という基礎が必要だ。これは、本書の始めの方で紹介したdevops共同体の最初のときから一貫していることだ。共通の目標に向かって協力し続けていくためには、互いに相手に共感し、相手を信頼できなければいけない。

このような共同関係を作るためには、共通のビジョンや目標を確立し、コミュニケーションできなければいけない。共通のビジョンは、細部こそ違っていても、すべてのチームが目指す大枠を支える共通点である。共感を深め共通の問題意識を持つことに加え、共通のビジョンがあれば、組織やそれよりも大きい目標の明確なイメージをみんなに与えることができる。明確な目標があると、個人の自律的な行動が生まれたり、行動するときの指針になったりする。曖昧で重要には見えない目標は、しっかりと理解して把握することが難しい。したがって、みんなにモチベーションやコンテキストを与えられず、効果的な行動の道筋を選ぶための役にも立たない。

7.11.1 共感を育てる

共感とは、他者の感覚を理解し共有できる能力だ。学習して育てていくことができるし、そうしなければいけないスキルである。共感のメリットは、職場の内外で次第に知られるようになってきている。共感し合う人たちは、自己中心的ではなく、人間関係に積極的で、他者を評価するときにステレオタイプに陥りにくい。論争やその他の不一致があっても、先ほど触れた妥協以外の交渉スタイルには向かわず、妥協点を見つけられることが多い。

共感能力のかなりの部分は子どもの頃に発達する。しかし、大人になってからでも共感能力を身に付けて発達させることが可能だ。ここでは、共感能力を発達させるための一般的で効果的な方法をいくつか取り上げ、それを職場に応用する方法を示す。

7.11.1.1 話を聞く

話を聞くことは、共感を育てるために大切なことである。特に不一致があるときや議論が白熱しているときにいっそう効果を発揮する。誰かと意見が異なるときには、他の人たちが言うことに本気で耳を傾け、どのような理由からそう言うのかを理解しようとするよりも、自分が話す番が来るのを待ちながら、何を言うかを考えることが多い。多すぎるほど多い。だが、話を中断させようとしてはいけない。自分を落ち着けて強いて話に耳を傾けるように仕向け、相手が話し終わるのを待って、自分の返事を考えるようにしよう。

アクティブリスニングも優れたスキルだ。他の人が言ったばかりのことを反芻し、言い換えたり要約したりすることで、聞いて理解したことがその人の意図に合っていることを確認するのだ。こうすると、両者が同じ土俵に立って同じテーマについて話せるようになる。

声のトーン、話のスピード、ボディランゲージ、表情などの非言語情報に注意を払うことも話を聞くことの重要な要素だ。これらの非言語情報はテキストには現れないので、リモート勤務者がいる場合には、質のよいカメラ（最低でもオーディオ）を準備するようにしよう。

7.11.1.2 質問する

話をしっかり聞いたあとでアクティブリスニングの一環として質問をすると、相手を理解して意味を明確化するために役立つ。相手に質問するだけでなく、自分自身に対して質問することもできる。相手が見知らぬ人でもチームメンバーでも、相手に興味を持つことは、その人の意見の根拠を理解して共感を広げるのに効果的だ。

質問にはさまざまな形がある。「あなたが*X*と言ったのはどういうことなのかもう少し説明していただけますか」のように直接的なもの。「列車に乗っている人が今どちらの方向に向かっていると私は考えているでしょうか。彼らがスマホで見ているのは何でしょうか」のように仮説的なもの。「この件で私の意見に影響を与えている無意識の偏見は何なのか」のように自分を見つめるものもある。いずれの形でもよい。自分であれ相手であれ、返ってきた答えをよく聞くことで、質問は共感を生むためのとても強力なツールになり得る。

7.11.1.3 他者の視点を想像する

他の人たちがどのように感じ、考え、行動しているかを仮説的な問いで考えるのにとどまらず、他の人になりかわって自分のことを想像するのもひとつの方法だ。私たちは相手の善意を前提として考えるべきだ。だが、それをおいておいて、「私が反対したらこの人はどのように感じるだろうか」「この人にどのような善意を感じることができるだろうか」「彼らの善意が何であれ、彼らは不一致や今の議論をどうしたいのか」「私の意見に対する正当な反論としてどんなことが考えられるか」といったことを自問自答するのである。

7.11.1.4 個人的な違いを尊重する

共感を育てるためのもうひとつの方法として、相手の思考や意見やモチベーションを想像するのに加えて、これらの違いを尊重することを学ぼう。さまざまな人と一緒に仕事をしたり、彼らが話すことに耳を傾けたり、その人の立場で自分がどうするかを想像したりしよう。そうすれば、意識的な偏見と無意識な偏見の両方をなくすのに役立つはずだ。

本章の前の方で取り上げたさまざまな作業スタイルの違いを考え、互いにどのように補い合えるかを考えよう。スターターとフィニッシャー、純粋主義者と現実主義者がそれぞれのスキルを組み合わせれば、プロジェクトは成功につながる。他の人の個人的な背景に対しても、その人のプロとしての経験に対しても、同じように、理解と尊重の態度で接しよう。異なる視点があることの利点を受け入れよう。そうすれば、さまざまなグループに属する人のあいだで共感を生む上で、大きな前進が期待できる。

7.11.2 信頼を育てる

信頼と共感は手をとりあって育っていく。片方が育てば、もう片方も育つことが多いのだ。信頼が強化されると、チームの回復力が高まる。信頼がなければ、人は自分のプロジェクトや担当業務の殻にこもって守りを固め、自分自身の健康を損ねたり、チーム全体の生産性を下げたりする。

たとえば、サーバーを運用しているシステム管理者のチームがあったとしよう。そのチームは、自分たちのサーバーに対してとても防御的であり、サーバーに関わる他の人たちに対しても信頼を置いていない。そのため、自分のチーム以外にはサーバーに対する特権的なアクセスを一切認めていない。しかし、他のチームがこれらのサーバーに必要なソフトウェアをインストールしたり、コードをデプロイしたりできなければ、この運用チームはボトルネックとなり、障害になってしまう。他のチームは、このチームに腹を立て、このチームを出し抜く方法を探そうとする。これは、著しくサイロ化された環境の欠点を考えるときに頭に浮かぶ典型的な例のひとつである。

閉鎖的なのがチームではなく一個人の場合には、マイナス効果がはっきりと現れる。ある知識を持っていたり、あるものにアクセスできたりする人がひとりだけなら、その人が単一障害点になる。それが壊れて、その人が病気か休暇で職場にいないと、チームの他の人たちは身動きが取れなくなる。そして、その人と連絡が取れるまで仕事にならなくなってしまうのだ。すなわち、チームの他の人たちの仕事が停滞するか、その人が休みを取れなくなるか（または取りたがらなくなるか）のいずれかが発生するのだ。しかし、信頼が深まれば、その知識と責任はチーム全体で共有されるようになる。組織全体としての回復力が向上するのだ。

信頼を育てるのに使える方法はさまざまだ。しかし、どんな方法であれ、本物の協調的環境を育てるためには信頼と共感の両方が必要だ。群れとチームを分ける決定的な要因のひとつは、信頼の有無なのだ。ここでは、「迅速な信頼」「自己開示」「信頼しつつ確認」「公平と感じる環境」の4つの方法を取り上げる。

7.11.2.1 迅速な信頼

「迅速な信頼」とは、最初から信頼が前提となっていて、時間とともにそれが確かめられていくことである。短期的または短命なグループや組織で多く見られる。最初に研究したのは、組織行動を専門とするデブラ・マイヤーソン教授[†10]である。通常、長期的な関係（ここで言う関係は個人の関係という意味であり、恋愛関係に限られるわけではない）で信頼を形成するために必要な時間がないまま、集まってすぐ活動するグループやチームでよく使われる方法だ。時間が限られているので、チームメンバーは、最初から他のメンバーを信頼し、その後の行動にもとづいてその信頼を確認したり調整したりしていく。

† 10 Debra Meyerson, Karl E. Weick, and Roderick M. Kramer, *Swift Trust and Temporary Groups* (Thousand Oaks, CA: Sage Publications, 1996).

7.11.2.2 自己開示

「自己開示」が信頼関係の顕著な特徴であることは、以前から研究（http://bit.ly/trust-self-disclosure）が示している。自分に関するさまざまなことを明かすようなオープンな態度を示されると、信頼されていて親しみを感じるという感覚が強くなり、協力して助け合おうという気持ちも湧いてくる。もちろん、職場での自己開示にはバランスがある。自分のことをあまり語らないと、疑いの念が膨らんでくることもある。まわりから、何を隠しているのだろう、信頼してよいだろうかと思われてしまうのだ。一方で、不適切な告白、他人の信頼に対する裏切り、裏切りに見えるような行動のような行きすぎた自己開示や間違った自己開示は、信頼を損ね、信用まで失ってしまう場合がある。

7.11.2.3 信頼しつつ確認

「信頼しつつ確認」というモデルは、プロフェッショナルとして責任を共有する際に使われる。おおよそ信頼できる情報の出処を明らかにし、さらに正確性を確認するために追加調査をするようなものだ。取り組んできたプロジェクトへのアクセス権限の共有は、信頼を稼ぐのを待ってからにしようという人は、鶏が先か卵が先かという問題にぶつかってしまう。信頼されていないがゆえに信頼を稼ぐチャンスが与えられていない人が、いったいどうやって信頼を稼げばよいというのだろうか。それよりも、最初に信頼を置いて責任を共有する方向に踏み込み、あとから信頼が妥当なものかを確認していくべきだ。これは、プロジェクトの仕事や責任だけでなく、意思決定などの権限の共有にも当てはまる。

7.11.2.4 公平と感じる環境

組織の発展においては、技術的な側面だけではなく、人間的な側面が大きくものを言う。公平に扱われていると思えることは、社員の満足のためにとても重要だ。社員には、自分が公平に扱われているという信頼感が必要だということである。職務の正式化、ジョブレベルや給与体系の設定、合理的な範囲でのこれらの透明性の確保は、この点で効果がある。社員が自分の職務、あるいは昇給や昇進の要件を理解しやすくなる。そして、不当に昇進から外されていると思い込んでしまうといった、組織に対する信頼感が損なわれる状態に陥ることが少なくなる。

責任やリソースの共有に加え、リスクの共有も重要だ。あるプロジェクトで2つのチームが仕事やリソースを共有しているとしよう。何かまずいことが起きたときに片方のチームだけにしわ寄せが来ると、リスクのあるチームはないチームに不信感を抱くだろう。また、リスクとそれにともなう問題がない（または少ない）チームが有利になるような権力関係を生む可能性もある。

7.12 人材配置と人事管理

コラボレーションに関連して、ソフトウェアを構築、維持する人のコストの問題も考えなければいけない。こういった人たちは、24時間365日いつでもすぐに仕事に対応できて当然と考えられている場合が多い。当時のソフトウェア開発のやり方はそのソフトウェアやそれを実行するサーバ運用に与えていた副作用があり、それがdevopsを推進する要因になった。継続的インテグレーションやInfrastructure as Codeのようなプラクティスは、その状態を改善したが、他にもまだ考えなければいけないことが残っている。

7.12.1 勤務時間と健康

ユーザーが「いつも使えて当然だ」と思うようなウェブサイトを運営する際には、ダウンタイムやサービス影響が発生する保守をいつ行うかが問題になることが多い。ユーザーに向き合うという視点を忠実に守るなら、影響を受けるユーザーがいちばん少なくなる時間に保守を行うことになるだろう。アメリカにあって現地の日中にトラフィックが多くなる企業なら、アメリカの深夜や早朝に保守を行うといった具合だ。もっとも、主なユーザーがアジアにいるような場合だと、必ずしもそうはならないが。

しかし、これは保守を行うという視点から考えると、あまりよくない。夜遅くまで働いたり朝早くから働いたりしたくないという単純な話ではない。十分に休養を与えられていない人が、どれくらい注意深く機敏に効率よく仕事ができるかという問題である。運用担当者の視点から考えると、重要な保守は、運用担当者の目が覚めていて注意力が働くときに行うべきだ。たとえば、保守には時間がかかり財務上の大きな損失が出るなど、ユーザーのニーズから考えてそれが不可能だとしても、保守を担当する人の負担を低減する方法は残っている。

社員による対応が必要な時間外勤務に対しては、十分な補償が必要だ。時間外勤務の日常的な発生が見込まれる場合には、採用のときのジョブディスクリプションにそれを明記し、その仕事が自分に合っているかどうかを候補者が考えられるようにすべきである。深夜の保守作業の翌日は休みにするなどして、社員の健康維持に配慮しなければいけない。そして、保守の仕事をできる限り広い範囲の人たちで分担するか、保守チームを大きくして、時間外勤務のシフトのあいだに十分に体力を回復できるようにしよう。状況次第では、このような勤務のときの交通費や食費を支給するのもよい。職務内容を変更し、新たに時間外勤務のシフトに入らなければいけなくなった社員には、それに合わせて給与を調整すべきである。

7.12.2 ワークライフバランス

新年度の人員予算を考えるときには、ワークライフバランスを考えることが大切だ。サーバーのキャパシティープランニングが大切なのと同じように、人間のキャパシティープランニングも大切なのだ。期待に応えるために、チームメンバーに正規の勤務時間に加えて深夜労働や休日労働を日常的に要求すると、間違いなく、仕事の質と士気の低下、燃え尽きを引き起こす。devopsとは持続可能な作業習慣を作り出すことであり、それぞれの人がワークライフバランスをどう実現するかはdevopsの重要なテーマだ。

運用関連の職務は伝統的に、保守、オンコール、サービスの24時間体制を維持するための特殊なシフトなどの時間外労働が必要とされてきた。しかし、このような要求は、仕事以外にもやらなければいけないことがたくさんある人に対して、無意識に偏見を生み出すことに注意が必要だ。子どもや手のかかるペットがいない若い独身の人であれば、家族に対して責任のある人よりも時間外勤務を頼みやすいだろう。それに対し、通勤時間が長い人や健康上の懸念がある人にとっては、こういった要求のマイナス効果は大きくなる。多様性、開放性のあるチームを育てて維持していくためには、こういったことを考慮して、職務要件全体を調整する方法を考える必要がある。

7.12.3 チームの規模が与える影響

オンコールのローテーションや、24時間体制で人員を確保するための特殊シフトによってアラートやインシデントに速やかに対処できるようにする際には、もうひとつ考慮すべき要素がある。それは、大企業のほうが中小企業よりも簡単に行えるという点だ。大企業は、世界各地の支社に複数のチームを抱えていることが多く、その場合、太陽を追いかけるようなローテーションが簡単に組めるのだ。

このような企業の場合、あるチームの勤務終了時刻が次のチームの勤務開始時刻に一致するようにして、世界各地の複数のチーム（多くの場合は3つ）が通常の勤務時間に普通に仕事をするだけでよい。そうすれば、社員に深夜勤務をさせなくても、これらのチーム全体で24時間体制のサポートを実現できる。

中規模の企業でも、オンコールのローテーションに入れる運用エンジニアとシステム管理者のチームを作れるはずだ。しかし、設立してから間もない小さな企業では、そうはいかない。完全な運用チームが必要になるほど運用の仕事はないと思うかもしれない。それでも、オンコールの担当者をひとりだけにすることは避けるべきだ。それぞれの人が体力を回復したり十分に睡眠を取ったりする機会を与えるために、できる限り多くの人でオンコールの負担を共有するのが望ましい。

短期間でも、睡眠不足は集中力や作業能力の低下、不安やストレスを引き起こし、高血圧や心臓発作のリスクを高める。睡眠不足が長期に渡って続くと、これらの影響は複合的に現れる。

組織全体としての健全性を理解する上で、健康全般、特に燃え尽きは、とても重要な問題である。社員の長期的な健康よりも企業の目先の金銭的物質的利益を優先するなら、長期的には損失を生み出すだろう。

7.13 Sparkle Corpの効果的なコラボレーション

大佐は、MongoDBとMySQLの議論のメモをさっと見返して、MongoDBに対して意見を言っていない人がいることに気づいた。彼女には、どちらかの方針を支持するだけの情報もなかった。そこで、次のように言った。「アリス、あなたとジョーディーでペアを組んで、MongoDBの機能と長所、MySQLの継続利用について調査してもらえますか？　たぶん、あなたたちふたりなら、今週の週次デモで簡単なデモくらいはできますよね。実装を続ける前に、来週この議論の続きをすることにしましょう。何か付け加えることがある人は、チーム全体にメールしてください」

その日の午後、ジョシーがチームにメールを送った。自分の稼働状況や今のプロジェクトのことをじっくり考えた結果、このプロジェクトを支援する時間を作れるという内容である。

> 私は以前MongoDBを使った仕事に関わったことがあります。複雑なトランザクションがないユースケースでは、確かに開発に時間はかからず、使い方も簡単です。レビューサービスプロジェクトについての現状の理解を踏まえると、ユースケースにあっています。プロジェクトマネージャーとすり合わせて、このプロジェクトに対する私たちの理解を完全なものにしましょう。また、運用チームにも入ってもらって、MongoDBの管理コストについての意見をもらいましょう。必要であれば、私も時間をとって支援したいと思います。

内向的な人の多くがそうであるように、ジョシーは、オフラインで考えをまとめそれを電子メールなどの文章の形で共有するという方法のほうが落ち着く。今回は、自分のプランを知ってもらうために、チームの他のメンバーにもCCでメールを送った。Sparkle Corpの「全員に返信」文化になじんでいるアリスとジョーディーは、この議論に参加し、アリスはメールスレッドに運用チームも追加した。

7.14　まとめ

devopsの取り組みを成功させることの大部分は、突き詰めればそれぞれの人たちが以前よりも効果的に共同作業を進められるようにすることだ。人の仕事のしかたにはさまざまな形がある。作業スタイルや優先順位が異なるときには特に多様な形になる。しかし、結果を生み出すためには、人がコラボレーションを実践する状態になることが大切だ。コラボレーションの文化のもとで、共通の目標と共感を得るために大きな意味を持つのはコミュニケーションである。組織が業績を上げたいのであれば、コミュニケーションは必須のスキルだ。

それぞれのメンバーの関係は、コミュニティをひとつにまとめて有益なものにするための大きな要素であり、そこには信頼、共感、相互性が必要である。メンバー間に厳格な階層構造があるような組織では、効果的なコミュニティはあまり生まれない。個人の知識や経験のレベルはさまざまなものになり得るし、実際にそうなるだろう。だが、基本的な前提条件は、全員が全体としての企業に貢献できる何かを持っていることだ。

devopsは技術を重視したものだという印象を持つ人にはわかりにくいかもしれないが、devopsのもともとの目標は、2つの異なるチームに属する人たちを対話させることだった。DevOpsDaysは、そのような対話を始めるための手段としてスタートし、今日に至るまで発展し続けている。第Ⅲ部では、これらの考え方を個人からチームに広げ、最終的には組織全体に広げていく。

8章 コラボレーション：誤解と問題解決

プロとしても個人としても違う経歴をもち、放っておけば対立するような人たちでコラボレーションを進めようとすると、さまざまな問題が起きる。人それぞれのモチベーションや目標に向けて、仕事の意味を見つけ、仕事の形を整え、積極的に働けるよう手助けできるのは、人をリードする上で大きな意味を持つ。これは、管理職として正式な仕事にしている場合でも、一般社員レベルでリーダーシップを求められる立場にいる場合にもあてはまる。

リーダーシップを求められる職務の人たち、特にエンジニアから管理職に異動（管理職はキャリア変更であり、昇進ではない）したばかりの新人管理職には、自分のマネジメントスキルを維持、向上させるために、何らかの行動を取ることをお勧めする。マネジメントの能力を最大限に高めるためには、他のスキルと同じように、教育、トレーニング、練習が必要だ。優れたリーダーは、自分自身や少数の「ロックスター」だけを重視してはいけない。優れたリーダーとは、周りにいるすべての人たちから最良のものを引き出せる人のことである。優秀な組織とそうでない組織の違いは、リーダーのこの能力から生まれる。

8.1 コラボレーションの誤解

突き詰めると、コラボレーションをめぐる誤解は、人がそれぞれの職務や組織において、どの程度まで学習して成長するつもりがあるか、またその能力があるかに関係することが多い。

8.1.1 古くからのシステム管理者に新しい手法は教えられない

コラボレーションのスキルでよくある誤解は、Bastard Operator From Hell（3章で触れた不機嫌なシステム管理者を戯画化したもの）のようにサイロで育った古い人たちは、オープンで職種横断的な環境で協力し合って仕事をすることなどできないというものだ。その裏返しとして、伝統的なUNIXの経歴を持つベテランのシステム管理者たちは、自分たちの仕事の維持のために開発者に変わらなければいけなくなることを恐れている。いずれにしても、devopsの協調的な環境でどのような新しいスキルが必要とされるかについては、さまざまな不安が渦巻いている。

実際には、新しいスキルが学べないなどということは決してない。これは、新しいテクニックや技術であれ、組織内の他の人に共感したりメンターになったりするような「ソフトスキル」であれ変わらない。ただし、新しいスキルを学ぶためには時間と労力が必要なことは頭に入れておこう。何もせずに新しいスキルが手に入ることはないのだ。あなたが管理者としてチームのメンバーを育てて成長させたいと思っているなら、必要な時間とリソース（書籍の購入、カンファレンスへの出席、トレーニングの機会など）を彼らに与え、一夜にしてスキルが得られるなどとは思わないことだ。

誰でも、新しいスキルを身に付けるのには時間と練習が必要だ。あなたより年上の人、あなたとはタイプの違う人、あなたとは経歴の違う人だからといって、学習できないと思い込んではいけない。

逆に、自分のスキルセットがまもなく賞味期限切れになるのではないかと不安になっている人もいる。しかし、新しいクラウドベースの技術やコンテナが普及しても、幅広いスキルセットを持つ人を雇用主は探しているのを忘れてはいけない。ポイントは、自分にぴったりと合うチームやポジションを見つけることなのだ。製品の発売を目指し、それまではあらゆるものをAmazon EC2上で動作させるような初期段階のスタートアップは、おそらく専門のUNIX管理者やネットワークエンジニアを必要としないだろう。一方で、自社のデータセンターを抱えている大きくて歴史のある企業なら、そのようなニーズを必ず抱えている。そして、世間でうるさく言われているほど、大企業やデータセンターはすぐに消えてなくなりはしない。

8.1.2 急成長したいときにはロックスターを採用しなければいけない

スタートアップの共同設立者たちの多くは、生まれたばかりの企業を成長させようとしているとき、素のコーディングスキルを過度に重視する。企業を成長させるために必要なユーザーベースと資金を手に入れるために、できる限り早く製品を完成させようとするのだ。一方で、企業を軌道に乗せるためには、それとともにチームも育てなければいけない。したがって、技術的な能力だけで採用を判断するのは大きな間違いである。これらの企業は、高給で人を惹きつけようとしても、もっと大きい既存企業には太刀打ちできないので、採用した人を何とか「定着」させなければいけないと考える。あるいは、製品を出すためなら、コーディングスキルは高いが問題のある人間を雇ってもかまわないと考えているのかもしれない。

このような考え方の問題点は、あまりにも近視眼的であることだ。最初に採用した人たちは、あなたの意図にかかわらず企業のトーンを決めてしまう。その人たちが一緒に働くのが大変な人だった場合、必要な人を採用できなくなるか、もっと面倒な人を採用するしかなくなってしまう。もちろん、古い習慣を破って新しいスキルを学ぶことは不可能ではない。しかし、コードや製品の名のもとに、自己中心的でコミュニケーション能力がなく、人の意見をさえぎることが許容され、下手をすると奨励さえされているようなチームでは、その手の人がどんどん増えていく。私たちは実際にそれを見て知っている。信頼、共感、相互性とは正反対の敵対的な文化を持つ企業は、長期的には成長しない。

8.1.3 多様性に満ちたチームは効果的にコラボレーションできない

チームや企業の多様性を高めていくと、個人間の対立が激しくなるのではないかという声がたびたび上がる。多様性が高まると、「ポリティカルコレクトネス」†1のようなもののために、ジョークを言うのを止めなければならなくなることを気にする人もいる。最初の点について言えば、多様性が高いチームは、短期的には対立が増える。しかし、長期的には創造性や問題解決能力が高くなり、そのメリットで帳消しになる。しかも、チームメンバーが協調的になることを覚え、さまざまな人たちとうまく共同作業できるようになる。これらには研究の裏付けもある。

二つ目の点について言えば、かなり同質的な環境でなければ言えないようなジョークは、おそらく人種差別的、性差別的なものか、その他の問題があるもので、そもそも職場には適さない。敵対的で他者を尊重しない環境のせいで創造性やイノベーションが失われ、一部の人が下品なジョークで楽しめるようになっても割に合わないだろう。

8.2 コラボレーションの問題解決

個人間の問題に対処するのは確かに難しい。対立や難問を乗り越えることは、devopsという考えを生み出す要素のひとつであった。

8.2.1 チームの誰かが持ち分をこなせていない

一部のチームメンバーが持ち分をこなせていない。与えられた責任や義務に応えられていない。問題を起こして、他の人たちがそのために時間を割かなければいけない。こういったことは、チームで他の人と仕事をするときによく問題になる。他のメンバーが言及したり、当人が周囲の人たちと同じレベルには達していないと自覚したり、もしくはチームの管理者が何らかの方法で気づいたりしたときに、そういった問題が表面化する。

この問題を解決するための最初のステップは、職務と責任を明確にすることだ。ある個人の職務内容が曖昧だったり、実際の責任が時間とともに作業環境の発展に合わせて変化していたりするときには、その人に対する期待に関して単純なすれ違いや誤解が起きる場合がある。その人への期待が明確になったら、それがどれくらい現実的なものかを評価する。その人は、目標を達成するのに必要な知識やリソースを持っているだろうか。トレーニングや教育が必要な場合にはそれを提供しよう。学習したことを仕事に組み込むための時間も与えなければいけない。すべての仕事を終わらせるのに必要な時間やリソースがなければ、そのことにも対処が必要だ。同じくらいのレベルで同じような職務が与えられている人たちのあいだでワークロードを比較すると、仕事の調整をしなければいけないことが明らかになることもよくある。

---

†1 監訳注：ポリティカルコレクトネスとは、政治的もしくは社会的に公正、公平、中立的であり、差別や偏見を含まない言葉遣いのこと。

職務に対する期待

職務とは、繰り返しのタスクから構成される機能のことである。チーム、組織、業界の文化にもとづき、職務にははっきりとした要求内容がある。たとえば、マネージャー、アーキテクト、リーダー、プロジェクトマネージャーには、どれもそれぞれの文化のなかでの固有の意味がある。その意味自体が、その職を担う人たちの能力評価に影響を与える。たとえば、一部の組織ではアーキテクトにコードのことを考えさせないという習慣があるが、すべての組織がアーキテクトという職務をそのように考えているわけではない。新しいチームに入るときには、周囲の人たちがその文化のなかで職務に何を求めているかを理解することがとても重要だ。同じチーム、組織でも、時間とともに職務に対する要求内容は変わることがある。

本人の自己申告ではなく、チームメイトや管理職から誰かのパフォーマンスが思わしくないという報告が上がった場合には、その報告がどれくらい正確かを明らかにしたほうがよい。無意識のうちに偏見が入り込み、予想外の形で人に対する見方に色がつく危険があるからだ。具体的で計測可能な要求内容が明確に定義されていれば、こんなときにも大きな効果を発揮するだろう。

ここまで、求められている質や量の仕事ができない理由として、コンテキストに依存するものを説明してきた。しかし、それ以外の理由として、次のような個人的なものも考えられる。

- 本人や家族の健康状態
- 自主性、自律性の欠如
- 褒賞の欠如
- チームに参加したときの期待と実際の仕事のずれ
- 急速に変化する目標
- 仕事の変化

優れた管理職でありたいのであれば、これらの課題に対処するのに役立つ適切なリソースを部下に与えるようにすべきだ。解決方法としては、次のようなものがある。

- リモート勤務
- 柔軟なスケジュール
- タスクと作業分担の再評価
- トレーニング

- メンターシップ
- 表彰
- 日常的なペア作業。必要に応じてコーチングの実施

燃え尽きには注意しよう。社員の肉体的な健康と精神的な健康はどちらも重要だ。燃え尽きは本人だけの問題ではない。作業環境に問題がある兆候でもある。

8.2.2 社員を辞めさせるかどうかを決めなければいけない

パフォーマンスの低さに関する問題とよく似ているのが、社員を今のポジションから外すかどうかの判断である。人は向上できるし、ほとんどの場合は向上を望んでいると信じたい。だが、例外はあるし、どうしても対処のしようがない状況もある。もし、問題が本人のスキルのミスマッチにあり、トレーニングや改善計画をすでに実施した場合でも、すぐに見切らずに十分な時間を与えるようにすることが重要だ。どんな場合でも、1か月やそこらでは不十分であり、トレーニングや改善計画によっては半年近い時間が必要なことがある。トレーニングが特定の学習スタイルにしか対応していない場合、ミスマッチ自体によって進歩が遅くなることすらあるのだ。

育成計画を作るときには、十分なメンターシップを用意するようにしよう。そうすれば、成功する見込みが高くなる。優れたメンター、特に他人のキャリア開発を助けた経験のあるメンターは、絶え間なく続く障害にいつまでも悩まされないで済むようにする上で大きな力を発揮する。自分の組織に、社員の育成やトレーニングのための経済的、人的リソースがない場合も時にはあるかもしれない。その場合には、その影響を受ける本人にそのことを明確に伝え、どのようにして前進するかを本人自身が主体的に決断を下せるようにする必要がある。

社員と別の道を歩む決断を下すことは、必ずしも否定的なことではない。社員と組織の目標、価値、優先順位が一致していることはとても重要である。プロとしての行動パターンを左右する個人的な目標やモチベーションが従来とは異なる新世代の社員たちにとって、その重要性はますます高くなっている。また、目標や優先順位は時間とともに変化し得るし、実際に変化することが多い。管理職や同僚のメンターとのフィードバックセッションのような定期チェックの機会を利用することで、このような変化や組織の目標とのずれの兆しは早い段階でわかる。方向性の変化にうなずけるものがあるなら、変化を先延ばしせず、早く取り組んだほうがよいだろう。

一方で、目標のずれのなかには、克服しようとしても意味がないものがある。大企業で働くのがどうしても嫌だという人がいて、企業がそのような規模まで成長したとしよう。その場合には、みんなでそのずれを認めて、その人がよい条件で早い時期に辞められるようにしてあげるほうが、他の方法では解決できない問題をいつまでも抱えているよりもよいだろう。スタートアップが買収されて、製品の方向性が根本的に変わり、少なくとも一部の社員はその新しい方向に納得できない場合も、彼らにその新しい方向性を強制したりしないほうがよい。

文化適合性（カルチャーフィット）と偏見

今挙げたシナリオは、組織と個人の目標のずれ、個人にとって不向きな企業の例としては間違いない。だが、「文化適合性」を話題にするときには、意識的、無意識的な偏見が紛れ込んでいないかどうかに注意すべきだ。文化適合性は同質性を意味するわけではなく、他の視点の排除であってはいけない。

8.2.3 私は働きすぎだ、ストレスが溜まっている、燃え尽きた

不安感、極度の疲労、仕事だけでなく自分自身に対する満足度の低下など燃え尽きの兆候を感じたら、早いうちにその原因となっている問題に対処することが大切だ。燃え尽きは、ほとんどの場合、放っておいても自然に治ることはない。行動を起こさなければいけない。

8.2.3.1 短期的な対策

短期的には、自分を支えたり元気を取り戻すための場所を確保したりする方法を、できる限りたくさん見つけるようにしよう。

- 仕事関係のメールやチャットを見ない時間を確保する
- 仕事を人に任せたり、断ったりする
- プロの助けを借りる。精神的な健康は、肉体的な健康と同じくらい重要である

8.2.3.2 長期的な対策

長期的な対策を考えることは、自分に与えられている責任の棚卸にも役に立つだろう。

- 個人の責任について、そこからくるストレスを軽減するためにできることを考える
- 燃え尽きかかっているときには、全体的なストレスや不快感といった形の兆候が出ている場合がある。自分で思っている以上にストレスや不安の大きな要因がないかどうかを考えてみるとよい

8.2.3.3 燃え尽きの単一責任点の特定

責任者は自分ひとりだと感じるものがある場合、それが余分なストレスの原因になることが多いので特に注意したほうがよい。たとえば、自分ひとりでプロジェクトの仕事をしている、チームのメンバーは自分以外にいない、組織文化を改革したいと思っているのが自分だけといったときである。いずれにしても、こういった状況は、燃え尽きの一部であるストレスと孤立感を強めることがある。私たちには個々の具体的な状況まではわからない。だが、自分の健康を犠牲にするほどの価値があるプロジェクト、仕事、企業など存在しないと断言できる。

ストレスや燃え尽きを感じるタイミングはさまざまだが、特に組織の変革期であることが多い。同じチームの複数の人が自分と同じように働きすぎだと感じるときは、組織が現状の人員で対処できる以上の仕事を抱えており、もっと多くの人を採用する必要があることを示す兆候である。周りの人とのあいだで働きすぎが共通の話題になるようなら、広い範囲での対策が必要だ。

最後に、作業環境でストレスの原因になりそうな要素に注目しよう。特定のツールに対して頻繁にイライラを感じるなら、そのツール自体やツールを使うワークフローを改善できないか、他のものに変えられないかを考えたほうがよいかもしれない。これは、自分たちが使っているさまざまなプロセスにも同じことが当てはまる。チームメンバーと話をして、何らかの回避策や奥の手を使っているかどうか確認してみよう。これらは、組織の外にアイデアを求めれば大幅に改善できる可能性があることを頭に入れておくとよい。

8.2.4 チームのなかに軽く見られていると感じている人がいる

同質的な職場ではなく多様性のある職場にするためにできる限りのことをしていても、チームのなかに大切にされていない、安心できないと感じている人がいることがわかる場合がある。仕事を邪魔されるとか、話を聞いてもらえていないと誰かが感じているかもしれない。たとえば、女性は男性よりも職場で邪魔が入ることが多く、彼女たちの提案は男性の同僚たちの同じ提案よりも軽く見られることが多い。これは、複数の研究が示している。

これらは、多様性のあるチームを作ろうと努力しているときに起きるとても現実的な問題だ。そして、多様性のあるチームを作るという目標を達成するには投資が必要である。繰り返しになるが、社員、特に管理職の人たちに、気配り、寛容性のスキル、行動、無意識の偏見といった多様性に関わる一般的な問題についてのトレーニングや教育を受けることを、義務化しないまでも推奨しよう。トップダウンで模範を示して指導するのである。また、少数派に属する社員にできる限りの支援をしよう。組織が金銭を負担する形での支援、少数派に属する社員のグループの形成、社員に法務や人事の連絡先を周知するなどだ。スタートアップは、できる限り早く人事部門を作るべきである。

本書では、問題が本当に起きたときの細かい交渉テクニックまでは説明できない。だが、一般論として、耳に入ることが不快であったり予想外のことであったりするときこそ、しっかりと話を聞くようにしよう。自分の同僚や友人が誰かを傷つけているとか、問題行動を起こしているといったことを耳にするのは、誰にとっても嫌なものだ。しかし、声をあげることのリスクを踏まえると、真実ではない告発の割合は、表面化していないハラスメントや暴言の割合と比べればごくわずかだと言える。

こういった問題のためにあなたがたどり着く解決策は、組織文化にとても大きな影響を及ぼす。そのことは十分に意識してほしい。他の人にハラスメントを加えた人が何の責任も取らずに働き続けられるようなら、少数派の人たちに「この企業では安全に働けない」という明確なメッセージを送っているのと同じだ。不快に感じたとかハラスメントを受けたという報告をちゃんと聞かずに流すと、みんな不安を覚え、その後同じような問題が起きても手遅れになるまでわからないような空気が作られてしまう。

信頼を失ってから取り戻すよりも、有害な文化が生まれるのを防ぐほうがはるかに簡単である。前の章と本章で議論してきたとおり、共感にあふれた協力的な環境を作るためには信頼が欠かせないのだ。

8.2.5 コミュニケーションが不十分な人がいる

サイロを壊そうとしたり、サイロができるのを防ごうと努力していたりするときによく耳にする不満は、チーム内でもチーム間でもコミュニケーションがうまくいっていないというものだ。明確な目標が設定、周知されているのを前提とした場合、「7.10.2 コミュニケーションの形」で説明したのと同じように、コミュニケーションに対する意欲に悪影響を及ぼしているものが何かを評価することが大切だ。

個人がコミュニケーションにあまり意欲的になれないようなら、他者を信頼できない気持ちが働いているのかもしれない。これは、失敗に対する古臭い考え方のもとで、インシデントが起きたときに解雇などの懲罰の対象とする個人を特定することに力をいれていた、かつて非難だらけだった組織によく見られるものである。そのような組織では、人ははっきりとものを言うことを怖がり、必要最低限以上の情報を提供しようとしなくなるように成長する（ある意味当然である）。このような文化の切り替えには時間がかかる。声を上げると罰せられるのではなく褒められる。それを実感できるようになるまで待たなければいけない。非難のないポストモーテムを公開で実施し、その例にもとづいて指導すれば、うまくいく場合がある。

意識的か無意識かに関係なく、一部の人が他の人に屈辱感を与えるような態度を取ることにも問題がある。メールなどのテキストのみのコミュニケーション方法では、声の調子を表すことができない。そのため、無愛想な感じや見下す感じに受け取られることがよくある。チームメンバーのなかに、他者に不愉快な態度を取ったり敵意をむき出しにしたりして、積極的に他者をおとしめるような人間がいる場合もある。その相手が全員ではなかったり、いつもそうだというわけではなかったりするので、全員の目に明らかにならないだけだ。しかし、いずれにせよ、他者を尊重してコミュニケーションするつもりのない人間がいれば、組織の文化とのあいだでずれを生み出していくだろう。

文化や個人のさまざまな違いがコミュニケーションに影響を及ぼすこともある。多国籍のチームでは、文化的な習慣の違いから、一部の人たちが遠慮がちに見えたりそっけなく見えたりすることがある。これは、その人たちにとっては「そのような形がいちばん礼儀正しく適切なコミュニケーションである」と考えているからにすぎない。作業スタイルや個性の違いがコミュニケーションに影響を及ぼしている場合もある。自慢しているように聞こえるのを恐れて自分の仕事や達成をあまり主張しないといった控えめな人もいれば、使いやすいコミュニケーション方法がチームの他のメンバーとは異なるという人もいる。そのような好みの違いが大きい場合には、それぞれの好みを説明してもらおう。チーム内で誰もが満足できそうな方法を議論すると大きな効果が得られるはずだ。

8.2.6 社員（または候補者）に技術的には優れているけれども不愉快な人間がいる

採用で判断を誤るのは誰もが避けたいと思っている。面接と選別のプロセスに大きな労力を注ぐのはそのためである。しかし、問題のある採用を正当化するのに躍起になってしまうこともある。よくあるのが「優秀だけど人間的に問題のある」エンジニアだ。ある人の技術的な貢献度はとても高いので、他人に対する問題行動のマイナス効果を補って余りあるというのだ。そのよい例がリーナス・トーバルズである。彼の不快で長々と続く非難の文句をみんな黙って聞いているのは、彼がLinuxの作者だからだ。

先ほども触れたように、すべての同僚と親友になる必要はないが、問題行動の影響については考える必要がある。その影響の大きさはいつも簡単に測れるわけではない。だが、こういった判断が必要なときに自問自答すべきことを挙げておこう。

- この人物と一緒に仕事をすることが耐えられなくて辞めていった（あるいは、最初から自分の組織に応募しなかった）人が何人いるか
- この人物との言い争いやこの人物の行動がもたらしたマイナス効果のために、何人の仕事にマイナスの影響が現れたか。この問題に対して鈍感を決め込むのは、適切な対処方法ではない。虐待的な環境で働くのが当然とされてよい人などいない。問題のあるやり取りを自分が見ていないからといって、そういうことが起きていないわけではない
- この人物の行動が女性、有色人種、その他の少数派の人たちに悪影響を与えることが多い場合、組織内の多様性や開放性にどれくらいの害を及ぼしているのか。管理職がこの人物の問題行動を止めさせなければ、コミュニケーションに裏の意味が生まれ、言葉はまともに伝わらなくなる
- この人物がドキュメントを書くのを拒否したコードのデバッグのために、あるいはこの人物が組織のテストプロセスに従わずにプッシュしたコミットによる影響に対処するために、何時間のムダが生まれたか

多くの場合、このような人物が組織のためにすることは、技術的にも文化的にも、とうてい「価値がある」レベルとは言えない。特に、業界内でその企業がこういった問題行動に耐性がある（あるいは奨励している）という評判が立ってしまったら損害は大きい。「確かに彼はいわゆるクソ野郎なんですけど……」と言うような人物の採用判断を迫られたときには、「けど……」の部分を聞き流して、評判を落とさないような候補者だけを採用の対象として考えるようにすべきだ。

8.2.7 現在のチーム/組織にいる限り自分のキャリアを先に進められる気がしない

自分自身の個人的なストーリーについて考えるとき、キャリアの前進、軌跡は頭に浮かぶ重要なことのひとつであることが多い。どこかの時点で、ここではこれ以上キャリアを先に進められないと感じ始めることがある。そう感じるのは、自分が達成したことを他人が認識していないという問題があるのかもしれない。あなたは昇進のために必要なすべての基準を満たしているだろうが、自慢しているように思われるのが嫌で自分の仕事について多くを語らないため、上司があなたの業績に気づいていないのだろう。

意識的、無意識的な偏見が問題になっている場合もある。たとえば、昇進プロセスのなかで「レベル*X*の他のエンジニアが、昇進させてよいという評価で一致している場合」という条件が大きな位置を占めている場合を考えてみよう。もし、レベル*X*のエンジニアのグループがとても同質的なら（たとえば、すべて白人、すべて男性のように）、無意識のうちに自分たちとよく似た人を昇進させる方向に傾くかもしれない。どのようなグループに属するかによって昇進のペースに違いがあるかどうかを、自分の経験も踏まえて、人事部と協力しながら明らかにできれば、この問題を組織レベルで解決するのに役立つかもしれない。もちろんこれは短期的に成果が得られるようなことではなく、長期的に効果が得られるだけである。

メンター制度と**スポンサー**制度の違いを頭に入れておこう。すでにメンターとスポンサーについて詳しく説明したので思い出してほしい。Rideのモバイルエンジニアリング担当ディレクターであるケイト・ヒューストンがうまくまとめている（http://bit.ly/huston-allies）ように、スポンサーは権力を持っており、その権力を使って自分よりも下の人たちを守る。メンターがアドバイスし指導するのに対し、スポンサーは支援する。あなたのために支援してくれる優れたスポンサーを見つけることができれば、昇進のために必要な勢いが得やすくなる。

しかし、これらを考慮した上で、少数派のグループに属するわけではないのに「組織や上司が私を不当に差別している」と感じることもあるかもしれない。その場合には、明示的にせよ暗黙のうちにせよ、自分が何らかの要件を満たしていない可能性も考えてみる必要があるだろう。もちろん白人男性なので不公平な扱いを受けることはないと言うつもりはない。だが、あなた自身の行動に問題があって、それに気づいて対処しなければ先がないという場合もあり得るのだ。自分に落ち度や資質に欠けるところがあることを認めるよりも、他人やシステムを非難したくなるかもしれないし、そうすれば気が楽になる。しかし、成熟したエンジニアであれば、内省と自分に対する率直な評価ができなければいけないのだ。

自分の行動が他の人を苦しめていないか、その行動が組織の価値観に合っているか、一歩引いて考えてみよう。意図の有無は関係ない。組織が、共感を基本的な能力として重視すると表明していたり、虐待禁止規則を持っていたりすると仮定しよう。そんな環境で、あなたが一緒に仕事をしたくない相手として有名なら、それが技術的な能力の問題と同じくらいあなたの昇進の足を引っ張っているはずだ。

多くの場合、エンジニアとして上位のポジションになればなるほど、単に技術的に優秀なだけでなく、人としてのスキルも重視されるようになる。たとえば、他人の力になれる、スポンサーやメンターになれる、他者に寛容になれる、対立をうまくさばけるといったものだ。誰でも自分のパフォーマンスのこういった側面を重視する必要がある。

8.2.8　（もう）誰も私の言うことを聞いてくれない

小さなスタートアップであれば、CEOのオフィスにずかずかと入っていって自分の悩みを直接訴えることができるかもしれない。だが、大企業では、自分が巨大な機械の歯車にすぎず、自分の声は聞いてもらえないと感じてしまいがちだ。いや、大企業だけではなく、急成長中の企業でも同じかもしれない。おそらく、あなたの部門は大きく成長し、個人が以前ほど大きな影響力を持たなくなったように感じるのだろう。新しい上司が着任したときや、買収、合併などで文化にはっきりとした影響が現れているときなども同じだ。

どのように状況を改善するかは、直接の上司からどれくらい支援してもらえるかによって変わる。上司がしっかりと支えてくれているなら、チームや組織のなかで影響力を上げるにはどうすればよいか、アドバイスをもらうとよい。特に、あなたが若い場合や、そのチームや組織に入ったばかりの新人なら、仕事やコミュニケーションのスタイルを変えると大きな効果が出ることもある。また、組織内でメンターを見つけられると、そういったスキルを伸ばす上で役に立つ。

特定の個人やチームがあなたの発言に耳を傾けないなら、対策が必要な個人間の対立があるのかもしれない。一緒に仕事をしていてどうにも折り合いがつかない相手がいる場合もあるが、過去の対立や事件などで関係がまずくなったままなら対策が必要だ。私たちはみな同じ人間であり、ときには他人と気持ちよく仕事ができないような感情を持つことがある。誰かにものを頼むときに意識せずに失礼な態度を取ったとか、約束を守っていないといったことが理由で、吐き出して解消しないといけないような恨みが残るかもしれない。自分が過ちを犯したことを認めるのは簡単ではないかもしれない。だが、自分の行動が自分の仕事上の人間関係にどれだけの影響を与えているのかについては、いつも注意する必要がある。

直接の上司が自分の話を聞いてくれないとか、自分を尊重してくれないと感じるときには、彼ら自身がそのことに気づいていない可能性があるので、まずは直接本人と話すとよい。上司の上司や人事部に助けを求めなければいけなくなる場合もあるだろう。なってから日の浅い管理職は、増えていく部下に対処できるだけの経験がない場合もある。その場合は、研修やチームの再編によって変わることもある。しかし、これらの方法がまったく役に立たず、上司やチームが相変わらず話を聞いてくれないなら、敵対的な環境や不健全な環境に自分がいる可能性も考えよう。本当にそうであれば、内外で新しいポジションを探したほうがよいかもしれない。

8.2.9　組織再編や人員整理を行ったばかりだ

組織のライフサイクルの後退局面では、当然ながら、経営者は製品ラインや人員の縮小を行う。職場の文化にもよるが、今までにそのような経験がなかった場合には、これはストレスを感じる恐ろしい体験になるだろう。

次のことを自問自答してみよう。

組織再編や人員削減がなぜ行われているのかを知っているか

経営陣が変化の理由を明確に伝えているなら、情報の足りない部分を補う必要はない。理由がわからない場合には、上層部にこの質問をぶつけてみよう。だからといって、上層部が答えた変化の理由に納得する必要はないことに注意しよう。経営陣が間違う場合もある。失敗は学習のチャンスだ。いつまでも繰り返される失敗には注意しよう。それはもっと大きな問題があることを示しているのかもしれない。

組織再編や人員削減はどのように伝えられているか。タイミングは適切だったか

何か月も隠していたりメディアにリークされたりするのではなく、経営陣が適切なタイミングで全社員にこれらのことを伝えていれば、まわりから質問攻めに遭う前に、対策のための時間を十分に取れる。経営陣が十分に意識して配慮しながらプロセスを進めていることも示される。

仕事が根本的に変わったか。上司は変わらないか、職責や仕事の難易度や裁量の範囲などに増減はあるか

実質的には仕事は同じで名前が変わっただけなら、気にしなくてよい。時間をかけてなぜ再編や人員整理が起きたのか、影響を受けるのは誰かを理解しよう。これは、企業が何を大事にしているのかを示すシグナルである。仕事の内容が根本的に変わった場合には、入社する前にオファーを評価しなければいけない求職者の立場から自分のポジションを考えることを忘れてはいけない。安く見られていないか。この変化によって学習ができなくなり、よい経験ができなくなるか。新しい上司とはうまくやっていけそうか。

過去1年で複数回の組織再編が行われていないか。企業は定期的に後退局面に入っていないか

久しぶりの組織再編なら、経営陣の変化にともなう自然な発展かもしれない。上層部に新しく入った人が、組織の一部を担当するのは健全だ。脆弱な部分を減らして組織のリスクが軽減される。しかし、1年に複数回の組織変更が行われている場合は、理由を少し深く掘り下げる必要がある。最初の組織再編や人員整理は終わっているのか、それとも長く引き伸ばされた処刑なのか。経営陣が、人員の再配置を必要とするような誤りを犯すこともある。組織再編が自分の健康や仕事の価値に与える影響に注目しよう。新しいチャンスは自分個人への負担よりも大きいものかを確認するのもよいだろう。

自分のチームは人手不足になっていないか

組織再編や人員整理のあとも十分に人手が足りていて、負荷が高くなったと思わなければ、これも気にしなくてよい。時間をかけて組織のどのような人たちが影響を受けているかを理解し、どのようなシグナルが送られているのかを読み取ろう。チームの人手が足りず、休みなく火消し作業に当たらなければいけないようなら、スキルは衰えてしまう。火消しの名手は内部では素晴らしい人のように見えるが、外からは進歩がないことへの言い訳にしか見えない。

これらの問いに答えれば、組織再編や人員整理があなたの文化に対する理解に沿ったものかどうかが判断できる。最終的には、どこでなぜ働くかを意識的に選択する必要がある。高給のためにその企業に残っていてはいけない。これは業界では「黄金の手錠」と呼ばれている。お金だけを目当てにすると、ストレスがたまって健康を害するという代償を払うことになる。最終的には、二度とそんな選択はごめんだと思うだろう。

仕事を辞めるという選択肢が残っていることを忘れないようにしよう。すべてのチームや組織がすべての人に合うとは限らない。devopsやあなたが大切に思うその他のことを誰もが大切にしてくれるわけでもない。自分に合った新しい場所を見つけることがベストだという場合もあるのだ。

第Ⅲ部
アフィニティ

9章
アフィニティ：個人からチームへ

ジョブディスクリプションから業績評価まで、多くの人たちはひとつのチームのなかでの成功ばかりに目を奪われている。しかし、チームや部門間、それどころか企業間にも、仕事のスピードや出来に影響を及ぼす関係がある。アメリカの社会学者、マーク・グラノヴェッターは、1973年の論文、"The Strength of Weak Ties"[†1]で、そういった関係の重要性、個人間のさまざまな度合いでのつながり、情報がそれらを通じて流れていくことを説明した。

9.1 Sparkle Corpの開発デモの日

MongoDBの経験があるジョシーの力を借りて、アリスとジョーディーはMongoDBとMySQLの比較デモで使う仮想マシンをすぐに作ることができた。ふたりが作ったのは、スターによる評価機能を持つ単純なウェブベースの写真管理アプリケーションである。

開発チームが毎週行っているデモ会議には、プロジェクトマネージャーのヘドウィグと運用エンジニアのジョージも参加した。開発チームの作業の進行状況を知り、現実的なシナリオのもとで2つの製品の違いを検討するためだ。

「アプリケーションがすばやく開発できるという点で、MongoDBには本当に感心しました。レビュープラットフォームで議論になったさまざまな機能はすでにこのJavaScriptフレームワークに含まれています。そして、それらはMongoDBでもシームレスに動作しました。MongoDBを使えば、レビューでの嫌がらせを防いだり、攻撃的な行動を見つけたりする機能を開発する時間が確保できます」アリスは熱をこめて話した。

「適切なトポロジ構造を設計するのにも、MySQLのアップグレードやモニタリングにも、多くの労力とツールを投資していることがわかりました。アリスのおかげで、運用チームと協力してMongoDBに再チャレンジすればどんな利益が得られるかが私にもわかりました」ジョーディーはそうコメントした。

Sparkle Corpの開発チームにはこの時点で複数の選択肢がある。さしあたりMySQLを使い続けることにしてもよいだろう。新しいソフトウェアの導入コストについて理解を深めるために運用チームと共同で調査を進めてもよいだろう。顧客がどのようなことを期待しているかをよく知って

†1 Mark Granovetter, "The Strength of Weak Ties." *American Journal of Sociology* (May 6, 1973).

いるプロジェクトマネージャーのヘドウィグに判断を仰いでもよいだろう。アフィニティ（親近感、一体感）を築くと組織がどのように強化され、重要な判断を下すときにどのように力になるのかについて掘り下げていこう。

9.2 人のネットワーク

グラノヴェッターは、人のあいだには3種類の結び付きがあると言っている。強い結び付き、弱い結び付き、そして結び付きなしだ。結び付きの強さは、時間、感情の強さ、親密感、相互関係の組み合わせによって決まる。彼の指摘によると、全体としての社会を束ねているのは強弱の結び付きの組み合わせだが、リソースや情報の共有という点では従来考えられていた以上に弱い結び付きが大きな役割を果たす。彼が職探しをしていた人たちにインタビューしたときのことを例に挙げよう。そこでは、実際に職を見つけた人の半分以上は、強い結び付きではなく、弱い結び付きを利用していたのだ。具体的には、友人というよりも知り合いというべき人たちで、週に2回も会わない人のおかげで職が見つかったというのである。

私たちの仕事で考えると、チームの人たちとは強い結び付きがある。オフィスをともにし、コーヒーを一緒に飲みながら、朝から夕方までともに仕事をする人たちだ。この閉じた円の外側の人たちとは、弱い結び付きか、結び付きがないかのいずれかになることが多い。グラノヴェッターとその後の社会学者、他の研究者たちは、すでに持っている弱い結び付きを育てれば大きな利益が得られることを示している。それは、同じ企業のほとんど交流のないチームの人たちでも、他の企業で仕事をしている同業の人たちでもよい。本章では、チームがどのように機能し、相互作用を引き起こすか、そしてこれらの結び付きを利用して仕事の関係を強化するにはどうすればよいかを考えていく。

9.3 チームはどのように作られるか

チームや組織の目標に逆らっているように見える人がいるのはなぜだろうか。それを理解するには、何がチームを作っているのかだけでなく、所属するチームにそれぞれの人がどのように関わり合い、どのようにして一体化するのかを理解しなければいけない。

チームとは、共通の目標にむかって仕事をする人たちのグループであり、相互に依存し合い、メンバーのあいだに何らかの親近感がある。チームには、参加者の大多数が示す強い信念がいくつかある。さらに、内外の力がメンバーに作用して、グループのアイデンティティが確立され、維持される。

9.3.1 チームが行う仕事

仕事は次の5つのカテゴリに分類されることが多い†2。

リアクション

積極的に始める仕事ではなく、何か他のものに対する応答として行われる仕事（たとえば、

†2 Scott Belsky, "The 5 Types of Work that Fill Your Day," http://bit.ly/5-types-of-work.

メールやチケットへの応答）。

計画

他の仕事のスケジュール策定、優先順位付けのための作業。

手続き

以前送ったメールのフォローアップや経費報告書への記入など、チームを維持していくための作業。

不安への対処

オンラインでの個人や組織に関する評価のチェックなど、不安に対処するための作業。

問題解決

創造性と集中を必要とする作業。

9.3.2 アフィニティの定義

上記の5つの他に、人間関係の仕事という6つ目のカテゴリがある。人間関係の仕事は社会的触媒である。たとえば、他の仕事を早く終わらせるために仕事を融通したり、コミュニケーションの障壁を減らしたり、敬意を基礎として信頼を築いたりするのがそれにあたる。アフィニティは、個人、チーム、部門、企業の間の関係の強さの尺度だ。しかし、それを正確に測るのはきわめて難しい。

企業は、どのような組織構造を採用しているかに関係なく、職務に大小の価値を与えて評価の高低を示す。社内の人たちはある職務を別の職務よりも価値のあるものと見なし、重要度の階層構造を作り出す。この階層構造は、高いボーナスを受け取ったり、昇進したりといった人が望む結果を受け取るのが誰かを気にするような企業文化によって強固なものになる。この「はしご」は、職務の変更を通じてそれを登っていくという誤った感覚を作り出す。そして、本人に適していなかったり、本人が楽しめなかったりする職務の追求を後押しすることがある。

企業には、共同作業が必要になる複数のチームがあることが多い。さらに、企業が外部サービスに依存するようになると、チームは目標達成のために他社と一緒に仕事をしなければいけなくなる。必要な知識やスキルを持つのが誰なのかを理解し、他のチーム、組織、企業と強力な関係を構築することがアフィニティである。本章では、チーム間のプラスの協調関係を構築したり破壊したりする人間的な要素を検討し、効果的な協力を実現するための方法を取り上げ、それらの要素が組織レベルでdevops共同体を維持するためにどのように役立つかを考える。

9.3.3 チーム内の個人間の結び付き

チーム内の力には、安定と変化の間の緊張関係が含まれる。グループに属する人たちは、不変の真理や「ベストプラクティス」を求めることで安定を目指すことがある。また、人は安定を求める傾向があるためにチームやグループの団結は高まることもある。そして、自然と対立を避けようとするため、チームに属さない場合よりも意見が一致することが多い。もちろん、これにはよい側面と悪い側面がある。対立が激しすぎるチームは、チーム内の安定性が足りず、目標を達成できない場合がある。一方で、対立を避けようとしすぎると思考が同質的になり、創造性や問題解決能力が損なわれる。

チームの結束につながる外部からの力は、状況によってさまざまだ。個人の成功とアイデンティティは、チームのそれと一致することが多い。したがって、たとえば共有リソースの取り合いなどで他のチームと対立すると、チームはひとつにまとまり、チームのアイデンティティが強化される。外部から押し付けられた目標、納期や、チームの安定性、存在を脅かすものも、同じような効果を持つ。外部から与えられた環境や対立は、チームをひとつにまとめる場合もある。しかし、もともと結束力や安定性を欠くグループやすでに内部に深い対立を抱えているグループは、元の形では生き残れない場合もある。

すでに述べたように、個人間の結び付きは、複数の要素で測ることができる。

共有する時間

単純に一緒に仕事をする時間を費やすだけで、職場の人間関係の強化に役立つことがある。

関係の強度

困難な状況を克服したり対立を解決したりすると、人は結束することがある。特に本番環境のサービス障害の解決のように強烈な経験をともにした場合は顕著だ。

ストーリーの相互共有

個人的な成功や逆境のストーリーを披露して共有するのは、互いを知るよい方法である。

助け合い

休日のオンコールの引き受け、チームメイトが休暇中のシフトのカバー、問題に対処している人の支援などは、どれも助け合いの素晴らしい方法である。

本当の意味で結び付きが強固になるのは、これら4つがすべて組み合わさったときである。単純に誰かと多くの時間を共有しただけでは、強力な結び付きを生み出すには不十分である。ジョークや辛辣なコメントを言ってるだけで心のなかを正直に明かさないチームメイトは、よく知っている親しい人だと感じる相手にはならない。また、オンコールのシフトを替わったり、コードレビューを引き受けたりといった助け合いに加わらない人は、困難に直面したときに当てにできるチームメイトにはならない。

だからといって個人的な付き合いを深めなければいけないとか、職場の内外を問わずチームメイトと親友になるべきだということではない。ストーリーの共有は、必ずしも家族や人間関係について話すことではない。それは、キャリアのなかで取り組んで苦しんだ何か、否応なしに迫られた別のキャリア選択、手がけてみたいと思っているプロジェクトのようなことについて話す形を取るものである。

9.3.4 チームの文化

チームの文化は、チームの業績やチームメンバー同士の結び付きの強さに大きな影響を与える。「文化適合性（カルチャーフィット）」の観点から文化を語るのではないし、チームメイトが一緒に飲み歩きたい相手かどうかという話でもない。チームが共有する価値観としての文化と、それらの価値観が仕事のなかでどのように表現されているかということのほうがはるかに重要だ。

価値観を明確に伝えて共有できていれば、チームメンバー間に強い結束力を生む。チームの価値観がしっかりと理解されるようにすれば、個人間の対立を防いだり解決したりするために大きな効果がある。たとえば、納期が短いプロジェクトで仕事をしているふたりのメンバーのあいだに対立が起きたとする。ひとりは約束を守り納期に間に合わせることに価値を置いているため、テストが不完全で機能が完成していない状態でも現状のままで出荷すべきだと考えている。それに対し、もうひとりは一定の品質基準を満たすものだけを出荷することに価値を置いているため、出荷を待つべきだと考えている。このような状況で誰が「正しい」かは、基本的にチーム全体としてどちらの価値観のほうが重要だと考えているかによって決まる。

大切なのは、チームの価値観が組織や企業全体の価値観やチームメンバーの個人的な価値観と矛盾しないことである。このような場面では「文化適合性」の概念がよく登場する。しかし、第V部で取り上げるように、文化適合性の概念自体にも問題がある。この言葉は、共通の目標や価値観ではなく、一緒に飲みに行くとか、特定のスポーツチームのファン同士だとかいった共通の活動のために使われることが多い。

誰かの価値観がチームの価値観と一致しているかどうかを評価するときには、「価値観」や「適合」という言葉が正確に使われているか、それともチームの同質性を保つための手段になってしまっているかをよく考えなければいけない。

devopsのアンチパターン：文化適合性

大佐は、以前、エンジニアの採用を積極的に進めていたスタートアップで働いていた。この企業は数年前まで同じ大学に通っていた友人同士が設立したものだったため、オフィスはフレンドリーな雰囲気だった。社員、特に元同級生だったグループは、仕事のあとによく連れ立って飲みに行っていた。実際、元同級生グループは、職場でもビールを飲むことで知られていた。

面接に呼ばれた候補者は、午前中は技術的な内容でみっちりと面接を受ける。昼になると、チームは候補者をランチに誘い、文化適合性を確かめる。オフィスのなかに「飲み仲間」を求める空気が強くなってきていたので、文化適合性は、「こいつと飲んで楽しいか」という意味になっていた。大佐は、ランチでビールをオーダーしなかったからという理由で、ふたりのとても優秀な候補者をこのチームが不採用にしてしまったのを見ていた。こんな理由から候補者がチームに適合しないだろうと判断したのである。

この話には明白な教訓がある。勤務時間中に酒を飲むことを躊躇しないかどうかだけでチームに合うかどうかを判断するなら、もっと大きな問題を抱える結果になるということだ。そして、この話には文化という言葉の意味について考えるべき重要なポイントも含まれている。文化について考えるのではなく、価値観について考えるべきだということだ。すなわち、組織やチームにとってどのような価値が重要なのかである。候補者が飲み物として何を選ぶかではなく、価値観が現れるような方法を考えるようにしよう。

価値観はさまざまな形で伝えられる。しかし、突き詰めると、メンバーがチームの価値観を学ぶ上でいちばん大きいのは、チームの全体としての行動から伝わってくることだ。口で言っていることよりも実際の行動の方が大きい。信頼性を大切にしていると言ったとしても、日常的に納期に遅れたり、バグが残っていたり、その両方だったりするソフトウェアを出荷しているようなら、チームメンバーはあなたが言っている価値観よりも、このような結果に見合ったものに力を注ぐようになる。あるいは、組織が多様性と開放性を大切にしていると言っていても、公式行事でダンスの相手にするために露出度の高い女性を採用しているなら、その価値観の本気度合いを当然疑うだろう。

価値観を伝えることの重要性は、チーム内外にあてはまる。チームの外にチームの価値観を伝えられているかどうかは、チームが行っている仕事や提供しているサービスが何らかの形で他のチームの仕事と関わりを持つ場合にはきわめて重要な意味を持つ。あなたのチームの価値観がどのようなもので、どのような基準を設定していて、仕事や行動に関してどのような約束をしているか。これらを、他のグループに確実に伝わるようにしよう。

価値観が伝わっているかどうかは、他のチームの人たちがあなたのチームのメンバーとどのように関わろうとするか（あるいは関わらないようにするか）から明らかになる。あなたのチームメンバーに過度に批判的だとか一緒に仕事し辛いといった評判が立っていたり、仕事を進める上で邪魔になるからという理由であなたのチームのルールやシステムの裏をかいたり破ったりするようなら、あなたのチームが組織内の他のチームに対してどのような価値観を示しているのかが問題になる。

チーム内に価値観が伝えられていれば、特に新しいチームメンバーを迎えたときに、チームが一体感を感じながら行動できる。チームに首尾一貫した価値観がなく、チームメンバーによって伝わってくる価値観が異なっていたり、チームの行動に普段公言している価値観がともなっていなかったりすると、新メンバーは、誰が示している価値観を尊重すべきかがわからなくなってしまう。それでは、自分がどのように働き、行動したらよいかを学んでチームの流れに追いつくことがなかなかできなくなってしまう。

チームが自分の価値観に責任を持っていない（価値観を守れていない）場合も、外部の人たちのチームに対する信頼やチームメンバー間の信頼を大きく損ねる。チームの価値観に問題や矛盾を感じるようであれば、チームの内外にかかわらず、そのチームとどうやって関係を結べばよいだろうか。これは決して非難だらけな環境を作れと言っているわけではない。非難は、発生した問題に対して償いをすべき人を見つけ出せという意味であるのに対して、責任は当事者意識、約束の遂行、学習という意味である。

2004年のある研究によれば、メンバーとリーダー、メンバー同士が価値観を共有できているチームは、そうでないチームと比べてチーム内の信頼感がはるかに高い[†3]。メンバー間やメンバーのリーダーに対する信頼が厚いかどうかは、チームや個人のパフォーマンスの高さを示すサインになる。このような信頼を生み出す強い関係は、チームや組織が持つことのできる最大の競争優位のひとつである。非難なしで学習に熱心な環境を維持するには、チームの価値観と文化が一致しなければいけない。

9.3.5 チームの団結力

チームの団結力とは、それぞれのチームメンバーが、機能する作業ユニットであるチームの存続に貢献したいと思う度合いのことである。団結力の弱いチームでは、メンバーがチーム全体の利益ではなく自分の利益のために行動し、「すべての人が自分のために」というメンタリティになってしまう。言うまでもなく、団結力の弱いチームでは信頼感が低く、知識の共有が進まず、共感が薄い。

チームの力学には、メンバーの専門能力や仕事を一つのものに統合する度合い、チームにメンバーをひとつに束ねる共通の関心、利益がどの程度あるかを示すチームの結束力といった側面もある。まとまりのあるチームでは、メンバーが知識を抱え込まず、知識を共有し協力し合って仕事をするようになるため、生産性が上がる。まとまりのあるチームは単なるメンバーの総和よりも強力で生産性の高い存在になる。

結束力は、チームに強力なユニットという感覚とやる気を与えられる。しかし、こういった感覚はあまり極端にならないようにすることが大切だ。社会学者のウィリアム・グラハム・サムナーが**エスノセントリズム**という言葉を広めたが[†4]、これは「自分が属する集団がすべての中心にいるというものの見方を指す専門用語」とされている。職場にこのようなものが入り込むと、チームは予算などの希少な資源を競い合うためのものだと考えられるようになり、敵対的な空気が作られてしまう。

エスノセントリックな態度は、他のチームに価値判断を加えたりステレオタイプなイメージを押し付けたりする言葉に現れる。壁の向こうに問題を投げ込んで責任を押し付けるとか、頻繁に他のチームの仕事を激しく批判するといった一部の組織の「dev」と「ops」のあいだで見られる外集団との対立は、エスノセントリズムの例である。このような傾向は、組織のなかのどのチームのあいだにも見られる。特に何らかの形で職務のあいだに階層構造を作っている組織では顕著だ。

9.3.5.1 内集団・外集団理論

外部との対立によって内部の団結力が高まると何十年も前から言われている。これは内集団/外集団理論と呼ばれ、おそらくサムナーがいちばんうまく説明している。「内集団における仲間意識や平和は、外集団に対する敵意や争いと関係している。外部との戦争は、内部に平和をもた

---

†3 Nicole Gillespie and Leon Mann, "Transformational Leadership and Shared Values: The Building Blocks of Trust," *Journal of Managerial Psychology* 19, no. 6 (2004).

†4 Boris Bizumic, "Who Coined the Term Ethnocentrism? A Brief Report," *Journal of Social and Political Psychology* 2, no. 1 (2014).

らす」[†5]。このテーマをいちばん深く掘り下げたのは、おそらく社会学者のゲオルク・ジンメルが1898年に書いた論文「社会集団の自己保存」[†6]だろう。

のちにジンメルの法則と呼ばれるものでは、「集団内部の団結は外部からの圧力の強さに左右される」としている。この団結力は、小さな集団のほうが強くなる。それは小集団のほうが互いに似ている個人が集まりやすいからである。ジンメルは、集団同士の対立が集団の境界線を強調し維持する、そして通常なら互いに関係ない人たちを集めるようになると考えた。敵の敵は友だちになるということだ。

この原則からの帰結として、外圧や対立の源と考えられるものの影響を受けて、異なる種類のグループが生まれることが多い。たとえば、上層部によって設定された非現実的な納期や期待が問題なら、開発者たちは、自分たちを困らせている根源は運用エンジニアだと考える。この場合、内集団と外集団はとても強力であり、社会環境を形成している。

職場環境で考えてみると、同じ組織の異なるグループやチーム間で生まれる対立は、それぞれのグループが互いに絶えず競争しているような利害対立を導く。他のグループを犠牲にして自分のグループやチームのメンバーを助けようと思うようになり、グループへの所属意識は職場でのアイデンティティの強力な一部になる。そして、人は外集団のメンバーを悪く言う態度を身に付ける。非技術系のコンピューターユーザーを“luser”（たこユーザー）と呼び、“loser”（敗者）の意味も重ね合わせるシステム管理者を戯画化した“BOFH”[†7]はその一例だ。当然ながら、このような偏見やグループ間の対立からは、組織全体としての団結は生まれない。

グループ間の対立を回避、あるいは少なくともその影響を最小限に抑えるための方法のひとつは、経験の共有である。グループの境界を越えて同じ経験を共有すると、将来、それらのグループ間で対立が生まれるリスクが軽減される。すでに触れたように、経験の共有は信頼を築くためのポイントであり、たとえ一時的なもので関係のない状況のように見える場合であっても、誰かと密接に協力し合って仕事をすると、普通なら生まれるような偏見や違和感が軽減される。たとえば、DevOpsDaysカンファレンスのような場でストーリーを共有すると、互いに共感を覚え、効果的に共同作業できるようになる。

社員に職場のさまざまなグループへの参加を奨励し、その機会を与えることは、外集団に対する偏見を小さくする上で大きな効果がある。このように多くの異なるグループに所属させることを**交差カテゴリ化**と呼ぶ。これは内集団と外集団の区別の重要度を引き下げ、広い範囲の人たちのあいだでのコミュニケーション、交渉を促し、信頼を生む。このような関係は強制するものではない。一緒にハイキングに行くグループであれ、特定のプログラミング言語の同好会であれ、興味や関心によって自然にグループが形成されるのに任せるのだ。そうすることで、組織的なアフィニティを生み出すことができる。

---

†5 Richard D.Ashmore et al., *Social Identity, Intergroup Conflict, and Conflict Reduction* (Oxford, UK: Oxford University Press, 2001).

†6 Georg Simmel, "The Persistence of Social Groups," *American Journal of Sociology* 3, no. 5 (1898).

†7 監訳注：Bastard Operator From Hellの頭文字。3章で触れた不機嫌なシステム管理者を戯画化したもの。

9.3.5.2 グループのメンバーの多様性

ソフトウェアを作る人たちがグループに属していて、ソーシャルな関係を持っていることは、作る人たちよりもはるかに多いソフトウェアのユーザーに対してきわめて大きな影響を与える。たとえば、多くのソーシャルネットワークが「実名主義」を強制し、実名を使っていないユーザーのアカウントを停止するといった制裁を加えている。しかし、このようなポリシーにはさまざまな問題がある。特に大きいのは、ストーカーや家庭内暴力を振るう配偶者、交際相手にオンラインで見つかることを避けたいサイバー暴力の被害者や、生活の一部でしかカミングアウトしていないトランスジェンダーの人たちのように、実名を使いたくない人たちに不利益を強いて、その人たちを危険に晒す場合もあることだ。

こういったポリシーはプラットフォームによってさまざまだ（有名人に対しては例外を設けていることが多く、ボノやマドンナといった名前だけのアーティストもいる）。そしてこのポリシーは、社会からすでにリスクを負わされたり、無視されたりしている集団に属する人たちにいちばんネガティブな影響を及ぼすことが多い。それだけでなく、スパムや乱用の防止、虚偽のプロフィールの削減など、ポリシーを実施する理由とされているあらゆるものに対して、ポリシーの効果はほとんどない。

おそらく、こういったポリシーの設定を決定する人たちのグループには、トランスジェンダー、家庭内暴力の被害者、女装家、その他オンラインでの実名使用を避けたい正当な理由を持つ人たちのことを理解できる人が含まれていないのだろう。すべてのソフトウェアプロジェクトにあらゆる少数派集団のメンバーを入れることはとてもできない。しかし、意思決定する人たちのグループが同質的であればあるほど、そのグループに含まれない人たちにとって重大なマイナス効果が生まれる。

大切なのは、自分たちがどのような問題を解決しようとしているのかをいつも自問自答することだ。私たちは正しい問題を解決しようとしているのだろうか。私たちのチームはその問いに答え、ソリューションが持つかもしれない波及効果を理解するために必要な知識と経験を備えているのか。サイバー暴力を扱うチームのメンバーが白人男性だけで構成されていて、他の社会集団のメンバーが経験している量や強度の被害を経験していない場合、その限られた理解と経験で最良のソリューションを編み出すことが本当にできるのだろうか。

集団、グループの間の障害を取り除き、チーム間でのコミュニケーションと経験の共有を促進しようとすれば、通常なら外集団に属し、そのままだと結び付きがないままになっていたはずの人たちとのあいだに多くの弱い結び付きが生まれる。強力で創造性に富むソリューションを作り、意図せずにユーザーのなかの少数派の人たちを傷つけたりしない製品を開発するには、こういった弱い結び付きの人たちから得られる知識と経験が必要なのだ。

9.3.5.3 グループのメンバーの拡張

初期のdevopsでは、本当にdevとopsのメンバーのことしか考えていなかった。それももっともなことだった。devops運動が始まった頃、対立をいちばんはっきりと感じていたのは、これらの分野の仕事をじかに経験していた人たちだったからだ。対立とサイロの問題は、どうしても解決しなければいけない現実的な問題だったのである。

しかし、そこで話を終わらせてしまうのは、問題を単純化しすぎだ。ほとんどのソフトウェアは、ソフトウェアを書く楽しみのために書かれているわけではない。特に、運用チームがデプロイしてモニタリングするようなソフトウェアはそうだ。多くの場合、企業はソフトウェアを一般向けかどうかは別として、何らかの形で販売する。企業が存続するにはそのソフトウェアが必要なのだ。その企業の開発と運用以外の部門を無視すれば、それらの部門の人たちに害を与えることになってしまう。

私たちは、開発や運用チームにとらわれず、視野を広げたいと思う。サイロ、非難文化、コミュニケーション不足、信頼の欠如といった問題は、開発と運用のあいだで起きるか、企業の別の場所で起きるかに関係なく、組織が持つ重大な文化的問題なのだ。集団のメンバーの一部として企業全体、業界全体のことを考えよう。そうすれば、信頼、アフィニティ、共有といった考え方を、技術部門だけでなく、ビジネス全体の利益のために使うことができるはずだ。

9.3.6 多様性

グループのメンバーについて考えるときには、所属できるグループの範囲のことを考えなければいけない。私たちがここで取り上げていることよりもはるかに深いところまで掘り下げている文献も多数ある。そこでここでは2つのことに絞って簡単に考えてみたい。ひとつは、多様性のメリットと軸について。もうひとつは、ビジネスとそこで働く人の両方にとってよい効果のある開放的な環境を作るために、チームや組織はどのようにすればよいかだ。

9.3.7 多様性のメリット

多様性はイノベーションのために必要不可欠だ。背景、経歴が異なる人たちの多様な考え方、視点、視界は、新しいアイデアを生むために欠かせない[†8]。多様性のあるチームは、そのユニークな経験から、広い範囲の顧客が喜ぶ製品を開発できる。多様なグループや個人が密接に連携して仕事をするようになればなるほど、人は創造的な刺激をたくさん受けるようになる。IT業界はとても同質的で、人口全体に占めるよりもはるかに高い割合で異性愛、シスジェンダー[†9]の白人男性が集まっており[†10]、そのためにイノベーションや創造性を阻害している。

> 強さは同じもののなかではなく異なるもののなかにある。
>
> スティーブン・R・コヴィー

タフツ大学の多様性および集団関係研究所長のサミュエル・R・サマーズ博士の2006年の研究は、人種的に多様なグループのほうがすべて白人のグループよりも高いパフォーマンスを発揮することを示した[†11]。異種異質な人たちで構成されたグループは、同種の人たちで構成されたグループ

---

†8 Vivian Hunt, Dennis Layton, and Sara Prince. "Why Diversity Matters," Mckinsey.com, February 12, 2016.

†9 監訳注：シスジェンダーとは、生まれついての身体的性別と自分の性認識が一致している人のこと。

†10 Roger Cheng, "Women in Tech: The Numbers Don't Add Up," CNET, May 6, 2015. Web.

†11 Samuel Sommers, "On Racial Diversity and Group Decision Making: Identifying Multiple Effects of Racial Composition on Jury Deliberations," *Journal of Personality and Social Psychology* 90, no. 4 (2006).

よりも広い範囲の情報を交換し、多くのテーマを議論する。また、すべて白人で固めたグループの白人よりも、人種的に多様なグループの白人のほうが、個人レベルでも高いパフォーマンスを示した。性別でも同じ効果があることを示す類似の研究がある。男性ばかりのグループよりも男女が混ざったグループのほうが、個人レベルでもグループレベルでも優れた結果を出している。

創造性を必要とする仕事や、グループメンバー以外の人たちとの交渉が必要な仕事といった多様な思考が役に立つ場面では、これらの効果は特に大きくなる。顧客とのやり取りがあるチームは、多様性が増すことで顧客満足度を高めるのだ。経営学者のオーランド・C・リチャード教授が2000年に行った研究では、社員の文化的多様性が成長期の企業の業績を引き上げていることを明らかにしている[†12]。

グループ内の多様性は、個人、チーム、企業レベルでパフォーマンスや業績を引き上げる。しかし、短期的には個人間の対立を引き起こし、士気を低下させることがあるという欠点もある。異なる視点、期待、意見が不一致を生み出すのは当然だ。いちばん声の大きい人の言いなりになるのではなく、不一致を適切に処理できるようにすることが大切である。devops共同体のことを考えるなら、私たちが同じ目標に向かって協力して仕事をしていることを思い出し、不一致があってもその目標を共有していることに変わりはないことを理解して行動しなければいけない。

9.3.8 多様性とインターセクショナリティの軸

IT業界の多様性に対する取り組みの多くは、職場に女性がいないことを認識するところから始まった。男女の偏りの是正は必要だが、それだけでは十分ではない。

多様性を生み出す軸には、次に示すようにさまざまなものがある。

- 実際の性別と表明している性別
- 人種と民族
- 出身国
- 性的指向
- 年齢
- 軍歴
- 障害
- 宗教
- 家庭状況

これらの軸のどれかで多様性を高めることが大切だ。しかし、ひとつの軸で多様だからといって

† 12 Orlando Richard, "Racial Diversity, Business Strategy, and Firm Performance: A Resource-Based View," *Academy of Management Journal* 43, no. 2 (2000).

その企業が本当の意味で多様性のある企業だというわけではないし、さまざまな人が安心して働ける場所だというわけでもない。インターセクショナリティとは、さまざまな形の抑圧や差別が交差するところを研究し、それらがどう結び付いているかを明らかにする学問と定義されている。この用語は法学者のキンバール・クレンシャー†13が考え出したもので、企業のなかの多様性について考えるときの重要なポイントになる。

多様性は、devopsの他のプラクティスと同じように、1度実現すれば完了済みのマークを付けられるような単純な問題ではない。モニタリングと計測を必要とする反復的なプロセスだ。大切なのは多様性に配慮する理由であり、取り組みがどの程度成功するかはそれに左右される。多様性や開放性の確保によって、企業やコミュニティに属するすべての人の生活を向上させ、生産性を向上し、それに加えて生産性の向上を生み出すすべての人に開かれた環境を作る。そういった純粋な問題意識のもとで取り組んでいかなければいけない。

無意識の偏見

性差別や人種差別といったあらゆる差別ははっきり目に見えると思われがちだ。しかし、無意識の偏見のほうがわかりにくい分、悪質になることがある。無意識の偏見は、生活している環境、時間、文化によって形成されるもので、私たちはその存在に気づかないことが多い。自分が何をしているのかに気づきもしないで、同じ経歴でも女性より男性のほうが適性があると考えてしまうような根深い思考パターンである。無意識の偏見と戦うためには、その存在に気づくこと、そして意識し続けることがいちばん効果的だ。Googleなどの企業が社員に無意識の偏見についてのトレーニングを始めたのはそのためである。

9.3.9 採用時に考慮すべきこと

社員の多様性を高めるつもりなら、採用プロセスにおいて考慮しなければいけないことがある。チームを育てるために考えるべきことは第Ⅳ部でも取り上げるので、ここでは、組織全体の方針に沿った形で採用プロセスを進めるために考慮すべきポイントを挙げておく。

- 求人票やリクルーターの話のなかに、過度に男らしさや軍隊調を強調する言葉、性差別、人種差別、同性愛差別的な言葉など、排他的な言葉が入らないように目を光らせる。特に、外部のリクルーターには、企業が伝えようとしているトーンや文化についてできる限りしっかりしたガイダンスを提供すべきだ。本章のケーススタディーで具体的な例を示す。

- 無意識の偏見があることを意識する。そのようなつもりがなくても、履歴書に白人男性らしい名前が書かれていると、なんとなく好感を持ってしまうことが多い。できる限り、採用プロセスに関わる全員に無意識の偏見についてのトレーニングを受けさせ、採用プロセ

† 13 Kimberlé Crenshaw, "Demarginalizing the Intersection of Race and Sex: A Black Feminist Critique of Antidiscrimination Doctrine," *Feminist Theory and Antiracist Politics* (Chicago: The University of Chicago Legal Forum, 1989).

スから個人の属性を特定できる情報を取り除くようにしよう。

- 多様性の高いチームを作ることを専門にするリクルーターやコンサルタントがいる。多様性の高い候補者を集めるのに苦労している場合は、その分野の経験を積んだプロに助けを求めることを考えるとよい。

- 選別プロセスの一部として候補者に「宿題」の提出を求めたがる採用チームがある。しかし、そのやり方は、家事の負担がある女性や、企業のためにタダで仕事をする時間や意思のない少数派の人たちに不利益になることに注意しなければいけない。

9.3.10 開放的な環境の維持

多様な社員を採用するのに多大な労力を払ったとしても、その人たちを企業に留めておけないならあまり意味はない。企業は、多様性への取り組みとともに、少数派集団に属する人たちに居場所があると思ってもらい、その人たち特有の部分が侵されないよう後押しする開放性への取り組みを始める必要がある。

よく引き合いに出されるのが、小さなスタートアップでITチームが初めて女性を採用したときの話だ。他のメンバーからすれば、これは素晴らしいことである。多様性が高くなり、自分たちが性差別の誤りを犯さないように手助けしてくれるリソースが加わったからだ。しかし、その女性からすると、それでは開放的な環境とは感じられない。

男性だけのチームが初めて女性を採用すると、オフィスや会議室に入るときに、「おい、野郎ども！」のようなことを言ってから、その女性を見て、疎外感を感じている様子に驚き、ぎごちなく「……とお嬢さん」と付け加えるようなことをよく行う。これは、意地悪なつもりでしていることではない。しかし、多くの女性は、そのような付け足しのおかげでよけいに居心地悪く、仲間はずれだという感じを受けると言っている。そもそも、大人の女性に「お嬢さん」などという言い方はしないし、他のメンバーとの違いに注意を集めさせるようなことをすれば、疎外感は強まる。

こういった環境では、少数派集団のメンバーは通常業務の他に多様性関連の業務をたくさん引き受けるよう望まれることが多く、何かと負担がかかりやすい。求人票に性差別や人種差別の表現が含まれていないことをチェックしてくれとか、多様性があるところを見せるために業界や採用関連のイベントに企業の代表として出席してくれといったことを頼まれる。また、たまたま所属してる集団のすべてのメンバーを代表するように頼まれることもある。しかし、ゲイだからといってLGBTQコミュニティ全体の考えや感情についての知見を披露できないのと同じように、女性だからといってすべての女性のスポークスパーソンになれるわけはない。これは、IT業界で伝統的に少数派だったすべての集団に当てはまることだ。

多様性と開放性について考えるときには、社員たちが参加できるソーシャルグループや活動について考えるようにしよう。同僚と関係を結び、少数派を支えてくれて安心できる空間を作るために、技術分野の女性たちやLGBTQなどのグループの結成は認められたり奨励されたりしているだろうか。自分と同じ集団に属するリーダーやメンターと関係を結ぶことはできるだろうか。技術部門の下位の職務に有色人種の人が複数いても、上級職や技術部門の管理職に有色人種の人がいない場合、少数派の人たちは、自分たちに企業のなかで成長の余地はあるのかと不安に思うだろう。

環境をできる限り開放的にするという点については、オフィスの活動、特にソーシャルなものや「課外活動」的なものをオプトインにするかオプトアウトにするかという問題もある。オプトインの活動は、参加を選択しなければ参加にならない活動、オプトアウトの活動は不参加を選択しなければデフォルトで参加になる活動である。

オプトインでは、参加をためらうような壁ができてしまうように見えるかもしれない。一方で、オプトアウトでは、何かをしたくないのを認めなければいけないとか、不参加には特別な理由が必要になるといった問題がある。たとえば、酒を飲みに行くことを、仕事のあとのデフォルトの活動のように考えている企業は多い。特に、スタートアップでは、飲みに行かない人間はちょっと違うとか、「チームプレイができない」といったプレッシャーを受けやすい。新しく入った社員は、まだよく知らない新しい同僚たちに飲み会をオプトアウトする理由を説明しなければいけないのを不自由に感じるだろう。そのようなことをすれば、きっとあとで疎外感を感じることになるからだ。この例では、アルコールとノンアルコールの飲み物を集めたオフィスのキッチンスペースを用意し、参加必須の時間を設定することなく「誰でも」加われるようにしたほうがはるかに開放的になる。

ステレオタイプ脅威

ステレオタイプ脅威とは、自分自身や自分が属する集団にマイナスのステレオタイプが貼られるリスクがある状況に陥ったときに感じる脅威である。自分が所属する集団やアイデンティティによって差別されることが予想されるときに、能力を発揮できなくなる。それについての研究は300種類以上（http://reducingstereotypethreat.org）もある。たとえば、女性は男性よりも数学が苦手だというステレオタイプについて考えてみよう。

このようなステレオタイプに晒された女性は、そうでない女性よりも数学の試験の成績が悪くなり、心臓の鼓動が早まるとか、コルチゾール値が上がるといったストレス反応を示す。ステレオタイプ脅威に長期的に晒されると、精神と肉体の健康に長期的な負の効果が現れることがある。これは慢性ストレスと同じだ。

研究によれば、集団に属しているという感覚があると、ステレオタイプ脅威の緩和に効果がある。大きな集団や環境に歓迎され、自分が受け入れられているという感覚を持つと、成績を下げたり健康を害したりする負のステレオタイプの影響を受けにくくなるのである。

作業環境を可能な限り開放的にするためにできることはたくさんある。組織の多様性と開放性について考えるときには、次のことを念頭に置くとよいだろう。

- 利用するすべてのリクルーターにあなたの企業の多様性と開放性を意識させる。
- 社員を無意識の偏見についてのトレーニングかAlly Skills Workshop（http://bit.ly/ally-skills-wkshp）に送る。

- 模範を示して指導し、問題のある言葉や行動を非難する。チームの少数派メンバーだけの責任にしない。
- 社員グループ（ERG）を立ち上げる。コミュニティの構築、ネットワーク、支援を含む多様な個人のニーズに応える場を作る。これらのグループは、多数派とは異なることによる負担を軽減し、少数派の個人に回復力を与える。
- 作業環境を監査する。政府に義務付けられた要件を越えて、障害のある社員にとって作業環境の主な要素がどれくらい使いやすくなっているかを調べる。
- 求人票を開放的なものにするために査読を頼むときには、その仕事に対する報酬を提供する。
- 自分の言葉や行動が人種差別的、性差別的（または同性愛差別的、トランスフォビック）でないかどうかに注意を払う。こういった集団に属する人たちが社員になる前から、先に開放的な環境を作ろう。

純粋に開放的な環境を作れば、少数集団に属する個人だけでなく、集団としてのチーム、組織全体にとっても利益になる。ステレオタイプ脅威、敵意、その他のストレスを受けなくなれば、チームや組織ははるかに協調的、協力的で話しがしやすく創造的になる。

9.4 チームと組織構造

チームから大きな組織になるにつれて、人間関係は希薄になっていく。イギリスの人類学者ロビン・ダンバーは、ひとりの人間が安定した社会関係を維持できる人間の数の限界を理論化した。そこでは、霊長類の調査と霊長類が持つ大脳新皮質の大きさや処理能力の研究から、安定した関係を結べる相手の上限は150前後とされた。その数はダンバー数と呼ばれている[†14]。この数を越えると、集団や組織は同じような団結力を維持するために、規則や法律などの強制的な規範を必要とするようになる。大企業ほど官僚主義的に見える理由のひとつはここにある。

150人以上の人たちを抱える組織は、団結力のある安定した集団を維持するために、小集団よりも厳しい規則や規範を持つ異なる種類の文化的プラクティスを必要とする。それでも組織に属する人の数がさらに増えると、集団のあいだに関係を構築して情報の適切な流れや理解を確保するために、さらに多くの努力が必要になる。組織内の個人が人間関係を結ぶ上でこういった文化的プラクティスが制約になるようなら、全体としての組織に大きな影響を与える。

社会構造は文化に影響を与え、文化は社会構造に影響を与える。コラボレーション、協調、協力、アフィニティの価値を尊ぶ文化は、その土台となっている組織構造にも影響を与える。あらゆる改革、特に権限や権力の違いに影響を及ぼす改革の常として、このような文化に移行しようとすると、破壊的な行動を招くことがある。10章では、破壊への対処方法を取り上げる。

個人間、グループ間の関係を十分に重視できていない組織は、さまざまな形で破壊的な行動を生

† 14 R. I. M. Dunbar, "Neocortex Size As a Constraint on Group Size in Primates," *Journal of Human Evolution* 22, no. 6 (1992).

む。競い合うプロジェクトや相互排他的なプロジェクトで並行して作業を進めているチームやグループ間での仕事の重複は、チーム間のコミュニケーションの欠如だけではなく、理解の欠如を示している。異なるグループやプロジェクトでチケットがたらい回しにされたり、インシデントに対する反応が次第に非難だらけになってきたりするのは、信頼が薄れてきていることを示している。

9.5 チーム間で共通な地盤を見つける

信頼を築いたり、共通の経験を生み出したり、多数の内集団がある開放的な組織を作ったりするにはどうすればよいだろうか。

異なるチーム間の隙間を埋めようとしたときに浮かび上がる難問には次のような種類のものがある。

- 目的の違い
- 効果測定
- リーダーシップの違い
- コミュニケーションスタイルの違い

チームが違えば、少なくとも表面上は違う目的を持っていることが多い。すべてのチームの目的は企業全体の成功を助けることだと言える。しかし、その目的に達するまでの経路の違いが対立を生むことも多い。

devopsの世界での古典的な例は、できる限り早く顧客のもとに新機能やバグフィックスを届けることを目標とする開発チームと、すべてのサーバーやサービスが利用可能でしっかりと使える状態を保つことを目標とする運用チームの対立である。この2つの目標は、複数の局面で対立を生み出す。たとえば、アップタイムという運用の目標に沿って、デプロイエラーが可用性に与える影響を最小限に抑えるために、デプロイの要件やプロセスが設けられたとしよう。しかし、これらの要件やプロセスは、早く出荷するという開発の目標に必ずしも沿うものではない。このような状況では、開発者たちは、品質保証エンジニアとも対立する場合がある。欠陥を見つけて修復するという品質保証の目標は、リリースサイクルのスローダウンにつながるのである。

チームの目標自体が直接対立を生まなくても、チームが効果測定のために使う方法が対立を生むこともある。組織全体の成功や進捗を評価するために使われるKPIと、企業に成功をもたらす顧客にとって最善なこととのあいだにずれがあるなら、KPIは全体の業績への貢献どころか足を引っ張ってしまう。

開発者がデプロイ数、あるいは書いたコードの行数だけで評価されるなら、その目標の達成のために、品質の低いコードを出荷したり、顧客が望まない機能を作るために時間を費やしたりすることにもなるだろう。

一方、品質保証チームの業績が見つけたバグの数で計測されるなら、ノルマ達成のために必要な数のバグを見つけるまでコードを手放さず、リリースのペースをスローダウンさせるだろう。これらの目標やメトリクスは矛盾しているだけでなく、ビジネス全体の目標に悪影響を及ぼしているのだ。

チームとチームに属する個人のリーダーシップやコミュニケーションスタイルの違いも、チーム間のギャップを生む。コミュニケーションスタイルと作業スタイルの多様性は高く、それが人同士の交渉のしかたに影響を及ぼす。自分たちと同じような人たちを採用して同僚にしたいという潜在意識によって、時間とともに個人がチームと一体化すると、個人レベルではなくチームレベルでコミュニケーションスタイルや作業スタイルの対立が生まれる場合がある。

マネジメントについての価値観やスタイルが異なるリーダーがこれらの違いをもたらしたり、違いに拍車をかけたりすることもある。ハンズオンスタイルや極端にマイクロマネジメントスタイルを取るリーダーは、部下が独自にいろいろなことを試すのを奨励するハンズオフスタイルのリーダーとは波長がうまく合わないだろう。他の何よりも見かけの生産性とアウトプットを重視するリーダーは、人と人間関係を育てることに注意を払うリーダーと対立するかもしれない。プロジェクトの配属や昇進などがさまざまな管理職の間の合意で決まるような組織では、こういった対立が深刻な影響を与える。

このような違いがあっても、次節で取り上げるように、チームやグループが共通点を見つけ出す方法はいくつもある。

9.5.1 競争から協調へ

異なる目標を持つチームのことを考えるときには、直接競争関係にあるチームをイメージすることが多い。この場合、目標を達成しやすいチームは、予算を多く確保できたチーム、プロジェクトのために多くのリソースを確保できたチーム、頭数を揃えられたチームになるだろう。リソースが限られているなかで、チームが競争関係から協力し合う関係に移るにはどうすればよいだろうか。

2章で触れたように、競争は個人や組織が互いに直接対立するものを追い求めているときに起きる。多くの市場で、より早く、より安く、よりよくというニーズによって（あるいはこれら3つすべてで）競争が生まれている。競争は自由市場の必要条件と見なされているのだ。

公平な競争の原則は、世界中の市場の発展の基礎を支えてきた。公平な競争を確保する法律のもとで、自由な取引を阻害する契約や慣行は禁止され、そのような地位を生み出す有力企業の行動や慣行は処罰され、競争に脅威を与えるような合併や買収は監視される。ある意味では、競争があるために、もっと働こう、もっと効果的で創造的なソリューションを発明しよう、顧客にもっと多くの選択肢を提供しようと思えたとも言える。

しかし、競争が激しくなりすぎると、小さな部分で得られる利益以上に、大きなマイナス効果を生み出す。この効果を表すのに「コモンズの悲劇」[†15]という用語がよく使われる。個人が自分の利益のために独立に合理的に行動すると、共通の資源を枯渇させて、グループ全体の利益に反することを指している。コモンズの悲劇という言葉は1968年に生態学者のギャレット・ハーディンが書いた論文のタイトルで、もともとは共有地（コモンズ）の規制を受けない羊の放牧に由来し、そこから「コモンズ」という単語が使われている。

† 15 Garrett Hardin, "The Tragedy of the Commons," *Science*, December 13, 1968.

これはゲーム理論のよい例と言えるだろう。ゲーム理論とは、複数の関係者、集団的な行動、相互作用的な決定が絡んだ問題に直面したときの合理的な選択についての学問である。人間の相互関係と経済学を研究するフロリアン・ディーカートは、2012年に発表した「ゲーム理論的な視点から見たコモンズの悲劇」という論文で、このシナリオについてのもともとの議論には、現実性を欠く部分があることを指摘している[†16]。彼によると、特に儲けが大きくなると、このような状況で協力し合うことは難しくなるが、それでも無制限の自由による悲劇は不可避ではないとしている。

実際、ノーベル賞を受賞したアメリカの政治経済学者エリノア・オストロムは、コモンズのシナリオで協力のための取り組みを成功させるために重要な7つの要素を特定している。そして、協力を成功させるためには、次のものが必要だとしている[†17]。

- 集団全体の成因をコントロールする手段
- 社会ネットワーク
- 参加するすべての人の行動の観察可能性
- 個人に対する段階的な制裁
- 過度に変化が激しくないリソース

オストロムをはじめゲーム理論の研究者たちは、制裁行動を導入すると、協力の形全体に大きな効果があると指摘している。非協力的な行動が集団的に処罰されるときには、協力的な行動が強化される。たとえば、チームの全員が他人の発言の邪魔をする人を非難し許さなければ、そのチームは自分の話を聞いてもらいたいからといって人の話をさえぎるのは効果的ではないことを学習し、時間とともに発言への割り込みは減っていく。しかし、一部の人たちが発言への割り込みを許せば、このような行動の自己強化は起きない。

自分では何もしていないのにコミュニティの利益を手に入れる人のことを**タダ乗り**と言う。それにより、他の人たちが参加や貢献を控えるようになれば、タダ乗りは有害だ。たとえば、ものを尋ねるときの声の調子やそれが何回尋ねられたかといったことを気にせずに質問をして、答えに満足できなければ攻撃的になる**サポートバンパイア**がよい例だ。同じように、懲罰制度やその強制力がないコミュニティは、個人の貢献度を引き下げる。ゲーム理論では、非協力的な行動を取ってもそのために不利益を被ることがないのであれば、全体としてのコミュニティが自分の利益を守るための行動を取らないので、合理的な個人は自分の利益を守るためにどんどん非協力的な行動をする方向に進むとしている。

したがって、競争的ではなく協力的なコミュニティを職場に築くためには、何らかの形でオストロムが指摘した要素を確保しなければいけない。採用プロセスによってグループのメンバーのあり

† 16 Florian Diekert, Florian. "The Tragedy of the Commons from a Game-Theoretic Perspective," *Sustainability* 4, no. 8 (2012).
† 17 Elinor Ostrom, *Governing the Commons: The Evolution of Institutions for Collective Action* (Cambridge, UK: Cambridge University Press, 1990).

方をコントロールし、組織やチームの階層構造に加えて公式、非公式のソーシャルなやり取りを通じて社会ネットワークを築く。そうすることで、ほとんどの人たちとチームの行動はある程度まで観察可能になる。その上で、業績改善計画（PIP）、花形プロジェクトからの異動、予算制限、レイオフ、解雇などの段階的な制裁制度を設けるのである。

最後の要素である過度に変化が激しくないリソースにはおもしろい意味がある。特に、一皮むけようとして苦闘している小さなスタートアップや、それより大きくても、業績が悪化し縮小に向かいつつある企業では、安定した作業環境を維持している企業と比べて、個人やチームの行動が目に見えて競争的で非協力的になる。組織の大きさにかかわらず、協力的な職場環境を築き維持していく方法を考えるときには、これらの要素を考えることをお勧めする。

9.5.2 チームの共感を築く

> 共感があれば、ごちゃごちゃ言われずにすばやく頻繁にコードをプッシュできることの重要性を運用エンジニアも尊重するようになる。ムダに大きかったり、遅かったり、セキュアでなかったりするコードによって引き起こされる問題の重要性を開発者も考えるようになる。顧客のために可能な限り最良の機能と操作性を提供するために、開発者と運用エンジニアが協力し合えるようになるのだ[†18]。
>
> ジェフ・サスナ

devops運動の重要な教義のひとつは、壁の向こうにいる人たち、つまり企業の別の部門の人たちに対する共感だけでなく、顧客に対する共感も育てることである。共感と理解は手と手を取り合って育っていく。顧客が何を望んでいるか、自分が顧客のために解決しようとしている問題は何なのかを深く理解していなければ、ビジネスが成功する可能性はずっと低くなってしまう。

9.5.2.1 指名運用エンジニア

長年に渡って、社内の他の人たちは、運用エンジニアやシステム管理者のことを、周囲を見下し気難しく不愉快で何に対しても「ノー」と言いたがる壁の向こうの人だとみなしてきた。このような人たちの実例は確かにたくさんある。しかし、組織が成功するには、こういった有害行動と彼らに対する敵意の両方を打破することが大切だ。製品の成功のためにITと運用がきわめて重要な役割を果たす現代のビジネスでは、特にそれがあてはまる。メールとプリンタだけのためのネットワークがつながったサーバーラックに囲まれて、システム管理者がひとりぽつんと座っているという時代は終わったのだ。

サイロ化が著しい環境では、伝統的に、他のチームは運用チームからサービスやサポートを提供してもらうのにとても苦労してきた。IT部門のなかには、他部門の人たちが不必要なプロセスを済ませなければ支援をしない例もある。歴史的な経緯が理由であることもあれば、時間のムダと感じる要求を切り捨てるため（よくある例は、毎月少なくとも1回ずつパスワードのリセットが必要になるユーザーなど）そうしていることもある。あるいは手を広げすぎて自分の仕事をするだけでも人手不足で、他のチームを補助することなどとてもできないという理由のこともある。インフラ

†18 Jeff Sussna, "Empathy: The Essence of DevOps," *Ingineering.IT*, January 11, 2014.

ストラクチャーが不安定だと、火消しという受け身の作業に追われて積極的な仕事は一切できなくなってしまう。

他のチームのために担当運用エンジニアを指定するというアイデアは、この問題を改善する方法のひとつだ。運用部門からのサポートがたびたび必要になるチームには、運用チームに専用の窓口を設ける。たとえば、モニタリング、パフォーマンスチューニング、キャパシティープランニングがたびたび必要となるウェブ、API開発チームが対象だ。チケットをオープンしたときに、無作為に別々の担当者が割り当てられてしまうと、開発チームは、問題、コンテキスト、すでに試したことなどを説明し直さなければならなくなってしまう。そうではなく、特定の担当者を定めて、開発チームからの連絡先をひとつに絞るようにすれば、運用チームのメンバーの仕事も首尾一貫したものになるのだ。指名運用エンジニアは、通常、開発チームの会議やスタンドアップミーティングにも参加し、運用からのサポートが必要になりそうなことを耳に入れておく。たとえば、新しいAPIエンドポイントの開発が進んでいるなら、APIクラスタの負荷の上昇が見込まれる。新しいハードウェアが必要になるなら、運用がこういった開発状況を早い段階で知っていれば両部門にとって意味がある。

このアプローチをうまく機能させるためには、いくつか重要なポイントを頭に入れておく必要がある。

指名されているが専任ではない

特に忘れてはいけないのは、こういった運用エンジニアがチーム担当として指名されていても、そのチーム専任ではないという点だ。運用チームは自分自身の仕事を抱えており、メンバーは他のチームの支援に自分の時間をすべて使えるわけではないし、そのように期待してはいけない。また、指名運用エンジニアは、担当チームの運用関連作業を一手に引き受けて行うわけでもない。あくまで、彼らの仕事はそのチームからの連絡先になることで、関連する仕事の管理や監督を行うのだ。運用スタッフがこのような仕事をするには時間とプロジェクトの管理能力がとても重要になるので、そのための支援や教育をしなければいけない。

運用チームの規模

企業がとても小さくて、IT関連のチームは中規模以下のチームがひとつだけという状況でない限り、運用チームの規模がかなり大きくないとこの方法は採用できない。通常のプロジェクトや担当以外の業務によって負担が重くなるので、運用チームにはそれに対応できるだけのスタッフが集められていなければいけないのだ。このアプローチを実践しているEtsyでは、運用以外のエンジニアが数百人いるのに対し、運用エンジニアは15人ほどである。わずか2、3人の運用チームでは、とても成功しないだろう。

すべての指名運用エンジニアが同じような存在ではないことにも留意が必要だ。担当するチームによって、指名運用エンジニアのワークロードはまちまちだ。運用が必要になる場面に目を光らせておくこと以外にほとんど何もすることがない場合もある。運用に助けを

求めなければいけないタイミングをよく知っているチームとは異なり、運用から遠くかけ離れていて、何がわかっていないかがわかっていないチームではこれが普通だ。一方で、それと比べてとても仕事が多い場合もある。指名の基礎をチームではなくプロジェクトに置くと、負担を均等に分けるのに役立つ。

開放性の確保

運用は伝統的に感謝されない仕事である。運用は、すべてがうまくいっていればまったく目立たない一方で、うまくいかなくなるととても目立ってしまう。運用チームやそのメンバーのことは、システムがうまく動いていればつい忘れがちになる。しかし、問題やサービス障害が起きるとおおっぴらに非難してしまう。特に非難だらけな環境では、これが顕著だ。助けが必要なときだけでなく、チームにとってよいときや楽しいときにも指名運用エンジニアに声をかけるようにすると、相互の共感関係を強化するのに役立つ。チームのランチ、ディナーや外部でのイベントに声をかけるだけでよい。ちょっとした開放性が大きな効果を発揮する。

双方向の学習

チーム間でこのような関係を築くメリットのひとつは、共通の知識や経験を得る機会がほとんどない人たちに学習の機会を与えられることだ。指名運用エンジニアにチームの会議に参加してもらって、何かをどうモニタリングすべきか、それが「本番」稼働することにはどんな意味があるかといったことについて発言してもらう。そうすれば、チームはそういった問題意識の価値を理解するだけでなく、自分自身でもそれらの問題を積極的に考えるようになる。しかし、この制度から最大限の価値を引き出すには、こういった学習は双方向でなければいけない。実際、運用スタッフも、他のチームがどのようなことに取り組んでいるかを深く理解し、尊重するようになる。担当チームの人たちの意欲や苦労を尊重するようになり、運用が必要になったときだけ仕事を持ち込んでくる顔のない名前やメールアドレスだとは思わなくなる。指名運用エンジニアは、この理解と共感を自分のチームの他のメンバーに伝えていく。すると、2つのチームの境界は壊れ始め、自分の内集団の一部、あるいは少なくともそれに近い存在として数えられる人の数が増えていく。

このような指名制度は、運用以外のチームでも効果を発揮する。たとえば、使い方が簡単でわかりやすい製品を作るために、特定のデザインチームやユーザーエクスペリエンスチームを指名する。内部向けツール開発チームが全体で使われるツールを開発するときなどにとても効果的だ。こういったツール開発チームは、主としてバックエンドやシステム管理の経験を持つ人たちを集めていることが多く、放っておけばコマンドラインツールを作ってしまう。彼らにはそれでよいかもしれないが、コマンドラインになじみのない人たちは困るだろう。指名デザイナ、指名UXエンジニアがいれば、幅広い人たちが使えるツールを作るのに役立つ。同じように指名エンジニアを設けるとよい分野としては、セキュリティもある。セキュリティは、運用と同じように、近寄りがたいという評判が立ちやすい部門だ。しかし、製品開発の最後の段階で付け足せばよいものではなく、製品のライフサイクル全体で考えなければいけない問題だ。

9.5.2.2 ブートキャンプとローテーション

指名運用エンジニアのような制度を設ければ、他のチームの人たちと交流を深められるが、他のチームで短期間仕事をするブートキャンプ、ローテーションといった制度もある。参加者は、知識とスキルを広げるだけでなく、相手チームに対する共感も深められる。

ブートキャンプは、社員がチームに配属された最初の1週間から数週間、他のチームで仕事をするときに使われる用語だ。ブートキャンプ先は、主として本来のチームが密接に連絡を取り合って仕事をするチームである。そのため開発者は通常業務に入る前に、たとえば運用とセキュリティでそれぞれ1週間のブートキャンプを経験する。配属当初に行うのは、本人がまだプロジェクトに参加しておらず、他の人たちからの依存がなく、時間の制約があまりないためである。また、この時期の人たちは、他のチームや「実際の仕事」についての先入観が少ない。そのため、新鮮な物の見方で、チームの共同作業のあり方についての新しいヒントを出せるというメリットもある。

最初の時期以外にこれを行うことを**ローテーション**[†19]と呼ぶ。一部の組織は、年に1度のシニアローテーションの制度を設けており、あらかじめ彼らが数週間いなくてもチームが大きく困らないように準備をしてから実施する。シニアローテーションは、どのチームで働くかという点に関しては、ブートキャンプよりも柔軟であることが多い。すでに自分のチームや普段一緒に仕事をしているチームのことはよくわかっているので、普通なら触れることのない分野や技術を探検して知見を広めるために、かけ離れたチームに入ることがある。たとえば、運用エンジニアがモバイル開発やフロントエンドエンジニアリングのチームに入るといった具合だ。

他のチームのメンバーとして仕事をすることにも、指名制度と同じメリットがある。共感と理解の基礎がしっかりとしたものになり、メンバーだという意識を持つ集団の重なり合いも大きくなる。このような規模でローテーションを行うのが難しい組織では、小さな規模で同じような効果が得られる方法もある。他のチームの人とペアを組んでプロジェクトの仕事をするのだ。そうすれば、数週間もかけず、数時間で同じような絆を生むきっかけが得られる。たとえば、内部ツールやオープンソースプロジェクトのバグのバックログや軽いチケットを片付けるためにペアで仕事をするようなオプトインシステムを設けるとよい。

9.5.2.3 その他のローテーションの形

すでに何度も触れているように、本書で説明している原則は、開発者と運用エンジニアの協力関係を越えて、もっと強力な企業文化や業界文化を作り維持していくために使えるものだ。IT企業の多く、特にスタートアップでは、エンジニアを大切にする分だけ技術以外のチームがしわ寄せを受けていることが多い。エンジニアがブランド入りのフード付きパーカーを支給されたり、カンファレンスへの出席のために自分で費用負担することなく小旅行をしたりしているのを見れば、他の部門の人たちが軽く見られ、大切にされていないと感じるようになってもしかたがないだろう。

devops運動の原動力のひとつは、運用エンジニア、システム管理者、その他IT全般に対して理解、評価、共感する気持ちを持ってほしいということだった。この分野がどのような意味を持つか、「開発は仕事をしたのであとは運用の問題だ」と言って壁越しにデプロイを投げ込むようなこ

---

†19 監訳注：日本では命令による異動のことをローテーションと呼ぶが、それとは異なる。

とが彼らをどれだけ痛めつけているかを、企業の他の部門に理解してもらいたいのだ。運用はあまりにも長い間無視されたり軽く扱われたりしてきた。多くの企業で状況が変化してきた今、同じ企業の他のチームに対して知らず知らずのうちに同じことをしていたのではないかと考えることが大切だ。

顧客サポートは、多くの企業で同じような扱いを受けている。顧客サポートの人たちは、エンジニアのような名声があるわけではないが、企業の製品を使っている人たちに対しては企業の顔である。彼らは、ネットワークが落ちたりプリンタが壊れたりしたときのシステム管理者と同じように、みんなが不満をぶつけてくることに耐えなければいけない。製品のユーザーとしてメーカーの顧客サポートに電話をかけたりメールを書いたりするのは、ほとんど必ず製品に何か不満があるときだ。そして、悲しい人間の性(さが)で、直接の相手がその問題の原因を作ったわけではないのに、その人に不満をぶつけてしまうものである。サポートチームは、重要な役割を果たしているにもかかわらず、内部では軽く見られ、大切にされていないと感じることが多く、他のチームよりも退職率が高い。

サポートローテーションは、他のチームの人たちが、ときどきサポートメールに回答したり、顧客からの苦情の選別をしたりするために数時間を費やすという制度だ。これは、サポート部門が抱えている問題を緩和するのに役立つ。ほとんどの場合、問い合わせは同じようなものが多く、優れたドキュメントや作成済みの回答例がある。そのため、サポートのそのような部分の仕事なら、大した導入教育をしなくても手伝えるのである。もちろん、このようなことをしても、難易度が高いレアなケースのサポート案件を扱うのに必要なスキルや忍耐が少なくなるわけではない。しかし、他のグループ、特にエンジニアたちが、サポートのワークロードの負担軽減に一役買うことには意味がある。さらに重要なこととして、顧客がどのような問題を抱えているか（開発者たちが想像しているのとはまったく異なる場合がある）、サポートが企業にとってどれだけ役に立っているか、サポートの仕事にどれだけ多くのニーズがあるかをエンジニアたちが理解するきっかけになる。

同じ企業のなかの異なる職務のあいだでの配置換えやローテーションを認めて推奨することに加え、最近では異なる企業間で同じ原則を適用するところも出始めた。これは**エンジニア交換**と呼ばれることが多い。異なる企業の似た職務のふたりのエンジニアが2、3週間職場を交換し、ジョブローテーションと同じような知識の交換、経験の共有、共感の構築の効果を生み出す。企業は、何十年も続いた「何が何でも秘密のソースを守る」という競争的なメンタリティを卒業し、カンファレンスの講演やソフトウェアのオープンソース化によって社員が情報を共有することを認めるようになってきている。そういったことをしても企業が弱体化することはなく、むしろ業界全体が強化されることがわかっているのだ。

もちろん、こういった制度の成功は、双方向的に学び、共有できるかどうかにかかっている。片方の企業がエンジニア交換の参加者を一人前のチームメンバーとして扱い、実際の仕事に従事させているのに、もう片方の企業はドキュメントを読む以外何もさせない態度に終始するようでは、一方的な関係になってしまう。コモンズの悲劇と協力的な行動を維持するための要素の議論に戻るが、そのような非協力的な行動を取る組織に対しては、将来の交換を拒否し、得られる情報を減らすという懲罰を与えるとよいだろう。

全体での共感やチーム間の共感を強めたいと思っている組織は、異なるチームやグループの交渉の形を検討するだけでなく、それぞれのグループの現実の価値観と外から見て感じられる価値観を検討することも大切だ。ITやサポートなどの業務は、伝統的にコストセンターと見られている。つまり、利益を直接増やすわけではないのに、企業経営のために必要な金銭的コストを増やす存在だということだ。コストセンターで働く社員は、いちばん感謝されない仕事をし、退職率が高く、給料が低く、後退期には規模縮小のリスクが高い。企業の階層構造では下の方だ。しかし、適切な人、トレーニング、リソースがあれば、顧客の定着度やインフラストラクチャーの安定性といった分野でとてつもなく大きな成果を生み出すこともできる。

devopsの視点を他のチームのことや企業全体への影響へと広げていくときには、企業の階層構造の上下によってものを考えるのを止めるとよい。はしごのような上下関係は過度に単純化されたモデルであり、キャリアの前進についての誤解を招く。他の章でも触れたように、技術から管理職への異動はキャリア変更であり、昇進ではないのだ。上下関係のモデルでは、他のグループの人たちを「下位」に置いて共感を持ちにくくする。グループ相互のつながりや相互依存の形も無視してしまう。

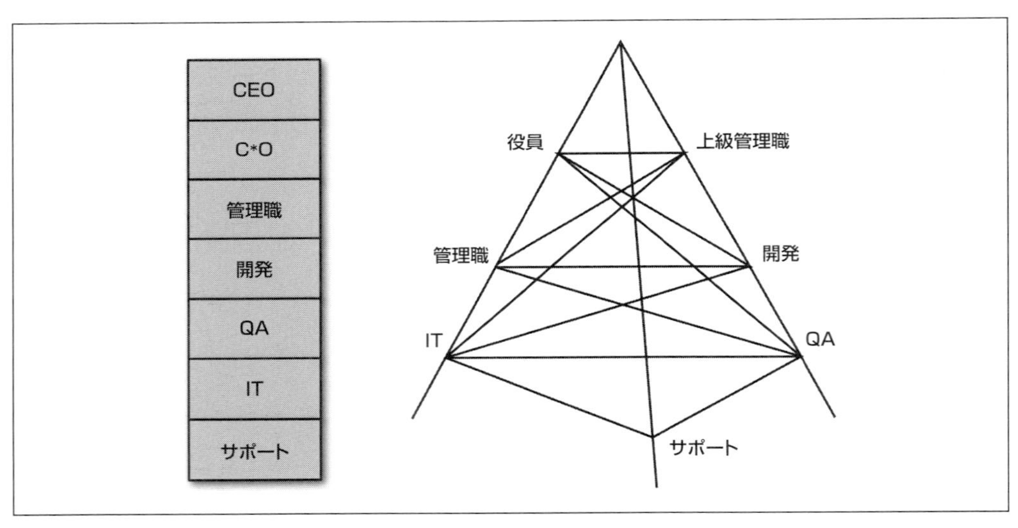

図9-1 はしごとロープピラミッドの違い

はしごではなく、公園などで見かけるピラミッドロープをイメージしよう。十分な張力があるさまざまな色のロープがぶら下がっていて、子どもたちが上って遊べる遊具だ（図9-1参照）。このモデルでも、階層構造は残っており、ITやサポートなどの職務は他の部分よりも下の基礎の部分にある。しかし、強力な基礎がなければ、組織全体の安定性や成功が脅かされるというように理解する。はしごの場合、下の段がなくなっても機能する。下のほうがコストセンターと見なされ、人員整理の最初の対象となるのはそのためだ。しかし、収益を上げなくても、ITやサポートがもたらす価値を無視してはいけない。ピラミッドロープで下の方のロープを切ってしまうと、全体の安定が崩れてしまう。

9.5.3　チームのコミュニケーションの改善

チームが本当の意味で共同作業するには、互いに共感を持つことに加え、効果的なコミュニケーションができなければいけない。この節では、第II部で取り上げたコミュニケーションスタイル、手段、交渉スタイルの議論を踏まえて、同じ考え方がチーム間のレベルでどのように使えるかを検討していく。これは、ごく少数のチームか技術部門だけが利益を得るところから、組織や企業全体の利益になるところまでdevops文化を引き上げる重要な部分である。

いちばん単純なレベルでは、グループ間のコミュニケーションは、良くも悪くもグループのメンバー間のコミュニケーションの形を増幅したようなものになりがちである。グループ間のさまざまなコミュニケーションスタイルのなかでいちばん支配的なのは、いずれかが勝つという形である。往々にして、誰よりも大声で、誰よりも長々と喋り、いちばん多く人の話をさえぎる人たちが、グループでの議論を支配し、勝利を収める。これは必ずしもその考え方が優れているからではない。論争嫌いで人の話をさえぎるのを躊躇する人たちが早い段階で議論から離れてしまうからだ。チーム内でいちばん人の話をよくさえぎる人物が、グループ間のコミュニケーションのあり方を変え、他の人たちは言葉の端々をあげつらうために人の話をさえぎるようになる。

グループは、コミュニケーション方法の模範として、リーダーを真似ようとする。リーダーは、管理職でも、グループ内で権威を持ち尊敬されている別の誰かでもよい。しかし、コミュニケーションがうまくないか十分でないリーダーや、協調的な作業環境にとって有害なコミュニケーションスタイルを持つリーダーは、その周囲の人たちのコミュニケーションスタイルにも影響を及ぼすため、組織のリーダーが作っていく標準には注意が必要だ。

多くの組織では、どれくらいのコミュニケーションを取るか、どんな手段を使うかがよく議論になる。すでに説明したように、コミュニケーション手段には、即時性、オーディエンスへの浸透度、コンテキスト、その他の要素に関して向き不向きがある。さまざまな要素がある上に、個人の好みも組み合わさるので、全員が満足するようなガイドラインを設定するのは難しいことが多い。しかし、コミュニケーションが足りないよりは多すぎるほうがよい。

メールを別々のフォルダに分類する自動フィルター機能があるメールソフトや、注意が必要な単語を設定できるチャットプログラムのように、自分の好みに合わせて個人的なフィルターを比較的簡単にセットアップできるものでは特にそうだ。これは画一的な設定ではなく、個人が自分でカスタマイズできるようになっており、情報が意図的に減らされている感じにはならない。情報が足りないと、サイロが作られやすく、内集団/外集団の意識が強まってしまう。

組織内の個人やチームの分布にも注意しよう。チームがタイムゾーンを越えて各地に分散しだすと、直接的なコミュニケーションに全員が参加するのが難しくなる。デフォルトでメールやテキストチャットなどのリモート向きなコミュニケーション方法を使う習慣が定着すれば、議論されたことをあとで参照するための検索可能なデータが作られるだけでなく、リモートのメンバーやチームが孤立感を持つことを防げる。

9.5.3.1 危機状況下でのコミュニケーション

サイトのサービス障害などの危機状況は、コミュニケーションがいちばんぐらつきやすい状況のひとつだ。こういった特定の危機状況下でのコミュニケーションは比較的新しい研究分野だ。しかし、一般的な意味での危機状況における複数の人たちやチームによる効果的なコミュニケーションは以前から存在する。特に、医療分野では長年に渡って研究されており、そこから得られた戦略のなかには、私たちの分野に応用できるものもある。

職種横断的なコミュニケーション

人はチームや職種が同じ人たちとだけコミュニケーションすることに慣れてしまいがちだ。複数のチームや複数の職種の人たちとともにトラブルシューティングやトリアージが必要な問題が発生したときに、それが問題を起こすことがある。こういった緊張度の高い状況以外でも職種横断的なコミュニケーションを行っていれば、よい習慣が形成される。医療チームは、医師、看護師、薬剤師で回診を行う。すでに取り上げた指名運用エンジニアなどの制度を活用すれば、エンジニアの組織でも同じような効果が得られる。チーム内のコミュニケーションスタイルは時間とともにまちまちになっていく。したがって、さまざまな状況で使われる共通のチェックリストやテンプレートなどのコミュニケーションの共通標準を設定して維持するのも、職種横断的なコミュニケーションで起きる摩擦を軽減するのに役立つ。

断定的なコミュニケーション

危機的な状況では、伝達ミスや当て推量をしている時間的余裕はない。そのため、断定的なコミュニケーションに慣れておくことが大切だ。直接的なコミュニケーションは必ずしも礼を欠くわけではない。直接的かつ効果的にコミュニケーションできるようにするためのトレーニングが受けられるようになっていると効果的だ。属する集団（性別や人種などによって作られるもの）によって身に付けたコミュニケーションの形が異なるなど、文化の違いがこの形でのコミュニケーションの障害になることがある。非難文化も直接的なコミュニケーションを阻害する。そのため、みんなが非難なしで非言語的なコミュニケーションスタイルに精通していることが大切だ。

危機状況下の具体的なコミュニケーションテクニック

緊張度の高い状況で懸念や批判を言いやすくするためのテクニックは、古くからいくつも生み出され、研究されている。Two Challengeルールは、疑問に思うことを2度まで言うというルールである。危機状況では、1度言っただけでは大切なことが埋もれて見失われてしまうことがある。特にしなければいけないことがたくさんあるときにはそうだ。しかし、それ以上の回数を言うと、対立や議論が長く続き、適切なタイミングで重要な行動を取る上で支障をきたす。

通常よりも結果が重大な危機状況下では、疑問を感じたときに安心してそれを言えるようにすることがきわめて大切である。そのためのテクニックのひとつとして、以下のようなときにそれを言葉にして言うことを奨励するCUS[†20]というものがある。

- 何か気にかかることがあるとき（Concerned）
- 何かはっきりしないことがあるとき（Unsure）
- 安全が問題になっているとき（Safety）

懸念や批判を生産的に表明するためのガイドラインを示すSBARというテクニックもある。次のことは必ず言うようにしなければいけない。

- 何が起きているかについての状況説明（Situational）
- 背景情報やコンテキスト（Background）
- 問題は何だと考えているかという評価（Assessment）
- どのように前進すべきかについての勧告や提案（Recommendation）

危機のときであれ、通常の日常業務であれ、これらのテクニックを実践すれば、互いに相手を受け入れ、できる限り直接的かつ効果的にコミュニケーションする習慣をチーム内に定着させるのに役立つだろう。

かなり時間を割いてアフィニティを向上させるための方法を検討してきたので、ここからは現実の組織でアフィニティがどのような効果を生み出せるのかを見てみよう。

9.6 ケーススタディー：米国特許商標庁

私たちは、米国特許商標庁（USPTO）のCIO室（OCIO）で自動化担当ディレクターをしているティナ・ドンベックと話をして、政府組織におけるdevops改革の一端を知ることができた[†21]。CIO室は、顧客であるUSPTOの職員たちが仕事のために使う技術とツールの動作を担保し、アメリカ市民から提出された特許や商標の出願書を評価、証人、裁定するという日常業務を円滑に進められるようにしている。

9.6.1 背景と方向性

ドンベックは、ディレクター職に加え、海兵隊の退役軍人であり、自分の組織のdevopsエバンジェリストでもある。心理学と組織開発の学位を持ち、海兵隊を退役してから数年間は、情報システムセキュリティ責任者やプログラム／プロジェクトマネージャーとして海軍省のITワーク

† 20 "Pathways for Patient Safety: Working as a Team," Health Research and Educational Trust, 2008, http://bit.ly/pathways-for-safety.

† 21 このケーススタディーで示されている視点はドンベックのものであり、必ずしもアメリカ合衆国政府を代表するものではない。

フォース開発を支えてきた。彼女は、今までのキャリアを通じて、自分の共通テーマは継続的な改善であり、「機能しないプロジェクトを見つけ出し、人にモチベーションを与えて動かす方法を明らかにすることが本当に好きです」と語っている。

彼女が現在管掌しているのは、USPTOの次世代システムの開発に使われている継続的デリバリープラットフォームを開発、実装、運用しているチームである。このプラットフォームは、USPTOのソフトウェア開発ライフサイクルのあらゆる側面と接点を持っており、このサイクルに関わっている複数の他チームと密接に協力を保ちながら仕事をしている。特に関係が深いのは、RedHat CloudFormsと共同作業をしているプラットフォームサービス部門とソフトウェア開発チーム自体である。

そこでは、RedHatのクラウド管理やリリース自動化プラットフォームであるCloudFormsをかなり大がかりに使っている。しかし、基本的には、多額のライセンス料の支払いを避け特定のベンダーに縛られないようにするために、オープンソースのツールを選ぶようにしている。オープンソースツールの例として、バージョン管理のSubvesion、継続的インテグレーションサーバーのJenkins、プロジェクト管理や品質管理のSonar、リポジトリ管理のNexus、構成管理のPuppetとAnsibleなどがある。さまざまなチームが、これらの製品の大きな価値はユーザーコミュニティだと考えている。ユーザーコミュニティは、疑問点に答えたりサポートを提供してくれたりするだけでなく、絶えず新しい機能やウィジェットを開発してくれるからだ。

ドンベックにとってdevopsとは、技術的な面では効果的かつ効率的に継続的デリバリーを行いつつ、文化的な面では品質の高い製品を作るために、信頼と協調の精神のもとで複数のチームを協力させることである。彼女のdevopsエバンジェリストとしてのモチベーションと役割の大きな部分は、高品質のソフトウェア製品を開発し保守することと、この仕事を阻む障害を打破していくことである。

9.6.2 コラボレーションとアフィニティの奨励

チーム間に信頼と協調のある環境を目指すことは継続的なプロセスであり、組織全体のさまざまな要因の影響を受ける。ドンベックが考えるコラボレーションと協調は、次のようなものだ。まず、「これは私、それはあなた」のように自分のテリトリーをマーキングしなくても、共通の目標に向かってともに仕事をする能力を持つこと。そして、コラボレーションが開放的で恐怖を感じる部分がないこと。最後に、他のチームや個人に裏切られる恐れがなく、失敗やミスをすることを怖がらないことである。

個人やチームは、共同作業をすること、仕事とその効果に対するフィードバックを求めることが奨励されている。「私たちの部門のウェブサイトに要望受付の機能を用意して、ユーザーからのフィードバックを受け付けるようにしています。そこから得た要求を分析して、適切なものをバックログに追加します。それから、ブラウンバッグセッションや情報提供セッションを用意して、積極的にユーザーコミュニティからのフィードバックを受け付けるようにもしています」。彼女はそう説明した。コラボレーションと個人からの頻繁なフィードバックを奨励するために、すべてのリリースサイクルでコードレビューは必須となっていて、チームの新人には仕事のコツを教える指導係が付けられる。

必須のコードレビューのように厳格なプロセスもあるが、さまざまなツールやソリューションを試すのも推奨されている。「私たちのチームは好んでいろいろなものに触っており、さまざまなツールやウィジェットなどを試すためのサンドボックスを持っています。広く他の部門にも推薦したいものがあれば、そのツールや製品が従わなければいけないガバナンスとセキュリティの要件を満たしているかを確かめるために、全庁アーキテクチャー評価プロセスにまわします」。こうすることで、政府機関として必要なすべての要件に従いながらも、柔軟性を手に入れ、イノベーションを可能にしているのだ。

ドンベックは、コミュニティの構築でも大きな成功を収めた。内部コミュニティの結束を強めるとともに、外部の組織とのコラボレーションと共有を成し遂げたのだ。彼女のチームは会議室をひとつ確保して、それを「devopsワークスペース」チームに変えた。「ここでは、25人を越える人たちを見かけることも珍しくありません。開発者、テスター、プラットフォームサポートといった人たちが何らかの取り組みのために共同作業しているのです。この部屋から感じる熱気はとても素晴らしいものです」。このような形を取ることで、活発に共同作業ができているのだ。また、会議に頼るのではなく、密接に協力しているチームの人たちが集まって仕事をする方向に誘導している。彼女は、これらのチームが共通で理解している最終目標（この場合は、より早くより高品質なデプロイ）に向かって共同作業し、相互に信頼と尊敬の気持ちを持つことを奨励している。安心して議論を戦わせ、異論をぶつけ合えるコミュニティスペースは、そのような環境を作る上で大きく貢献している。

USPTOは、政府機関としては初めてdevopsミートアップを主催し、最初のイベントには100人以上の人たちが出席した。USPTOは、devops関連のさまざまなベンダーを招いて、製品、アイデア、ベストプラクティスを共有する見本市も開催している。このイベントも盛況で、100社以上が参加した。さらに、DevOpsDays 2015カンファレンスの主催者、スポンサーにもなって、政府や業界から多くの参加者を集めた。協調的な成長と発展のために、USPTOの職員全体がこれらのイベントや技術、ソフトスキルのトレーニングに参加することを奨励されている。

9.6.3 複数の視点のバランスを取る

大きな組織では、複数の視点や作業スタイルを組織としてまとまりのある戦略にしていくために何らかの軋轢が生じるのが普通だ。devopsは、人によってまったく異なるものとして解釈されていることがある。そのため、成熟あるいは成功したdevops組織とはどのようなものなのかについても複数の考え方がある。ドンベックは、次のように言っている。「タイトなスケジュールのもとで高品質な製品を作らなければいけないというプレッシャーがかかる開発者と、プログラムを動かし続けるという日常の業務とサービスのイノベーションを進めることとのあいだで苦しむことが多い運用の人たちとでは、成功は大きく異なるものに見えるようです。そこで、メインの成功基準を定義して、それについては統一的な理解を求めつつ、メインの目標が一致している限りは部門ごとに別々の成功の定義を与えてもかまわないことにしています」。

組織内の人やチームがまちまちの方向に向かっており、まったく逆方向に向かっていることすらあるのを感じるのはイライラする。しかし実際には、違いを認めて議論できるようになることが、違いを乗り越えて共同作業できるようにするためのポイントなのだ。大きな組織では特に、期待や視点の違いが予想される。USPTOの首脳陣のように、上層部のリーダーたちが成功とは何かについて話ができ、共通の文化に向かってそれぞれの担当チームや分野を舵取りできることが、文化の切り替えを成功させるためには必要不可欠だ。

個人レベルで変化に抵抗を感じる人がいて、以前の閉鎖的な非難文化のために一部の人たちやチームの意見が完全に一致しないこともある。それでも、その非難だらけな部分を乗り越え、新しい職務や責任から生まれる混乱を解消し、オープンで前向きで協力的な文化を作るために、あらゆるレベルで努力していくことは可能だ。たとえば、特許商標庁のCIOは「devops実践者の記念品」としてささやかなものを購入してきて、そのようなdevops文化を作ろうと奮闘している庁内の人たちに与えている。

組織のなかに変化が早いところとそうでないところがあるように見えるかもしれない。組織全体がときにスローダウンすることはあるかもしれない。それでも着実に前進していると言えるだろう。上層部の支持と支援を取り付け、日常業務を遂行するチームの草の根的な努力も相まって、ドンベックと彼女の組織の全体としての取り組みはうまく機能し、他の大組織が学べるものになっている。

組織の規模、スピード、複雑さにかかわらず、およそ大がかりな文化的もしくは技術的改革を成功させるためには、共通のビジョンや目標、成功の基準を持たなければいけないのを認識することがきわめて重要だ。私たちが1章で示したdevops共同体の考え方の背後にはこれがある。共通の理解や合意がなければ、どのような改革も効果を生まず長続きしない。確かに、完全に理解を共有するのには時間がかかる。しかし、共通の理解に達することの必要性を合意し、そのために努力を重ねていくことは重要な第一歩になるのだ。

9.7 アフィニティ向上の効果

個人、チーム、組織のそれぞれのレベルでチーム間のアフィニティを向上させたときのメリットはとても大きい。共感が深まってコミュニケーションが濃密になれば、自分の声を聞いて貰えている、懸念が尊重されていると感じやすくなる。そして、それは士気と生産性の向上とのあいだで好循環を生む。チーム間の関係性が向上すると、組織が以前よりも力強く生産的になって、創造的なソリューションを生み出し、事業全体の業績が上がり、それらをすばやく繰り返せるようになる。アフィニティの向上は、あなたの企業で働く人たちだけでなく、企業そのものにとってもよいことなのだ。

9.7.1 サイクルタイムの短縮

サイクルタイムと**リードタイム**は、ともに生産性の指標だ。1950年代のトヨタが開発した、かんばんというリーン生産のためのスケジューリングシステムに由来する。リードタイムは、要求が届いてから最終的な結果を届けるまでの時間で、顧客の観点でモノが完成するまでの時間である。それに対し、サイクルタイムは、最終的な結果を届けるという終点は同じだが、起点は要求が届いたときではなく、要求に対する作業を開始したときに置く。サイクルタイムは、完成までの作業時間、システム全体の作業能力に近いメトリクスと言える†22。

サイクルタイムという用語はかんばん方式を取り入れている人たちのあいだでよく使われている。しかし、よく使われている意味を表す「最良の用語」として全員が受け入れているわけではない。サイクルタイムという用語は、コンテキストによって2つの異なる意味を持つことがあるのだ。第1の意味はいま説明したとおりのものだ。一方で、第2の意味は、2つの連続したユニットが作業または製造プロセスから離れる平均の間隔であり、リーン生産に由来するものである。このような理由で、かんばんのプロは、混乱を避けるために、第1の意味の方を**フロータイム**と呼ぶようになっている。

> 最良の瞬間は普通、困難ではあるが価値のある何かを達成しようとする自発的努力の過程で、身体と精神を限界にまで働かせ切っているときに生じる。このように最適経験は我々が生じさせるものである。
>
> ミハイ・チクセントミハイ

フローは、仕事や生産性の計測に関する議論でよく現れる概念である。その一方で、フローという単語は心理学の領域でも使われている。社会理論家のミハイ・チクセントミハイが提唱したフロー理論では、ある活動に従事している個人が、充実し満足した状態で完全に活動に没頭しているときの個人の精神状態をフローだとしている。彼は、長年の研究を通じて、他の精神状態からフローを区別する6つの要素を突き止めた†23。それらの要素は次のとおりである。

- 今に対する強烈な集中
- 行動と意識の融合
- 自己に対する意識の欠如
- 個人による状況の支配または代理
- 主観的な時間経験の変化
- 報酬の内在

個人レベルでのフローは、準備や練習を必要とする活動や創造的な能力を必要とする活動に完全に没頭していると感じる意識状態である。フロー状態に入った個人は、注意力がみなぎり、強さを感じ、能力のピークに達する。

フローはチームのなかでも発生する。チーム内のフローは、個人のフローとは異なる。フローが観察できるよい例は、オーケストラである。オーケストラはさまざまな楽器を持つ個人から構成さ

†22　大野耐一『トヨタ生産方式―脱規模の経営をめざして』（ダイヤモンド社、1978年）、Taiichi Ohno, Toyota Production System――Beyond Large-Scale production (Portland, OR: Productivity Press, 1988)

†23　Mihaly Csíkszentmihályi, Flow: The Psychology of Optimal Experience (New York: Harper Perennial, 2008).

れているが、全体がひとつになって、個人のサウンド以上のものを作り上げる。チームレベルのフローは、個人レベルのフローよりも強力である。互いの行動を予測しながらユニットとして行動しているときには、創造性が生まれ、生産的になり、大きな力が生まれるのだ。集団でのフローは、チームの全員が平等に参加するときに生まれる。支配しようとする人や傲慢な人は、集団のフローを壊す。

チクセントミハイは、チームフローを実現しやすくするための要素もまとめている。それは、グループが共有する力点、仕事の可視化、並列的に組織された作業、職場内の空間配置などだが、おそらくいちばん重要なのは、チームメンバーの間の違いを障害ではなくチャンスと捉える考え方だろう。作業の可視化とそれを活用した機能的な作業環境の実現方法については、第Ⅳ部で詳しく取り上げる。チームフローのためのこれらの要素は、フロータイムの短縮やムダの削減を実現して生産性を上げたチームの特徴と直接的な関係があるのだ。

9.7.2 コミュニケーションの障害の除去

コミュニケーション不足や誤解、その他のコミュニケーション障害は、職場の隠れたコストのなかでも特に大きなもののひとつだ。顧客が望んでいることであれ、内部的な問題の解決のために必要なことであれ、どのように共同作業を行うべきかといった仕事のヒューマンな側面であれ、してもらいたいことを明確に伝えられなければ、それらは実現しないことが多い。最初の要望が不明確であったり、知らないうちに複数の人たちが重複して同じ仕事を行っていたりして作業の繰り返しが起きるのも大きなコストになる。コミュニケーション障害は、時間、仕事、お金のムダにつながるのだ。

属している集団同士のアフィニティと信頼が向上すれば、直接的で率直にコミュニケーションするようになる。自分が抱えている問題や懸念を安心して直接話せないと、人は受動攻撃的になることがよくある。インフラストラクチャーのある部分を共同で担当する2つのチームがあるとしよう。そのインフラストラクチャーの基本的な保守作業を誰がやるのかについて考えが一致していないのに、その問題について直接話せなければ、ただチケットを作って、断りなしに相手チームに送りつけるようなことになるだろう。すると、2つのチームはそれぞれ、もう一方のチームはなぜ自分の仕事をしないのだろうと不審に思い始める。そして、チケットを受け取ればどういうことかわかってもらえるだろうと期待することになる。これではあっという間に両方に不信感と不満が溜まってしまうだろう。

このような人間のコミュニケーションの問題は、十分な信頼と共感がないと、技術的な問題だと誤解されてしまうことがある。この問題に対して、新しいモニタリング方式やチケット作成方法の変更などの技術的な解決方法を提案するのは、開かれた直接的なコミュニケーションの価値を理解していない人たちだ。実際の問題は、受動攻撃的な行動と直接の対話を避けたがる点にあるのだ。人は、感情的すぎるかもと考えて、直接対話を避けることがある。しかし、ちょっと話をすれば不一致はすぐに解決されるのに、怒りや不満を悪化させ問題をいつまでも引きずるのは逆効果だ。

互いに相手のことをもっとよく知れば、相手が言うことを正確に解釈して理解できるようになる。たとえば、リモート勤務の社員に最初の数週間はオフィスで仕事をさせたり、できる限り他のチームメンバーと組んで仕事をさせたりする。リモート勤務によって非言語情報の大半に触れられなくなる前に、職場のコンテキストを教え、ボディランゲージやトーンに触れさせることがとても大きな意味を持つからだ。リモート勤務社員や分散チームがビデオチャット、あるいは少なくともボイスチャットにアクセスできるようにしておくのも役に立つ。分散チームには大きな効果があるかもしれないが、メンバーのコミュニケーションや結び付きに対して、距離や技術が与える影響のことも考慮が必要だ。

技術だけでは人と人との結び付きを作ったり強めたりはできない。Twitter、Facebook、IRC、Slackなどのサービスは、他の人とのつながりを作ることができるが、結び付きを強めるためには、それぞれが弱いつながりを育てていかなければいけない。
こういったサービスの機能は、サービスを作ったチームの視野の影響を受ける。多様性の高いチームで製品を作れば、理解の範囲が広がり、より多くの障害を越えてコミュニケーションを届けられるようになる。しかし、これらのコミュニケーションツールは人と人との結び付きを強めるために役立ちはするが、コンテキストはツールを使う人とその使い方によって変わってくる。

9.7.3 信頼

強い信頼で結ばれている組織には、そうでない組織と比べて多くの利点がある。互いに信頼し合う人たちは、そうでない人たちよりも多くの共同作業ができるし、仕事の重複を減らせる。組織の支援を信頼している社員は、自分と自分のスキルに投資する時間を作れるため、自分と仕事の結び付きは強まり、燃え尽きのリスクが下がる。強い信頼のある環境を作って維持していくことは、devopsを支える人たちの結び付きや理解を強化する上で重要なポイントだ。

強い信頼で結ばれている組織と仕事の品質の高さのあいだには正の相関関係がある。この考えは、強い信頼のない組織から来た人にはわかりにくいかもしれない。というのも、こういった人たちは、ダブルチェックや他人の仕事のやり直しがミスをなくす方法だと思っているからだ。しかし、こういった作業の重複やマイクロマネジメントには有害な影響がある。どうせ誰かが自分の仕事をチェックしたりやり直したりするのだろうと思うと、時間がたつにつれ仕事に身が入らなくなるのである。信頼されていてキャリアを伸ばしていけると感じられなければ、純粋に努力するモチベーションは下がる。

強い信頼で結ばれている組織では、他者に対する信頼だけでなく、信頼自体に対してポジティブな効果が生まれる。自分自身の判断が信用できて、助けを求めたり他人の目を必要としたりするときと自分が必要な能力をすべて持っているときの区別がついているかどうかは、上級者を見分けるポイントのひとつである。いつも他人からあとで口出しされている人は、自分の本能を信じるスキルを育てられない。人を信頼しない組織で自分の仕事を疑うように教えられた人は、新しいスキルを開発するためにチャレンジしてみようとは思わず、安全だと感じるプロジェクトにしがみつき、自分の成長の範囲を限定してしまう。

信頼に関する問題がよく見られるのは、非難文化や過度に競争的な環境である。ミスを犯すとクビになるリスクやスタックランキングに晒され、自分のことだけを心配しなければいけない状況だと、人は互いを信頼し協力して仕事をしようとは思わなくなり、コミュニケーションやイノベーションを殺してしまう。採用の目的だったはずの職務をする信用が与えられなければ、意識の高い人たちや選択肢を多数持っている特権的な人たちは、自分を信頼してくれる組織に移っていってしまうだろう。

9.7.4 イノベーション

組織内外で人と結び付くためのネットワークを築くと、知識の隙間を埋めようとか、組織内でイノベーションを起こそうという意欲が後押しされる。組織がイノベーティブになるためには、成功を評価するだけでなく、失敗に対処できる信頼と、非難のない文化がなければいけない。イノベーションはリスクテイクを必要とするからだ。リスクテイクそのものやその結果としての失敗を処罰する非難文化では、イノベーティブなソリューションを生み出すような創造的かつ一方でリスクを背負うような行動は生まれてこない。

組織のなかの信頼は、コラボレーションとのあいだに強い相関関係がある。コラボレーションを通じて人はさらに信頼され、強く結び付き、グループのメンバーとして評価されるようになる。チーム、組織、使っているプロセスが信頼を基礎として作られていると、人は同僚が自分の失敗を処理してくれるだけでなく、失敗から学ぶべきことを学んでくれると考えられるようになる。結果として、企業はリスクに強くなる。リスクを嫌い、失敗の対処方法を知らないでいると、本当に失敗が起きたときに準備不足が露呈する。そして、準備不足で反応が遅ければ、失敗の影響は大きくなる。

イノベーションは、信頼とコラボレーションに加えて、厳密に組み立てられたプロセスからは必ずしも出てこない「飛躍」から生まれることが多い。創造的なプロセスの火をつけるものが何なのかを正確に説明することは難しい。しかし、いずれにせよ、イノベーションは予想外のときに起きることが多い。意識の前面で何かを考えながら、背後では解決すべき問題のことを考えているようなときである。シャワーを浴びたり走りに行ったりしているときに素晴らしいアイデアが下りてきたと言う人がとても多いのはそのためだ。同じように、他の人、特に外部の人と交流していると、予想外の方向から新しいひらめきが生まれることがある。

9.8 アフィニティのために必要なもの

組織的な規模でのアフィニティは、努力や適切な状況なしで一夜にして実現するようなものではない。この節では、アフィニティを実現するためにどのような状況や特徴が必要かを考えていく。取り上げるすべての分野で完璧でなければいけないというわけではない。いちばん素晴らしい組織であっても、これらは継続中の作業であり、絶えず改善しようと努力を続けているのだ。しかし、「遊び」、明示的な目標と価値観、スペース、協力のどれかに重大な問題を抱える組織は、そうでない組織と比べてアフィニティから得られるメリットを完全には実現できないことが多くなるだろう。

9.8.1 遊び

作業システムにおける「遊び」とは、積極的に仕事をしていない状態のことである。このようなアイドル状態は、生産的、効率的ではないと考えられがちだ。しかし、実際には、仕事の割り当てすぎを防ぐためには、意図的な遊びを予定に入れることが欠かせない。チームや個人の作業量や作業効率に関するメトリクスばかりに注目するのは、本質的に計測するのが難しい人間関係を円滑化する仕事よりも、計測できる仕事を優先しているということである。

遊びは、変則的な仕事、つまり、予定外の仕事や予想よりも時間がかかっている仕事を処理するためにも重要な意味を持つ。どれくらいの遊びが必要かを知るためには、仕事がどれくらい変則的なのかを理解し、その上に予備時間を加える必要がある。予定外の仕事のために毎週20時間ずつ使っているなら、社会ネットワークと個人的な成長のために必要な時間を加えて予定を立てる。予定外の仕事が毎週20～30時間分入るのであれば、遊びにはもっと多くの時間を確保しなければいけない。

ジョージと大佐は、それぞれの上司とともに、彼ら2人のグループでどれくらいの仕事ができるのかを見積もっている。予定外の仕事に分類するものを決めて、カンバンプロセス上でそれらが見えるようにした。一か月後に、計測した値を分析した結果、毎週20時間ずつ予定外の仕事が生まれていることが明らかになった。社会ネットワークと個人的な学習、予定外の仕事を計算に入れて、毎週40時間を遊びのために割り当てた。結果として、予定した仕事のために2人が使える時間は合計40時間残った[†24]。

割り込みの仕事が多い職務では、遊びに多くの時間を割り当てなければいけない。そのため運用チームは、予想外のサービス障害、インフラストラクチャー全体に適用が必要な緊急パッチ、他のチームからのリクエストなどの予定外の仕事を的確に処理するために、たとえば開発チームよりも多くの遊びを必要とする。チームのワークロードが予想外なものになりがちなら、必要な遊びも多くなるのだ。遊びは、ワークライフバランスや個人の健康を維持するためにも重要な意味を持っている。この2つは、創造的で効果的な思考のためには絶対に欠かせない。

9.8.2 明示的な目標と価値観

仕事のために明示的に予定を立てなければその仕事は行われないということは、多くのチームが知っている。現代のエンジニアリング環境の多くはペースが速く、プレッシャーが強いので、明示されている目標でさえすべて達成するのは難しい。ましてや、明示されていない目標は埋もれてしまうだろう。プロとしての人間関係の取り組みは、予定を立てるほど重要だとは思われていないことがあまりにも多い。そして、予定がないため、人間関係が前進することはまずない。結果的に、チームは今まで説明してきたアフィニティの多くのメリットを失ってしまうのである。

一般社員もその上司の管理職も、人間関係を築く仕事は、それぞれの職務のなかでも価値がある重要な部分であることを理解しなければいけない。与えられた仕事が多すぎる人にとっては、他者

†24 監訳注：1週間の1人あたりの労働時間を40時間とすると2人で合計80時間となる。そこから遊びの40時間を引いたものである。

と人間関係を築くために時間を「浪費する」ことが価値のあることだとは思えないかもしれない。しかし、仕事にはさまざまな形があるのだ。デスクに向かって溜まったチケットをせっせと片付けていないからといって、その人がチームに価値のある貢献をしていないというわけではない。

このような態度は、昔気質のシステム管理者や長年に渡って大企業で仕事をしてきた人たちの集団によく見られる。それは彼らが時間をかけて仕事とはそういうものだと考えるようになったからだ。一方で、今まで示してきたように、人間関係を築いて維持していると、個人にとってもチームにとっても多くのメリットがある。管理職やチームリーダーは、期待する結果や成果を言葉にして、それを達成した個人を評価すべきだ。

組織のさまざまなレベルや職務で期待されるスキルと能力を定義する道具のひとつにスキルマトリックスがある。スキルマトリックスは、行動目標を明示的に設定するのにとても役に立つ。マトリックスのなかには、技術的な「ハード」スキルや完成させたプロジェクトについての行が含まれるが、そこに人間関係やコラボレーションのスキルの行も含めるべきだ。チームや組織において控えめな行動や人の話をしっかり聴くスキルを評価すると、意見を言う時間と場を同僚に与えることになり、ひとりの人間が重要だとか、すべてのソリューションを生み出すとか、そういうわけではないことを理解するようになって、人間関係の強化につながる。

このようなシステムに従えば、どのような仕事に従事していても、仕事に関して公平に評価される方向に向かう。人間関係を築いていくことを明示的に評価すれば、技術的な力は素晴らしいけれども良好な人間関係を作るスキルが弱いエンジニアという存在は、評価されず許容されないことが組織内に周知されるので、そういうタイプの人が生まれるのを防ぎやすくなる。計測して評価しているものなら、たいてい手に入る。これは「ハード」スキルだけでなく、「ソフト」スキルでも同じなのだ。

9.8.3 スペース

オフィスに共有の休憩スペースを作ろう。このようなスペースは、即興的な創造性や問題解決のためのインフラストラクチャーとなり、チームの違いを越えたコラボレーションを促進する。共有空間は、個人の作業スペースを犠牲にする形で作ってはいけない。それでは、テリトリーやアイデンティティを侵害してしまう。コーヒーバーは、肉体的な休憩エリアというだけでなく、手持ちの仕事から離れて精神的な休息が得られるスペースにもなるのでよい選択だ。しかし、誰もがコーヒーを飲むわけではないので、いろいろな種類のカフェイン入り飲料、ノンカフェイン飲料も用意するとよいだろう。こういった関係構築のためのスペースには誰でも参加できるという空気を作ることが重要である。

デスクと実際の仕事から離れる時間が気になる人がいるかもしれない。しかし、すでに触れたように、人間関係の構築は過小評価されており、特に「実際の」仕事を成功に導く触媒になることが無視されている。集まって仕事をするための小さなスペースを作ると、個人やチームが必要な情報を集めようとして、自律的に動く方向に仕向けることができる。ただし、そのようなスペースで、あるチームが他のチームよりも優遇されるようなことはないようにしたい。たとえば、オフィス内のあるチームのスペースに予約可能な会議室をすべて集めるようなことをしてはいけない。このガイドラインに従えば、チーム間だけでなくチーム内の人間関係の構築が促進されるだろう。

さまざまな大きさ、構成の共同作業スペースを用意することが大切だ。一部の組織では、使えるオフィススペースに限りがあり、誰もが自分のスペースを改装する能力や資源を持っているわけではないだろう。それでも、1人用の電話室（近くの人を邪魔せずに同僚やベンダーと電話できる）、ペアで仕事ができる2人用の部屋、20人で使える会議室、人が自由に行き来できるオープンスペースといったさまざまな部屋を用意しておくと、そのときの仕事によって適切なコラボレーションスタイルを選べるようになる。さらに、絆を強められる時間と場を与えれば、社員の定着率が上がる。職場の人間関係によって居心地が変わるので、最初に思っていたよりも長い間同じ職にとどまることはよくある。

オープンオフィスの問題として、そこで何かをすると、近くで仕事をしている人の集中を切らしてしまう点がある。共同作業やペアによる作業もそうだ。その仕事に価値があったとしても、難しい仕事に没頭しようとしている人にとってはうるさくて気が散る可能性があるのだ。互いに邪魔し合わないで仕事ができる遮断されたスペースを用意しないでオープンオフィスにすると、人間関係か生産性、もしくはその両方が損なわれる。オフィス空間を借りたり変えたりするときには、このことを必ず頭に入れておくようにしよう。

9.8.4 コラボレーションと協力

アフィニティ向上のメリットをすべて享受したいなら、社員にスペースを与えて協調とコラボレーションを奨励するだけでなく、人間関係を構築するための仕事や行動を推進し評価する文化を持たなければいけない。意識的か無意識的かを問わず競争的な空気が強まるのを避けながら、協調とそれを奨励する行動を評価するのだ。

第II部でも触れたが、社員の評価のためにスタックランキングのようなシステムを使っていたのでは、協調的な環境を台なしにする。スタックランキングゲームで「勝者」になるためには、周囲の人たちを「敗者」にしなければいけない。昇進、昇給や職の確保のために社員を互いに争わせるようなことをすれば、その組織ではほぼ確実に本物のコラボレーションは生まれないだろう。

また、問題が起きたときに相手に直接話をするのではなく、第三者に告げ口をしたり秘密をばらしたりすることを評価する人やシステムを洗い出さなければいけない。受動攻撃的な行動など、間接的な行動は、協調のためにきわめて大切な信頼を蝕んでしまう。しかし、ハラスメントなどの形で職場に安心していられないような思いをしている人がいるときには、これは当てはまらないことには注意が必要だ。多くの場合、被害者がそのような行動に直接対処しようとしても、安心は得られない。上司や人事部門に問題を打ち明けやすくすることが大切だ。

これらすべての要素が噛み合えば、アフィニティが高く、コラボレーションが生まれやすい素晴らしい環境を作る上で、大きな効果がある。

9.9 アフィニティの計測

アフィニティを測るのは難しい。アフィニティの結果を測ることはできるが、アフィニティ自体を測ることはできない。だからといって、コミュニティの発展を積極的に奨励するスタンスが取れなくなるわけではない。社員がチーム内とチーム間の両方で関係を育てて発展させていること、外部とのつながりを強めていること、それらの兆候に注意すればよい。

9.9.1 社員のスキルと評価

アフィニティとコラボレーションに関してはっきりとした目標を設定し、これらの価値観を明確に定義することは、目標達成のために必要不可欠であり、大きな意味がある。社員のフィードバックメカニズムのなかで目標を定義することも、その一部でなければいけない。優れたスキルマトリックスと評価ツールを取り入れることで、よいコミュニケーションがどれだけできているかなどのポイントを強調できる。

コミュニケーションにおいては、回数よりも質のほうがはるかに重要だ。そこでは、同僚からのフィードバックが特に役に立つ。たとえば、他の社員から情報をもらったり、手伝ってもらったりしなければいけないときのことを考えてみよう。誰に質問すればよいかわかっているか。自分のチームの人でなくても、適切な人に尋ねる意思があるか。断られたら仕事が遅れて、他の人の仕事が先に進まなくなるようなときでも、人に手伝ってくれと頼めないのか。ほとんどの人がムダ、逆効果と思うような議論で会議やコードレビュー、メールスレッドを脱線させることで悪名が高いか。

逆に、優れた情報源だと見られている人や手伝いが必要なときによく頼まれる人にも注目しよう。コミュニケーション能力に優れた人は、質問されたり頼まれたりしたときの答え方ゆえに、優れた情報源などと評価されることが多い。彼らは相手を見下したり、質問を低く見たりせず、自分では答えがわからない場合や、他のことで忙しい場合でも、周囲の人が疑問の答えをつかめるように力を貸す人たちだ。

組織にとって必要だと思う資質を重視するスキルマトリックス、昇進プロセス、評価システムを作れば、社員のコラボレーションにおける長所や短所がどこにあるかを知る上でのスタートラインに立てる。直接のチームメイトであれ、他のチームで一緒に仕事をしている人であれ、直接フィードバックを得れば、それ以外の方法ではとても得られないような形で、上司は社員の日常的な作業習慣を窺い知ることができる。

9.9.2 チーム間の交渉

組織が何らかの形で仕事やプロジェクトの追跡調査を行っているなら、複数のチームが絡む仕事がどのように行われているかを計測するよい足がかりになる。チケットが複数の人たちのあいだで行き来していてこまめに更新されているなら、そのチケットは仕事がどのように行われ、どのような人たちが関わっているかを知るための貴重な情報源になる。チケットがきちんと更新されておらず情報がわからないと思うなら、そこが計測、追跡すべき新たなポイントになる。

チケットで処理できる規模を上回るような大きなプロジェクトの追跡においては、どのような方法を使っているか次第にはなるが、これはチーム間のアフィニティを間接的に計測するためのよい方法になる。必ずしも必須というわけではないが、仕事の追跡と整理にバラバラのソフトウェアを使うのではなく、同じソフトウェアを使うようにすると、これははるかに楽になる。ここで注目すべきポイントは、次のとおりである。

- プロジェクトに関わっているチームはいくつか。
- チーム間での作業分担はどうなっているか。どれくらい均等に分割されているか。その分割は妥当なものか、それとも特定のチームやチームメンバーが、他のチームや人よりもオーバーワークになっているような感じがするか。
- プロジェクトのライフサイクルのさまざまなステージでどれくらいの時間がかかっているか。特に、計画にどれくらいの時間がかかり、その段階でのチーム間の分担はどうなっていたか。
- チーム間、プロジェクトメンバー間でどのくらい頻繁に誤解が起きていたか。特定のグループやコミュニケーション手段に誤解が偏っていないか。

特定のプロジェクトでも、通常業務でも、人が他のチームのメンバーをどのくらいの頻度で探しているか（あるいはあまり探していないか）に注目するとおもしろい。他のチームのメンバーにどれくらいアドバイスを求める気になれるか。他人が伝えようとしていることを理解するために、どのくらいの頻度で質問して意図を明らかにしようとするか、それとも推測して済ませようとするか。どのくらいの頻度でペア作業の相手を探しているか。これらはどれも個別のチーム内でも注目すべきことだが、チーム内ではこういった行動がよく見られるのに、チームを越えると見られないようであれば、どこかに問題がある。

複数のチームからメンバーを集めているプロジェクトの数とひとつのチームだけでメンバーが固まっているプロジェクトの数を比較するのも意味がある。また、複数のチームがプロジェクトに関わっている場合、それらのチームは同時に並行して仕事を進めているのか、それともあるチームが自分の分担を終えると、それを他のチームに「引き継ぎ」しているのかにも注目したい。こういった引き継ぎは必ずしも悪いことではないが、プロセス全体を通じてもっとコラボレーションができていてもよいはずだという兆候になり得る。そのような仕事は、改善できるかどうかさらに調査するとよいだろう。ひとつのチームだけでプロジェクトを進めていることは、それ自体では問題ではない。だが、他のチームがその仕事の成果を使ったり、仕事の成果の影響を受けたりする場合には、それらのチームがプロセス全体に関わる方法がないかチェックするとよい。

9.9.3 コミュニティへの返礼

devops運動が大きく広がった大きな理由のひとつはコミュニティにある。devopsを実践している人たちが集まって、自分たちが何にどのように取り組んできたかを話そうという意思を持っているということだ。何十年も前とは異なり、ITとそのプラクティスのまわりに秘密主義のオーラは漂っていない。実際、この分野でいちばん知名度の高いいくつかの企業は、何年も前から自分の成功だけではなく、失敗や苦労についてもオープンに話をしている。

エンジニアリングブログのCode as CraftやStatsDなどの数々のオープンソースツールで有名なEtsyは、これを「精神の寛大さ」と呼んでいる。この寛大な部分は、仕事についての公開ブログを書くこと、業界のカンファレンスで講演をすること、オープンソースでコードを書くこと、コミュニティに貢献し、コミュニティにお返しをするために、社員が毎年これらのどれかひとつ（複数でなくても）に参加することが奨励されていることに現れている。カンファレンスの講演、ブログ記事、ミートアップ、オープンソースプロジェクトを利用し、価値を得ている組織は、同じことをしてコミュニティにお返しをすべきなのだ。

コミュニティを強化するだけでなく価値のあるものにするのは、自分の仕事やアイデアを自由かつオープンに共有しようという人たちの気持ちである。Twitter、LinkedInなどのメディアやさまざまなミートアップ、カンファレンスでアイデアを伝えれば、私たちはそれ以外では考えられないような形で他の人たちとのつながりや結び付きを作り、自分だけでは考えられなかったようなソリューションや新しい知恵を見つけ、すでに解決された問題を解こうとして時間を浪費するのを避けて、私たち全体の時間と労力を効果的に使えるようになる。

本章の前の方で触れたように、協調的なコミュニティを成功させるためには、グループを犠牲にして自分の利益を追求する悪い人たちに罰を与えるという考え方が必要になる。コミュニティから利益を得るばかりで、何も返さないのは協調的な行動ではない。精神の寛大さを持つ他の組織がコミュニティに知識と知恵を共有し続けてコミュニティをリードし続けるだろうが、万一そうでなければ、業界全体にとって大きな損失になる。

9.10 Sparkle CorpのDevとOpsのアフィニティ

ヘドウィグは、デモの最後に、「エンドユーザーのエクスペリエンスを向上させる上で、このレビューのようなユースケースで開発時間を短縮できる可能性があるとわかったのは素晴らしいです。評価とプロトタイプ開発に時間を使う価値があるなら、現在のスケジュールを踏まえて1スプリントは使ってよいと思います」と言った。

ジョージは、「私のMongoDBの経験は最低限のものです。チームに戻って、他のメンバーたちがどれくらいの経験を持ち、新プロジェクトでの採用がどれくらい難しいのかをすり合わせなければいけません。私はSparkle Corpの運用エンジニアとしては経験が浅いほうなので、運用チームが持続性のないものに関わることには乗り気になれません」と慎重だ。

「この評価を公開して、コミュニケーションを続けることにしましょう。ジョージは、このプロジェクトでジョーディー、ジョシー、アリスに合流してもらえますか。私は運用チームのリーダーと調整して、もっと情報を集めてから、両チームが意見を言えるようにしたいと思います」と大佐は締めくくった。

9.11 まとめ

オープンで信頼でき、豊かな情報を伝え合える関係を育て維持していくことは、ともに仕事をする個人間だけでなく、共同作業をするグループ間でも重要だ。自分がどの集団のメンバーだと思っているかは、自分で思い描くアイデンティティに大きな影響を与え、さらにそれは交渉相手が属する集団についての認識とともに、その相手とのコミュニケーションや共同作業のしかたに影響を与える。

組織や業界を協調的にするためのポイントは、集団の間の壁を破り、集団のメンバーシップと定義を広げていって、個人やチームはもとより、異なる企業間でも、仕事、情報、アイデアが自由に育ち、伝わるようにするための方法を見つけることにある。組織内あるいは組織を越えて異なるチームのあいだでストーリーやアイデアを共有すれば、信頼が深まりイノベーションが拡大する。そして、devopsの実践現場にとって必要不可欠な共通の相互理解を維持していくために役立つのである。

10章
アフィニティ：誤解と問題解決

アフィニティをめぐって持ち上がる誤解や問題は、個人的なコラボレーションやコミュニケーションでの誤解や問題とよく似ている。しかし、それらは、高度で組織的なものになる。

10.1 アフィニティの誤解

組織のなかのさまざまなチームの責任や貢献、devopsの実践現場でのアフィニティや共有の重要性については、人によってまちまちなイメージを持っていることが多い。

10.1.1 運用エンジニアは企業にとって開発者ほど役に立たない

運用チームや開発チームがいつも引き合いに出されるわけではないが、一部のチームが他のチームよりも企業にとって価値があるという考え方は、なかなか拭い去れない。そのような考え方が生まれる理由の一部は、チームの仕事がどれだけ目に見えるかの違いに起因する。最終的に顧客の目に触れる製品を作っている開発の仕事は、チームの日常の詳細まで必ずしもわかっていなくても、はるかに目に見えやすい。モックを作って見せるデザインチームにも同じことがあてはまる。一方で、作業が漏れたり問題があったりしなければ、見えないことが多い仕事もある。たとえば、サイトのサービス障害や、受け答えが乱暴なカスタマサポートの窓口を想像するとよいだろう。こういった仕事と比較すると、その差は特に大きい。ネガティブな出来事がポジティブな出来事よりもずっとはっきりと頭のなかにイメージできてしまうのである。

チーム同士のアフィニティや良好な関係による効果は、チームが互いに足を引っ張り合うのではなく、互いに助け合えることである。運用チームや内部ツールチームは、開発者がコードをデプロイしやすくしたり、開発者が自分用のテスト環境を簡単に作れるようにしたりすれば、目立つことができる。開発者が顧客のためになる仕事をしているなら、開発者のためになる仕事をしている人は、開発者がもっと顧客のために力になれるようにしているのだ。バグが多くて遅いデプロイプロセスの終了を待たなければいけないときや、専用のテスト環境や開発環境なしでコード変更のテストが必要なときと比べて、開発者たちは顧客が使う製品の開発や修正のために多くの時間を使えるようになるのである。

指名運用エンジニアのような制度を設けたり、一般社員と管理職の区別なく、さまざまな人たちに互いのミーティングに出席することを奨励したりするだけで、他部門がどのような仕事をしているのかがはるかに見通せるようになる。そうすれば、あるチームがそれほど多くの仕事をしていないとか価値のある仕事をしていないといった誤解を解消する上で大きな効果がある。もちろん、一部のチームが全力を出し切っていない場合はある。しかし、それは多かれ少なかれチームやそのメンバーの本質的な価値の問題ではなく、組織内での適合性の問題である。

組織が成長して変化していくと、チームや製品に以前ほどの意味がなくなってしまうことがある。組織全体のコンテキストのなかで、さまざまなチームやその仕事がどの程度うまく適合しているかに注意しよう。しつこいようだが、狭すぎる視野で仕事とは何かを考えないように注意しなければいけない。

10.1.2 外部と共有しすぎると競争優位が弱まる

今日の企業環境は競争がとても激しいので、企業が業界内での競争優位を弱めるようなことを嫌がるのは自然である。このような考え方をする企業は、社員がカンファレンスで講演したりソフトウェアをオープンソース化したりするのを禁止することがよくある。ソフトウェアをオープンソース化すると、売ってお金になるものをただで明け渡すことになると考えてしまう。カンファレンスで講演すると、競合他社に成功するためのヒントを与えてしまうし、カンファレンスへの出席によって「本当の仕事」の時間が削られると考えてしまうのである。

しかし、devopsコミュニティのカンファレンスで紹介したり、オープンソース化したりしようと考えるツールやテクニックのほとんどは、所属企業が売って利益を上げているものとは異なる。たとえば、Targetは小売業で、物理的な商品を消費者に販売して収益を上げている。Targetが消費者向けのウェブサイトで使っているソフトウェアをどのように開発したかをカンファレンスで話したところで、Targetが販売している商品が減るわけではないし、販売成績に影響が出るわけでもない。社員がDevOpsDaysなどのカンファレンスで講演をしても、彼らは自分の分野で自分たちの価値を高めるものをどのように**作り**、**サポート**しているかを話しているだけで、企業が競争優位を生み出している秘密のソースの話をしているわけではないのだ。

devopsは、エンジニアが直面している問題を互いに話し合い、その問題の解決方法を見つけようとしてコミュニティを作っていくなかで始まった運動である。開発者とシステム管理者は、自分たちの目の前にある文化的もしくは技術的課題について話したいと考えたが、その課題はそれぞれの分野に固有なものではなかったのである。優れたエンジニアがなかなか手に入らない今日の状況で、社員のプロフェッショナルコミュニティへの参加を制限してしまうと、採用条件の魅力は大きく損なわれ、競争で本当に不利になるだろう。

10.2 アフィニティの問題解決

アフィニティの問題解決の方法も間接的なものになることが多い。この節では、組織全体にオープンで協調的な文化を築いて維持する過程でよく見られる問題を見つけて解決するためのヒントを示していく。

10.2.1 ひとりまたは複数の個人がグループフローを妨害する

前の章で触れたように、グループフローは個人のフローとは性質が異なる。支配者的あるいは傲慢といった破壊的な言動を通じてグループフローを壊す人が現れる場合がある。そういった人が組織内の重要な存在と見られている場合もある。このような言動に直接手を打たなければ、組織はそのような言動を黙認していることになる。

破壊的な言動は、グループフローに影響を与えるだけではなく、ストレスや不満の原因となり、チームメンバーが退職する原因にもなりかねない。破壊的な言動には、いじめ、汚い言葉（口頭、メール）、侮辱、目による威嚇、無視、メンター拒否、支援の拒否、ものを投げる、威嚇などがある。対処方法は、その人が破壊的な言動を行う理由を理解するところから始まる。原因としては、力関係、やり場のない不満、対立などがある。

優れた組織は、チームワークやコラボレーションの価値を認識している。第一歩は、破壊的な言動をするとどのような責任を取らなければいけないかをはっきりさせて、そのような行動の撲滅のために組織が本気で取り組んでいることを示すことだ。教育を通じ、問題のある行動を通報できる安全なスペースを作って、組織全体を協力的なものにする。また、報復の恐怖を緩和するために組織内に合意を形成する。許容できる言動と許容できない言動を明確に示す行動規範と、問題のある言動をマネジメントするプロセスを作るのだ。Geek Feminismのウェブサイト（http://bit.ly/gf-conduct）には、効果的な行動規範を作るための指針が示されている。

規範に対する違反が起きたときには、個人ではなく、行動に焦点をあてるべきだ。人は自分の言動にどのような影響があるかをいつも理解しているとは限らない。違反者には、自分の言動と他者に対する影響の直接的なつながりを理解してもらう必要がある。しかし、言動に変化が現れず、違反を繰り返すようなら、さらに踏み込んだ対応が必要になる。企業の所在地次第で取り得る選択肢は異なることが多いが、たとえば、アンガーマネジメント講座やメンタリングトレーニングなどがよいかもしれない。作業環境の慢性的なストレスに原因があるなら、ストレスを引き起こしている人を特定し、十分な休暇を与える。問題の原因が対立にある場合は、対立の解消のために必要に応じて仲裁に入るところまで踏み込む必要がある。

改善が見られない場合は、該当者を別のチームに異動させるか、チームワークが必要にならない仕事をさせるか、退職してもらうことになるだろう。退職してもらうことは必ずしもネガティブなことではない。他者とうまくやっていけない人のために例外を作りすぎると、悪い前例になってしまう。そして、問題のある言動でも許されるのだと誤解する人を増やす結果になることがあるので注意が必要だ。

10.2.2 あるチームが別のチームの仕事を止めてしまう

ひとつのチームが別のチームの仕事を止めてしまうような事例が見つかったら、まず、それを引き起こす原因の調査が必要だ。仕事のペースが遅いことが原因なら、その仕事の担当チームは、抱えている仕事の量に対して人手が足りていないのかもしれない。前の章で取り上げた指名運用エンジニアについて考えてみよう。運用チームの規模と運用チームがサポートしなければいけないチームの数、それらのチームのワークロードの割合によっては、単純に人員、時間、適切なスキルの組み合わせが足りないために要求されたことをこなせないのかもしれない。

互いに相手が抱える問題、プロジェクト、要件をよく理解できていないことも、作業停滞のよくある原因だ。特に、チームによって目標、優先順位、達成すべきKPIに大きな違いがあるときには、あるチームにとってきわめて重要な仕事が、別のチームからは重要に見えず、優先順位が下がってしまうことがある。このようなことが起きる原因はコミュニケーション不足だ。単純にチケットで仕事のやりとりをする場合、仕事を回されたほうのチームは、仕事の重要性を理解できるだけのコンテキストを知らされていないことがある。このような引き継ぎがあるときには、関係者が必ず引き継ぎ事項を伝達すると効果があるかもしれない。

コミュニケーションがあっても、誤解が起きる場合はある。関連する2つのチームは、引き継ぎの冒頭で、何をしなければいけないのか、納期などの要件はどうなっているか、この仕事がなぜ重要か、優先順位はどうなっているかについて、明確な理解に達するようにしなければいけない。誤解が解けるのが早ければ早いほど、作業の停滞や遅れは減る。

企業の方針、コンプライアンス問題、技術的な能力不足が原因で仕事をこなせていない場合もある。組織の環境によっては、これらの理由がすぐに明らかにはならないかもしれない。文化や人の個性の違いによっては、直接「ノー」という答えを言いにくかったり、失礼に感じられたりすることがあるので、文化的な違いや非言語コミュニケーションに注意を払うとよい。

組織の環境に関連したところでは、協調よりも競争を重視する空気が仕事の停滞を招くこともある。2つのチームが予算や人員といったリソースを直接奪い合っていて、特に両者の目標や達成しなければいけないメトリクスが異なる場合には、互いに相手の力になろうとするモチベーションなどなくなってしまう。そのような場合、個人やチームのレベルではなく、全社的なレベルで対策を打つ必要がある。

作業停滞のこれらの理由の多くは、直接的なコミュニケーションによって大きく改善される。ただし、そのようなコミュニケーションの場には適切な態度で臨まなければいけない。誰かがわざと自分の邪魔になるように仕事をしているように感じる場合、彼らが悪意や能力の低さからそのようなことをしていると考えがちであり、そうすると言動がそのような思い込みを反映したものになってしまう。一方で、質問されることが多すぎるとか、自分がしている仕事が尊重されていないと感じる人たちは防衛的になる。これらはどちらも、機能不全のサイクルや受動攻撃的な言動を育てる土壌になる。決定的な対立にならないように、どちらの側も全員同じ企業のために働いており、同じ目標を目指していることを思い出そう。そして、状況や全員の期待を評価し直すために、オープンかつ直接的にコミュニケーションするよう努力しよう。

10.2.3 一部のチームが評価されていないと感じる

前の章でも触れたように、IT企業では、開発者が過大評価され、他の目立たなくて人気のないチームや職務はその犠牲になる傾向がある。その場合、開発以外のチームが、業界内での自分たちの重要性から考えて、あるいは他の部門と比べて、過小評価されていると感じ不満に思うのも理解できる。開発者が大切なのは間違いない。しかし、成功をつかみ、持続可能なビジネスを展開するには、単純にソフトウェアを書く以上のさまざまなことをしなければいけない。

給与などを左右する経済的な力には制御不能なものもある。しかし、その他の特典、手当、評価などを全社で統一するのは企業が自力でできることが多い。開発者などの技術系の職務の人たちには、プロとしてのスキルやキャリアネットワークを育てる上で役立つカンファレンスやその他のイベントに出席するための費用が予算に組まれている。このような機会を与えられるのが技術系部門だけにならないようにしなければいけない。

企業が採用手段のひとつとしてミートアップを主催したり、エンジニアに高級な衣服などを支給したりしている場合、これも他の部門が軽く見られていると感じる原因となる。エンジニア以外の人たちも自分たちの愛社精神を示したいと思っているのだ。Tシャツやフード付きパーカーの2～3着など大したものではないように感じるかもしれないが、時間とともにそれが士気の大きな低下につながるのである。また、言うまでもないが、ロゴ入りのTシャツやフード付きパーカーは、最初から女性用と男性用をそれぞれ用意しなければいけない。身体に合うシャツを作ってくれない企業で働く女性は、その企業が素晴らしいとは思わないのだ。

前の章では、アフィニティの文化を育てるスペースの重要性を取り上げたが、これは不公平になりがちな部分でもある。コードを書いているのかサポートメールの返事を書いているのかにかかわらず、一日中デスクに向かって座っている社員は、身体的な不調のリスクを抱えることになる。座り心地のよい椅子、よい照明のあるオフィススペース、人間工学的な効果が喧伝されているスタンディングデスクなどをエンジニアだけに支給してはいけない。会議室やその他の共同作業のためのスペースの空き状況にも注意を払って、一部の社員が他の社員よりもそういったスペースを楽に使えるような状況を作らないようにすべきだ。

最後に、企業のブログ、スタッフページにプロフィールが載るとか、共通の休憩室でプロジェクト完成の祝賀会が行われるとか、四半期ごとの全社員ミーティングで表彰されるといった形で頻繁に目立つ位置に立てるチームや個人にも注意を払おう。努力や達成を認めてもらうことは、多くの人にとって仕事で得られる満足感の大きな部分を占める。たとえ小さな形でも、認められて褒賞が与えられれば、長時間労働やハードワークでさえも報われるだろう。

本書は求人票で開発者を「ロックスター」扱いすることに反対している。また、オフィスで開発者をロックスター扱いしながら、他のチームや組織をただのステージ係として扱ったりしないことも同じように重要である。そのようなことをすれば、コラボレーションではなく不満と悪感情を育てることになる。

10.2.4 互いに相手を信頼していないように見える

信頼を奨励し、育て、維持していくことは簡単な仕事ではない。特に、それまで信頼がなかった環境では難しい。同僚に対するものであれ、管理職やリーダーに対するものであれ、信頼は要求して悪用するものではなく、自分でコツコツと築いていかなければいけないものだ。環境に信頼が欠けているように見えるなら、職場の文化に対策が必要な問題が潜んでいると考えてほぼ間違いない。

ミスをしたときに単純に原因を説明して学習するだけでなく、処罰されることが予想される非難文化は、信頼を生む文化ではない。非難文化と非難のない文化については、第Ⅰ部と第Ⅱ部でも取り上げた。組織的な信頼を築こうとしているのにまだ読んでいないのであれば、まずはそこから始めよう。非難文化から非難のない文化への移行を開始したばかりなら、文化の転換には時間がかかるのを理解しなければいけない。また、白紙の状態から信頼を築くよりも、失われた信頼を再構築するほうが時間がかかる。有害な文化からそうでない文化への回復の途上にある場合は、一夜で状況が変わりはしないことを認識しておこう。

組織全体で信頼を築くためには、開かれたコミュニケーションの実現が大切だ。管理職や経営陣が閉じたドア（物理的なものでも比喩的なものでも）の向こうで秘密のうちに仕事をしているのに、一般社員にオープンになれ、正直になれと要求するのは明らかに不十分だ。もちろん、単にオープンドアポリシーを採用しただけでも不十分である。ほとんどの場合、これはジェスチャーだと見られてしまう。一対一で聞きにくいことを質問して注目を浴びるようなリスクを冒すことはできないし、したくないと思われてしまうのだ。最高の組織であっても、個人的もしくは文化的なさまざまな理由から、給料について直接質問するのは気まずいものだ。社員が匿名で質問を出し、社員はそれを見てどの質問に答えてほしいかを投票する。投票結果をうけて、人事、管理職、経営陣が質問に答えるといったことを定期的に行えば、透明性もあるし、トップダウンで信頼を築ける。

このようなことを行うときには、100%完全な形で行うのが大切だ。いつもいろいろな企業や人が何かを売りつけようとしている今日の社会では、まったくのウソであれ、企業的な言葉遣いで飾られただけの答えになっていない答えであれ、人は真実を話してもらっていないことには敏感になっている。たいていの人は、大切なことを何も言っていない答えを聞かされるよりも、「それには答えられない（または、答えたくない）」と言われたほうがまだましだと思っている。

つまり、信頼やコミュニケーションは模範を示す必要があるのだ。あらゆる管理職やリーダーに十分なトレーニングを受けさせ、信頼を築いたり、オープンにコミュニケーションしたり、対立を解決したりすることに習熟してもらわなければいけない。

信頼を大切にして維持できる文化を実現したら、比較的プレッシャーが低く、軽い問題から組織の人たちに交流を促すようにする。それが、人やチームのあいだに結び付きを作っていくための最良の方法になるだろう。「ミキサー」プログラムのようなものを試すのもよいだろう。これは、志願した人が無作為に他のチームのメンバーとペアを組み、1時間程度の時間（通常はランチやコーヒー休憩をともにする）を使って、互いに相手を知るようにしていくものである。これは、実際の仕事を一緒に完成しなければいけないというプレッシャーを持つことなく、人間関係を広げていける素晴らしい方法だ。社員がこういったコミュニケーションに慣れたら、無作為にペアまたは小さなグループを作る。そして、小さくて優先順位の低いバグのバックログを消化するような仕事を委ねると、信頼やアフィニティを築くためにとても効果的だ。

10.2.5 仕事の技術的な側面ばかり考えていて人間関係について考えていない

協調、アフィニティ、コラボレーションに力を入れるべきだと言うと反論されることがある。そのなかで頻繁に耳にするのは、そんなことをしていたら仕事を完成させることから大きくそれてしまうというものだ。友情やその他の人間関係を構築することが組織の最大の目標ではないのは事実だ。しかし、人間関係はよかれ悪しかれ組織に影響を与える。それを無視するのは近視眼的である。こういった考え方をする人は、「本当の」仕事とは何かについての見方がとても固定的な傾向がある。だが、この見方は、仕事をするのが人間であり、個人レベルであれ集団レベルであれ、人の生産性に影響を与えるものは何でも「仕事」に計測可能な影響を与えることを無視している。

人やチームは真空のなかに存在して仕事をするわけではない。小さなスタートアップでも、社員と顧客、社員と将来の投資家、社員と将来の社員の間の関係がある。組織が大きく複雑になればなるほど、これらの関係はどんな仕事をどのように行うかに影響を与える。官僚主義的な階層構造を持ち、何をするにしてもプロセスに従う必要のあるステレオタイプな大企業について考えてみよう。こういったプロセスは、さまざまな人たち、チーム、組織の関係が、変化し複雑化していくところから生み出されたものである。組織内の関係をよく分析すれば、どのような問題が存在するかがわかる。そうすれば、関係を構築する上での問題を緩和するステップを踏んでいけるようになる。

多くのチームがあって、それぞれが少なくともある程度の独立性を持っているような複雑な組織では、必然的に対立が起きる。そういった対立を見つけ出して対処していかなければ、それぞれのチームが持つまちまちな目標と優先順位が、組織全体の成功の足を引っ張るように作用する。関係を築き、そのためのスキルを育てるために時間と労力を使うこと。そうすれば、チームと個人は競争ではなく協力する方向に向かい、組織全体として仕事を達成しやすくなる。過度に官僚主義的なプロセスによって動きを止められていた人が誰なのかをはっきりさせよう。たとえば、ジョージが大佐に何かをしてもらいたいときに、そのことを大佐に直接言うのではなく、自分の上司に言い、そうするとその上司が大佐の上司に話をするといった場合だ。そうすれば、「本当の」仕事が職場の関係の機能不全によって停滞していることが明らかになる。

チームの力学はチームの士気にも影響を与え、ひいては生産性にも影響を与えることがある。これについては第Ⅱ部でも第Ⅲ部でも触れてきた。ゆえに、確かに仕事は友だちを作ることではないが、仕事を構成するものは何なのかについての視野を広げることが大切だ。ただ単に机の前に座って事務作業をしたりコードを書いたりするだけではない。組織全体が協調的かつ効果的に機能するための基礎として、関係を構築していくことも仕事の一部なのだ。

10.2.6 共同作業をしているチームが本当の意味で共同作業できるように見えない

固定観念でがんじがらめになった古い組織では、個人の凝り固まった反応を変えるのは難しい。チームやグループが競い合うことに慣れていると、誰も行動様式を変える最初の人間にはなりたがらない。そんなことをすれば、負けを認めているような気分になってしまう。このようなシナリオに慣れてしまうと、自分の行動を変えることは自分の立場を弱めるため、行動を変えないことに強力なインセンティブが働く。

しかし、リソースを取り合い、目標が根本的に異なり、サイロにこもって互いに交渉を持たないという歴史を重ねてきたチームは、組織の文化や周囲の状況に変化がなければ、行動様式を変えられない。最終的に誰かをクビまたは降格にしなければ終わらないポストモーテムから、処罰ではなく学習に力点を置き、チーム同士がコミュニケーションし、仕事を共有するのに使っているプロセスやツールを改良し、ときにはチームの再編も行う非難のないポストモーテムに変える。これは、個人やチームの行動様式を変えるために必要な変化の一例である。

チームが共同作業を進めるために必要なもののひとつは信頼だ。信頼は、一夜にして生まれるようなものではなく、信頼を育てるような文化を必要とする。チームが信頼し合えない場合には、チームや組織のなかのプレッシャーや行動様式を十分に検討すべきだ。

10.2.7 過去の個人間の対立が現在のチーム間の対立の原因になっている

何らかの形で「devops改革」を進めることにしたものの、互いに感情的になって対立し合うチームがあって困ることがよくある。さまざまな面で対立する目標を抱える開発と運用のあいだでよく見られる。だが、それだけでなく、目標やインセンティブが異なる2つのチームが共同作業をしなければいけないときには、いつでも対立が起き得る。

組織レベルでは、目標を調和させ、リソースを配分し直し、プロセスを調整するなど、チーム間の対立や摩擦を軽減させるあらゆる努力をしているのに、それらのチームの個人同士が相変わらず対立していることがある。エンジニアは自分のことを素晴らしく論理的な存在だと考えたがる。だが、私たちは人間であり、特に過去の対立がとてつもなく激しかった場合には、このように感情的なものが邪魔をすることがあるのだ。

チーム間の対立があちこちにあるのに特別な対立源が見つからない場合には、チームやプロジェクト間で人を入れ替えると効果が現れることが多い。派閥を作り、それが不満や対立感情の温床になっている場合、配置換えは派閥解消に役立つことがある。他者との交渉をめぐって、癖が染み付いている場合もある。「開発チーム」、「運用チーム」についての話を耳にすると、その癖が働いて反射的な反応を示すのである。配置換え（あるいはチームの名称変更でも）は、こういった古い癖を壊す助けとなる。

対立を解消できない個人がいて、それがチーム全体の行動に影響を与えていることもある。特に、上位の人たち（こういった人たちに限って他の人よりも意固地な場合がある）が解消できていないマイナス感情を持っているときにそうなることが多い。上司やメンター（場合によっては同僚でもよい）と定期的に一対一で向き合うようにすると、このような対立は見つけやすくなる。対立し合う人たちに落ち着いて対話させる機会を作ると大きな効果が出る。時間をかけ、チームや組織の他の場所で関係がよくなると、対立し合う人たちがわだかまりを解いて話せるようになり、過去の誤り（本物の場合もあれば、思い込みの場合もある）を謝罪し、関係を修復するようになる。

10.2.8 チーム*X*がサイロに閉じこもりたがっているように見える

前節で触れた派閥と同じように、ある集団が他のチームや部門、ひいては組織全体から孤立した場所に閉じこもろうとする場合がある。ほとんどの人たちが、チームの再編、新しいツールの導入、作業プロセスの改訂などのdevops改革にともなう変化を受け入れようとしているのに、ごくわずかな人たちがそれらの変化に抵抗する場合がある。

このような人たちは、ITエンジニアや運用エンジニアなど、伝統的に評価されず、あるいは過小評価されてきた職務の人に多い。自分の職を守るために情報を溜め込むようなメンタリティだと言える。自分にとって意味のある形で評価されていないことを感じているので、他の形で自分の値段を釣り上げようとしているのである。

devopsのように、長い間評価されず、大切にされてこなかった運用のような職務に光を当てようとする運動でも、評価を受けていて、大切にされており、職が保障されているという気持ちになれない人たちが残る分野はある。感謝されない仕事をしている人たち、同僚よりも軽く見られている人たち、多くの非難にさらされている人たち、そういった人たちが、devopsの理論と実践が食い違うところに取り残されるのである。サイロを作って閉じこもろうという行動は、現実ではなく、過去の経験から、過去の問題に対する反射的な反応として起きる場合もある。

こういった問題は、そういった人たちの満たされないニーズが何かを明らかにすれば解決することが多い。ここで役に立つのがマズローの欲求段階説である。基本的な欲求に対しては、公平な報酬を与えることを検討すればよい。安全の欲求に対しては、改革によって自分のポストがなくならないという安心が必要だ。組織は彼らの仕事を評価しており、その評価を裏切る一時解雇のような行動に近く踏み切る予定はないというメッセージである。所属の欲求に対しては、職場での居心地のよさ、上司や同僚から大切にされているという印象が必要だ。したがって、彼らに敬意を払っていない人や価値のあるフィードバックを返していない人を見逃さないようにする必要がある。自己評価や自己実現の欲求に対しては、自分と自分の仕事に対する誇りが必要だ。つらい単調作業と見られているポストがある場合には、仕事や組織に対する感じ方に確実に影響を与える。

これらのニーズの一部または全部が満たされていないところを明らかにすれば、自らサイロ化しているように見えるグループやチームとの関係を改善するのに役に立つだろう。本書で取り上げている他の関係の問題と同じように、こういった仕事上の関係は信頼にもとづいて築かれるものなので、構築、維持、修復には時間と労力がかかる。もちろん、信頼の修復を拒否するところまで行き着いてしまう人もいる。そのような人たちは、改革にどうしても合わないかもしれない。

10.2.9 devopsの些細な過ちを強く非難する人がいる

大きな改革は困難なしには進まない。そして、他の人よりも改革に大きな抵抗を示す人が必ず現れるものだ。組織の移行期には、どのような理由であれ、進行中の改革に反対し、出てきた問題点や誤りをついて改革を非難する人たちが現れる。組織が効果的なdevops文化を目指して進み始めているのに、改革に抵抗するために大声で反対するのだ。

たとえば、デプロイが手作業でときどきしか行われない状態から、継続的デリバリーに向かって組織が前進しようとしているものとする。新しい自動デプロイツールが最初から完璧になっていることはない。ソフトウェアの常として、見つけて修正しなければいけないバグが潜んでいる。改革に抵抗を感じる人たちは、新しい問題を引き起こしたのは新しいツール、あるいはdevops自体や改革を支持する人たちだとして非難を浴びせかけるのだ。彼らは、「昔は何もかもうまくいってたのに」とか「今までどおりにしておけば、こんな問題は起きなくて済んだんだけどな」などと言う。新しいツールやプロセスはどれも最初のうちは問題を抱えているとか、慣れるまでに時間がかかるといったことを考えず、devops自体が問題だと思っているのである。

devops改革を成功させようと思うなら、上層部からのトップダウンの支援を取り付けることが大切だ。声の大きい不平分子が脅しをかけただけで組織のリーダーの気持ちが揺らぐようなら、改革を長く定着させることは難しい。変化は一夜では実現せず、実現の過程でミスやバグが起きるのは普通であり、当然予想されることだ。万能なソリューションはないので、特定の組織でいちばんうまく機能するツールやプロセスを見つけるまでは若干の試行錯誤は避けられない。

改革によってどのような影響があるか、今後どうなっていくかについて社員がフィードバックを返す方法を用意するのはよいが、否定的なフィードバックがどれくらいの頻度でどこから返されるかには注意を払う必要がある。与えられたソリューションが機能していないと思う人が多いなら、確かに調査して調整するべきだろう。しかし、少数の発信源が桁違いに大きなノイズを発しているなら、そのために多くの人の利益になる改革を頓挫させるわけにはいかない。どの組織でも、すべてのメンバーがぴったりと合っているわけではない。改革全般、あるいは特にdevopsに反対する人たちは、組織の成長とともに組織に適合しなくなる可能性がある。

第IV部
ツール

11章 ツール：エコシステムの概要

文化のさまざまな側面を改善し維持するためにツールをどのように使うのか。その議論を始める前に、4章で説明した定義や用語を掘り下げて、チーム同士の関係についてのコンテキストを追加し、理解を深めていこう。このリストは、決して技術や用語を網羅するようなものではない。

これから説明する用語や概念は、人によって通俗モデル（2章参照）や理解が異なるかもしれない。意味をはっきりさせることで、微妙な意味合いを含む議論が可能となり、これらの発想を深く理解できるはずだ。

11.1 ソフトウェア開発

ソフトウェア開発ツールは、プログラミング、ドキュメント作成、テスト、バグ修正の仕事を進めやすくしてくれる。職務内容に関係なく、専門的にソフトウェアの仕事をするあらゆる人にとって重要なものである。

11.1.1 ローカル開発環境

製品に役立つ作業をすぐに社員に始めてほしいなら、統一したローカル開発環境の整備がとても重要だ。だからといって、柔軟性もなくカスタマイズもできない単一の標準エディターに全員を縛り付けろと言っているわけではない。しっかりと仕事を進める上で必要なツールを確実に提供せよということである。

コラボレーションのために複数のディスプレイを確保するとか、長時間に渡って快適に作業を続けられるように高解像度のディスプレイを調達するといったことから、キーボード、マウス、その他の入力デバイスまで、個人の好みによって最低限必要なものは変わってくる。ローカル開発環境が標準レベルを満たす上で、チーム内やチーム間で共通のフレームワークを設けるかどうかを決めなければいけない。エクスペリエンスが統一されていれば、新入社員が簡単に環境になじんですぐに意味のある仕事を始められるようになる。

統一的なエクスペリエンスを保証することと、それぞれのニーズに合わせて作業端末や作業習慣をカスタマイズすることとのあいだでは、適切にバランスを取る必要がある。カスタマイズしすぎると、知識が共有されなかったり、環境の特殊なセットアップのために余分な時間と労力がかかったりする。一方で、近年は社員が自分のやり方で仕事を進められるようにすることが以前よりも重視されるようになってきている。そのため、社員の採用や定着を考えると、自分にいちばん適した作業環境を見つけて適用することを認めなければ、競争で不利になってしまう可能性もある。

ローカル開発環境の共通部分を明確にしてドキュメント化しよう。作ったドキュメントは、バージョン管理システム、Wikiなどに格納する。格納先は、Google Docsでもかまわない。時間をかけて使い込んでいると、ツールの使い方は上達してくる。そのため、ドキュメントは細かい部分をすべて拾い上げて念入りに説明するのではなく、初心者がその環境のなかで成功に向かってスタートを切れることを目標とすべきだ。

11.1.2 バージョン管理

リポジトリを利用して、オブジェクトをコミットしたり、差分を比較したり、マージしたり、過去のリビジョンを復元したりできるようにしておく。そうすれば、チーム内そしてチーム間の共同作業を濃密に行えるようになる。本番環境のオブジェクトを古いバージョンに戻す方法を確立できるので、リスクの軽減にも役立つ。

バージョン管理システム（VCS）を導入して利用し、ユーザーをトレーニングし、利用状況を計測すること。これはすべての組織にあてはまる。バージョン管理システムを導入すれば、複数の人が同時に同じファイルやプロジェクトを書き換えたことで起こるコンフリクトを解決したり、安全に変更を加え、必要に応じてその変更をロールバックしたりできる。チームや製品のライフサイクルの早い段階からバージョン管理システムを使えば、よい習慣を取り入れるのに役立つ。

バージョン管理システムを選択するときには、組織のコラボレーションの理想形を実現しやすくなるようなものを探すべきだ。コラボレーションを促進する機能としては次のものが挙げられる。

- リポジトリの作成とフォーク
- リポジトリへのコントリビューション
- 複数のコントリビューションのリポジトリへの取り込み
- コントリビューションプロセスの定義
- コミット権の共有

コラボレーションのための機能がないツールを使っているが、長期間の利用によって、組織内でとても高いレベルの知識の蓄積があるという場合があるかもしれない。そのようなときには、別のツールに移行しないことによる影響、たとえば、採用時のリスク、異なるブランチをマージするためにかかる時間などを見積もり、それと蓄積した知識が失われることによる影響を比較しよう。プロセス次第でコラボレーション機能のないツールでもコラボレーションを実現できるが、コラボレーション機能のあるツールと比べれば大変にはなる。

コードの行数は、価値を示す正確なメトリクスにはならない。開発者にはさまざまな種類の人がいる。紛らわしい数百行のコードをリファクタリングして読みやすい数十行に抽象化し、チームの他のメンバーがコードを書くときの基礎として使えるようにする人もいれば、コードに隠されたバグを見つけることに注意を注いでいる人もいる。定量的な測定値は参考に留めて、奨励したい行動自体を評価しよう。定量的にコードを検査するスキルがあるというのでもない限り、コード行数は多ければ多いほどよいという考え方はすべきでない。

バージョン管理に関連するその他の用語としては、次のものがある。

コミット
: バージョン管理されているファイルに変更を加える集合的なアクション。

コンフリクト
: 同じ箇所に複数の変更が加えられていて、どちらを受け入れるべきかをバージョン管理システムが判断できないときのこと。ほとんどの場合、バージョン管理システムは、コンフリクトを解決するために、両者を表示し、どちらがよいかを選択する手段を提供している。

プルリクエスト
: コード変更のレビューやマージが可能になったことを変更者が周囲に知らせるためのメカニズム。

チェリーピッキング
: あるブランチの特定のコミットを選び、それを別のブランチに適用すること。プルリクエストから特定の変更を選択したいときに役に立つ。

11.1.3 アーティファクト管理

アーティファクトは開発プロセスの任意のステップからの出力のことで、成果物とも呼ばれる。シンプルなアーティファクトリポジトリと、複雑な機能が満載のアーティファクトリポジトリのどちらかを選択する場合には、追加サービスのサポートにかかるコストとセキュリティ上の問題を理解しなければいけない。

アーティファクトリポジトリに求められる属性は次のとおりだ。

- セキュアであること
- 信頼性があること
- 安定していること
- アクセスしやすいこと
- バージョン管理されていること

アーティファクトリポジトリを用意すれば、依存関係のあるアーティファクトを静的に扱うことができる。ソフトウェアのバージョン管理とは別に、アーティファクトとしてバージョンをつけて共通ライブラリを格納する。そうすれば、すべてのチームが同じ共有ライブラリを使えるようになるのだ。バイナリは1度だけビルドする。もちろん、必要なら同じバイナリを再びビルドできるが、それでも1度にする。それによって、ビルドからテストまで必ず同じバイナリが使われることが保証でき、複雑さを緩和できる。

アーティファクトリポジトリを使うと、実際に使うときの形そのものでアーティファクトを格納できる。しかし、なかには、同時にパッケージのひとつのバージョンしか格納できないリポジトリシステムもある。このような場合、そのままではパッケージの履歴がわからなくなってしまう。それを解消するために、ワークフローに含まれる個々の環境ごとに別個のアーティファクトリポジトリを用意して、重複をいとわずにパッケージをどんどん保存することになるだろう。

組織の発展の初期段階では、セキュリティやコンプライアンスの要件を満たす必要はまだないかもしれない。だが、成長して製品ラインアップを揃えるとそういうわけにはいかなくなる。専用のローカルアーティファクトリポジトリを持つようにすると、セキュリティやコンプライアンスの要件を満たす状態に容易に移行できる。

ローカル開発環境は、他のビルドやデプロイメカニズムと同じように、アーティファクトリポジトリにアクセスすることが望ましい。そうすれば、ローカル開発環境でも、本番と同じパッケージや依存アーティファクトを使うことになる。「私の端末では動くのに」症候群を減らすことができるのだ。アクセスが制限されていたり禁止されていたりすると、セキュリティやその他のポリシーを出し抜く新しい方法が生まれやすくなってしまう。

早い段階で方針を決めよう

環境と制約のコンテキストのなかでコラボレーションを推進するために、ガバナンスプロセスは早い段階で確立しよう。たとえば、誰がどのアーティファクトをプッシュできるか、アーティファクトの検収、ライセンス取得、セキュリティ確保をどのようにするかをはっきりさせる。こうすれば、陳腐化したアーティファクトによる苦痛が緩和される。

自分たちの環境からインターネットにアクセスできない場合、自分で自分の世界を作らなければいけない。一般的なソフトウェアリポジトリ、言語固有のパッケージサーバー、依存管理などである。多くの共有サービスを複製しなければいけなくなるということだ。しかし、これにはメリットもある。ドキュメントされないまま上流でシステムを壊すような変更が加えられても、組織内のシステムは保護される。外部の障害によって内部に問題が起きることもない。インターネット頼みで依存アーティファクトを入手していると、ビルドの可用性や一貫性が外部の誰かに左右されてしまう。これは、多くの組織にとって避けたいことだろう。

アーティファクト管理に関連するその他の用語としては、次のものがある。

依存管理

依存管理は、ソフトウェアプロジェクトが他のソフトウェアプロジェクトとのあいだでどのような相互依存性をどのくらい持っているかを管理する。このような依存関係を明らかにするためのメカニズムは複数ある。アーティファクトレベルでは、自分たちのソフトウェアが依存するアーティファクトを格納しておくと役に立つ。

ピニング

ピニングは、アーティファクトを特定のバージョンで固定することである。依存管理では、プロジェクトで使う依存ソフトウェアアーティファクトのバージョンを明示的に定義しておくと役に立つ。

プロモーション

プロモーションは、ソフトウェアの特定のバージョンを選んで、それをリリースに向けて昇格させることである。通常は、テストに合格することによって昇格していく。

11.2 自動化

自動化ツールを使うと、労力やエネルギーや資材を削減でき、成果物の品質と精度の向上という目標を達成する上で役に立つ。

11.2.1 サーバーのインストール

個々のサーバーを構成する作業の自動化について考えよう。HPやDellといったハードウェアメーカーは、自社ハードウェア用のツールを提供している。

Linuxディストリビューションのなかには、そのOS専用のツールを提供しているものもある。たとえば、CobblerとKickstartは、Red Hat Enterprise LinuxやCentOSのインストールを自動化する。運用スタッフは、Kickstartファイルを書くことで、ハードディスクのパーティション、ネットワーク構成、インストールするソフトウェアパッケージなどを指定できる。

ハードウェアのライフサイクル管理

すべての企業は、何らかの形でハードウェアのライフサイクル管理が必要だ。ただし、クラウドやインフラストラクチャーサービス、プラットフォームサービスが登場したことで、以前ほどそれに注力しなくてもよくなってきている。ハードウェアのライフサイクルは、計画立案と購入またはリースに始まり、インストール、保守、修理が続き、下取り、返却、リサイクルで終わる。

11.2.2 インフラストラクチャーの自動化

基本的に、インフラストラクチャーの自動化とは、コードでインフラストラクチャーの要素をプロビジョニングすることである。このコードは、他のソフトウェアと同じように扱う。コードのリポジトリ、データのバックアップ、計算リソースと組み合わせることで、システムを復元できるようになる。

インフラストラクチャー管理に関連するその他の用語としては、次のものがある。

構成ドリフト
　時間とともに、サーバーがあるべき構成から変わったり、かけ離れていったりすること。

MTBF
　障害が起きてから次の障害が起きるまでの平均時間。2つの障害の間のアップタイム。

MTTR
　障害が起きたときにシステムを復旧するまでにかかった時間の平均。

可用性
　利用可能でなければいけない時間に対して、実際にシステムやサービスが利用できる状態だった時間の割合。この用語はよく使われる。可用性=MTBF/(MTBF+MTTR)

キャパシティー管理
　インフラストラクチャーやその他のリソースを適切な規模で維持するためのプロセス。現在と将来のビジネスニーズを満たしつつ、コスト効果が高いことが求められる。

スノーフレークサーバー
　多くの手作業での変更によって現状のあるべき構成となったサーバー。コマンドラインの魔術、設定ファイル、手作業で適用したパッチ、さらにはGUIによる構成やインストールを組み合わせたものになることが多い。

運用の立場で構成管理を話題にするときには、インフラストラクチャーの自動化を意味することが多い。システムによってどの部分を自動化できるかは変わってくる。たとえば、インストールするパッケージの選択、パッケージのバージョン指定、ファイルの配置や削除、実行するサービスの指定のどこまで自動化するかはシステム次第になる。

「インフラストラクチャーコードをその他のソフトウェアと同じように扱う」ということは、コードをローカル開発環境で開発し、バージョン管理システムでソースコードを管理し、アーティファクトリポジトリでアーティファクトのバージョンを管理し、本番環境に移行する前にテストや確認をすることである。

インフラストラクチャーの自動化は、少なくとも次のものを提供しなければいけない。

構成ドリフトの管理
　構成ドリフトは、手作業での変更、ソフトウェアのアップデートやエラー、エントロピーといったものによって発生する。個別のノードの実際の構成があるべき構成になっているかどうかを定期的にチェックして不一致を自動修正するような優れたソリューションもある。そうすれば構成ドリフトを防げる。

スノーフレークサーバーの防止
　インフラストラクチャーの自動化は、変更を決定論的に明確に定義するようにして、スノーフレークサーバーになるのを防ぐ。同じ構成管理レシピを使って0から望ましい構成のサーバーを再現できるように、システムを構成するそれぞれの要素を管理の対象に加えていけば、スノーフレークサーバーはなくなる。

バージョン管理されたアーティファクトとインフラストラクチャーコード

インフラストラクチャー自動化の優れたソリューションは、バージョン管理システムとアーティファクトリポジトリを使う。そうすることで、バージョン管理システムのあらゆるメリットが手に入る。たとえば、変更を既知の問題のないバージョンにロールバックするとか、インフラストラクチャー定義コードのテストを自動で実行するコミット後のフックが使えるといったものだ。バージョン管理は、すべてのチームメンバーがインフラストラクチャーコードの改善のために快適に作業できる使い慣れたプロセスでもある。

複雑さの軽減

プラットフォームごとに構成バージョンを指定すれば、いろんな職種のあらゆる人たちが最小限のオーバーヘッドでさまざまな環境を管理できる。

システム数が少ないスタートアップでも、技術的負債を増やさないことが絶対的に重要な意味を持つ。スノーフレークシェルスクリプトとインフラストラクチャー自動化の違いがわかっているくらいの運用スキルを持つ人に投資すれば、企業の専門分野以外のところに大々的に時間と資金を投入するかどうかというくらいの差が出るだろう。

出回っているさまざまなインフラストラクチャー自動化ツールではニーズにぴったり合わないなら、独自ツールを作るよりも、既存ソフトウェアの基本機能や信頼性を拡張するほうがコスト効果が高い。

インフラストラクチャー自動化は、首尾一貫しており、反復可能で、ドキュメントがしっかりしていて監査に対応でき、回復力の強いプロセスを導く。時間がかからなくなり、スタッフの作業効率が上がり、柔軟性が上がり、リスク計測がしやすくなる。インフラストラクチャー自動化を導入すれば、マシンのセットアップやデプロイの結果が意図したものとが同じであるという自信の度合いも高くなり、システムの違いによる問題のデバッグに使う時間が削減できる。

インフラストラクチャー自動化とサーバーグループを1台ずつ手作業で構成するのとを比べてみよう。人間が反復作業を行うと、ミスが起きやすい。プロセスが変更されて古いシステムで行っていない設定が出てきたり、チェックリストに入っていない手順があったりするためにシステムの構成が一致しない場合もある。

もうプロセスやチェックリストを作るのは止めよう。それよりも、十分な時間を確保して、手作業のためのチェックリストをコンピューターが実行できるスクリプトに変換するのである。反復作業という点では、コンピューターは人間よりもはるかに得意である。

このように、Infrastructure as Codeには目に見えるメリットがいくつもあるので、企業が文化的な改革を進めるために最初に投資するツールのひとつになることが多い。ツールを使おうとする特定の環境のコンテキストを踏まえなければ、ツールのことは理解できない。つまり、特定の文化や環境に対する考え方がツールの効果に影響を及ぼすことがあるのだ。インフラストラクチャー自動化のどのツールがいちばんうまく機能するかは、ニーズ次第である。

11.2.3 システムのプロビジョニング

かつて、企業はデータセンターのハードウェアを計画、購入、プロビジョニングしなければいけなかった。しかし、今はクラウドインフラストラクチャーに投資するというオプションがある。オンデマンドコンピューティングを使うことで、企業は必要なリソースだけを購入し、その後のニーズに合わせて拡大や縮小ができる。クラウドインフラストラクチャーは、物理ハードウェアよりもずっとすばやく調達してプロビジョニングできる。

システムのプロビジョニングは、インフラストラクチャーの自動化の延長線上にある。そして、個々のノード単位ではなく、システムのクラスタ単位でインフラストラクチャーを定義できる。一度プロビジョニングするサーバーグループを定義しておけば、あとで何度でもその定義を使って自動的にサーバーグループをプロビジョニングできるようになるのだ。

11.2.4 テストとビルドの自動化

コンピューターやコンパイラが初めて登場した頃のプログラムは、ソースコードが複数になることはまずなかった。プログラムの規模が大きくなり、複雑度が増してくると、開発者はプログラムを複数のソースファイルに分割するようになった。プログラミング言語ごとの標準ライブラリが生まれて、複雑度はさらに増した。最終的な実行可能プログラムを得るために、多数のソースファイルをコンパイルしなければならなくなると、ビルドプロセスの自動化が必要になった。

今日のビルド自動化ツールでは通常2つのことを指定する。ひとつは、ソフトウェアのビルド方法だ。たとえば、どのステップをどの順序で行わなければいけないかといったものである。もうひとつは、どの依存アーティファクトが必要か、つまりビルドを成功させるために他にどのようなソフトウェアが必要かというものだ。ツールのなかには、ApacheのMavenやAntのように、特定のプログラミング言語を使ったプロジェクトに適しているものがある。これらは、技術的には他のプログラミング言語でも使えるが、たいていはJavaプロジェクトで使われる。また、JenkinsやHudsonのように、広い範囲のプロジェクトで使えるものもある。

これらのツールのユースケースは、通常次の3つのどれかになる。

オンデマンド自動化

ユーザーが自分の判断で起動するもので、コマンドラインを使うことも多い。たとえば、開発者は、書いたコードをバージョン管理システムにチェックインする前に、ローカル環境で自作のmakeスクリプトを実行して、ソフトウェアが自分の環境でビルドできることを確認することがある。

スケジュールされた自動化

このプロセスは、夜間ビルドのように、定義済みのスケジュールにもとづいて実行される。

夜間ビルドは、通常、毎日誰も仕事をしていない時間に実行されるため、ソフトウェアのビルド中に新しい変更が加えられることはない。ただし、チームがグローバルに分散するようになってきているため、このような形でのビルドは不可能になりつつある。

トリガーで起動される自動化

たとえば、コードがバージョン管理システムにチェックインされるたびに、継続的インテグレーションサーバーが新しいビルドを開始する。このように、指定したイベントが発生したときに実行されるものである。

イボンヌ・ラムによるテスト、モニタリング、診断の定義

テスト、モニタリング、診断という用語は区別されずに使われることが多い。そのため、チーム内でもチーム間でも意味が一定しないことが多々ある。しかし、一緒に仕事をするには、共通語彙の確立が必要だ。共通語彙があれば、知識がチームメンバー個人に留まったり、細かい部分を含む完全な知識を全員に要求したりせずに、知識を共有しやすくなる。

イボンヌ・ラムは、テスト、モニタリング、診断に関してコンテキストを共有するために、チームが明らかにすべき点をSysadvent 2014（http://bit.ly/lam-monitors）で示した。

- どこで実行されるか
- いつ実行されるか
- どれくらいの頻度で実行されるか
- 誰が結果を使うか
- その人は結果をどのように使うか

ラムはさらにテスト、モニタリング、診断の違いを明確に示した。テストは本番システムではない環境で実行し、システムやソフトウェアが使える状態かどうかを評価する。テストは何かを変更したときに実行する。モニタリングは、スケジュールにもとづいて本番直前のシステムや本番システムで実行する。モニタリングは通常頻繁に実行する、もしくはイベントをトリガーにして実行する。診断は、何かが起きたときに本番システムでオンデマンドで実行する。

さまざまなシステムの動作を効果的に追跡するには、テスト、モニタリング、診断のすべてが必要だ。異なるグループや個人がそれぞれで少しずつ異なる責任範囲を持つことを明確にすれば、理解と責任の共有を維持していくのに役立つ。

テストに関連するその他の用語としては、次のものがある。

スモークテスト
もともと電源を入れたら煙を出すかどうかというハードウェアのテストに由来する。煙が出れば重大な問題があることを示す。ソフトウェアのスモークテストは、合理的な出力が得られるかどうかを判定するための、とても基本的ですばやく実行できるテストである。

リグレッション（回帰）テスト
ソフトウェアへの変更によって新たなバグやエラーが持ち込まれていないことを確認する。

ユーザビリティテスト
製品をユーザーに使ってもらい、意図した目的をどれだけ満たせているかどうかを計測する。

A/Bテスト
2つの異なるバージョンのウェブページやアプリケーションのうち、どちらのほうが効果的かを比較し判定する実験的なアプローチ。

ブルーグリーンデプロイ
ブルーグリーンデプロイは、2つの同じ本番環境を使うリリースプロセスである。片方の環境は実際に本番用に使用し、すべてのトラフィックを処理する。もう片方の環境では、新リリースのテストの最終ステージを行う。テストに合格したら、トラフィックを第2の環境にルーティングする。このようなデプロイの方法を取ると、リスクを軽減できる。新リリースで何か問題が起きたら、すぐに前の本番環境にロールバックできる。

カナリアプロセス
昔の炭鉱では、有毒ガス検出の早期警戒システムとしてカナリアを使った。カナリアが有毒ガス中毒の症状を示し始めたら、炭鉱労働者たちは炭鉱が危険な状態になっていると判断したのだ。ソフトウェアのカナリアプロセスでは、本番システムのごく一部で新コードを実行し、元のコードと比べてパフォーマンスが落ちていないかどうかをテストする。

11.3 モニタリング

モニタリングは複数の側面、一般的には事象と分析に分割できる大きなテーマである。情報収集の方法としては、メトリクスの測定とログがある。モニタリングでは、システムレベルの基本的なメトリクスの収集だけでなく、高水準のアプリケーションレベルの収集も可能だ。前者のメトリクスの例として、サーバーが動いているか落ちているか、メモリやCPUがどれだけ使われているか、個々のディスクがどれくらい使用済みになっているか、などがある。後者には、ウェブサーバーがどれくらいのユーザー要求を処理しているか、キューイングシステムのキューに何個の項目が入っているか、特定のウェブページのロードにどれだけの時間がかかっているか、データベースでいちばん時間のかかるクエリーは何かといったものがある。モニタリングは、かつて完全にシステム/ネットワーク管理者の専門領域だった。しかし、ソフトウェアが複雑になり、チームのコラボレーションが盛んになるにつれて、モニタリングは製品の健全性を反映している重要な存在だということが認識されるようになってきた。

モニタリングは、システムや環境の現在の状態を追跡するプロセスであり、あらかじめ定義しておいた望ましい状態を構成する条件を満たしているかどうかをチェックするために行われる。先ほど触れたように、モニタリング、アラート、テストという用語は区別されずに使われることが多い。しかし、それでは何をしようとしているのか、何を作ろうとしているのかについて混乱を招く。モニタリングは定義済みのスケジュールにもとづいて実行されるのに対し、テストは変更に対して実行される。アラートは、テストやモニタリングの結果を人間に自動的に知らせるメカニズムである。

11.3.1 メトリクス

メトリクスは、定性的、定量的な計測結果のコレクションである。メトリクスは何らかのベンチマークや確立された標準と比較され、分析や履歴管理のために追跡管理される。メトリクスは職能組織のなかでサイロ化されることが多い。しかし、それでは製品開発の正しい方向性の選択に影響を及ぼす。

メトリクスは、モニタリングの主要要素のひとつである。複雑なウェブアプリケーションでも、ほぼ任意の部分を対象としてデータを収集し格納できる。チームによって異なるメトリクスを管理し、それぞれの仕事に活かしてよい。StatsDとGraphiteは、メトリクスを追跡、格納、表示するための強力な組み合わせとして広く使われている。

Monitoramaモニタリングカンファレンスのオーガナイザーのジェイソン・ディクソンはGitHub上でmetrics-catalogというリポジトリをメンテナンスしている。これは、プロトコル、サービス、アプリケーションごとに分類した形でシステムとアプリケーションのメトリクスを定義するというコミュニティ主導の取り組みである。metrics-catalogは、自分のメトリクスコレクションを作ったり、拡張したりしようと思っている人にとって参考になるグッドプラクティスだ。

11.3.2 ロギング

ロギングとは、OSやソフトウェアのメッセージによってシステム内に発生した事象をフィルタリング、記録、分析するものである。ソフトウェアの問題の発生源を追跡するときに、エンジニアが最初にチェックするのがログで、そこで関連するエラーメッセージを探す。ログは役に立つ情報の宝の山である。ストレージの価格がどんどん安くなるのにともない、ほしいと思うログはほぼすべてが保存され、あとで使えるようになってきている。ログは、自分が開発しているアプリケーション、使っているサードパーティツール、OS自体から生成される。ソフトウェア全体を通じたロギングの標準というものはないので、ログのなかの事象を分類、評価して問題のパターンを見つけるのは難しい。

毎日1台のシステムが数百、数千行のログを生成する。数百、数千台のサーバーで数十ものアプリケーションを実行している現代の環境では、ログデータの量は圧倒的なものになる。ひとつのログファイルを検索すれば済むような単純な問題ではなくなっている。ログのストレージと検索を処理するアプリケーションを膨大な労力をかけて開発することもある。ロギングソフトウェアの複雑な細部については本章ではとても説明しきれない。だが、その価値は過小評価すべきではない。

11.3.3 アラート

モニタリングとアラートは、パフォーマンスという側面だけでなく、障害の予防という側面からも重要だ。これらは、実際に顧客を悩ます問題になる前にその萌芽を見つけ出すために役立つ。たとえば、アメリカのHealthCare.govサイトが2年の製作期間を経て2013年10月にリリースされたとき、ウェブサイトがアクセス可能かどうかを知らせるモニタリングやアラートシステムがなかった。

米国政府デジタルサービスのマイキー・ディッカーソンが業界向けに何度か話しているように、自動化の最初の数か月間に使っていたオリジナルのモニタリングでは、彼のチームはCNNなどのニュースを見る以外、サイトが問題を抱えているかどうかを知ることができなかった。よく考えて作られたアラートシステムは、万能ではないものの、障害を広く知られてしまう前に解決するのに役立つ。

アラートについて戦略を立てるときには、考慮しなければいけない要素がいくつかある。

影響

すべてのシステム障害が同じような影響を与えるわけではない。多数のシステムや顧客に影響を与えるインシデントとそれほどでもないインシデントがある。顧客にまったく影響の出ないインシデントや、影響の拡大を防ぐために十分な冗長性を持たせたシステムのインシデントもある。あとで詳しく説明するように、アラート疲れを防ぐために、アラートは大きな影響を与えるインシデントだけに制限すべきだ。

緊急性

影響と同じように、緊急性も問題によって異なる。緊急性の高い問題とは、すばやい対応を必要とするものである。即時対応しなければいけない場合もある。たとえば、落ちれば顧客や収益がどんどん失われるようなサイトのダウンは、純粋に情報提供を目的としたブログサイトのアクセス不能よりもはるかに緊急性が高い。何が緊急かは、ステークホルダーによって考え方が異なる。したがって、モニタリングとアラートを構成するときには、すべてのステークホルダーのことを考えることが大切だ。

当事者

インシデントの主要な当事者は、その影響を受ける人たちである。顧客（またはその一部）や一部の社員のグループ（内部サービスの場合）がそれに当たる。当事者は、インシデントに対処しなければいけない人たちという意味になることもある。たとえば、データベースの問題のなかにDBAでなければ処理できないものがある場合、DBAを呼び出す以外のことができない運用チームではなく、DBAにアラートを送るべきだろう。

リソース

特定のインシデントやアラートに対処するためにどのようなリソースが必要で、そのリソースがどれくらいあるか。複数のインシデントに対応できるくらいの人員を確保してあるか。それともオンコールの担当者がひとりだけで、バックアップのない単一障害点になっているのか。そのサービス、ハードウェア、個人が欠けても、機能するだけのリソースが組織にあるか。これらはすべて、アラートを設定するときに考慮すべきことである。

コスト

モニタリングとアラートにはコストがかかる。モニタリングサービスとソリューションのコスト、過去のモニタリング、アラートデータを格納するためのストレージのコスト、担当者にアラートを送るコスト、対処者の視点からインシデントに対処するために必要なコスト、サービスが利用不能になった場合にかかるコストといったものが含まれる。

アラートはモニタリングによって集めたデータからイベントを作るプロセスであり、人間の介入を必要とするような事象に人の注意を向けることを目標とする。

11.3.4 イベント

イベント管理は、システムやサービスに影響を与えるインシデントについての既存の知識にもとづく行動であり、モニタリングの要素である。年中無休の24時間体制で動作するサービスでは、インフラストラクチャーのあらゆる構成要素の状態をリアルタイムで知らせる必要がある。システムは、定義されたイベントにもとづいて特定のメトリクスやログをモニタリングする。そして、しきい値を越えたり、アラート条件が満たされたりしたらシグナルやアラートを送るように構成/設定される。

年中無休の24時間体制で利用できることが求められるウェブアプリケーションの比重が高くなっている現在、エンジニアがオフィスではなく自宅にいるときに発生したアラートの処理には、従来以上の考慮が必要になる。たとえば、可能な限りの自動イベント処理をセットアップすることが求められる。

多くのアラート、モニタリングシステムには、特定のイベントに自動的に対処する組み込みの方法がある。たとえば、Nagiosモニタリングシステムには、アラートの条件ごとに設定できる「イベントハンドラ」がある。これらのハンドラは、クラッシュしたシステムの自動再起動から、故障したハードディスクの交換を担当者に指示するチケットの作成まで、さまざまなことを実行できる。自動イベントハンドラは、運用スタッフがしなければいけない仕事の量や運用スタッフが夜中に叩き起こされる回数を大幅に削減できる。一方で、自動ハンドラには自動ハンドラのリスクがある。エラー条件を明確に定義すること、イベントハンドラのプロセスを自動化できる程度までよく理解すること、自動化が解決する問題より大きな問題を引き起こさないようにするために必要な安全対策を施すことが大切だ。

100%正確なアラートシステムはない。問題がないのにイベントを生成する偽陽性が起きることがあるのだ。勤務時間外に問題解決のために担当者を呼び出すようなアラートをイベントが生成する場合、偽陽性のイベントは誰かの睡眠を不必要に妨げることになる。逆に、インシデントが起きているのにアラートを生成しない偽陰性が起きることもある。これが発生すると、問題を検出し解決するまでにかかる時間が長くなってしまう。偽陽性と偽陰性のどちらにもコストがかかる。どちらのほうがリスクが高いかは、問題と環境によって決まる。

問題や事象の本当の影響について学習が深まるのにあわせて、モニタリングやアラートは調整すべきだろう。アラートについて、個々の事象に対して何らかのアクションを起こしたかどうか、全体としていくつのアラートが対処すべきものだったか、勤務時間外のアラートは何回あったかなどを含めて傾向をモニタリングするとよい。

アラート設計、すなわち人間が解釈するために効率的に情報を運べるアラートの作り方は、今日のアラートの大きなテーマである。Etsyは、アラートやコンポーネントの種類によるアラートの分類や追跡を行うOpsWeeklyツール（https://github.com/etsy/opsweekly）を開発した。アラートの傾向を追跡し、アラートデータを分析すると、アラートの有効性を向上させる上での大きな違いが生まれ、アラートに対応する仕事をしている人たちの健康と幸福にも大きな効果がある。

他の問題に対して一線で対応している人たちと同じように、現場で経験を積めばどのアラートがノイズなのかを暗黙のうちに見分けられるようになる。すべての条件を明確に処理できる自動メカニズムを作るのは難しいかもしれない。しかし、アラートシステムの効率を上げるための努力を続けることが大切なのだ。アラート疲れ、つまり偽陽性になることが多いアラートへの不感症は、燃え尽きの原因になるだけでなく、実際の問題に対する対応を遅らせることがある。

ソフトウェアの機能の変化により、かつては問題だったものが問題ではなくなることがある。あるいは、複雑さが増して、古い問題解決の方法が機能しなくなることもある。人間なら、問題への対処方法をすばやく変えられるが、アルゴリズムにはそのような適応動作はない。このような絶え間ない変化への対応は、アラート、インシデント管理の重要な要素である。

11.4 エコシステムの発展

サーバーのインストールの自動化からインフラストラクチャー構成の自動化に至るまで、ヒューマンエラーの原因になる反復作業を単純化し、取り除こうという動きが続いている。コンテナの導入にともない、開発端末から本番システムまでのパイプラインはさらに単純化された。

環境の異なる部分に自動化の波が届くと、新しいパターンが発見される。インフラストラクチャーの自動化では、ひとつのバージョンのOSにしがみついていることの重要性は下がり、アップデートされたパッケージをともなう新システムの新インスタンスをすばやく立ち上げることのほうが、セキュリティの観点から見て役に立つことが明らかになった。

継続的デリバリーと継続的デプロイは、何が重要かを考えることから人間を解放した。テストをともなうビルドの自動化により、フィードバックサイクルが短縮され、システムについてわかることが増え、システムに対する自信が深まった。

このエコシステムは、アプリケーション開発が高度な運用性を取り入れるたびに発展し続ける。Twelve-factor App（http://12factor.net）の要件を手作業で満たしていく作業は、手作りのサーバー構成のようなものだ。操作性の要件が標準化、自動化されれば、言語とフレームワークは自由に選べる。

この流れは、チームを越えた理解を築き、価値のある結果のために時間を使うことを後押ししており、「私」よりも「私たち」を強調するツールを前面に押し出すことになるだろう。

11.5 まとめ

本章では、現在のツールエコシステムの概要を示した。これらのツールはdevopsの実践現場において重要な構成要素だ。しかし、ツールが環境のなかの個人を越えた文化的な側面を拡張することがあっても、そのような側面に取って代わることは決してないことは強調しておかなければいけない。文化の特定の側面が受け入れられ普及していくかどうかは、ツールの使い方とその容易さの影響を受ける。devopsツールについて議論するということは、ツール自体とその使い方を議論することであり、機能的な特徴を話題にすることではない。

devops文化は、チーム、組織、業界を越えたコラボレーションのひとつである。ソリューションを開発するときには、個人だけではなく、チームや組織にどのような影響を与えるかについて考えることが大切だ。そのために、組織のために期待を調整すること、つまり、「ロックスター」や声がいちばん大きい人を越えた組織全体のために役立ち、組織全体にプラスの効果を与えるソリューションを見つけることが求められる場合もある。

devopsのツールは、「私」よりも「私たち」を強調する。チームや組織が相互理解を築いて仕事に取り組めるようにする。ツールの選択は、共通言語の選択だ。この言語は、組織全体の役に立つだろうか、それとも特定のチームの一部の人たちのためだけに役立つだけだろうか。平等にバランスが取れたツールがなくて、あるチームにとって他のチームよりも認知コストの高いツールを選ばなければいけない場合もあるだろう。しかし、そのようなときには、認知コストの高さを意識し、影響を受けるチームをまわりで支えるようにすべきだ。

12章 ツール：文化を加速させるもの

ツールは、現在の組織文化と今後の方向性にもとづいて、改革を支え加速していく存在である。現在の位置や方向性がわからないのにスピードを上げても、おそらくマイナス効果を持つ予想外の結果を生み出すだろう。

世界は猛スピードで変化している。他社の成功をそっくり手に入れたいと思って後追いするような条件反射の反応は通用しない。時間をかけて、他のチーム、組織、ライバル、世界全体との関係を含めて、自分たちの現在の位置を理解する必要があるのだ。今取り組まなければいけないこと、後回しにすべきこと、環境から取り除くべきものの枠組みを作るために、それがきっと役に立つはずだ。

本章では、現在のツールエコシステムを分析するだけでなく、ツールと文化が相互にどのような影響を与えあっているかを示す実例を紹介していく。実例を紹介する目的は、固定的なハウツーを示すことではない。組織が環境のなかでツールを評価、選択、利用していく方法にはさまざまなものがあるのを示すためだ。すべてのdevopsニーズを満たす万能のソリューションとして特定のツールを推奨するつもりはない。ツールの選択にあたってどのようなことを考えていくべきかを事例から学んでいただきたい。

12.1 人間にとってのツールの意味

人類には、効果的に仕事を進めるためにツール（道具）を使ってきた長い歴史がある。タイプライターからワープロへの移行によって、変更を加えたり誤りを修正したりするコストが下がった。パンチカードとアセンブリ言語から高級言語への移行によって、コードが理解しやすくなった。

これらのツールは、それ自体を目的として発明されたわけではない。ツールはどれも、その道具を使う人が特定の仕事を簡単にできるようにするために作られている。ツールを選ぶときには、そのことを忘れないようにしよう。ソフトウェアは、ひとりで書いてサポートするものから、複数の人たちや複数のチームで書き、別のチーム、場合によっては数年後のチームで理解し保守しなければいけないものに変化してきた。devopsツールは、その変化にともない、共同作業をしやすくするために作られている。

12.2 ツールとは何か

ツールの話をするときには、ソフトウェアに目が行きがちだ。プログラミング言語、IDE、テキストエディター、シェル、構成管理ソリューション、チャットプログラムとしてどれを使うかといったことだ。しかし、ツールはソフトウェアにとどまらない。プロセスのなかで消耗せずに目標を達成するために役に立つものなら、基本的にそれらすべてがツールである。

- サーバーリフトは、データセンターでのサーバー設置作業をスピードアップし、作業中の負傷を減らす。
- 小さくて軽いノートPCは、カンファレンスに出張するときや、データセンターでコンピューターを持ち歩くときの肉体的負担を軽減する。
- ソフトウェアRAIDではなくハードウェアRAIDを選択すると、コストは余分にかかるがバッテリーバックアップなどの機能が得られ、保守しやすくなる。

ベストツール

ツールの効果はどれも同じではなく、値段も違う。違いがないなら、そもそも本章を書く必要はない。ニーズに合うツールを何でも買っていけばよいだけだ。ツールのなかには、構成管理やバージョン管理システムのようにほぼすべての人が重要なツールだと認めるものもあれば、特定の環境に適しているものもある。

ツールは、経験、知識、プロセスによって変化する。つまり、チームが同じツールを使っても、結果が大きく異なる場合があるのだ。ツールは、環境のコンテキストに合っていなければいけないのだ。コンテキストを考えずにベストツールを議論することはできない。そして、コンテキストは絶えず変化していく。

12.3 本当の問題に対応する適切なツール

ツールが広く使われるようになって、成功だと評価できる変化を引き起こすためには、本当の問題を解決しなければいけない。ツールの問題点、不満な部分、懸念事項といったものを発見、理解、解決するために、ツールに関する意思決定プロセスには常に人間が関わる必要がある。

ツールが解決の助けとなる現実の問題を理解すれば、適切なソリューションを選択し、仕事の本当の複雑さを完全に理解するのに役立つ。問題の複雑さを理解すれば、その複雑さと関連するリスクを最小限に抑えるよう注力できる。それが出費を抑え、みんなが正しい分野に力を注げるようにするのに役立つのだ。

組織のなかには、調達プロセス抜きでツールを導入しているところもある。これではプロセスや文化の問題をツールや技術の問題のように誤解させてしまうことになりかねない。新しい製品や新しい組織を育てることは、既存の製品や組織を維持することとは別の問題だ。ひとりの人がおもしろい、素晴らしいと思ったからといって、一方的に決定を下してはいけない。しかし、ツールは誰かが試してみたいと思ったという理由で選ばれることがよくある。それでは十分な理由とは言えない。

ツールの整備はおもしろい仕事だ。正しい自動化は人の時間とエネルギーをもっと複雑な問題に振り向けることができる。しかし、ツールから効果を引き出すためには、おもしろい、新しい以外の選択理由が必要なのだ。

12.4 オープンソースとの距離

オープンソースコミュニティは、個人が他の個人とのコラボレーションを実践する機会を提供してくれている。他の人からのコントリビューションを管理する意味や、他の人にとって役立つコントリビューションの作り方を学ぶことができる。たとえば、1度にひとつの変更をする小さなコミットが多数送られてきたほうが、コードのさまざまな部分に手を付ける大規模なコミットよりも受け付けやすく、管理しやすいことがわかる。

ツールをオープンソース化すると競争優位が失われるということは心配すべき問題なのだろうか。ツール開発次第で企業が成功するかどうかが決まるというのなら、ツール開発はビジネスモデルの一部になる。その場合、ソフトウェア自体から収益を上げるか、今日多くの企業がしているように、そのソフトウェアのサポートやサービスから収益を上げることになる。

オープンソースへのコントリビューションには、企業の考えがはっきりと反映される。ソフトウェアを企業内でオープンソース化した場合のことを考えてみよう。そうすることで、車輪の再発明ではなく、他のプロジェクトへのコントリビューションを奨励することになる。結果として、それぞれのコントリビューターと管理職の両方にオープンソースコラボレーションの利益がもたらされるのだ。オープンソースへのコントリビューションとオープンソースの利用は、足並みを揃えて進んでいくことが多い。オープンソースコミュニティに慣れているチームは、自分で書こうとするのではなく、すでにあるオープンソースソリューションを探そうとする。

NetflixやEtsyのように、devopsでもオープンソースへのコントリビューションでも有名な存在になりたいと考えている企業がたくさんある。そういった企業はツールを自社開発してオープンソース化しようとうずうずしている。オープンソースへのコントリビューションにはメリットがあるが、ここではバランスが必要だ。極端に振れてしまうと、独自技術症候群になってしまう。外部で作られたものだからという理由で原則としてサードパーティツールを使わない企業のことだ。

このような行動に走る理由はさまざまだが、いちばん大きな理由はおそらく競争だろう。ライバルが作ったソリューションを使うのはもちろん、認めるのも嫌なのだ。そうでなければ、外部で作られた未知のソフトウェアが怖いのだろう。他の人たちが自分たちと同じようにコードを書けると思っていないか、他人のコードを読んで使い方を理解するくらいなら自分で書いたほうが早いと思っているか。まだ作ったことのないソフトウェアを作るというチャレンジが好きな人もいれば、新言語でプロジェクトを試してみたいと思う人もいる。

サードパーティソリューションを使うことに懸念を感じることには正当な部分もある。それを既存のソフトウェアに組み込んだ場合に、そのライセンスの影響を受けてプロジェクトのライセンスを更新または変更しなければいけないかもしれない。メンテナがソフトウェアを捨ててしまってバグ修正、セキュリティアップデート、サポートが提供されなくなったり、将来の変更によって現在のバージョンとは互換性のないものになったりする可能性もある。

企業が特定のベンダーに縛られることを嫌う理由も多数ある。しかし、独自技術症候群には重大な問題がある。セキュリティの専門家のチームを抱えているのでもない限り、内部で開発した暗号めいたソフトウェアにはバグやセキュリティ脆弱性が含まれている。ネットワーク関連のビジネスをしていない企業が自前のDNSサーバーを書いても利益は得られない。そのようにして作ったものがBINDよりもよいものになることはまずない。他に誰も使っていないソフトウェアを開発、保守、トラブルシューティングするために時間を費やしても無意味だ。

ツールは文化に影響をあたえる行動を促す。行動や文化について検討するときには、あわせてツールの検討も重要だ。ツールの選択が重要だという本当の理由もここにある。オープンソースを使うと、利用するツールや技術について新しい選択肢が生まれるだけでなく、コラボレーション、共有、開放性の文化にも目に見える影響が及ぶ。

オープンソースプロジェクトとコミュニティにはさまざまなものがある。コントリビューションが奨励されれば、エンジニアたちはさまざまな経験を積み、自分たちの環境にとって意味のあるさまざまなパターンを学ぶだろう。

12.5 ツールの標準化

効果的に仕事を進めるとは、突き詰めれば、相互理解を深めることであり、別々の目標に向かって進んで行こうとしているチーム間で起きる回避不能な誤解を緩和するために調整していくことである。

ツールは次の目的のために使える。

- コミュニケーションの向上
- 境界線の設定
- devops共同体の枠内での相互理解の回復

組織は、同じことができる複数のツールをサポートするのにかかるコストとツールをひとつに絞ることで起きる問題とのあいだでバランスを取らなければいけない。標準化を通じた組織の強化、チームレベルでの柔軟性、個人に選択を任せることによるアジリティのあいだで、どうやってバランスをとっていけばよいだろうか。

12.6 一貫性のあるツール分析プロセス

ツールの標準化は、企業で使う技術を変えるときに新旧の技術の橋渡しとなる。ツールを評価、選択、廃止するときに一貫したプロセスを設けると、次のことを実現する上で役に立つ。

- ほとんどの人のニーズに合ったツールの選択
- もとのツールにあった必須機能が新ツールにもあるという保証

- 新しいハードウェアやソフトウェアを効果的に使えるようにトレーニングを提供するという保証

一貫したプロセスがないと、新しいツールや技術の導入に抵抗する人が出る。逆にプロセスを準備しておけば、新旧の両方のニーズを確実に満たすとともに、環境の変化に抵抗を示しやすい人にも安心を提供できる。

一貫した選択プロセスがあれば、プロセスや標準化が十分でないときに起きる嫌なシナリオを避けるのにも効果がある。たとえば、チームがそれぞれ別のイシュートラッカーやチケットシステムを使っていたとしよう。その場合、全社の状況が見通しにくくなり、作業の重複が増え、複数のシステム間で行き来する作業に膨大な時間を費やす羽目になる。

12.7 標準化に対する例外

標準化には例外がある。分離が必要だったり、特殊な要件があったりするチームに、他の人と同じツールの使用を強制する理由はない。

かなり厳格に処理の分離を要求しているPCIコンプライアンスがよい例だ。PCIの仕事をしているチームは、他のチームとは別のネットワークにつながっている別のコンピューターを使っているはずである。このような場合、環境が分離されているので、まったく違うツールセットの使用を認めても、組織全体に有害な効果が生まれることはない。しかし、こういったことはケースバイケースで決める必要がある。

共通点がたくさんあっても、個々のチーム、個々の企業には、固有のニーズや経験がある。本章のケーススタディーでは、2つの企業のツール選択と実際の展開について検証する。両社の実践からは共通点が浮かび上がってくる。しかし、ツールの選択自体は環境内のスタックによって決まるため、それぞれ異なるものになっている。

12.8 ツールの意味

ツールに大きな意味があるかどうか、意味があるとしてもどの程度なのかについては、議論が分かれるところだ。「ツールに大した意味はない」という視点は、製品の売り込みのために、devopsに関係あろうがなかろうが、すべての製品をdevopsツールと呼んでいるベンダーに対する反論として生まれてきたものだ。

「ツールに大した意味はない」という主張には、2つの意味がある。

- ツールを導入していることは、devops文化が定着していることの十分条件にはならない。
- ツールでは問題のある文化を修正できない。ツールは環境の既存の状況を暴き悪化させる。

つまるところ、組織内の誰が何のためにどのようにツールを使うかを無視してツールを導入しただけの「devopsソリューション」には、devopsとはどういうことか、なぜdevopsが大きな成功を収めるのかという全体感が欠けているのだ。ツールと技術だけで人と人の間の問題や文化の問題を解決しようとしてはいけない。

12.8.1 ツールではなくプロセスの失敗

同じものが2つとない美しいスノーフレークサーバーを作るのではなく、構成管理を定着させて活用する。その方法を見つけられない企業は、devops改革に失敗する。環境の問題にすばやく対応できなければ、ダウンタイムを生み、収益を失ってしまう。適切に構成管理ツールを使っていれば、Puppet、Chef、Ansible、Salt、CFEngineのどれでも、まだ誰も話題にしていない新しい構成管理システムでも、必要な仕事ができるのであれば、何を使ってもかまわない。

ツールそれぞれには技術的な違いがある。しかし、大切なのは、個々の組織が抱えている問題を解決するために必要な機能が揃っていて、新しい文化を定着させるために役立つツールかどうかだ。

12.8.2 ツール選択におけるコンウェイの法則

コンウェイの法則は、コンピューター科学者でプログラマーのメルヴィン・コンウェイにちなんで付けられた名前だ。ソフトウェアは、それを開発したチームの構造や組織を反映した形で開発される傾向があるというものである。この法則を前提とすると、それぞれ別のチームによって設計、実装された2つのソフトウェアコンポーネントをうまく組み合わせて使えるものにするには、その2つのチームが適切にコミュニケーションを取れていなければいけないことになる。

逆に、サイロ化が著しい場合のように、チームのコミュニケーションがうまくいっていなければ、部品がしっくりと噛み合わない製品を作り出す。ここから考えれば、チームは自分たちの構造やコミュニケーションパターンを模倣する形でツールを選んで使ってしまうとも言える。互いにコミュニケーションしない2つのチームは、新しいチャットシステムとしてSlackを導入したからといって、コミュニケーションをするようになるわけではない。

12.9 ツールが文化に与える影響

とは言え、ツールは行動に大きな影響を与える。したがって、環境とその文化的および技術的な状態を評価し、チームや組織の目標やビジョンを協力して定義するときには、さまざまなツールがどのような行動を引き出し、どのような行動を抑制するかを真剣に検討しなければいけない。これは一度だけでは終わらないプロセスであり、継続的な再評価が必要なのを忘れてはいけない。

12.9.1 コミュニケーションに影響を与えるツール

行動はツールによって形作られていく。そのため、コミュニケーションに含まれる対立や摩擦を軽減するツールがあれば、コミュニケーションが行われる可能性は高くなる。チャットソフトウェアを持たない企業や、チームの壁を越えたコミュニケーションができないような技術的な限界を抱えたチャットソフトウェアを使っている企業では、コミュニケーションは生まれにくくなる。

ツールの話をするとき、筆者はコミュニケーションの重要性を強調する。環境内の協調、協力、コラボレーション、アフィニティを生むのも壊すのもコミュニケーションだからだ。これは、コミュニケーションを目的として設計されたツール（チャットなど）の話をするときでも、コミュニケーションがワークフローや使用パターンの一部になっているツールの話をするときでも変わらない。

どのツールを選ぶかよりも、ツールをどのように使うかのほうが重要なことが多い。たとえば、チケットシステム、バグ追跡システムについて考えてみよう。すべてのチームがツールなどに大きな意味はないと考えて、それぞれの作業スタイルを補完するような別々のチケットシステムを選んだとする。そうすると、時間が経つにつれて、機能や習慣の違いが大きすぎるために、別々のチームのメンバーが効果的に共同作業するのがとても難しくなる。管理しなければいけないアカウントが増え、他のチームの仕事がよく見えなくなってしまう。

周りからチームのなかがよく見えなくなることが、サイロ化された組織の多くを苦しめる問題のひとつである。組織がサイロ化すると、他のサイロが何に取り組んでいるかがはっきりせず、細部がわからない（本当に仕事をしているのかどうかさえわからないこともある）。そのため、作業の重複が起きたり、他のチームに対する不信が深まったりするのだ。

職場のコミュニティは効果的なコミュニケーションを基礎として築かれる。そのため、ツールによってコミュニケーションが活発になるか阻害されるかは注意すべき重要なポイントだ。コミュニケーションは協力して仕事ができるかどうかの鍵を握っている。そのため、企業が個人間のコミュニケーションのために使っているツールやプロセスは、企業文化に目に見える違いを生み出す。さらに、すべてのツールは、特定のコミュニケーションスタイルを暗黙の前提としている。

第II部で触れたように、コミュニケーションには考慮すべき要素がたくさんある。健全な組織のすべてのニーズに応えられるコミュニケーション手段をひとつに絞りきれないのはそのためだ。企業の成長にともない、コミュニケーションのニーズが変化することも考えられる。社員全員がひとつの話題に簡単に参加できる小さなスタートアップなら、全員がチャットでコミュニケーションしても意味があるだろうが、時間とともに、メールやチームのWikiが重視されていくような場合もあるだろう。

参加の確保

企業の成長とともに、組織の広い範囲でコミュニケーションへの参加を理解し、計測することがますます重要になってくる。

適切なタイミングで適切なツールを見つけ出すのは、反復的なプロセスである。重要なテーマにはあらゆる声が反映されるようにする。そのことが企業を健全な方向に向かわせるために役に立つ。発言がないからといって多数派に賛成していると考えてはいけない。優れたチームに関する研究が示しているように、全員が発言しているチームのほうが優秀で生産的である[†1]。

†1 Anita Williams Woolley, et al., "Evidence for a Collective Intelligence Factor in the Performance of Human Groups," *Science*, October 29, 2010.

リモートの社員との共同作業では、高品質のビデオ会議システムに投資しよう。ノートPCのマイクとスピーカーではコミュニケーションの臨場感が下がり、それを使おうという意欲が削がれる。チームのメンバーには品質の高いヘッドフォンが行き渡るようにすべきだ。ビデオ会議があまり使われなくなると、リモート勤務の社員は、重要なコミュニケーションや決定から外されて孤立していると感じるようになり、一般的に仕事が小粒になる。

コミュニケーション自体の内容、即時性、コンテキスト、その他の要素にもとづいてツール、プラットフォーム、手段を選ぶのが重要なのだ。あなたとあなたのチームが参加するコミュニケーションの種類によってこれらのニーズがはっきりしたら、それに適したツールのなかから、その他のニーズ（たとえばチャットプログラムにお金を使うか無料のもので済ませるかなど）に合うものを選べばよい。

ホリー・ケイ氏の「聴覚障害のある開発者であること」

私には小さいときから聴覚障害がある†2。それ自体は深刻なことではない。私の聴覚障害は中程度から重度で、特にほとんどの人の声が属する高周波域が聞こえにくい。読唇術と母音のパターンから会話を理解している。特に苦労するのは次の部分の認識だ。

- 子音、特に歯擦音や無声子音（すべての子音は高周波域であり、無声子音と歯擦音は声帯を使わない）
- 文の始まりと終わり

人付き合いにアレルギーを感じるエキセントリックで孤独な人というプログラマーのステレオタイプは、偏っており正確ではない。私たちはブログを書き、カンファレンスで話し、チュートリアルを作り、メンタリングもする。しかも、これは最近に限った話ではない。インターネットの黎明期よりも前の時代から、ベル研究所、マサチューセッツ工科大学、その他さまざまな研究機関の空気はそうだったのである。私はこのコードの社会が好きだ。優秀で熱気にあふれた人の近くにいられるのは、自分が優れた開発者になる上で大きな意味がある。しかし、いつも自分が締め出されていると感じてしまうものがひとつある。ペアプログラミングだ。

ペアプログラミングは、原理的には素晴らしい……。私にとっては究極のラバーダックデバッグ†3だが。自分よりも知識があって指導してくれるような相手と仕事をしたり、自分よりも知識がなく、自分の知識をありがたがってくれるような相手と仕事をしたり、自分とほぼ同じくらいの力を持つ相手と協力してソリューションを見つけ出したりするのである。しかも、楽しい。同僚のことを知ることができるし、誰でも間違えることがあることを思い出せるし、デプロイするつもりなど微塵もなかったコードをデプロイしようとしたときに止めてくれる人がいる。

しかし、聴覚障害があると、事態は一変し、楽しさなど吹き飛んでしまうのだ。私からすると、ペアセッションは、役に立たないところを通りすぎて最悪だった。ドライバ役になると、コード

†2 http://cruft.io/posts/deep-accessibility/
†3 監訳注：コードの動作を一行ずつ順番に説明していくデバッグ手法。間違ったコードに到達して説明できなかったり矛盾があったりすることをきっかけに不具合箇所を発見する。

について考え、タイプしながら、目の前の画面と隣のパートナーの唇を同時に見る。パートナーの高周波域の話し言葉の英語（脈絡がないことが多い）と専門用語は30%未満しか理解できない。これは惨めな経験だ。私は次第にイライラしてくるナビゲーターを渋い表情で見つめるようになる。結局、諦めてナビゲーターにドライバ役を譲る。そうしなければ、私たちは前進できないのだ。しかし、ナビゲーター役はさらにひどい。ドライバは、コードの書き方を考えながらパートナーのコミュニケーションニーズを考えることなどとてもできないので、画面をずっと見ている。わかってる、わかってる、そういうことなんだ。そこで、私は消極的なナビゲーターになり、ドライバがすべての仕事をする。誰にとってもよいことはない。畜生！

だから、Natureの自動アクセシビリティテストツールのPa11y（https://github.com/nature/pa11y）プロジェクトでロワン・マニングとペアを組めたのは素晴らしい経験だった。Screenheroを使ってリモートペアセッションをするのだ。私たちはともに画面を見てテキストでコミュニケーションする。失われる情報はなくなり、混乱も生まれない。ペアセッションが本来の意味で機能したのは、私にとって初めてのことだった。聴覚障害のない人の大半は、聴覚障害者との普通の会話でどれくらいの情報が失われるかをイメージすることは難しいと思うので、この方法で何が変わったのかはなかなか表現し辛い。あなたの町で、手に取るすべての本の60%の単語が黒塗りで消されているところを想像してもらえるだろうか。そして、休みの日に隣町に行った。その町では誰もそんなことをしていないので、突然推測することなしに本を全部読めるようになる。それと少し似ているかもしれない。

12.9.2 さまざまな行動に影響を与えるツール

チケットシステムだけでなく、インフラストラクチャー自動化、チャットシステム、デプロイツール、その他組織内の複数のチームが使うツールには、同じ原則が当てはまる。全員のニーズを調べ、できる限り多くのニーズに応えるように努力することは大切だ。だが、どんなツールを選んでも、100%の人が100%の満足を得ることはまずない。ほぼ確実に妥協が必要になる。どのツールを使うべきかの議論を続けても、どこかで何も得られなくなり、それ以上続ければ時間がムダになるだけでなく、敵対感情を拡大するだけになる。どれかひとつを選んでそれを使おうと言うべきところだ。

こういったことを考えると、さまざまな選択肢のなかからすべての要件を満たすツールを選ぼうという議論は無意味だ。本章では、*X*というツールはdevopsの*Y*をする上で唯一無二の本物のツールだということを言うつもりはない。そんなものはないからだ。エディター戦争の本当の勝者は*ed*[†4]だと宣言するのに等しい。「ベスト」のツールについて普遍的に意見が一致することなど決してない。ベストのソリューションは、解決しなければいけない問題が何かによって決まるものなのだ。

12.10 ツールの選定

作業環境に加える新しいツールをどれにするかはとても大きな決定事項であり、選定にかかわる

†4 edはUnix用のラインエディターである。システムのデフォルトエディターだったこともあったが、強力とはいえ、あまりにもそっけないので、自動化で使うのは難しいだろう。

人の多くは強い主張を持っているはずだ。選定プロセスで考慮すべき重要な要素をいくつか挙げると、次のようになるだろう。

- 製品の開発状況
- コミュニティの健全性
- 内部でのカスタマイズの可能性

これは網羅的なリストではない。機能の有無、予算、現在あるツールや環境との相互運用性といったことも重要なポイントだ。

ここでこの3つを取り上げるのは、どの組織でも共通するニーズでありながら、他の本ではあまり詳しく取り上げられてこなかったことだからである。組織によってニーズや既存のツールセットはさまざまであり、それによって必要な機能、予算、相互運用性は変わる。

これらの要素すべてが選定プロセスの有効性に大きな影響を与える。ツールの選定では、重要な要素としては他にどのようなものがあるかを十分理解することが大切だ。

12.10.1 製品の開発状況

活発に開発されている製品は、新機能の追加、新しいバージョンのOSやプラットフォームのサポート、セキュリティ脆弱性への対応などの点で、すばやい動きを取るはずだ。開発に勢いのないツールを使うと、バグの対処や新機能の追加までの待ち時間が長くなる。

新機能がどれくらい早く実装されてリリースされているか。製品のロードマップのなかで、機能の追加要求を追跡し、定期的に評価しているか。重大なバグやセキュリティ脆弱性が見つかったとき、どれくらい早く修正しているか。

導入を検討しているツールの最近のリリースを調べよう。メジャーリリースとマイナーリリースの日付、リリースノートがどれくらい役に立つか（アップグレードすべきかどうかを判断するときには、ただ「バグ修正」と書かれているだけでなく、特定のバグ、チケット番号が表示されているほうがはるかに参考になる）、アップデートのプロセスがどのようになっているかに注意を払おう。

製品の開発元自体とどれくらいの関係を築けるかも大切だ。ツールベンダーのなかに直接連絡できる開発者やサポート担当者がいるか。直接の担当者を割り当ててもらえるということは、サポートがよくなるということだ。つまり、開発元と継続的に対話するチャネルができ、報告した問題がよくわからないチケットシステムやどこかのメール受信箱に消えてることなく、対応してもらえる可能性が高くなる。

12.10.2 コミュニティの健全性

コミュニティの健全性とは、共通の基準、価値、行動を通じてつながっている人たちの集団の全体的な健全性のことである。コミュニティは、特定のツール、ツールセット、プラクティス、あるいは職務を中心として発達する。

次のような健全性を示すサインをもとに、コミュニティの活動に目を光らせよう。

- プルリクエストに対する応答の割合
- 問題が解決されるまでの平均的な時間
- リリースの頻度
- コンテンツの作成（ブログ記事、ニュース）
- フォーラムのコミュニケーションのペース

これらの活動に加えて、コミュニティとそのイベントは、安全で協調的、オープンで他者に対する敬意を欠かさない環境を育てるために役立つ。コミュニティのメンバーが他のメンバーをどのように扱っているかに注意を払おう。次の問いに答えてみるとよい。

- プロジェクトやコミュニティのイベントに行動規範はあるか。
- イシューやプルリクエストでの議論の際の言葉遣いはどうなっているか。

個人に対する侮辱が横行していたり、性差別主義、同性愛嫌悪、その他性的嫌悪の行動が許容されたりするコミュニティは健全とは言えない。これは、オープンソースプロジェクトに限らず、あらゆるコミュニティに当てはまる。日常業務でさまざまなツールを使う人たちは、他のユーザーとやり取りしたり、ツールとその使い方をテーマとする地域のミートアップや大きなカンファレンスに参加したりすることがあるのだ。

本章ですでに触れたように、他の人がすでに解決した問題に頭を悩ませて車輪の再発明をする必要がないのは、オープンソースソフトウェアの利点のひとつである。強力なコミュニティを抱えているオープンソースソリューションは、実装を優れたものにできるのだ。

12.10.3 内部でのカスタマイズの可能性

簡単にカスタマイズやコントリビューションできるツールは、環境の技術的な側面と人間的な側面の両方に適合するしっかりとしたソリューションになる。ツールを使う人を多数抱えている組織では、特にこれが重要になる。大規模な顧客にうまく対処できるツールは、あなたの組織とともに成長し、仕事も楽になる。

多くの場合、カスタマイズしやすいのはオープンソースツールだ。何しろソースコードがあり、必要なときに読んだり書き換えたりするのがずっと簡単だ。バグ修正などでは、これが大きい。サポートチケットを切って対処されるのを待たなくても、バグを見つけて自分で修正のプルリクエストを送ることさえできる。クローズドソースのツールでも、ツール自体と併用できるアドオンツールを開発するためのAPIなどがあるかもしれないので注意しておくとよい。

ツールをカスタマイズしたり、バグを自分で修正したり、新機能や拡張機能を追加したりできると、時間とともにツールの使い勝手がよくなっていく。広く使ってもらうには小さすぎるとかニッチすぎるものの、あるチームではとてつもなく役に立つ機能がある場合、その機能を自分で追加できれば、製品の開発者があなたのためにその機能を実装してくれるのを待たなければいけないのと比べて桁違いによい。これは、単に我慢して使えるというだけのツールとエンジニアが使っていて楽しくなってくるツールとの違いである。

12.10.4 実例：バージョン管理システムの比較

バージョン管理システムは、ファイルに加えられた変更を時間を追って記録する。CollabNetは、2000年にオープンソースのバージョン管理システムであるSubversionプロジェクトを立ち上げた。Subversionは、それまで広く使われていたCVSと互換性を持つように作られた。Subversionのバージョン1.0は、2004年2月にリリースされた。Subversionの使い方や機能は、その当時の技術と習慣に大きく影響されていた。Subversionのアーキテクチャーの中核は、中央集権的なリポジトリの概念である。この中央リポジトリによって、変更のコミットを認められる人とそうでない人を管理できるようになっていた。

1年後の2005年にGitがリリースされた。Gitもオープンソースのバージョン管理システムだが、非中央集権的なバージョン管理、速度、データの完全性、分散化された非線形ワークフローのサポートを特徴としていた。そのため、すべての開発者がローカルでは完全な支配権を持つことができる。中央集権的なワークフローを適用して、「中央集権的な」リポジトリを確立することも可能だが、プロセスは柔軟に変えられる。あらかじめ定義された使い方を押し付けられるのではなく、自分の使いたいように使うことができるのである。立ち上げにかかる時間は少し長いが、この機能があることで、組織変更にはすばやく対応できる。

12.10.5 実例：インフラストラクチャーの構成の自動化

インフラストラクチャー自動化の主要ソリューションは、実装こそ違っていても、全体的な機能としてはほとんどが同じようなものになっている。どのカテゴリのツールでもそうだが、それぞれのツールはコラボレーションの異なる側面を重視している。

多くの組織では、システムの構成は手作業で行われている。プロセスをドキュメント化し、チェックリストを使ってアップグレードするのだ。プロセスのなかの手順をひとつでも忘れると、システムは未知の状態になり、修復するためにかなりの労力を必要としてしまう。

アダム・ヤコブがChefを開発していたとき、彼は組織を越えて使えるソリューションを作ろうと考えていた。Chefは、設定や管理を抽象化する機構を提供することを目的として作られた。そのために、コードでインフラストラクチャーとポリシーを定義できるような言語も作った。

開発、システム管理、セキュリティ、品質保証の少しずつ異なる視点をすべて表現できる言語を作るのは難しいことだった。Chefは、特定の職種を他の職種の上に置くような用語を再利用するのを避け、リソースやレシピなどの新しい用語を作った。

忘れてはいけないいちばん重要なポイントは、コミュニケーションツールは2章で紹介したロッククライミングのビレイヤーのようなものだということだ。コミュニケーションツールは、私たちが築いた共同体の維持に役立つビレイヤーにも、共同体を動揺させ邪魔するビレイヤーにもなり得る。もちろん、それは個々のツールをどのように使うかによって決まる。すぐに返事が必要な事項のためにメールのような即応性の低い手段を使えば問題を起こすだろう。ホワイトボードに絵を描けばすぐにわかるようなことを言葉だけで説明しようとするのと同じだ。

最後に、ツールを選ぶときには、まとまりと柔軟性のバランスを取ることが必要だ。使っているコミュニケーション手段が多すぎると、必要な情報を探す場所が増えたり（メール、Google Docs、Confluenceのページのどこにあったっけ）、効果的に伝えられる方法を選ぶのに苦労したりする（インスタントメッセージやテキストメッセージを送るべきか、デスクに直接行ったほうがよいか）。逆にコミュニケーション手段が少なすぎると、イライラが溜まる。私たちはみな、メールを送れば済むようなときにでもミーティングを開く企業の話をさんざん聞いているはずだ。

いちばん効果的な手段を選ぶために参考になる伝統や習慣があれば、共通理解を重視する私たちの共同体にとって役に立つだろう。ただし、仕事のために適切なツールを選べる柔軟性があればの話である。

12.11 ツールエコシステムの検証

ツールについて考えるときには、作業環境に導入したい新しいツールを選ぶだけでなく、現在のツールエコシステムの状態を検証することも必要だ。環境内に必要な機能があるかどうかが最初の検査項目である。環境を検査してツールエコシステムを明らかにするときには、誰がツールにアクセスでき、全体的な利用状況はどうなっているかの情報も入れるようにしよう。また、同じカテゴリに属する複数のツールや重複する部分があるツールの情報も必要だ。これらからは、トレーニングを増やしたりツールの変更が必要だったりする分野が明らかになる。

ツールを効果的に使うためには、特定のツールを使いたいという個人の希望とプロセスのあいだで折り合いをつけることがとても重要になる。プロセスが厳しすぎると、プロセスをめぐる込み入ったコンテキストを維持するために個人に負担がかかる。結果として、プロジェクトの仕事に使える時間の比重が下がってしまう場合もある。逆に、プロセスが緩すぎると、ツールやツールの使い方がバラバラになってチームのまとまりが失われる。これも個人を圧迫する。理解を正したり、作業結果を統合したり、重複を検査したりするのに時間がかかってしまう。ツールの検証や選択のあらゆる側面でこのベースラインがポイントになる。そして、組織のスケールアップやスケールダウンのときには、これがさらに重要になる。

そもそも、ツールを使うのは、本当の問題を解決することに集中できるような環境を作るためである。成功するチームを維持するには、このような環境を作ることがとても大きな意味を持つ。そのためには継続的な取り組みが必要だ。こういった検証作業は、1度やればそれでよいというものではない。効果的な環境を構築し維持するには、一般社員も管理職も積極的なアプローチを取る必要があるのだ。

12.12 ツールの削減

現在のプロセスとツールが依然として有効であり続けているかを確認するために、定期的に検証すべきだ。自動化や技術的負債を追跡調査すると、廃止すべきプロセスやツールを見つけるのに役立つ。ツールを使うために余分な仕事が増えるような状況を防ぎ、同じ目的のために使われているツールを見つけて統一し、コストを下げ、混乱を防ぐことができる。

こういった検証では、社員とその仕事に影響を与えているものを見つけ出すために、定期的に社員に聞き取り調査をすべきだ。次のようなことを尋ねてみよう。

- 楽しいことやイライラすることは何か
- エネルギーやモチベーションが上がること、下がることは何か
- 今していることからどのような価値が生まれていると思うか
- どのような圧力を感じているか
- 何を止めるべきか
- 何を始めるべきか

日常業務のほとんどの時間でツールを使っている人たちにこのような質問を必ずすること。ツールを使っている人はそうでない人よりもステークホルダーとしてツールにはるかに多くのエネルギーを注ぎ込んでいるので、ツールの選択や廃止はこういった質問の結果を踏まえて決めたほうがよいのだ。問題となっているツールを最近直接使ったことのない人が、トップダウンでそのツールに関する意思決定をしてはいけない。

12.12.1 改善：計画立案と変化の測定

改革の定着には時間がかかる。ソフトウェアにもそれを使う人にも、すぐに解決できず万能薬などない複雑な問題がある。目標設定で使われるSMARTの法則[†5][†6]によれば、目標は具体的、測定可能、達成可能、現実的で期限が明確でなければいけない。職場の組織や文化についても、SMARTな改革を進めることが大切だ。

解決しようとしている個別具体的な問題をはっきりさせよう。改革に取りかかる前に、周囲を見て、何をしなければいけないかを検証する。プロジェクトに関心を持つ人、時間がある人を見つけ出し、プロジェクトの全体的な意味や価値を明らかにする。さまざまな選択肢を可視化し、実現可能なプロジェクトを見極める。そして、プロジェクトに優先順位をつけ、正しい問題を解決するために取り組みを進めていることを確認するのだ。

プロジェクトを達成可能で追跡可能な小さな部品に分割しよう。通常、これら小さな部品は計画

---

†5 G. T. Doran, "There's a S.M.A.R.T. Way to Write Management's Goals and Objectives" (*Management Review*, 1981).

†6 監訳注：具体的（Specific）、測定可能（Measurable）、達成可能（Achievable）、現実的（Realistic）、期限が明確（Time-bound）のそれぞれの頭文字をとっている。

を立てやすく、そのため説明もしやすい。そして、部品は現実的かつ達成可能で、正しい問題を解決するものでなければいけない。よいプロジェクトを計画するには、誰のために問題を解決しようとしているのかをはっきりさせる必要がある。彼らのニーズやモチベーションは何か。彼らはどれくらいの頻度でソリューションを使うか。最終目標に重点を置いてソリューションの内容を説明しよう。そして、ステークホルダーに話をして支援を取り付けるのである。通常、この作業には時間と労力がかかる。

誰のために何の問題を解決しようとしているのかがはっきりしたら、使えそうなツールを見つけるところから始める。ひとつのツールに入れ込む前に、さまざまな候補の得意なところと不得意なところを調べる。プロセスのこの部分では、ステークホルダーも巻き込んで、ソリューション候補の評価に参加できるようにする。ときどき、うまく機能する既存のソリューションがなく、自分でツールを考えて開発しなければいけない場合がある。内部開発の費用は予算の面では安く見えるかもしれないが、長期的なサポートのための時間とリソースを計算に入れなければいけない。

以上のプロセスを繰り返し、効果を測定し、ソリューションが機能しているかどうかを判断する。具体的に何を測定するかは、解決しようとしている問題によって大きく変わるが、測定なしでは改革の効果や影響を判断できない。

12.13 ケーススタディー

本章の最初のケーススタディーでは、DramaFeverを取り上げる。DramaFeverはストリーミングビデオプラットフォームで、ドキュメンタリサイトのSundanceNow Doc Clubやホラーサイトのshudderも運営している。同社は2009年設立で、このケーススタディーを実施した2015年半ばの時点で、120人ほどの社員を抱えている。このプラットフォームでは、15か国の70のコンテンツプロバイダーによる15,000のエピソードからなる国際的なコンテンツを提供していて、視聴者は2千万人ほどだ。[†7]。同社がツールと技術をどのように評価し、活用しているかを深く探るために、当時DramaFeverの運用エンジニアとして働いていたティム・グロスとブリッジト・クロムハウトにインタビューを行った。

第2のケーススタディーはEtsyだ。ロブ・カリン、ジャード・ターベル、クリス・マグワイヤ、ハイム・ショーピックが2005年に設立したEtsyは、手作りの商品やビンテージ商品の世界的な市場である。Etsyは、2015年第2四半期の時点で780人ほどの社員を抱えている。本書の共著者のリン・ダニエルズがEtsyでの仕事の様子を1章で説明したが、さらにEtsyがツールと技術をどのように評価し、利用しているかを知るために運用エンジニアのジョン・カウィーにも話を聞いた。

両ケーススタディーの情報は、公開されているブログ記事、プレゼンテーション、企業の提出文書などからも集めた。どちらのケーススタディーにも、暗黙の価値の評価、望ましいプラクティスの導入、ツールの評価と選択の方法を示す実例が含まれている。しかし、くどいようだが、何も考えずにそれらのツールや技術を採用したり、それらをなぜどのように使うかを深く理解せずに使ったりすることは避けなければいけない。それを忘れないようにしてほしい。

---

†7 Peter Shannon, "Scaling Next-Generation Internet TV on AWS with Docker, Packer, and Chef," October 20, 2015, http://bit.ly/shannon-scaling.

12.14 DramaFeverの場合

ティム・グロスは、ソフトウェアではなく建物の方のアーキテクトとしてキャリアをスタートさせたが、その後ITとツール開発に転向し、DramaFeverで働く最初のdevopsエンジニアになった。彼の職務は運用を中心としたものだが、エンジニアリングチームが小さかったので、開発の仕事にも参加することが多かった。2013年3月には、二人目の運用エンジニアが入社している。

エンジニアリングチームは、職務や職責を公式にも非公式にも分割しておらず、漸進的なプロセスによって運用チームが形成されていった。彼らはdevopsエンジニアと呼ばれているが、「サイトのデプロイ、CDN[†8]やクラウドサービスの管理を含むインフラストラクチャーのあらゆる側面の管理と自動化」というジョブディスクリプションを反映して、実際の職務は基本的に運用である。さらに、AWS[†9]上の本番システムの高可用性を維持することとオンコールが課されている。特別なdevopsプロジェクトはない。

DramaFeverのジョブディスクリプションには、次のような文が含まれている。

> 私たちには、エンジニアたちが情熱を燃やしている問題に挑戦するのを助ける意思がある。エンジニアが可能だと思う場合には、アーキテクチャーの改良を奨励する。

この文章には、問題発見や解決のために、多様な視点を導入することを支持し奨励するプラグマティックなアプローチが表現されている。

ブリッジト・クロムハウトは、2014年7月にDramaFeverのdevopsチームに入った。クロムハウトによれば、DramaFeverの技術スタックは、すべてAWS上で動作しており、Django/Pythonウェブアプリケーションと、Go言語で書かれたマイクロサービスから構成されている。Go言語で書かれたマイクロサービスはその数を増やしつつあった。コンテンツのデリバリとエッジキャッシングは、CDN大手のAkamaiが提供している。

リクエストパスコード、すなわちエンドユーザーのリクエストがコードベースを通過する経路を宣言するアプリケーションコードとこれに関連するすべてのサービスは、可用性とレイテンシに関して他のアプリケーションよりも厳しい要件が定められている。リクエストパスは、ChefとPackerで構築されたイミュータブルなインフラストラクチャーを使っており、アプリケーションコード自体は2013年末以来、Dockerコンテナ内で実行されている。

クロムハウトは次のように言っている。

> 私たちのアプリケーションコードはステートレスなインスタンス上で動作しており、インスタンス数は1週間のうちに10倍から20倍まで自動スケーリングします。永続化レイヤーは、Amazon ElastiCache（Memcached、Redis）、Amazon RDS（MySQL）、Amazon DynamoDB、Amazon Redshiftとなっています。ログはElasticsearch、Logstash、Kibana（ELK）を使って収集し、CollectDとStatsDでGraphiteに書き込みます。

リクエストパスに含まれていないサービスは、非同期Celeryワーカー、cronジョブ、ログの集計サーバー（GraphiteやLogstash）、QAトラッカーなどの内部アプリケーションである。クロム

†8　監訳注：コンテンツデリバリーネットワークの略称。
†9　監訳注：Amazon Web Servicesの略称。

ハウトの話の続きを聞こう。

> これらのサービスはどれも私たちのビジネスのためには重要ですが、ユーザーに直接的な影響が出ることはまずありません。cronジョブが動作せず、運用エンジニアがその理由を突き止めるために1時間かかっても、その時間は問題のないものであり、ユーザーは気が付かないでしょう。しかし、すべてのアベイラビリティゾーンでDjangoアプリケーションが落ちるようなことがあれば、ユーザーは韓流ドラマを見られなくなってしまいます。

12.14.1 既存技術の影響

2006年にAWSがスタートして以来、その可用性は業界を一変させた。企業はもうデータセンターの管理スキルを持つ人を採用しなくても済むようになったのである。必要なのは、共有のユーティリティサービスを管理するスキルを持つ人たちになった。DramaFeverは、AWSの利用に乗り出し、計算資源のメインの供給源としてAWSを使い続けている。グロスは次のように説明している。

> 小さなその場限りのプロジェクトではGoogle App Engine（GAE）を使っていました。しかし、これらのプロジェクトが実際に多く利用されるようになると、GAEよりもはるかに多くのことをユーザーが決められるAWSにプロジェクトを移したいと毎回思うことに気づきました。
> たとえば、ImageBossというイメージ処理のマイクロサービスです。このマイクロサービスは、制作部門が個々のアセットのたくさんのバリエーションを作らなくても済むように、オンデマンドで画像のサイズ変更やトリミングをします。もともとはGAEにデプロイしていましたが、当時は個々のノードでGoのために使えるCPUコアがひとつだけだったので、運用コストがとても高くなっていました。

AWSは他のクラウドサービス事業者よりも高くつくと見られているが、DramaFeverが使っている機能セットではその評価は当てはまらない。AWS利用のコスト分析について尋ねると、グロスは次のように説明してくれた。

> AWSから他のプロバイダーに切り替えるとなると、Amazon SQSやAmazon DynamoDBなどのマネージドサービスに代わるものを見つけなければいけません。でも、それでは、ほぼ確実に切り替えによるメリットを相殺してしまいます。また、私たちのワークロードには、AWSの1時間単位の料金モデルがぴったり合っています。私たちは1日のいつものパターンにもとづいてノードをスケールアウト、スケールインしており、要件を合理的に予測できますし、バーストの処理のために低コストでスケールアウトできます。
> しかも、AWSの料金は、CDNにかかるコストやエンジニアの報酬からすればわずかなものです。私たちは毎月数ペタバイトものビデオをストリーミングしているため、CDNの料金はAWSの料金とは桁が違います。他のクラウドサービス事業者に移行してホスティングのコストを少しずつ改善しても、そのためのエンジニアの作業時間を考えると、割に合いません。

ツール選択プロセスで既存技術の採用を考えるときには、次のことを自問自答しよう。

- どうしても必要な機能とあればよい機能は何か
- 今使えるソリューションと近いうちに使えるようになるソリューションは何か
- 必要な機能は利用可能なソリューションのコストに見合うものか

12.14.2 新しい技術からの継続的な影響

技術が発達し、エコシステムに新しいツールが現れると、特定のツールを採用すべきかどうかの判断が難しくなる。予定外の仕事が広範囲にあり、継続的に技術的負債が増えていく小さな企業では、先にいちばん価値のあるプロジェクトに取り組むことが大切だ。

グロスは、2013年10月に同社の2つのチームが直面していた問題について説明している。

- メインのDjangoアプリケーションは、デプロイに時間がかかりアトミックでなく、複雑な失敗が起きていた。Djangoアプリケーションは、可用性とレイテンシの要件が厳しいきわめて重要なリクエストパスアプリケーションだった。`git clone`を使うと、デプロイが遅くなり、ときどきデプロイの途中で失敗していた。
- デプロイが次第に複雑になっていた。新しいGoアプリケーションは、既存のプロセスではデプロイできなかった。バイナリとインタープリタのソースコードでは、要件が異なっていた。
- 別々になっていたQAテストと本番デプロイプロセスには、監査機能がなかった。
- 開発環境と継続的インテグレーション環境に違いがあった。

グロスは、自分のチームが掲げているその他の目標についても説明してくれた。

- モノリシックなアプリケーションから小さなマイクロサービスへの移行
- 同じホストで動作している複数バージョンのアプリケーションを開発環境およびQA環境に分離

グロスは次のように説明している。

> 運用チーム（当時は私たちふたりだけでしたが）は、問題とソリューションの適合性、実装言語の経験、既知のエラーのモードなどにもとづいていくつかの選択肢を評価し、Dockerを選びました。Dockerなら、すべての問題を解決できるジェネリックなデプロイインターフェイスが約束されたからです。
> しかし、当時のDockerはまだグリーンプロジェクトだったという大きなリスクがありま

> した。2013年10月の話なので、当時のバージョンはまだ0.6でした。そして、私たちは、本番環境で動かせる状態になっていないプロジェクトを本番環境にデプロイするようなことは決してしませんでした。状態が悪くなればすぐにもっと成熟しているLXCに戻せる状態にしてありました。この案を開発チームの幹部に示して、彼らの支持を取り付けました。開発環境やQA環境でトライアルを実行したあと、メインのDjangoアプリケーション用に本番環境にDockerをデプロイしました。

新しい技術を導入するときの常として、解決が必要な問題がいくつか発生した。継続的インテグレーション環境は、自動で頻繁に作業の統合が行われる環境である。それぞれの統合ではエラーの早期検出を目指しており、コミットされたコードをビルドしテストする自動プロセスを通じてチェックされる。この作業は環境を立ち上げ、コードをテストして、環境を破棄するという形で進む。

しかし、彼らの継続的インテグレーション環境では、頻繁にコンテナを作るために、ディスク関連の問題が発生した。そして、この問題を解決するために、彼らは利用するDockerストレージを変えなければいけなかった（マイグレーションは簡単ではなかった）。彼らは、Dockerレジストリのスケーラビリティの問題にもぶつかった。このレジストリに関する問題では、中央サーバーを使わず、Amazon S3にローカルレジストリをデプロイすることで解決した。

Dockerをローカル開発環境に導入したときに第3の問題が発生した。グロスの話を聞こう。

> 運用は、大したトラブルも起こさずにAWSのなかだけでうまく仕事を進めてきました。しかし、私はDockerをローカルで実行するための優れたソリューションを用意しておくことができていませんでした。開発チームは新機能を動作させることで手一杯だったので、新しい技術の教育のために時間を割くことができませんでした。そのため、ローカル開発オプションとしてboot2dockerを展開したときに、深刻なトレーニング不足が露呈し、私たちが思っていたよりもそれが長く続いて対立を生んでしまいました。これは私たちにとって大きな教訓であり、今は新しくインフラストラクチャーを変更するときには、開発チームにも直接関わってもらうようにしています。

既存の技術でも新しい技術でも、綿密な選択および評価のプロセスが重要だ。しかし、特に新しい技術の場合（一般的に新しい場合も、あなたの組織にとって新しい場合でも）、次のことを自問自答するようにしよう。

- 新技術の既知のリスクは何か
- どのような未知の不確定要素にぶつかる可能性があるか
- 既存の技術で解決できないどのような問題を解決しようとしているのか

12.14.3 アフィニティがプラクティスの浸透を促進する

> 継続的な改善の文化を作ることを目標とする非難のないポストモーテム（http://bit.ly/blameless-post）
>
> ——@0x74696d at @dramafever

> @dramafeverでどうやって失敗を扱うべきかを議論したときに、@0x74696dが@codeascraftを引き合いに出してくれてありがたい限りだ。Etsyが私たちの学びを助けてくれたことに感謝！
>
> ——ブリッジト・クロムハウト（@bridgetkromhout）

2015年2月に書かれたこれらのツイートを見ると、知識の共有を通じて企業の枠を越えたアフィニティが育ってきていることがわかる。クロムハウトは、DramaFeverがITチーム合同の非難のないポストモーテムを採用したことを言っている。

DramaFeverは、コードレビューを通じて学習する組織に向かって進もうともしている。クロムハウトは、コードレビューに加えて、急成長を遂げるなかで「サービスがどのように相互作用すべきかを明確にすることによる協力体制の改善」を通じて、チーム間の誤解を解消し理解を深めることが必要だという文化的な難問についても触れている。「そうすれば、開発者の小さなグループが自分のアイデアを追求しつつ、組織全体が期待する標準や基準も維持していくことができます」。

DramaFeverは透明性を奨励している。クロムハウトは言っている。「現在、開発者たちはAWSの開発環境にフルアクセスできる権限を持っています。そして、本番環境の読み取り専用アクセスも有効にしたところです」。この透明性によって、開発者は本番環境を複製した開発環境を直接観察したり学習したりでき、実際の本番環境の状況についての疑問に答えることもできる。

DramaFeverはAWSだけを使っているため、データセンターは不要であり、特定の環境の近くにいなければいけない社員をおく必要はない。視聴者が海外にもいるため、DramaFeverの約120人のチームは主としてフィラデルフィアとニューヨークにいるが、別の場所で仕事している社員も数名いる。クロムハウトは、職場環境について、「私たちの社員は近くはメリーランド、遠くはソウルに散らばっていますが、同じ仕事をする上で支障はありません」と言っている。

リモート勤務の社員の仕事を円滑に進めるために、DramaFeverの会議室にはChrome OS上で動作するビジネスビデオ会議システムのChromeboxと、高解像度カメラ、外部マイク、スピーカーが置いてある。会議はデフォルトでGoogle Hangoutを介したバーチャルな参加を認めているので、実際にオフィスにいる必要はない。

組織内のチーム間でツールとプラクティスがどのような相互作用を起こすかに注意を払おう。

- あなたのチーム、組織は、価値として、何を大切にしているか
- ツールはそれらの価値の実現に役に立っているか、それとも足を引っ張っているか
- 価値とプロセスはどのように透明にコミュニケーションされているか

12.14.4 DramaFeverのツール選択

中小企業として予算に制約があることと、官僚主義的なプロセスが肥大化するとそれにコストがかかること。それらの理由から、DramaFeverはツール選択には慎重であり、基本的に大企業向けのツールを避け、オープンソースソフトウェアを選ぶようにしている。

クロムハウトは、ツール選択について、「必要な機能や結果からスタートし、そのニーズをどれだけ満たしてくれるかを念頭において候補のツールを評価していきます。実際に作業をする人の好みを重視しますが、それと同時に、すべてのツールが満たさなければいけないサービス標準も決めてあります」と言っている。

新しい技術を導入するときに行われる打ち合わせでは、既存のソリューションが使えるかどうか、新技術のほうが適しているのはなぜかを明らかにするとともに、現在のスタッフに新たにかかる負担を計算する。

クロムハウトは次のように説明している。

> 独自サービスを開発するかSaaS[†10]を使うかを決めるときには、何かを内部開発するときのコストを含め、コストと効果を評価しました。スタッフの時間は無限でも無料でもないためです。
> たとえば、ログをどう扱うかを考えたときには、現在のログの量と保存したい量を計算し、Amazon EC2上でELKスタックで実行するためにかかる料金と、同量のログを複数のサードパーティに送るためにかかるコストを比較しました。また、このログで何をできるようにしたいのかをリストにまとめました。以上の見積もりに加え、ELKの維持にどれだけの時間がかかるのかを考えた結果、ELKを使い続けるのが妥当だという結論に達しました。

DramaFeverは、定期的なメンテナンスも含め、ダウンタイムを削減しようと努力している。成功は、ダウンタイムの削減のための仕事を完了させるインクリメンタルなプロセスによって計測される。

クロムハウトは次のように言っている。

> 私たちはメンテナンスのときでもサイトを落とさずにすべてをホットスワップできるようにしたいと思っています。そのため、動作するインフラストラクチャーをコードで定義することは重要です。問題のコードはAWSの構成を定義するJSONを操作するbashスクリプトかもしれませんし、Chefクックブックかもしれません。もしくはFabric経由でbotoを使うPythonスクリプトかもしれません。そういった仕事は、マージやデプロイする前に、プルリクエストを送って、同僚にレビューやテストをしてもらいます。動作するものを作って、GitHubイシューをクローズしたり、カンバンスタイルのワークフローの次の項目に移れるようになったりしたら成功です。

†10 SaaSはSoftware as a Serviceの略。アプリケーションは外部サービスプロバイダーがホスティングし、顧客はインターネットを介してアプリケーションを利用する。

組織にとって「成功」がどのようなものになるかを頭に入れておくことは大切だ。ツールが成功したと見なすことがどのような意味なのかをはっきりさせておこう。ツール選択の成功について考えるときには、次のことに注意しよう。

- ツール選択についての意思決定の責任者は誰か
- ツールとその使い方を選択し評価するときにどのような基準を使うか
- エンジニアの幸福と顧客の幸福の両方のために何を優先させるか

多くの人たちは、当時のDockerのように新しい技術を本番インフラストラクチャーで使うことには消極的になるだろうし、Dockerが意味を持たないという人もいるはずだ。このケーススタディーのポイントは、Dockerについての話をすることではない。彼らがDockerを選ぶに至った理由、どのようなことを考え、どのようなトレードオフを秤にかけたか、使うツールについての判断をどのようにまとめたかである。

12.15 Etsyの場合

Etsyの技術スタックは、PHPアプリケーションと膨大な数の内部サービスである。内部サービスは、最近一般的になってきている独立性の高いマイクロサービスばかりではなく、相互依存し複雑に絡み合っている部分がかなりある。これらの内部サービスで、商品の仕入れ、販売、検索、リスト作成などを処理するだけでなく、購入の決済部分も処理している。世界中の多くの企業が使っている有名な大規模決済プロバイダーもあるが、Etsyは決済プロセスを細かくコントロールする必要があるという判断から、決済プロセスを内製することになった。そのために、PCIコンプライアンスとそれに関係するあらゆる事項を満たさなければいけなくなった。インフラストラクチャーは基本的にオンプレミスで、地理的に離れた複数のデータセンターに展開している。

12.15.1 明示的な文化と暗黙的な文化

目指す文化を環境内に確立する上で大切なのは、文化的な面での信念や価値観を明示的に定義することだ。Etsyは最初からコミュニティベースの企業なので、自分たちが大切だと考えているものを次のように明確に打ち出している。

- 私たちは、環境に配慮した、透明性の高い、人間らしいビジネスを信条としています。
- 私たちは、長期的な視野のもとに活動します。
- 私たちは、「ものづくり」における職人魂を重視します。
- 私たちは、どんなときも遊び心を忘れずにいるべきだと考えています。
- 私たちは、いつも正直で飾らない存在であることを心がけます[†11]。

†11 https://www.etsy.com/mission（日本語訳もEtsyによる）

これらの価値観が社員を触発し、結び付けている。それが"Etsy Progress Report of 2013"(http://bit.ly/etsy-progress-13) に書かれているConnectedness(企業や他の社員と気持ちが通じ合い、信頼しているという気持ちを持つ社員の割合)が86%、Values Alignment(企業の使命と価値観に個人的に共感している社員の割合)が91%という数字にも反映されている。Etsyにはdevopsチームはなく、devopsマネージャー、devopsエンジニアもいない。しかし、このように明示された明確な価値観が業務に反映されていて、devopsコミュニティ内での行動やコントリビューションにつながっている。Etsyは、思いやりを持つこと、実験的であること、反復すること、学習する組織を推進することに意識的に力を注いでいる。

12.15.2 思いやりの文化

人間らしくあるためには、思いやりを示さなければいけない。思いやりの気持ちは、自分の生活がよくならなくても、他者の生活をよくするために力を注ぐことに反映される。社員のために人間的な作業環境を整備すること対して、Etsyはかなりの投資をしており、それが非難なしでリモート勤務者にやさしい環境を作り出している。Etsyはありがとうの文化も奨励している。それは、他の社員が成し遂げたことを日常的に評価し、そのことを本人に知らせるものである。ITは感謝すべき仕事だと考えられている。うまく動いているときには目に見えないが、問題やサービス障害が起きればすぐに呼び出される。これは、働く人にとって人間らしい環境とは言えない。そこで、Etsyでは、インシデントが起きたときに彼らを非難しないだけでなく、システムが順調に動いているときに意識して「ありがとう」を言うようにしているのである。

感謝の重要性

「ありがとう」を言う感謝の文化は、人間関係を築き改善していくために、きわめて重要な意味を持っている。他者が自由意志で貢献してくれたことを認めれば、人は個人の寄せ集めよりも大きな力で結び付いていく。

研究によれば、感謝には、次のような大きな効果があることがわかっている[†12]。

健康増進

免疫機能が向上し、血圧が下がる。

回復力の向上

逆境に立ち向かう力が上がる。

プラスの感情が強くなる

幸福、喜び、満足を大きく感じる。

マイナスの感情が弱くなる

寂しさ、孤立感が下がる。

†12 Robert Emmons and Robin Stern, "Gratitude as a Psychotherapeutic Intervention," *Journal of Clinical Psychology* 69, no. 8 (2013).

協調的、協力的行動が増える
思いやり深く、寛容になる。

ツールと文化は、組織のライフサイクル全体を通じて相互に影響を与えることができ、実際に影響を与える。この相互作用に注意を払えば、文化を向上させるとともに、ツールの使い方を効果的なものにするのに役に立つ。以下のことを考えよう。

- 社員にどのような行動を奨励したいか
- 社員が既存のツールやワークフローにどのように反発し、どのような抜け道を作っているか
- 特定の行動や価値観を後押しするためにツールをどのように使ったらよいか

Etsyでは、エンジニアリング部門だけでなく、企業全体でオープンなコミュニケーションが奨励されている。そのため、同僚に何かを感謝したいと思うときには、チーム全体に対するメールやインスタントメッセージが頻繁に使われる。バグ修正、機能の追加、オープンソースコミュニティに対するコントリビューション、困っている同僚への支援、さらにはドキュメントの更新といったことまでが感謝の対象になっている。運用エンジニアのジョン・カウィーは次のように言っている。

> Etsyの「ありがとう」文化のよい例は、社員名簿でしょう。Etsyが公表している価値観のひとつを体現している人に与えられる「Etsy Value Award」のノミネーションボタンがついているんです。ボタンを押すと、押された人とその人の上司に通知が送られるのです。ありがたいと思う仕事をしてくれた人やすごくお世話になっている人に感謝の気持ちを表すための素晴らしい手段になっています。

この文化は共感と親密さを育てるために役立っている。互いに効果的に共同作業を進め、あとで非難の応酬にならないようにするために、またすべての社員にとって人間らしい環境を作るために、共感と親密さは大切な意味を持っているのだ。

12.15.3 非難のない文化

4章でも触れたように、非難のない環境とは、それぞれの個人がストーリーを共有して安全向上の責任を果たそうと思うように後押しする環境である。Etsyの現在のCTOであるジョン・アレスポウは2012年5月に「Blameless PostMortems and a Just Culture」（非難のないポストモーテムと公正な文化）というブログ記事[†13]を投稿した。そのなかで、非難をしないアプローチによってミスや事故を処理するという方向に変わることを提唱した。

失敗は必ず起きる。失敗を正常なビジネスの一部として受け入れることが感情的な反応を取り除

† 13 https://codeascraft.com/2012/05/22/blameless-postmortems/

くための第一歩である。伝統的なアプローチでは、失敗をヒューマンエラーと呼び、対策として人を解雇し、社員が行動を起こしにくくするための障壁を増やし、トレーニングを強制する。しかし、Etsyではさらにシステマチックなアプローチを取っている。Etsyは、非難のないポストモーテムでストーリーを話すことを後押しして、安全と説明責任のバランスを取ろうとしているのである。

EtsyのMorgueツール（https://github.com/etsy/morgue）で作られるポストモーテムの記録では、関係者は次の内容について詳細に書き込むことを奨励される。

- 行動と発生した事象のタイムライン
- 観察できた影響
- 期待
- 想定
- 結果と意思決定

Etsyでは、ストーリーの共有が関係者に不利益を与えないことを明確にしている。あわせて、事象がどのように発生したかを詳しく説明すれば、安全性を向上させる権限も与えている。これらによって、知識の共有を後押ししている。知識の共有を妨げるような恐怖がなくなれば、関係者はそれぞれの行動を詳しく説明するようになる。これは、他の人が同じ過ちを繰り返さない安全な環境を作っていくために役立つ。

12.15.4 リモートフレンドリー

Etsyには世界中にユーザーがいる。アプリケーションは年中無休の24時間体制で動いていなければいけない。アプリケーションのサポート担当者にとって人間的な環境を作るために、作業を複数のタイムゾーンに分割し、多くの人たちがそれぞれの土地の勤務時間内に仕事を終わらせられるようにしている。これには、一部の地域に住んでいる人たちだけでなく、もっと大きなプールから就職希望者を集められるというメリットもある。

このような作業環境を実現するために、インスタントメッセージングやチャットのためのIRC、長いテキストでのコミュニケーションのための電子メール、ビデオ会議とコラボレーションのためのVidyoといったツールが使われている。Etsyは、コミュニケーションについて「デフォルトでリモート」という考え方を実践している。同じオフィスで一緒に働いている人たちのあいだでも、可能な限り、対面で話して用を済ませるのではなく、これらのツールを使うのだ。

ツールは環境とワークフローにかなり深く組み込まれているので、これらのリモートフレンドリーなツールを使ったコミュニケーションにかかるオーバーヘッドは比較的小さい。この方法には、リモートの社員に絶えず最新情報を伝え、決定を知らせ、交わされている対話に参加してもらう上で大きな効果がある。

データセンターに比較的近い場所にいなければいけないデータセンターのエンジニアなど、ごく少数の職種の人は例外だが、こうすれば社員はいちばん快適な場所で仕事ができる。快適に仕事ができる社員は、企業にいることをもっと幸せに感じるようになる。自分にとっていちばん効果的な形で仕事をすることを認めることは、社員の健康増進と生産性の向上につながるのである。

リモートフレンドリー以外にも、ツールを使う人たちの生活とワークフローを向上させるために組織がツールを利用する方法はいくつもある。次のようなことを頭に入れておきたい。

- ツールは社員を快適にしているか、それとも快適を損ねているか。その度合はどれくらいか
- ツールにどれくらいの柔軟性があるか。どれくらいカスタマイズできるか
- ツールは日常のコミュニケーションにどのような影響を与えているか

12.15.5 ツールによって取り組みを確かなものにする

ツールは、Etsyの取り組みを推進して確かなものにするために、とても重要な役割を担っている。devops共同体を確立し、複数の人たちが一緒に仕事をすることで必然的に発生する誤解を解消するには、しっかりとした取り組みが必要だ。Etsyのリモートフレンドリーな文化が示しているのはそういうことである。コミュニケーションのために仕事が増えるというコストがかかっても、複数のタイムゾーンで年中無休24時間体制のオンコールローテーションをこなしつつ人間らしい生活を維持できる環境を作れる。学習する組織を実践し、人を平等に扱うために、彼らはコミュニケーションに関して戦略的なプロセスを採用したのである。

リモートの社員に対応する上では、アドホックなコーディングセッションや非公式の対話は情報移転の方法としては認められない。そのため、とても多くのコミュニケーションが文字で行われる。決定が下されたときや変更、サービス障害、問題が発生したとき、イノベーションを共有するときには、メールが送られる。社員は、メールの量を制限するためにフィルターを作っており、すべてのコミュニケーションが保存された検索可能なアーカイブを便利なものだと考えている。

Etsyが育てているリモートフレンドリーな文化では、IRCも大切である。チャットボットは、デプロイ、アラート、構成変更の情報を特定のチャネルに流す。チャットボットは、システムの操作にも使われる。たとえば、近く予定されているメンテナンスやコードレビューのためのNagiosアラートを止めるために使える。チャットボットは、互いに相手に「プラス」や支持を与えることにより、「ありがとうの文化」の推進にも役立っている。

ほとんどの議論は公開チャネルで始まる。チャネルは公開されていて、他のチームのチャネルに飛び込むことも認められている。みんなが仕事以外にも興味関心を持っていることを認識しているので、仕事のチャネルだけでなく仕事とはあまり関係のないチャネルもある。リアルタイムチャットは、仕事の邪魔になるかもしれないことが理解されているので、仕事中にサインアウトしたり通知をオフにしたりしても問題視されることはない。

Etsyの社員は全員がVidyoクライアントを持っており、リモートの社員はウェブカメラとヘッドセットを持っている。ビデオ会議での対立を最小限に抑えるために、大画面テレビとVidyoハードウェアのためのスペースが確保されている。

Etsyでは、ものごとの進め方としてドキュメントが重視されている。ほとんどの部分では、AtlassianのConfluenceを使ったページが正確で最新状態に更新されている。当然、全ページがというわけではないが、ドキュメントを最新の状態に保つことが強く奨励されている（特に、オンコールの操作手順書などでは）。多くの人がこれをするための時間を作っている。作ってもすぐに古びて使いものにならなくなると言ってドキュメントを書こうとしない企業もあるが、Etsyでは「ベストエフォートのWiki更新」が十分うまく機能している。

12.15.6 買うか作るか

Etsyは、新しくておもしろいというだけの理由で最新の輝いている技術を使うのを避けている。彼らが使っているほとんどのツールは、機能することがわかっている既存のものである。この哲学については、Etsyの元エンジニア、ダン・マッキンレーがブログ記事"Choose Boring Technology"（http://bit.ly/boring-tech）で詳しく説明している。要するに、新しくてまだテストできていない技術を業務に取り入れることに力を置くと、実際の製品における機能のイノベーションに注ぐべき時間とエネルギーが失われるのだ。企業が本当に力を入れなければいけないのは、製品の機能である。

Etsyは、「精神的なものに対する気前のよさ」と呼んでいるものを大切にしている。できる限りさまざまな形でコミュニティに返せるものを返すということである。これは、ブログ記事、カンファレンスでのトーク、他の社員のメンタリング、オープンソースプロジェクト（自分自身のもの も他者のものも含む）へのコントリビューションといった形を取る。これは、内部向けソリューションとして開発したツールの大半をオープンソース化する傾向にも現れている。

ツールの選択では、一般的なアプローチとして以下の問いに答えてみよう。

- この仕事は自分たちがノウハウを持っている既知のツールで実現できるか。それ以外のツールを使うやむにやまれない理由はあるか
- 自分たちのニーズを満たす既存ツールはあるか。あるならそれを使う
- 自分たちのニーズをほぼ満たすツールがあり、それは拡張やカスタマイズができるか。そのツールはオープンソースか。
- 何かを内部開発するニーズまたは能力、時間、希望があるか
- 問題の範囲は必要で外部的なものか

Etsyは、Nagios、Chef、Elasticsearch、Kibanaなどを使い、コミュニティにコントリビューションしてきた。必要な能力が得られなくなれば、ツールを置き換えている。Etsyは、ネットワー

ク機器のモニタリングを必要としていたが、新しいデバイスを立ち上げたときにはモニタリングのために使える時間はごくわずかだった。当時のEtsyはCacti（http://www.cacti.net/）を使っていたが、複雑な上に手作業での設定が必要だったので、FITB（https://github.com/lozzd/FITB）を開発してリリースすることになった。

BGP（Border Gateway Protocol）モニタリング、サイトモニタリング、合成テストは、どれも問題空間の性質を踏まえて外部サービス/ソフトウェアを選択した分野である。例としてBGPモニタリングについて見てみよう。BGPモニタリングは、外部トラフィックフローの影響を把握するためにすべてのフローをモニタリングし、ネットワーク間ルーティングのトラブルシューティングをする。そのため、Etsyにとっては内部でソリューションを考えるよりも外部のものを使ったほうがよい。すでに外部で作られているものがあるので、ネットワークエンジニアの時間は、そのような複雑なモニタリングサービスを再発明するよりも、もっと効果的なもののために使うべきだ。

12.15.7 自動化についての考え方

Etsyは、長い年月をかけて、手作業のプロセスが問題を起こしていた領域におけるさまざまなワークフローやプロセスを自動化してきた。特に重要なのが1章でも紹介したデプロイである。手作業でのデプロイはエラーを起こしやすく、何時間もかかる上に、ロールバックがとてつもなく難しかった。そのため、作業を整理し、自動デプロイツールのDeployinatorを作って自動化したのである。1度で大きく変えたのではなく、反復的なプロセスで行った。Etsyの自動化の大半はそのような形だった。

別の例として、新サーバーの構築プロセスについて考えてみよう。Etsyは、クラウドではなく、自前のデータセンターでサービスを実行している。そのため、サーバーの構築は手作業が多いプロセスだった。ラックにサーバーを設置してから本番環境で使える状態にするまでに数時間、場合によっては数日もかかっていた。最初の自動化は、スイッチやVLANの構成といったいちばん悩ましい箇所を処理する単純なRubyスクリプトを用意するところから始まった。それから数年かけて、機能を追加し、バグを修正し、さらに多くの箇所を自動化した。今では、ウェブインターフェイスを持つツールもあり、運用チームのメンバーだけでなく、すべてのエンジニアがハードウェアプロファイルやChefのロールを指定し、数分で新サーバーを本番環境に投入できるようになっている。

しかし、Etsyのエンジニアたちは、自動化のための自動化を目指して何でもやみくもに自動化したわけではない。彼らは**残りものの原則**[†14]を意識している。自動化するには複雑すぎたり、特別すぎたり、単純すぎたり、コストがかかりすぎたりするものもあるのだ。そういったものは自動化しないまま残し、運用担当者が行っている。あまりに多くの仕事を自動化しすぎると、その仕事のしかたを忘れてしまい、時間とともにその分野のスキルが後退する**スキル低下**が発生する。

† 14 Tom Limoncelli, "Automation Should Be Like Iron Man, Not Ultron," *ACM Queue*, October 31, 2015.

自動化は、手作業での反復作業にかかる時間を短縮し、エラーを減らすという素晴らしい効果を生むことが多いが、万能ではない。自動化について考えるときには、次のことを自問自答すべきだ。

- 最大の問題点は何か
- 自動化できるものとそうでないものは何か
- ワークフローのなかにそもそも自動化すべきかどうかを考えたほうがよい部分があるのではないか
- 自動化したものがエラーを起こしたときにどのように対処するか

12.15.8 成功の測定

Etsyは、実験と学習を意図的に促進するために、透明性とモニタリングを重視してきた。さまざまなツールとプロセスがこの方針の強みを示している。Etsyは、システムレベルのパフォーマンスメトリクスからビジネスレベルのメトリクスまで、可能な限りのデータポイントを収集しようとしている。データは社員に対して公開される。そのため、運用について深い知識のない社員でも、反復的な改善のための知見や判断を引き出すことができる。しかし、このようなモニタリング重視の姿勢は一夜で生まれたわけではない。

マイク・レンベッシがEtsyに入社したのは2008年だ。当時のEtsyには、モニタリングがなかった。そのため、彼と彼のチームが問題を知るのは、Etsyの顧客フォーラムへの投稿からだった。頻繁にシステムが落ち、それが受動的にしかわからない状態を見て、レンベッシたちはプラットフォームをもっと持続可能な形で運営するための方法を見つけ出した。一発逆転で完全無欠なソリューションを考え出そうとするのではなく、最小限のモニタリングソリューションを導入するところから始めた。顧客体験にいちばん大きな影響を与えられる部分からモニタリングを始めたのだ。

どのツールが必要か道がはっきり見えなかったので、彼らは実験をした。目標は、サイト、アプリケーション、その他連動するあらゆるコンポーネントで何が起きているのか洞察を得ることだ。まずは、Nagios、Cacti、Gangliaを選んだ。プラットフォームをよく知っており、早く実装でき、無料だからである。

小刻みに作業を繰り返し、発展させていくうちに、Etsyでは「何でもかんでも測定する」という習慣が定着した。あらかじめ何を測定したいのかを計画しただけではなく、誰でも集めたメトリクスをグラフとして簡単に可視化できるようにした。UDPまたはTCPで送られてきた統計情報を受け取り、集計情報をGraphiteなどのプラガブルなバックエンドサービスに送信できるStatsD（https://github.com/etsy/statsd）を開発、リリースしたのである。StatsDはNode.jsプラットフォーム上で実行されるネットワークデーモンである。データは10秒ごとに送られるので、ほぼリアルタイムに近い形でデータを収集できる。

ソフトウェアの作成とデリバリには共通の目標がある。別々のチームがそれぞれのニーズにもとづいてモニタリングを用意する。モニタリングにはチェック機関はない。必要または能力の許す限り、すべての人にコントリビューションが奨励されている。モニタリングについては、明示的な合意事項がある。

- 疑問があるなら誰かに尋ねること。
- それが本番環境で問題を起こす可能性があるなら、問題解決に必要なことについて運用チームが話をする。

devops共同体が機能していることを示す例として、リン・ダニエルズはある事例を説明してくれた。リンに送られてきたアラートの解決のために、運用が大きく違うチーム（この場合はフロントエンドインフラストラクチャーチーム）と共同作業をしたというものだ。真夜中にサーバーのディスクスペースについての呼び出し（すべてのシステム管理者のお気に入りアラート）を受けた。このチームは、ほとんどのログが書き込まれる標準パーティションではなく、はるかに小さなパーティションに対してログを書き込んでいた。リンは、それに気づいたのだ。

そしてリンはこのチームにログについての運用上のベストプラクティスを示した。さらに、そのことを説明しているドキュメントを教え、何が起きていたかを説明して、複数のソリューションを提案したのだ。フロントエンドインフラストラクチャーチームは、自分たちにとって最善のソリューションを選んで実装した。このように非難をなくして情報共有を進めることは、相互理解の文化を生んで維持していくためのポイントである。

モニタリングとアラートは、すべてのソフトウェア環境にとって重要な分野であり、ツールを効果的に使えばとても大きなメリットが得られる分野でもある。次のことを考えるようにしよう。

- ツールがモニタリングとアラートをどのように区別しているか
- ツールとプロセスがさまざまなチームのまちまちなモニタリングニーズをどのように処理しているか
- モニタリング、アラートソリューションがどれくらい柔軟でカスタマイズ可能か

12.16 モチベーションと意思決定の難しさ

両方のケーススタディーからも明らかなように、日々の業務で使うツールについての決定は軽々しく下せるものではない。企業が発行しているニュースレター、主要メディア、カンファレンスのベンダーブースには、devopsツールチェーンの「ベスト」ツールについての話題が盛りだくさんだ。しかし、あなたの環境にとって効果のあるソリューションを販売しようとしている企業と、devopsのトレンドに乗っかろうとしている企業の違いをどうすれば見分けられるだろうか。

ツールは、仕事をどのように進めるかを考えるときに重要な問題のひとつではある。しかし、考えなければいけない唯一の問題では決してない。仕事に関連するすべての問題を包括的に解決する「devops-as-a-service」などというものは売っていない。ツールが文化に影響を与えることを理解

するのは大切だ。しかし、ツールが文化を新たなものに置き換えるわけではない。だから、「特注のdevopsソリューション」という、本当かと疑いたくなるようなものを売り込んでくる人には注意が必要だ。たぶん、話がうますぎて本当ではないのである。

人間関係のような、自分自身の目標とは別のモチベーションが紛れ込むこともある。たとえば、ベンダー*X*はスポーツイベントとおいしいディナーに連れて行ってくれるので、他のソリューションではなくベンダー*X*がよいとか、新しいスタートアップに支援したい友人のいる人が意思決定をしている場合だ。

ツールは、何かしらの形で高い評価を受けているといった理由で選ばれてしまうこともある。たとえば、「IBMから買ったせいでクビになった人はいない」といった言葉が決め手になるような場合だ。自分の環境で意思決定がどのようなモチベーションで行われているかを明らかにすれば、意思決定プロセスの改善方法も見えてくるかもしれない。

12.17 Sparkle Corpの効果的なツール利用

「アリスのデモはとてもおもしろかったし、ためになりました。で、見ていて思ったんですが、ノートPC上で仮想マシンを使って、それはコードとは別で管理してましたよね。仮想マシンを管理するプロジェクトを作れるTest Kitchenを使ったことあります？　運用チームは、サービスの新しい実装をテストするときに使っています。そうすれば、チームの誰かがしたことをそっくり真似できるので」とジョージが言った。

それに対してアリスは、「いえ、Test Kitchenは初耳です。どういうものなのか見てみたいですね。特に、カスタムで作った仮想システムの起動を省略できるなら」と答えた。

「ChefDKを使って始めます。Chefの開発キットですね。社員に提供しているすべてのノートPCには最初からインストール済みです。だったら、ITチームと協力してローカル開発環境のドキュメントを更新しとけよと思われたかもしれませんね。私は運用エンジニアですが、新入社員用のドキュメントにそれが書かれていたんです。他のチームが使っていないとは思いませんでした」とジョージは返した。

アリス、ジョーディー、ジョシーがMongoDBのインストールのために行ったカスタマイズを反映したChefクックブックと、作成済みのTest Kitchenテンプレートを使って、ジョージはこの方法が簡単なところを実際に見せた。

「これで中央のGit環境にこのコードをコミットできます。そうすると、みなさんはプロジェクトをプルして使えるようになります」とジョージは言った。

アリスがプロジェクトをクローンし、ジョージがやったようにkitchenコマンドを使ってテストしてみた。OSイメージの同期が取れると、すぐにノートPCにテスト環境を作ることができた。

ジョシーが言った。「MySQLでも同じことができますね。そうすれば、実際のメトリクスで2つのソリューションをすぐ評価できそうですね」。

そこでジョージは、「2つのチームに分かれて協力して、これをJenkinsクラスタにつないでみませんか。そうすれば、各プラットフォームでプロジェクトをプルして、同時に評価できますよ」と言った。

最終的には、運用コストから考えて、MySQLをそのまま使うのがよいという結論で一致した。可視化されたメトリクスを見て、両チームが、この環境ではMySQLを使い続けるほうがよいと考えたのである。Chef、Git、Jenkinsを使ったので、同じことのために重複した労力を費やすことなく仕事を共有でき、そのため、異なるチームのメンバーがはるかに簡単に共同作業できたのである。

協調と協力のアプローチによって、チームは1週間以内にレビューアプリケーションの最初のデモにこぎつけた。そこで、開発チームは嫌がらせ検出アルゴリズムの計画立案のためのセキュリティチームとの共同作業に使える時間を増やすことができた。開放的で継続的なコミュニケーションにより、全員が自分の声を聞いてもらって考えてもらったと感じることができ、決定はグループによる協力的で協調的なものになった。

12.18 まとめ

組織の価値観を明確に定義するようにしよう。Etsyは、とても明解で魅力的な価値観を掲げており、それがEtsyで使うツールと技術や、それらの日常業務での使い方に関する意思決定を導いている。

チームのなかの現在の活動を観察してプラクティスを抽出しよう。EtsyとDramaFeverの両方で見られたプラクティスは次のとおりである。

- 非難のない環境
- 実験と反復的な作業
- 漸進的な改善
- 学習する組織

現在のチーム内の人の活動、プラクティスが明らかになったら、そのプラクティスが自分の価値観に合っているかどうかを判定できる。たとえば、あなたがオープンソースを評価すると言っても、実際にはクローズドソースベンダーのソリューションを選ぶことが多かったり、業務中にメンバーにオープンソースへのコントリビューションをするための時間を与えなかったりすれば、それは理屈の上での価値観と実際の価値観にずれがある兆候だ。

ツールは、文化、スキルレベル、ニーズにもとづいて選ぼう。ツールの選択は時間とともに変わっていく。文化や価値観を共有しているときでも、他の組織や個人とは異なる技術的ニーズやビジネスニーズを持っている場合がある。2つのケーススタディーで共通する価値観や実践は多かったが、DramaFeverとEtsyでは多少異なるツールセットを選んでいる。どちらの企業も、普遍的に「正しい」とか、他の企業よりも「よい」わけではない。判断を下す時点で自分の組織にとって正しいのは何かを知っていなければいけない。

一夜のうちに文化が変わったりツールが効果を発揮したりすることはないことを理解しよう。Etsyは、2008年からモニタリングの取り組みを続けてきており、今後も反復作業を続けながらコードの技術を磨き続けるだろう。彼らがコミュニティにコントリビューションしてきた豊富なツールセットは、そのままの形であなたの特定の問題を解決できるわけではないが、問題解決に役立ちはするかもしれない。変化には時間がかかり、継続的な実践が必要とされるのである。

成功を得るためには、進捗度合いを測定することがきわめて重要である。モニタリングがない状態なら、そこにはかなりの時間をかけなければいけない。ジェイソン・ディクソンの『Monitoring with Graphite』（O'Reilly）などを読んでモニタリングのメリットをしっかりと活用しよう。20章では、同書を含めて優れた情報源となる本を紹介する。

最後に、ツールは効果的なdevopsのための4本柱の残り3本から完全に切り離されているわけではないことを頭に入れておこう。ツールは**人間によって**使われるものであり、他の**人と**の共同作業を促進するために役立つものであり、**人間のための**ソリューションを作ることを目的としたものであり、ツール整備の方程式から人間の士気を取り除くことはできない。ツールは私たちの仕事のしかたや交渉の形に影響を与え、それらから影響を受ける。長続きする重要な改革を行うためには、これらの要素や相互作用を考慮しなければいけない。

13章 ツール：誤解と問題解決

本章では、ツールの選択と利用に関するさまざまなシナリオで発生する誤解や問題解決の方法を扱う。特定のツールや技術の問題解決は本書が取り扱うテーマからは大きくかけ離れているので取り上げない。ここで取り上げるのは、意思決定プロセスやツール整備をめぐるさまざまなワークフローの問題である。

13.1 ツールの誤解

devops関連のツール整備に関する誤解は、突き詰めれば、devopsソリューションにおける特定のツールの重要性に関するものが多い。

13.1.1 技術*X*から、他社にあわせて技術*Y*に移行しなければいけない

第I部でも触れたように、devopsは文化運動だ。文化には技術スタックが含まれており、それを全体的に変更すると（特に、経営陣からの命令によって）、組織全体の足を引っ張るようなコストがかかる。特定のツールを廃止する前に、既存の文化の一部だった環境内でのツールの意味を認めよう。そして、それぞれの人がツールを使って得てきた経験を理解し、他者の経験とどのような類似点や相違点があるかを考えるのだ。どのような変更が必要とされているか、それはすぐに必要なのかを明らかにするには、このような検討と評価が欠かせない。

例外はアップグレードだ。技術においてアップグレードは必須である。アップグレードをいつまでもためらっていると、信頼性とテストという点で余分に技術的負債を抱えてしまう。アップグレードが早すぎると、その製品の品質保証テストをするようなことになる。アップグレードが遅すぎると、消えかかっている技術の境界条件を探すようなことになってしまう。

成功している組織のツールを真似ても、必ずしも同じ結果が得られるわけではない。結果ではなくプロセスに重点を置こう。技術*X*があなたの環境で機能しているなら、それを使えばよい。

特定のツールや技術を使っているからといって、devopsの取り組みが成功するわけではない。SlackやHipChatではなくIRCを使ったり、どこかのクラウドではなくベアメタルサーバーを使ったり、Goマイクロサービスではなく、PHPのモノリスを使ったりしてい

るからといって、devopsの考えが排除されるわけではない。devops運動のかなりの部分は、文化や人同士の共同作業のあり方の問題である。20年前から使っているチャットプログラムで、最新のものと同じように人が協調的かつ協力的に共同作業できるなら、そのことの方がどんなチャットプログラムを使うのかよりもずっと重要だ。

13.1.2 技術*X*を使っているので、うちはdevopsを実践している

devopsの取り組みにとても役立つツールや技術というものは確かにある。その重要な例としてバージョン管理やインフラストラクチャー自動化を取り上げてきた。それらのツールや技術がなぜ役に立つのか、得られるメリットがソフトウェア開発という仕事の人間的な部分にどのように関係しているのかを理解することが大切だ。

たとえば、インフラストラクチャー自動化は、システム変更をめぐるリスクや摩擦を軽減し、統一的で信頼性の高い方法でシステム変更を進められるようにしてくれる。

しかし、これらが人間的な側面に与える影響を無視してしまうと、技術の影響力は大幅に弱まってしまう。インフラストラクチャー自動化を使い始めても、開発者たちの悩みの種だった古い変更管理プロセスを維持するなら、インフラストラクチャー自動化が与えてくれるはずだったメリットは現れない。どのようなツールでも、そのツールだけで問題のある文化を変えることはできない。ツールを効果的に使うためには、人がどのようにツールを使うか、何を達成しようと努力しているのか、ツールがその努力を手助けしているか、足を引っ張っているかに目を向ける必要がある。

Chef、Docker、Slack、その他devopsと関連してよく話題に上るツールを導入しても、ツールは共同作業の方法の一部にすぎないので、それだけでは「devopsを実践している」ことにはならない。devopsの取り組みの成否を握っているのは、特定のツールの有無ではない。それらのツールが文化をどのように支えたり邪魔したりしているかだ。

13.1.3 間違ったツールを選ばないように注意しなければいけない

「間違った」ツールを選ぶと悲惨な結果になり、プロジェクトだけでなく組織自体も失敗してしまうということを心配する人がいる。こういった恐怖は、devopsを実践するには自分たちの製品やソリューションを「使わなければいけない」と言い立てるベンダーによって増幅される。大きなマイナス効果を与えるような判断を下したくないと思うのは、自然な感情だ。

ツールの細部に重点を置くのは間違っている。それよりも、組織内でツールをどのように使っているか、その使い方のよい面と悪い面から何が学べるかに注意を払うべきだ。間違ったツールを選んだから失敗するわけではない。ツール選択についての考え方を誤るから失敗するのである。

たとえば、インフラストラクチャー自動化を例に考えてみよう。PuppetではなくChef（あるいはその逆）を選んだからといって、インフラストラクチャー自動化プロジェクトの成否に重大な影響は及ぼさない。確かに、実装の細部や特定のユースケースでは、どちらかのほうがもう一方よりも役に立つという場合もあるかもしれない。しかし、視野を広げて全体を見れば、インフラストラクチャー自動化ツールをどのように使っていくかのほうが、どのツールを選ぶかよりも、はるかに大きな影響を与える。

ツールの適切な使い方、自動化が役に立つときとそうでないときの違い、新しいツールを選んで

組織に定着させる方法についての原則を理解しよう。そうすれば、組織の能力を最大限に引き出せるようにツールに関する決定を下せるし、さらに重要なことだが、経験から学ぶことができる。

結果として、新ツールや新技術の日々変化する状況に対応できるようになる。たとえ、最適だったとは言えないツールを選んでしまった場合でも、リソースを大きくムダにしてしまったり、そのツールから永遠に離れられなくなったりすることはないだろう。ツールの使い方について合理的に考え、学び、修正できるようになることは、最初から単純に「ベスト」ツールを選ぼうとするよりもはるかに重要なのだ。

13.1.4 devopsツール全部入りセットやdevops-as-a-serviceを買ってくればよい

devopsの影響力と人気が高まってきたのにともない、この流れに乗るために宣伝文句にdevops関連のバズワードを加えるベンダーが急激に増えている。特に、devopsの考えを知ったばかりで、devopsを売り込もうとする製品の多さに圧倒されているようなときには、宣伝文句と現実を区別するのが難しいだろう。

バランスの取れた視点を維持したい場合には、4本柱のことを考えよう。ツールに加えて、コラボレーション、アフィニティ、スケーリングのことも考えるのだ。さまざまなツールが「全部入り」になっていたり「ひとつのサービス」としてまとめられていたりすることに意味がある場合もあるかもしれない。しかし、前の章全体を通じて示してきたように、最新の素晴らしいdevopsツールを持っているだけでは不十分なのだ。成功するには、ツールを効果的に使わなければいけないのである。

devopsは、単なるツールの話ではない。コラボレーションをサービスとしてどうやって売るのだろうか。まさか、特定のコラボレーションやコミュニケーションの問題の解決を助けるツールではなく、実際に共同作業するという人間の行為を売るのだろうか。自分たちのチームに、いきなり他のチームが陣取って、それぞれの目標、優先順位、問題点を話しているのを見たら、いったいどう思うだろうか。こういったものを「全部入り」や「ひとつのサービス」として買うことができないのは明らかだ。結局のところ、必要とされる改革の大部分は、私たちがdevops共同体として説明してきたものについての共通理解を生み出し、維持する方向に組織の人たちをまとめていくことであり、組織内でそのような改革を実現しなければいけないのである。

優れたツールやサービスはたくさんある。多くの企業が現実の問題を解決するソリューションを提供している。ツールを評価するときには、4本柱とそれらの相互作用を頭に思い描き、実現できると言われても意味がないものを約束していないかどうかを考えるようにしよう。宣伝文句の「devops」の部分を「ともに仕事をする人たち」に置き換えて意味がばかばかしくなるなら、おそらくその製品には手を出さないほうがよい。

最終的には、社員とチームが一緒になって、自分の組織で機能するものとそうでないものを見分けるという大変な仕事を自分でしなければいけなくなる。長続きする文化の改革を買ってくることはできない。それは、内部から生み出さなければいけないものなのだ。

13.2 ツールの問題解決

技術の使い方の問題に対処するときには、おもちゃではなく道具を相手にしていることを忘れないようにしよう。最終的には、それがほしい、試してみたいとか、他の全員がそれを使っているといった理由ではなく、問題解決のために役に立つという理由でツールを選ぶようにしなければいけない。

13.2.1 技術Xのベストプラクティスを見つけようと努力している

特定の問題向けのベストプラクティスを見つけ出せれば、安心できるように思うかもしれない。しかし、このようなマインドセットは新たな問題の火種になる。「ベスト」ソリューションを選んだのに、期待したほどうまく機能しない場合、認知的不協和に対処するために、とかく非難に走りがちだ。問題解決に飛び込む前に、次のことをすべきだ。

- 問題の現在の状態をつかむ。
- 必須のものと、あれば便利なものを明確に分ける。
- 重要な情報を握っている個人やチームを明らかにして、彼らの力を借りてさらに問題を評価していく。ここでの目標は、すべての可能性を洗い出すことではなく、問題のどの部分を柔軟に扱い、どの部分を改善の中心にするかを明らかにすることだ。分析的、水平的、批判的など、さまざまな思考法を持つ多様な人を集めたチームを作るようにしよう。そうすれば、潜在する問題を見つけ出すプロセスのなかで、停滞することなく、十分な数の「〜になったらどうするか？」を揃えることができるはずだ。

この見極めのプロセスでは、問題の特定のパターンが見つかるだろう。そのパターンがわかったら、取り得る選択肢と比較してみよう。それらの選択肢には可能性がないのか。それらの選択肢のどれかを選ぶとどのような結果になるのか。まったく新しいものを作ったら結果はどうなるのか。

意思決定を下し、そのプロセスをドキュメントにしておこう。そうすれば意識的に決定したことが明確になる。ドキュメントには、将来の改善ポイントとして考えたことは何か、決定を導いた根本的な問題点は何かということも含めておく。ツールや技術、特に自動化を含む技術を使うときに切り離せないものとして、計画を意識することも大切だ。自動化は多くのメリットを提供してくれる。だが、適切な計画がなければ、誤ったプロセスを自動化し、以前よりもかえって状況を悪化させることになるからだ。

意思決定やその結果としての仕事と並行して、メンバーに十分な時間を与えて「〜になったらどうするか？」をドキュメント化してもらうようにしよう。こうすれば、うまく機能して周りから支持が得られて、技術の進歩や発展にともなう変化にも予想外の問題によるシステムエラーにも対応できるようなソリューションをチームが見つけられるだろう。

13.2.2 ひとつのツールにする合意が得られない

小さな組織では、どのツールを使いどのツールを削除するかについて、全員の同意を得たくなることがあるだろう。小さなスタートアップでは、実際にそれが可能な場合もある。しかし、チームや組織の規模が大きくなると、それはだんだん難しくなる。組織の規模や複雑度がある水準を越えると、場合によってツールを使い分けている人たちみんなからフィードバックをもらうことさえ現実的ではなくなる。ましてや、全員の同意を得ることなどできない。

規模にかかわらず、全員一致の合意など簡単にはできないということを受け入れよう。そうすれば、ほとんどのユースケースにおいて、意味のあるソリューションを見つける方向に移れるようになる。日常的にツールを使うのがどのような人なのかを明らかにする。そして、ときどきツールを使うだけの人ではなく、彼らのニーズやユースケースを最適化しよう。そのツールを一般的なユースケースで使っている人たちの代表者を集めて、テストグループを編成するとよいだろう。社員にソリューション候補の評価を支援するベータテスターになってもらうことも検討するとよい。

多くのエンジニアは、変化に抵抗する。新ツールの導入や既存ツールの交換に強く反対する理由が、ツールの具体的な問題ではなく、使い慣れたものとは異なるというだけのものかどうかを見極めよう。どれくらいの頻度で問題にぶつかり、その問題とは具体的に何だったのかを明確にするために、使っているツールについて、構造化された形でフィードバックできるような方法を検討しよう。いちばん大声で不満を言う人が必ずしも多数派の意見ではないというのも覚えておくとよい。

確かに柔軟性は大切だ。とは言え、チームや組織内で交渉の余地のないお硬いツールを確立したほうがよい分野もある。たとえば、SOX、PCI、その他のコンプライアンスを維持するためのツールがあるなら、コンプライアンスが必要な仕事をするすべての社員にそのツールの使用を強制してもよいだろう。そのような強制は最小限に抑えておきたいところだが、そういったものに意味がある分野も確実にあるのだ。

13.2.3 技術*X*の採用（または廃止）を決めたが、社員がそれに抵抗している

人が業務で新しいツールを使うことに賛成するかどうかは、ツールの選択プロセスに大きく左右される。トップダウンの決定、特に部下よりもツールやワークフローを使った経験が圧倒的に少ない管理職による決定では、新ツールを使いたがらないのも無理のないことで非難できない。以前も触れたように、実際にいちばん頻繁にツールを使っている人と協力して、解決しようとしている問題は何かを調査すれば、こういった状況ははるかに起きにくくなる。

変更をどのように知らせ、どのように展開するかにも注意を払おう。社員のコンピューターを集中的に管理していて、ソフトウェアの変更をITスタッフがリモートで実施できるような場合のことを考えてみよう。ある朝職場にやってくると、新しいソフトウェアがインストールされていた。そのソフトウェアが何で、何のために変更を加えたのか（後者のほうが重要である）について一切の説明もなく、いきなりだ。もし、そんな状況であれば、たとえそのツールが自分にとってよいソリューションであったとしても、社員は拒絶反応を示すだろう。

社員に影響があるツール変更を行うときには、あらかじめそれを知らせ、できる限り変更プロセ

スに参加する機会を与えるようにしよう。ツールを使っているとは思ってもいなかったような人でも、ツールについて強い意見を持っていることがある。決定を下したら、変更を実施する前にそういう人たちとしっかりコミュニケーションを取り、新ツールへの切り替えのための時間を与える。ツールを廃止する場合は、ツールがない状態に慣れるために、廃止までにできる限り時間を与えるようにしよう。そして、変更にどのような要素が含まれるのか、どのような経緯でそのような選択をしたかを説明し、フィードバックや問題報告を上げられる場所を伝えよう。

これは新ツールへの切り替えにも、既存ツールの廃止にも当てはまる。そして、本書で繰り返し言っているとおり、持続可能で有益な変更を生み出すためには、コミュニケーションと共感が大きな意味を持つ。

第V部 スケーリング

14章 スケーリング：変曲点

企業のライフサイクルのなかでは、さまざまな重要ポイントで障害が起こる。本章の目的は、そのような障害を分析し克服する方法を説明することだ。小さなスタートアップ以外の企業でdevopsについて考えるとき、多くの人はこれを「大企業でのdevops」のように単純化したがる。しかし、それは単純化しすぎだ。確かに、大企業に固有な問題はあり、その多くは本章で取り上げる。だが、スタートアップが成長して大企業になる場合でも大企業が分割される場合でも、企業が時間とともに変化していく様子を見ていくほうが網羅的で役に立つ。スケーリングとは、企業がライフサイクルを通じて発展、成長、進化することである。

14.1 スケーリングの理解

チーム、部門、組織において変化が必要なタイミングやその方向性は、いつも簡単にわかるわけではない。あらかじめ、こういった岐路についてのアドバイスを受けられればありがたいが、それでも変化は信じられないほど直観ではわかりにくいものだ。

自分たちの進捗を変わり続ける景観として捉えてみよう。将来の活動が進めやすい景観のときもあれば、活動の邪魔となることもあるだろう。現在の動きが遅い場合でも、急激にジャンプしている場合でも、景観として進捗を捉えていれば、現在の状況を把握した上で、意図の実現に向け、計画、実行、調整しやすくなるだろう。私たちは、経験を通じて、いつどのように方向を変えるべきか、異なる戦略を持つ別の環境にアプローチをかけるべきかを学んでいる。

本章では、組織のスケーリングにともなう課題について、さまざまな考察を示していく。また、効果的なdevopsの4本柱のうちでこれまで説明してきた3本の柱と、最後のスケーリングがどのように関係し合っているかを深く掘り下げ、これまで示してきた誤解や問題解決にさらに説明を加えていく。

14.2 大企業のdevopsについて考えるべきこと

普通のdevops以外に、社員数が多い企業だけに当てはまる特別なツールやプラクティスをともなう「大企業のdevops」があるわけではない。成功の定義はひとつではなく、すべての企業や組織が同じ結果を目指さなければいけないわけでもない。変化のなかを進んでいく上で必要な機動性、バランス、強みを、組織はしっかりと築いていく必要がある。

devops共同体が機動性、バランス、強みを強化していく中心になるという点では、大企業も小さな組織も変わらない。コラボレーションとアフィニティの文化は、「弱い結び付き」を強化し、組織内の情報の流れを促進する。大企業が他と違うのは、原則自体ではなく、原則の適用、実現の方法だ。

devopsの原則が適用できるのは小さなスタートアップのグリーンフィールドプロジェクトだけであり、技術的もしくは文化的負債が溜まっている大企業や古いシステムには適していないと言う人もいる。だが、Puppet Labsが“2015 State of devops Report”（http://bit.ly/2015-state-of-devops）のために実施した調査によると、それは事実ではないことが明らかになっている。

> テストのしやすさとデプロイのしやすさを考慮してアーキテクチャーを構築すれば、ハイパフォーマンスは達成可能だ。

このレポートの調査に当たった人たちは、さまざまなことを明らかにした。ひとつは、devopsの文化的な原則はあらゆる規模の組織に応用できること。もうひとつは、継続的デリバリーの導入やデプロイプロセスの改善などの技術的な原則は、メインフレームも含めて、よいアーキテクチャーでしっかりと設計されたソフトウェアプロジェクトであれば適用可能なことだ。逆に、最新のマイクロサービスベースのプロジェクトも、それを理由に成功するわけではない。しっかりと設計し、テスト可能で簡単にデプロイできるものでなければいけないのだ。devopsの原則は、新旧あらゆるソフトウェアプロジェクトに応用できる。

14.2.1 devopsによる組織の戦略的拡大/縮小

組織が成功するには、スケーリングの方法を知っていなければいけない。つまり、必要に応じて拡大、縮小するのだ。スケーリングは、文脈次第で人によって意味が異なることがある。その意味で、スケーリングも通俗モデルのひとつであり、組織内あるいは他者とのあいだで効果的な議論をするには、どのような種類のスケーリングを話題にしているのかを明確にする必要がある。たとえば、スケーリングは次のことを意味する場合がある。

- 顧客ベースの拡大
- 収益の拡大
- 需要に合わせたプロジェクトやチームの拡張
- システムに割り振る人の割合や金額の維持、改善
- 競合他社よりも早い成長

たとえば「大規模」システムのように、修飾語がさらに意味を加えることもあるので、混乱に拍車がかかっている。ひとりのエンジニアが数百のシステムを、数か月ではなく数分でデプロイした

り削除したりできるマネージドサービスがあるなかで、「大規模」とは何だろうか。このように、システムの可用性を急速に引き上げるという観点で見ると、ごく一部の組織だけに当てはまる原則、プラクティス、技術があるのではないだろうか。

答えは一言、ノーである。第Ⅳ部のケーススタディーで登場したEtsyを見てみよう。2015年時点で、Etsyの社員は約800人で、活動している販売者が150万、購入者が2,260万人で、年間の流通総額は19億3千万ドルである。別の例で言うと、2015年時点で、Targetの社員は34万7千人、年間の収益は720億ドルだ。規模は大きく異なるが、両社はそれぞれの文化にもとづいて、今日のそれぞれにとっていちばん意味のあるルートを選ぶために、devopsの原則とプラクティスを取り入れている。

14.2.2 意識的なスケーリングのために考えるべきこと

さらに、あらゆる問題を解決する唯一無二のメカニズムを探そうとするのは大きな間違いだ。特に、システムから人を減らそうとしているときには、これをやってはいけない。物理的な世界で建築家が建物を設計するとき、拠り所にするのは長年の教育と経験、直観、機械的なプロセスである。建物の要件、周囲の状況、歴史、環境上の問題といったものすべてが設計に影響を与える。

スケッチと3Dモデルを使うことで、建物の目に見える最終型の物理構造を導き出す。建築家が建物とそのなかの空間を構想し設計するときには、支配的な文化が影響を与える[†1]。あらゆる条件であらゆる要件を満たすことのできる建築設計は存在しない。これは、ソフトウェアプロジェクトや組織でも同じだ。

システムの個別の部品と自分の経験からシステムのことを推測するのは危険なことである。システムを構築、管理、利用すると、システム自体から複雑でさまざまな反応が返ってくる。複雑なシステムの障害は、単純で線形なものではなく、単一の根本原因が見つけられないような形で発生する。システムを設計したりスケーリングしたりするときにはさまざまな要素があり、それらが相互作用を起こすことを計算に入れておかなければいけない。

たとえば、使っているソフトウェアやその設定次第では、ひとつのデータベースサーバーから同じデータを50回読み出すのと、別のデータを50回読み出すのでは反応が異なる。そして、もしデータベースを分散化して1台のサーバーではなくなってしまえば、特性や動作はさらに変わってくる。過去のふるまいから将来のふるまいを予想できると思ってはいけない。

このデータベースサーバーを管理すると、個人は知識と経験を得る。彼らは、新しいチームメンバーに早く仕事に慣れてもらうために、その知識と経験を使ってチームの成長を助け、知識がひとりに偏るのを防ぐ。また、システムの管理方法を統一的で反復可能な形に単純化することは、複雑さを軽減するためにきわめて重要である。単純化のプロセス自体は決して単純ではない。ある環境でうまく機能する方法でも、他の環境ではまったく間違っている場合がある。

†1 谷崎潤一郎『陰翳礼讃』(1939年)、Jun'ichirō Tanizaki, In Praise Of Shadows (New Haven, CT: Leete's Island Books, 1977)

14.2.3 スケーリングのための準備

システムをどのように動作させるか、大局的に見て今大切なことは何か。それがわかっていれば、現在の環境のなかで優先すべきシステムを構築できる。目標を理解していることはきわめて大切だ。学習のためのトレーニングなのか。サービス障害に対応しているのか。セキュリティエラーを直して信頼の回復に努めようとしているのか。

ソフトウェアでは、設計の職人芸が話題になり、その分野をきわめると「アーキテクト」の称号が与えられることが多い。ソフトウェアアーキテクチャーをめぐるストーリーが選択肢を形成し、まったく新しい見方でソフトウェアを見るのを妨げる。モノリシックなソフトウェア構造が悪いわけではなく、モノリシックがマイクロサービスよりも悪いわけでもない。技術、プロセス、対立する戦略をじっくりと検討すれば、組織内で柔軟にしてよい部分といけない部分を意識的に決められる。組織内で柔軟にしてよい部分が決まっていれば、強固ながら適度に柔軟な基礎があることがわかっているので、将来の変化に対して、静的な対応であれ動的な対応であれ、意識的にアプローチできるようになる。

14.3 組織の構造

チームの組織構造を変えると、スケーリングしやすくなることがある。ひとつのプロジェクトまたは製品のために、複数のスキルセット、たとえばフロントエンド、バックエンド開発、設計、UX、運用といったスキルを持つ人たちを集め、小さな職種横断的チームを作る。そうすれば、製品を立ち上げるために必要なものがすべて揃い、同じ製品のための仕事をする人たちの間の情報の帯域幅も広がる。

しかし、単一職能のチームにも、チームや部門内での知識の共有や専門化が進むというメリットがある。単一職能のチームが組織の他の部門とうまくコミュニケーションできて共同作業できているなら、組織改革のための組織改革はしないほうがよい。チーム構造がどのようなものであれ、組織全体の活力を保つためには、チーム間のコミュニケーションはきわめて重要だ。

階層的な組織は、イノベーションを窒息させ、社員に無力感を与えることがある。しかし、力関係と立場の格差が、組織を活性化させることもある。階層構造の削減のために大きな組織改革を試みると、組織がフラットになりすぎたときに問題にぶつかる。組織の円滑な機能と社員の士気の維持のあいだで、うまくバランスが取れるような組織を作ることが大切だ。

14.3.1 地域性

組織やチームが複数の地域に分散していると、その企業の全体的なコミュニケーションスキルが厳しく問われる。

複数の地域に拠点を展開すると、コミュニケーションや意思決定プロセスのなかでの個人間の対話がいかに高い比重を占めているかすぐに明らかになる。短期的もしくは中期的な将来、拠点を他の地域に展開することを計画している場合、社員全員の文字によるコミュニケーションスキルを引き上げておくと大きな効果がある。

複数の地域に拠点を展開すると、ロジスティックなレベルでも、ITやインフラストラクチャーに関連して新たに考慮しなければいけないことが出てくる。ひとつの拠点や地域だけが何か特別なもの（最新プリンタ、専用のヘルプデスクチーム、高速なインターネット接続など）にアクセスできるようにしてしまうと、他の地域で働く人が二軍扱いされているように感じるようになり、士気や生産性が下がる危険がある。サイト間を結ぶインフラストラクチャーが通常のワークロードと作業パターンを処理できるようにしておくことも重要だ。

文化の細かいニュアンスとグローバルレベルでの顧客の期待を理解すれば、ローカルサポートオフィスにどうやって人員配置すればよいかがわかる。技術の変化が激しく競争がグローバル化している状況のもとでは、差別化のためにどこに力を入れるかを決めるときに、多様な人たちが必要になるだろう。

企業を一定以上に成長させるためには、分散化したチームをうまく機能させる方法を見つけなければいけない。それができなければ、組織に影響を及ぼすような変化への対応が遅れ、仕事の重複を生み、チーム間の距離を埋めるのに苦労し個人とチームの満足度が低下することになる。

14.4　チームの柔軟性

効果的なチームの規模についてはさまざまな研究が行われてきた。チームが小さすぎると、主としてメンバーの作業時間や知識といった面でリソースが不足して、まとまったことができなくなる。それに対し、9～10人以上の大きなチームでは、個人間の関係や交渉が複雑になるため、タイムリーに効果的な決定を下すのが難しくなる。大きなチームはグループ全体の調和を保とうとするあまり個人の反対意見を抑圧するグループ思考に陥りがちで、そうすると創造力や問題解決能力が低下する恐れがある。

チームを拡大せず5～7人の規模に保つとすると、新たな人を採用したときには、新たなチームを作ることになる。チームが増えれば、管理職やリーダーも増える。管理職になるのは昇進ではなく、キャリア変更だ。文化の維持のためには内部からの昇進がきわめて重要である。有能で、人間関係の調整に力を注ぐキャリアに関心を持つ人を昇進させよう。

官僚主義の横行？

何をするにも官僚主義の厚い壁が立ちはだかっているというのは、大企業でよく見られる不満のひとつだ。官僚主義は、大きな組織を支配している管理システムのことで、複雑すぎて効率が悪く柔軟性に乏しいと批判されることが多い。大企業ではdevopsの取り組みは成功しないと一部の人たちが考えるのは、こういった要素、特に柔軟性の低さのためである。経営理論の分野では、長年に渡って不要な官僚主義を取り除く方法に関する研究が多数行われてきている。

なかには極端な対応を行った組織もある（http://bit.ly/nyt-zappos）。代表的なのが、ホラクラシー（Holacracy）を導入したZapposだろう（http://bit.ly/fc-holacracy）。**ホラクラシー**とは、伝統的な経営の階層構造を通じてではなく、自律的に組織されたチームを通じてすべての意思決定を行う方法である。ホラクラシーを導入したとき、社員は変更を受け入れるか、手厚い契約解除パッケージを貰って退職するかの選択を迫られた。

2年後、Zapposは、この転換のために社員の18%が辞めたことを発表した。典型的な官僚主義の大企業で、Zapposの退職者たちを受け入れたところはほとんどない。そのため、Zapposの退職者が契約解除パッケージによって別の情熱や目標を追求できたかどうかははっきりとわからない。

ホラクラシーのもとではキャリア開発の可能性が不明瞭になった。権力の空白は、マネジメント経験のない人やマネジメントのトレーニングを受けていない人たちによって非公式に埋められた。Zapposの社員の多くはそのように言っている。明確な権力構造がないからといって、力の格差がないわけではない。そういったものは、力を制御するための正式なプロセスがない状態でも、暗黙のうちに残るのだ。

赤いテープを不要に張りめぐらせているかのように感じられることに対して、ホラクラシーの導入よりもよい対処方法はないのだろうか。マックス・ウェーバーが書いているように、官僚制は、君主制や独裁制といった初期の統治システムへの対処策として生まれた。初期の統治システムでは、ある個人の気まぐれに他の全員が振り回されてしまい、抑制均衡の手段がほとんどあるいはまったく存在しない。ウェーバーは、人間の活動をある程度まで統制し制御するためのいちばん効率的で合理的な方法が官僚制だと考えている。最近の**価値観にもとづくリーダーシップ**をめぐる研究は、仕事のペースを遅くする多くの不要な管理層を取り除いた上で、官僚制の利点を手に入れる方法を追求している。

14.5 組織のライフサイクル

組織のライフサイクルは、2つの視点から分析できる。

- 内外からの圧力
- 組織の成長や衰退

新しいビジネスモデルや資金調達モデルによって、企業には変化や成長や成功追求の道が開かれる。そのため、組織のライフサイクルの形はさまざまなものになる。

成長期の内部圧力は、多くの製品を提供するための社員の採用、新たな機能の開発、作業のスピードアップ、サービスを提供する顧客の増加など、組織の自然な成長の形を取る。将来の成長を見込んで先回りして採用を増やすこともあれば、現在の人員が忙しすぎて擦り切れそうになり始めたのを見て後手に回った形で採用を増やすこともある。

衰退期の内部圧力は、思ったように業績が出ず、自発的に規模縮小や整理を始めるという形で現れる。こういった変化にいかにうまく対処できるかが、将来の繁栄に大きな影響を与える。

衰退期の外部圧力は、国内経済やグローバル経済、競争優位の変化、製品や特許などの理由による企業買収、部署の他社への売却などの影響によって起こる。ここでも、それらの異変にすばやく効果的に対処できるかどうかが、将来の繁栄や衰退からの復活の可否に影響を与える。

14.5.1　吸血鬼プロジェクトやゾンビプロジェクトの整理

組織のライフサイクルのなかでは、現在のプロジェクトが組織にまだ付加価値を与えているかどうかを検討することは重要だ。成長期か衰退期かにかかわらず、吸血鬼プロジェクトやゾンビプロジェクトを明らかにできれば、変化の時期をうまく切り抜ける上で役に立つ。吸血鬼プロジェクトやゾンビプロジェクトは、成長を鈍化させたり衰退を早めたりする。いずれにしても、組織が変化を経験する時期は組織をクリーンにするための絶好の機会である。

ゾンビプロジェクトとは、時間と資源を大きく消費するプロジェクトである。誰もがそのプロジェクトは「動く屍」だと知っている。だが、職の安定が脅かされるとか廃止による関係者への影響などが気になって、そういったプロジェクトから手を引けば効果が現れるという気持ちにはなかなかならない。

吸血鬼プロジェクトとは、他のプロジェクトのリソースやエネルギーを餌にしているプロジェクトのことだ。通常、吸血鬼になっていることは認識しにくく、関係者には信頼があるために整理しづらい。プロジェクトは、長期に渡って放置されてきた技術的負債や、立ち上げ時の情報の貧しさなどによって吸血鬼化する。

吸血鬼プロジェクトやゾンビプロジェクトに対処するためにまず行うべきことは、影響を受けるすべての人と話をして、状況をよく理解してもらうことだ。そうすれば、最初に感情的な反発を食らってプロジェクトをずるずると残さざるを得なくなるような状況を避ける上で役立つ。通常、人は意味のあるプロジェクトの仕事をしたいと思うものだ。死んだプロジェクトの仕事には意味がない。

吸血鬼プロジェクトやゾンビプロジェクトといっても、そのプロジェクトに心血を注いでいる中心的な人がいるので、整理するのはとても難しい。そのプロジェクトが全体としてどれだけ企業の業績の足を引っ張っているかを、彼らが知らない場合もある。プロジェクトの現実を示すと、彼らは個人攻撃を受けているように感じるかもしれない。多くの時間と労力を注ぎ込んできた「貴重な」プロジェクトを捨てることを納得してもらうのはきわめて難しい。しかし、それに成功すれば莫大な成果が得られる場合がある。プロジェクトに情熱を燃やしている人は、すでに情熱を持っている。それを吸血鬼やゾンビのために使うのはもったいない。その情熱の対象を企業にとって価値のあるものに変えるだけでよいのだ。

14.5.2　リリースサイクルの影響

リリースサイクルのスピードアップを検討している企業は、変更のために数週間から数か月を必要とするウォーターフォール風のプロセスから、小さなリリースを頻繁に行うプロセスに切り替えようとすることが多い。コード変更が早くなれば、見つかったバグや問題をもっと早く修正してほしいといった内外からの圧力に素早く応えられるようになる。

しかし、分野によっては急ぎすぎるとかえって問題になることもある。次の2つのことをよく考えよう。

- ソフトウェアのリリースがどれくらい簡単か
- リリースがどれだけ重要な意味を持つか

昨今インターネットは広く普及しているが、開発しているすべてのソフトウェアが24時間365日いつでも利用できるように設計されているわけではなく、いつもコンテンツを更新しているわけでもない。個々のプロジェクトについて、どのようなリリースサイクルがいちばん適切かを明らかにするために、プロジェクトとそのリリースの重要性や複雑度を理解して天秤にかけることが大切だ。プロジェクトごとに別々のリリースサイクルを設けるほうが適しているかもしれない。

モバイルアプリケーションは、たいていの場合、Google Playであれ、AppleのApp Storeであれ、それ以外であれ、それぞれのプラットフォームのリリースプロセスの制約を受ける。それぞれのアプリストアやプラットフォームには独自のルールやタイムラインがあるため、週に1度を越える更新ペースは不可能かもしれない。また、ユーザーがモバイルアプリケーションをどれくらい頻繁にアップデートする気になるかも考えなければいけない。アップデートは、得るものが小さい割にめんどうだと思われることが多い。アップデートのたびにログアウトが必要な場合は特にそうだ。

組み込みソフトウェアは、更新の手順はもっと煩雑で時間がかかる。たとえば、車載ソフトウェアは簡単にはアップデートできないことが多い。そのため、致命的な問題が見つかった場合には、メーカーのリコールというコストがかかる大規模で煩雑な手順が必要になる。テレビや電子レンジの内部ソフトウェアは、それと比べれば安全面の懸念は少ないが、リリース後の変更がしにくい点では同じである。ネットワーク接続機能を持つ装置が増えれば、組み込みソフトウェアにアップデートを送り込むのも簡単になる。だが、無線通信でアップグレードできるデバイスでは、検討と対応が必要なセキュリティ問題を膨大に抱えることになる。

ソフトウェアがユーザーの生活に与える影響のことも考えなければいけない。このことに注意しておけば、リリースサイクルだけでなく、プロジェクトのメンテナンスウィンドウやオンコールローテーションなどの要素も重要度にもとづいて加味した上で、計画を立てられるようになるだろう。

SNSサービスのダウンは、予定外のサービス障害によるものでも、予定されていた保守によるものでも、銀行サイトのダウンと比べれば緊急性は低い。それでも、Facebookに接続できなくなった人がよく緊急サービスに電話してきたが。

Twitterでフォロワーが0人だと表示するようなバグは、投資サイトで投資や年金口座の残高を間違って0と表示するバグと比べて、はるかに影響が小さい。

個人情報の漏洩は軽々しく扱うことのできないものだが、社会保障番号、クレジットカードデータ、治療記録が漏洩してしまったときのほうがはるかに深刻だ。

どれくらい早く変更を加えられるか、どれくらい早く変更を加える必要があるか、変更のミスがどのような影響を与えるかは、どれもリリースサイクルの選択に影響を与える。

ウェブと無関係なソフトウェアなら、それほど早く更新されなくて当たり前だと思われているので、仕事が楽に見えるかもしれない。だが、更新頻度が低いということは、発生したバグの修正が難しくなるということでもある。顧客数や製品の出荷数などの点で規模が大きくなればなるほど、サービス障害やセキュリティエラーの影響は大きくなる。

株式公開している企業は、非公開企業と比べて、選択の良し悪しが株主価値に与える影響がはるかに大きい。公開企業は、アメリカのSOX法などの規制や制約を満たさなければいけない。SOXコンプライアンスでは、財務基礎データに触れるあらゆるものに追加の統制を加えなければいけない。これは、その種のデータを操作するコードの開発やデプロイに影響を与える。

14.6 複雑さと改革

組織の規模、複雑さ、成長過程での変曲点は、その組織のdevopsへのアプローチに影響を与える。組織が大きく複雑であればあるほど、回避や準拠が必要な既存の制約も多い。これは、大企業でも公共セクターでも変わらない。これらの環境では、長く続く官僚主義のために、チーム間あるいは政府機関同士のコラボレーションやアフィニティには限界がある。

政府の場合、破壊的な技術やプラクティスを取り入れるときに考慮しなければいけない法律がたくさんある。組織内のルールを破っただけでも、結果が悪ければ責任を取らなければいけない場合がある。法律違反は、結果にかかわらず重大な責任を負わなければいけなくなる。

政府機関では、契約や報奨金などのために開発や運用、その他重要なチームにおけるサイロ化が加速している場合がある。チームが互いに相手の成功に強い利害関係を持たなくなると、協調や協力のための基礎を築くことが難しくなる。

しかし、政府機関がリスク回避以外の目標を見つけられれば、企業が業績以外の目標を見つけたときと同じように大きな価値が生まれる。後述のケーススタディーでは、誤った本番リリースが引き起こす法的な責任やチーム間の協調の難しさといった問題を認識しつつ、コード変更にかかる時間を短縮し納税者のためにコストを削減した方法を紹介する。

14.7 チームのスケーリング

仕事、目的、相互依存、成功に対する責任といったものについて共通の感覚を持つことができれば、チームは効果的に協調し協力できる。この節では、組織のライフサイクルのなかで、チームが最高の力を発揮するのに役立つさまざまな要素を見ていきたいと思う。

人を職務に縛り付けたり、恐怖駆動で動いていたりする組織構造は、**私たちの仕事**ではなく**私の仕事**の最適化を誘発する。個人指向のプロセスやツールを選ぶと、短期的な結果は得られるかもしれないが、それはチームや組織を長期的に支えるものにはならない。

> 効果的な仕事をするリーダーは、決して「私」とは言わないように思う。それは、彼らが「私」と言わないようにトレーニングを繰り返してきたからではない。彼らは「私」のことを考えないのだ。彼らが考えるのは「私たち」のことであり、「チーム」のことである。彼らは、自分の仕事がチームを機能させることだというのを理解している。彼らは責任を引き受け、責任を回避しようとしないが、「私たち」を信用する。信頼はこのようにして生まれる。仕事を成し遂げられるのは信頼があればこそだ。
>
> ピーター・F・ドラッカー

個人としての私たちは重なり合うスキルや関心を持っているかもしれないのに、大企業ではこれらの要素が別々の職務に分割されていることがある。すると、必要な知識を構築するための時間が失われるため、不協和音が起きる。ある職務が別の職務よりも重要だと考えられ、評価の階層構造が発達すると、実際に必要な情報の伝達がおろそかになるというさらに悪い影響が出る。

それでは、決定をたどれるように大きな組織全体に情報を拡散し、人がそれぞれの仕事を自分のものだと感じて満足を得られるようにするにはどうすればよいだろうか。

14.7.1 チームの成長：スケーリングとしての採用

チームのスケーリングで重要な要素のひとつは、チームの拡大である。組織はライフサイクルを通じて採用を検討しなければいけないが、成長期には特にそれが大切になる。この節では、devopsの実践現場でチームを効果的に成長させるために考えなければいけないさまざまなポイントを取り上げていく。

この節では、devopsの実践現場のチームに特化して採用と流出防止のさまざまな側面を取り上げていく。だが、これは伝説的な「十人力のdevopsエンジニア」を採用するためのガイドではない。devopsは必ずしも肩書のことではないという13章の議論を思い出してほしい。

組織やチームは、ただ単にインフラストラクチャー自動化やクラウド、コンテナなどの知識を持っている人を採用すればよいわけではない。具体的なニーズを評価し、devops文化を作って維持していくための肝となる個人間の関係や文化的な側面を考えて採用に臨む必要がある。

チームの成長過程でよく起きる問題のひとつに、社員のトレーニングコストがある。最近大学を卒業したばかりの社員や社歴の浅い社員をひとりで仕事できるようなレベルに引き上げるための教育と、一人前に育った社員に継続的に支援と成長の機会を提供するための教育の両方が問題になる。トレーニングと成長の機会のために時間とお金を使わなければ、社歴の浅いメンバーはレベルアップできず、他の誰もやりたがらずやる時間もない単純作業に縛り付けられてしまう恐れがある。

ITなどの分野は価値の創出に貢献しない単なるコストセンターだと考えるような組織は、採用は不要だとして予算を設定しないかもしれない。たぶん、「この仕事は自動化すべきもので、人を雇うなどとんでもない」とでも言うのだろう。自動化には確かに価値がある。しかし、自動化によって完全に人がいらなくなるわけではない。自動化すべきでない仕事もある。そして、自動化が複雑になればなるほど、保守や不具合が出たときのトラブルシューティングのために人間の関与が必要になる。第Ⅳ部でも述べたように、開発の人間的な部分を取り除くことができる自動化のテクニックや技術はないのだ。自動化は、コスト削減手段のひとつと考えるべきではない。

経験の浅い候補者の採用はとかく避けられがちだ。彼らに「実際の」仕事をしてもらうまでに時間がかかりすぎるとか、経験を積んだメンバーが時間のかなりの部分を彼らのトレーニングやメンタリングに使わなければいけなくなる。そういったことを気にするのだろう。しかし、経験の浅い候補者をトレーニングして育てることに投資するつもりがないと、チームがどんどん同質的になっていく上に、成長を支援する姿勢が後退していく。また、ブルックスの法則「遅れているソフトウェアプロジェクトへの要員追加はさらに遅らせるだけだ」も忘れないようにしよう。ソフトウェアエンジニアのフレデリック・ブルックスが1975年の著書『人月の神話』（丸善出版）[†2]で作ったこの言葉は、彼自身が認めているように、かなり単純化されているが、チームにメンバーを追加する上で考慮しなければいけないコストやオーバーヘッドをていねいに合計していく必要がある。

新しいチームメンバーは、戦力になるまである程度の猶予期間を必要とする。経験を積んだ上級エンジニアでさえ、新しいプロジェクトや新しいコードベースに慣れるにはある程度の時間がかかる。新たに加入した人の仕事が軌道に乗るまで、以前からのチームメンバーがその人を助けるために時間を使わなければいけない。その分、他の仕事のための時間が減るのだ。チームサイズが大きくなると、コミュニケーションのオーバーヘッドは急激に増加する。そして、どんな仕事でも複数人で分け合えるような形に簡単に分割できるわけではない。既存のプロジェクトへのメンバー追加を検討するときには、こういった制約を頭のなかに入れた上で、本当にメンバー追加が必要で有益なことなのかを考えることが大切だ。

14.7.1.1 下請けの利用

大企業では、仕事を下請けに出す、つまりアウトソーシングを検討することが多い。伝統的に、ITや運用といったコストセンターと見られやすい分野は、コスト削減のために、アウトソーシングの主たる対象となってきた。

しかし、考えるべき重要なことがある。確かに予算表の数字の上では節約ができているかもしれない。だが、個人やチームのあいだでの協調と協力、アフィニティが失われる分、かえってコストが上がってしまう。一部のチームや部門をアウトソーシングしつつ、その他のチームや部門を内部に残すと、直接的にも間接的にも組織内に対立や矛盾を生む大きな要因になる。対立や矛盾がどのように姿を表すか、それにどう対処するかのパターンをいくつか示しておこう。

アウトソーシングによって職種別のサイロが生まれる

サイロの最大の問題は、相互のコミュニケーションとコラボレーションの欠如である。知識や情報を抱え込み、責任を他のグループに押し付けようとするのだ。あるグループがアウトソーシングされると、そのグループは「アウトサイダー」になってしまう。そのため、

†2 Fred Brooks, *The Mythical Man-Month* (Boston: Addison-Wesley, 1975).

内部に残った人たちは、そのグループと情報を共有したり、そのグループを仲間の輪のなかに入れたりすることを躊躇する。内部のチームとアウトソーシングのチームのあいだで、双方向のコミュニケーション経路を明確に確保すること。共有のコミュニケーション手段（それぞれのチームを繋ぐグループチャット、メーリングリストなど）を確保したり、定期的な状況報告を奨励したりすれば、情報の共有を続ける上で役立つ。

アウトソーシングされたチームの立場が「下」になる

職場の社会構造のなかで、アウトソーシングされたチームは、公式にも非公式にも内部のチームよりも低い階層にいると感じることが多い。全社的に、チームの表彰式などの機会にアウトソーシングのチームを呼ぶようにするとよい。大切にされていて、グループの一員になっているように感じる人たちは、仕事に大きなモチベーションを持つことが多い。個人やチームのレベルでは、アウトソーシングの従業員を軽く扱うような個人がいないか目を光らせ、そのような行動を許さないこと。

内部チームとアウトソーシングチームのあいだで責任をめぐって対立が起きる

内部チームがアウトソーシングチームに単調で退屈な仕事だけをまわして自分たちで責任を抱え込もうとする。逆にアウトソーシングチームに責任や非難の矛先を押し付けようとする。いずれの場合も、対立点はチーム間の責任である。明確に責任分担を決めることで、責任をめぐる対立や緊張を緩和するのに役に立つ。もちろん、分担を決めても、互いのコミュニケーションを絶やさないようにしなければいけない。可能なら、内部の要員とアウトソーシング先の要員とで責任やプロジェクトを共有させる方法を探そう。そうすれば、環境をもっと協調的で協力的なものにするために役立つ。

個人やチームでは、アウトソーシングを単なるコスト削減策のひとつとして考える組織の態度を変えることができないかもしれない。だが、こういったことに力を注げば、アウトソーシングのチームとのあいだで協調的かつ協力的な関係を保つことができるだろう。

人には長所と短所がある。そういった長所や短所は、他の人とのかかわりのなかで改善されたり悪化したりする。個人を評価するときには、チームのコンテキストのなかでその人を見ることが大切だ。特定のチームには合わなくても、組織にとっては素晴らしい人もいるのだ。

チームを成長させて発展し続けるようにすることと、毎日一緒に仕事をする人たちを知っているという安心感を維持することのあいだで、バランスをとらなければいけない。組織が成長したり衰退したりするときには、それにともなって変化が必要になる。小さなスタートアップでは、全員が全員を知っており、個人的にも密接な関係を持つことができる。しかし、組織が50人とか100人を越えると、自分と他の社員とを結ぶ絆は弱くなる。

14.7.2 社員の定着

競争の激しいIT業界では、企業にとって、社員を確保することの重要性が高くなってきた。社員の定着は、チームの生産性だけでなく、士気にも影響を与える。同僚が頻繁に消えていくと、残された社員にはストレスがかかる。定着率の低さは、チームか企業に大きな問題があることを示唆している場合もある。新しい職場のほうが給料がよいからとか、企業の方向性が心配だからといった理由で多くの社員が辞めていくようなら、残った人たちは不吉の前兆のように感じるだろう。

家庭の事情で、リモート勤務できないポジションから離れなければいけないといったような理由ならしかたないが、社員の定着率を上げるための要素はたくさんある。この節では、それらの要素について見ていく。労力をかけて採用してきた社員たちに定着してほしいと願う組織は、これらの要素について考えたほうがよい。

14.7.2.1 報酬

お金がすべてではない。給料よりも健康的な作業環境や人間的なつながりを感じられる企業を選ぶ人たちがどんどん増えている。とは言っても、人は能力に見合った報酬をもらいたいと思うものだ。最近の研究によれば、同じ企業に2年以上留まっている人の給料は、時間を重ねるうちにかなり低くなってしまうことが明らかになった[†3]。わずか10年で50%ほど低くなってしまうというのである。管理職以外の人たちのあいだでは、古くから、給料を上げる方法でいちばんよいのは、転職して、新しい職場での給料を今より高くすることだと言われている。同じ企業にとどまる人は、平均で3%の昇給を期待できるそうだ。2%はインフレによるものだとすると、実質的には1%ほどだ。しかし、転職すると10 ～ 30%の給料増加が見込める。職場が気に入っていたとしても、時間とともにこの不均衡は無視しにくくなってくる。

最初から競争力のある報酬を払うようにすれば、この問題で有利な位置に立てる。通常、雇用側は、生活できる最低限の給与からスタートしたがる。ところが、このとき、白人よりも顕著に報酬が安いマイノリティグループに属する人に偏った形で、影響が出る。彼らは、前の職場では給料をかなり安くまで抑えられていることが多い。したがって、業界の平均的な給与と特典を提供するだけで、こういった人たちを引きつけることができるのだ。給与交渉プロセスの透明性、給与レンジ、その他報酬に関するさまざまなことが定着率の向上に役立つ。しかし、人は能力に見合った報酬がほしいというだけでなく、公平に扱ってもらいたいとも思うものだ。

時には、給与交渉をすると評価されずに不利益を被ることが多いような社員もいる。そういう社員に定着してもらう上で特に役に立つのが、透明な昇給プロセスである。肝となるのは、明確に定義した昇給基準のドキュメントを用意して、企業内で一般に公開することだ。人に意見を聞いた結果に頼る昇給や、管理職が思いついたときだけ行う昇給では、明確に定義した要素にもとづいて定期的に行われる昇給と比べて、無意識のバイアスが入りやすい。管理職の判断だけに頼らず、給与レンジを併用すれば、このようなバイアスは軽減される。昇給(およびボーナスがある場合にはボーナス)のプロセスと不満があるときの相談相手の情報を、管理職か一般社員かを問わず、全員に周知徹底しよう。

†3 Cameron Keng, "Employees Who Stay in Companies Longer Than Two Years Get Paid 50% Less," *Forbes*, June 22, 2014.

14.7.2.2 お金の形を取らない特典

能力に見合った形で公平に給料がもらえることは大事だ。だが、よい生活水準を享受し、家賃支払い小切手の不渡りの心配をしなくても済む（特に、ニューヨークやサンフランシスコなどの賃料相場の高い地域で）くらいの貯蓄もできる給料をもらえるようになったら、それ以上に給料をもらうことよりも、お金の形を取らない特典のほうが重要な意味を持つことが多い。安定した基盤があって大きな利益を上げている企業と同じような給料を出すことができない未成熟な小企業では、こういった特典は、優秀な人材を引き付けて定着させるためのよい方法になる。特に賃料の高い地域で家賃を払えるだけの機会をもらえていないマイノリティの人材には魅力的だろう。

特典を話題にするときは、オフィスにビールの冷蔵庫や卓球台があるかどうかという話をしているわけではないことに注意してほしい。こういった「特典」は、プロのオフィス空間よりも男子寮のような雰囲気を作るためのものだ。女性でも、酒を飲まない人でも、仕事中に卓球などしたくない人でも、そのような環境を快適だと思わない人からすれば邪魔なだけである。食事、特にさまざまな制限に対応できる健康的なものはプラスになり得る。しかし、特典として朝食、さらに夕食を提供することには注意したほうがよい。それが、日常的に朝早く出社し、夜遅くまで働くことが期待されているような文化であることを示すからだ。

検討すべき特典としては、次のものがある。

リモート勤務

広い範囲の候補者を引き付けるためにも、企業のオフィスがある地域から引っ越さなければいけない社員を引き止めるためにも（たとえば、子どもを作るため、親の近くにいるため、生活費を下げるため）、リモート勤務は大きな特典になる。

教育を受ける機会

新しいスキルを学んだり、持っているスキルを磨いたりするための機会を提供する。たとえば、講師を招いたり、カンファレンスやトレーニングに社員を送り出したりする。他にも、仕事に関連する分野での教育をさらに継続して受けたい社員のために授業料や教科書代を提供することもある。このように、さまざまな形を取り得るのだ。個人として、またプロとして成長することは人間にとって大切なことであり、そのために時間と機会を提供することは大きな特典になる。

フレックスタイム

決められた時間に働くことを要求する法的な理由がない限り、勤務時間に少し柔軟性を持たせることには大きな効果がある。リモート勤務と同じように、これは社員とチームに対する信頼を示すことであり、仕事以外の生活や責務への配慮を示すことである。フレックスタイムを認めると、社員は、自分とチームの他のメンバーにとって都合のよい時間に仕事を済ませ、趣味を追求したり、ラッシュアワーの通勤を避けたり、家族の面倒や家事といった家の仕事ができるようになる。

ワークライフバランス

毎週50時間から80時間働き続けると、仕事によい影響ではなく悪い影響を与える。社員が合理的な時間に出退勤し、家で仕事をしたり絶えずメールチェックしたりしなくても済むようにして、それを奨励するようにしよう。そのための方法としていちばんよいのは、経営者や管理職が模範を示すことである。上司が午前5時とか午後10時とかにメールをしているのを見ると、部下はそれにすぐに返信しなければいけないというプレッシャーを感じる。上司にその意図があろうとなかろうと、部下はそう感じてしまうのだ。また、オンコールがある場合、オンコールシフトごとに余分に休憩時間を提供すると、大きな特典になり得る。

有給休暇

社員に休暇を提供し、社員がそれを利用できるようにしよう。国が法律で決めている休日以外には、休暇をいつ使うかを強制しないこと。たとえば、年10日の休暇を提供しても、そのうちの8日はクリスマスと新年の週に取ることを義務付けてしまうと、残り50週のうち2日しか休日が残らない。これでは理想からはほど遠い（クリスマスを祝う人ばかりではないことを考えると特に）。一方、休暇の取り方に制限を設けないことを検討している場合は、継続的インテグレーションサービスを提供するTravis CIのCEOであるマタイアス・マイヤーが、その問題点を指摘する文章（http://bit.ly/meyer-vacation）を書いているので参考にするとよいだろう。

退職金積立

企業は、最低でも社員がIRAや401kなどの退職金積立制度に加入できるようにしなければいけない。さらに、従業員拠出可能額を一定の割合まで上げることを検討しよう。最近はこれをする企業はどんどん減ってきているが、それができればきわめて有益で魅力的な特典になる[†4]。できない場合でも、年に数回フィナンシャルアドバイザーを呼んで社員のためにアドバイスを提供するなどの補完的な方法を考えるようにしたい。

健康保険

ほとんどのフルタイムの社員の場合、標準的な福利厚生のなかには何らかの形の健康保険が含まれる。だが、特にアメリカでは、健康保険の保障範囲は大きく異なる。優れた健康保険は、社員が広い範囲のプランから必要なものを選べるもの、家族保障、非婚パートナー給付、トランスインクルーシブ医療などに対応したものになるだろう。また、月々の保険料を社員の給与から差し引くのではなく、企業が全額を支払うとか、社員の医療、健康保険関連の疑問に答えるオンライン健康コンシェルジュサービスへのアクセスという形のボーナスもあり得る。

カジュアルドレスコード

オフィスでのドレスコードを緩めれば、コストをかけずに社員の長期的な出費を削減でき

†4 監訳注：従業員の追加拠出額を含めて所得控除の対象となり節税の効果がある。

る。ビジネスウェアのほうがプロらしく見えるし、外に出る仕事や肉体的にハードな仕事では、カジュアルウェアよりビジネスウェアが好まれる。だが、その一方で、着るものを選べる自由があることが自主性の尺度だと思う人もいる。

移動手段に関連する特典

移動手段に関連する特典には、プリペイドの乗車カード[†5]、企業の専用バス、駐輪場、バレットパーキングなどがある。移動を楽にしたり、オフィスの駐車場の混雑を緩和したりすれば、社員の通勤コストが下がり、社員同士で駐車場の取り合いになってストレスが溜まるのを防げる。また、アメリカ国内では、一定限度内の移動関連の特典に対して税金を免除する制度がある。ここに含まれるのは、乗車カード、社用車の相乗り、駐車などである。地域の制度をチェックしよう。

性別不問の施設

性別を指定しないトイレを用意すると、ステレオタイプな性別の二分法に当てはまらない人にも開かれた環境を作り、補助を必要とする人にとってのアクセスもよくなる。法律が規定するトイレと標識の要件は地域によってまちまちなので、あらゆる地域、あらゆるトイレで実施できるわけではないかもしれない。しかし、可能であれば、性別不問のトイレ（社員用にロッカールームやシャワーを提供している場合は、それらについても）を用意すると、広い範囲の社員が設備を安心して使えるようになる。

託児所

企業内に託児所を設けると、仕事に対する満足度が上がり、幼い子どもを抱える人たちを引きつけることができる。子育てに関連する問題での欠勤が減り、子どものいない社員が日中やオンコールシフト中の子持ち社員の分の負担を肩代わりする必要がなくなる。

全体として、福利厚生制度において、金銭的にも非金銭的にも企業が不公平なことをしていると思われてはいけない。公平に扱われて大事にされていると感じることができ、疑問や不満に答えてくれるプロセスがあれば、社員は満足するはずだ。

14.7.2.3 成長の機会

お金やワークライフバランス以外で人が退職する最大の理由は、成長の機会がないと感じることだ[†6]。袋小路を予想したり期待したりして職に就く人はいない。成長によって自由度が上がる、参加できるプロジェクトの選択肢が増える、大きなプロジェクトを任せてもらえる、リーダーシップを発揮する機会が得られる。こういった機会が得られるかどうかにかかわらず、人はスキルを伸ばし、成長を示す機会を望むものである。

リーダーは必ずしも管理職ではないことに注意しよう。シニアレベルで明確に定義されているのは管理職だけで、管理職になる以外にキャリアを伸ばす方向がないという企業もある。だが、IT

†5　監訳注：日本でいうと古くはオレンジカード、最近ではSuicaなどがこれにあたる。
†6　Katie Taylor, "Why Do People Actually Quit Their Jobs?" Entrepreneur, July 16, 2014.

の一般社員の多くは管理職になることを望まない。彼らにとってのリーダーシップとは、プロジェクトを引っ張っていくことであり、組織内での自分の仕事の影響力を拡大していくことである。管理職でなくてもキャリアを伸ばせる方向を用意するようにしよう。理想を言えば、一般社員が成長したときに、管理職になる道と同じように明確にレベルが定義された専門職への道を作っておきたい。

管理職でも一般社員でも、明確に定義された成長と昇進のプロセスを設けることが大切だ。社員に対して仕事のレベルの定義を公開すること。この定義を見れば、次のレベルに進むために何をしなければいけないかを社員がわかるものでなければいけない。昇進のプロセスも明確に定義し、その内容を公開すべきだ。管理職が肩を叩くだけという謎めいた「プロセス」では、選ばれなかった社員には想像以上の不満が溜まるし、無意識の偏見が外に出てくることが多くなる。上司やCTOとたまたま仲がよい人だけでなく、すべての社員に成長の機会が与えられるべきだ。

それとともに、社員が企業のなかで新たな分野への関心を追求できるようにする機会を設けるようにしたい。たとえば、ソフトウェア開発者が数年後に運用やセキュリティへの関心を追求したいと思うようになった場合、企業がその機会を与えなければ、彼らは退職してしまうかもしれない。

14.7.2.4　ワークロード

通常、人は簡単ではないが実行可能なワークロードを探している。成長の機会についての話の続きになるが、自分の力を試せてスキル向上に役立つ難しい仕事は、自分の仕事に対する満足度を測る上で重要な意味を持っている。第Ⅱ部では、スターターとフィニッシャー、純粋主義者と現実主義者といった仕事やコラボレーションのスタイルについて触れた。与えられる仕事が自分の好みと一致しないと、そのワークロードは実際よりも重く感じられてしまう。仕事との相性が悪いこと自体がその人の幸福感や生産性を減退させるのだ。

難しすぎる仕事も問題を引き起こすことがある。企業や上司が過大な期待をかけていながら、仕事を完成させるために必要な時間や支援、リソースを与えてくれない。上司は現実が見えておらず、部下がどれくらいの仕事を成し遂げられるかを理解できていない。社員がそのように感じてしまうかもしれないのだ。仕事が難しすぎることは、チームに負担をかけすぎていたり、仕事の分配が均等になっていなかったりすることを示す兆候の可能性がある。たとえば、のんびりしている社員とオーバーワークで疲れきっている社員に分かれてしまっているような場合だ。理由が何であれ、突発的に仕事のピークが来るのではなく、オーバーワークが長期に渡って続くと、大きなマイナス効果が現れる。

オーバーワークになった社員は、それほどきつくない仕事を求めて退職する場合がある。しかし、おそらくもっと困るのは、彼らが職場にとどまるものの、燃え尽きてしまうことだろう。管理職は、チーム全体や部下それぞれがとんでもない量の仕事を抱えていないかどうかを定期的にチェックすべきだ。また、必要に応じて部下に休暇を取らせることも大切である。燃え尽きを防ぐために、チームや個人がプロジェクトの終盤などの残業の多い時期を乗り越えたら休みを取るように勧めるとともに、毎年全員がまとまった休みを少なくとも1回は取るようにしよう。

燃え尽き

燃え尽きとは、疲労が長期的に続き仕事だけでなく仕事以外の活動にも関心がなくなってしまう状態のことである。燃え尽きの症状は臨床的鬱病の症状ととてもよく似ており、最近の研究では燃え尽きは鬱病の一形態とも言われている。燃え尽きにかかった人は、他人から離れようとするようになり、自分の個人的ニーズに注意を払わなくなり、睡眠障害を起こし、無関心、無力感、絶望感に襲われる。IT業界、特に「英雄的」ハッカーや「ロックスター」開発者が理想視されるシリコンバレーのスタートアップでは、ストレスやオーバーワークの長期化はごく当たり前だが、燃え尽きはそのストレスとオーバーワークの長期化によって発症することが多い。精神的健康は肉体的健康と同じくらい重要であり、燃え尽きを避けるために注意を払うことは、すべてのチームや企業にとって最優先事項である。

IT企業の多くには、何らかのオンコール業務がある。職務のなかにオンコールが含まれている人たちは、電話（以前ならポケベル）を持たされ、勤務時間外に発生したインシデントに対応しなければいけない。オンコールが過度のストレスを引き起こさないようにすることはきわめて重要だ。オンコール業務は少なくともふたりで分担し合うようにしなければいけない。これは本当の最低限である。年中無休の24時間体制でひとりの人間にオンコールを押し付けるのは、その人に燃え尽きろと言っているようなものだ。誰に対してもすべての夜と週末を永遠に諦めるよう強制するようなことはあってはいけない。理想を言えば、オンコールは数人で分担するのがよいだろう。企業が成長してきたら、ローテーションを複数回し、シフトが回ってくるまでのあいだに睡眠時間を取り戻し、リラックスできるだけの時間を全員に与えるようにしよう。

オンコールローテーションに組み込んだ社員に対しては、その分の補償を提供しなければいけない。オンコール業務を継続的に行う社員の給与を高く設定したり、呼び出し用の電話を持ち歩いた時間ごと、電話に呼び出されて勤務時間外にインシデント対策を行った時間ごとに特別給与を支払ったり、オンコールシフトが回ってくるたびに休憩時間や休暇を追加したりする企業もある。職務の一部にオンコールが含まれている場合には、募集のときに最初からその責任範囲を明確にして、社員が契約内容を正確に知ることができるようにする。そして、それにもとづいて補償の交渉を進められるようにする必要がある。採用後にオンコール業務を新たに追加する場合には、その詳細や補償を上司と交渉する機会を与えるようにしなければいけない。

14.7.2.5 文化と文化適合性（カルチャーフィット）

文化、**文化適合性**（カルチャーフィット）といった言葉は、曖昧で問題を起こすことがある。これらは、意識するとしないとにかかわらず、チーム内にある程度の同質性を確保するために、同じ学校を出た人、同じスポーツの愛好者、同じ同好会の参加者を雇おうと考えている採用決定権者がよく使う言葉だ。これは、文化の観念を上っ面のところで捉え、排外的な空気を作るものであり、文化的な適合の観念を誤用している。

devopsには文化的な要素や人と一緒に仕事をして関係を結ぶ方法に関する側面がかなり含まれている。そのため、これらの言葉を排外的にではなく、生産的な意味で定義することが大切になる。文化とは、人や社会の考え方、習慣、社会的行動と定義したほうがよい。そして、これらの分野を深く見ていくと、人がその企業に居続けたいと思うか出ていきたいと思うかが、この定義のもとでの文化によって大きく左右されることがわかる。

企業やチームという文脈では、考え方という言葉にはさまざまなものが含まれる。広く捉えれば、企業の考え方とは、価値提案、販売している商品、利益を上げるために選んだ方法などである。企業のなかには、広告やユーザーデータを広告主に売ることに価値を置いている企業もある。企業の価値観が自分の価値観からはとうてい認められないと考える人や、企業がしていることに何の関心も持てない人には、企業が成功しても、その人を企業から引き離す大きな力が働くだろう。

考え方は、組織やチームで価値があると考えられているものを意味する場合もある。典型的な例は、特にdevopsの考え方が人気を集める前に多くの組織でそうだったように、IT運用を始めとするIT関連の仕事が過小評価されていたことである。ITは単なるコストセンターだと思われていた。ITは企業にほとんど、あるいはまったく価値を提供しないと考えられていたため、ITに対する投資は何が何でも最小限に抑えるべきものと見なされていたのだ。

同じように、個人がチームや管理職に低く評価されていると感じることがある。少数のメンバーだけが上司と仲良くしていて、上司が他のチームメンバーよりも彼らの話をよく聞くようなら、他の人たちは自分の貢献がチームで評価されていないと感じるようになる。

考え方が多数派とは異なる人たちも、すぐに同じような感じ方をするようになるだろう。以前、チームや組織の多様性を育てる上で考えるべきことに触れたが、このことが「普通」ではない人たちに対して持つ意味を考えることがとても大切だ。男性ばかりのチームでたったひとりの女性や、白人ばかりのチームでたったひとりの非白人といった人のことを考えてみよう。もし、その人が、大きな声を出す人の考えが通ってしまうようなチームに入れば、自分の貢献は聞き入れられないし、評価されないと感じてしまうだろう。

習慣は、伝統的あるいは広く受け入れられている行動様式、話し方、ものごとの進め方などである。このような見方に立つと、次に示すように職場における多くのことは習慣と考えられる。

- 仕事がどのように割り当てられるか。誰が仕事を割り当てるか
- チームメンバーや企業内の同格の人が互いにどのようにコミュニケーションするか
- 管理職がどのようにして部下に伝達事項を伝えるか
- 人がいつオフィスにやってきて、いつ出ていくか
- 仕事をするための技術的なプロセス
- 昇進、昇給、ボーナスなどがどのように与えられるか

習慣には問題がある。ある方法を、ものごとを進める唯一の方法と考えてしまって、たくさんあ

る方法のひとつにすぎないという見方ができなくなってしまうことだ。習慣に慣れてしまうと、習慣は背景に隠れていってしまう傾向があるのだ。もっとよい方法があるのに気づくためには、新しい目と新鮮な視点が必要になることが多い。

「私たちはいつもこうしてきた」というのは、何かをし続ける理由として十分ではない。変化を拒絶したり、新しい発想について考えることさえしなかったりすると、チームや企業は停滞していき、ライバルに追い抜かれてしまう。変化を怖がり、なじみのないものを拒絶するのは人間がもともと持っている性質だ。だが、私たちは自分のなかにこのような傾向があることを認識し、意識的にその傾向に逆らって、安心できるアイデアではなく、最良のアイデアに耳を傾け、検討し、選択するようにしていかなければいけない。このことを認め、大切だと考えるべきなのだ。

多様性を育てることを考えているなら、昇進、昇給、ボーナスについての企業の習慣は、特によく検討すべきだ。自分ではそのつもりはなく気づいてさえいないかもしれないが、この部分には無意識の偏見がとても入り込みやすい。これらにおいて、公募にして応募を促したり、特定の職務やランクのすべての社員が考慮の対象になるといったことがなく、ひとりの管理職だけの判断で決まるようであれば、無意識の偏見が入り込む可能性があるだろう（そして、入り込むことが多いはずだ）。

文化の主要要素の最後である**社会的行動**には、人同士の交渉に含まれるさまざまな要素が含まれる。人がコミュニケーションを取る様子を注意して見てみよう。「上位」の社員が下位の社員を見下したり無視したりするような形で話をするか、それとも誰が言ったかに関係なくすべてのアイデアを大切に扱うか。会議で互いに他人の発言をさえぎる傾向があるか、それとも他人が話し終わるまで待っているか。それは同僚の間だけでか、それとも管理職もそうか。意見が一致しないときに、それをどのように解決しているか。穏やかに議論するか、同意を取り付けるか、それとも全員が大声を張り上げ、他がうんざりして諦めるまで主張し続けた人が勝つか。決定はどのようにして行われるか。

社会的行動には、**社会的**という言葉を聞いたときに思い浮かぶ以上のものも含んでいる。チームはどのようにして互いに相手を知り、絆を作っていくのか。ともに仕事をする人たちをよく知ることは、共感力が強まってコミュニケーションが効果的になるなど、さまざまなメリットがある。スタートアップが近くのバーに直行しようとするのに対し、それよりも企業らしい企業では、ぎごちなくアイスブレーカー[†7]やトラストフォール[†8]などをするようだ。両者の間を取って、すべてのチームメンバーに提案を求め、全員が賛成できるようなものを探すのがいちばん効果的だろう。しかし、人目が気になって自分の意見が言いにくいという人もいるので注意が必要だ。たとえば、アルコール中毒と戦ってきた人は、無料で飲める酒を避けたい理由を同僚の前で説明したがらないだろう。非公開の安全な方法で意見を言えるような機会を十分に与えることを忘れてはいけない。

オフィスのなかで人がどのように付き合っているかも、とても雄弁に社会的行動の全体的な姿を示す。チームの長と頻繁に昼食やお茶に出かけている人間が誰なのかはすぐに気づかれる。特に、

†7　訳注：緊張をほぐすゲームや会話。
†8　訳注：パートナーが支えてくれることを信じて背中から倒れるゲーム。

それがチームの全員に平等に与えられている特権でない場合はそうだ。もともと知り合い同士で設立されることが多いスタートアップなどでは特にそうだが、仕事を通じて同僚が友人関係になることはある。しかし、無意識のうちにひいきしたり、オフィスであからさまに仲のよさを見せつけたりはしないようにすることが大切だ。

多くのオフィス、特に小さなところでは、就業時間後や休憩中によく行われることがだんだんはっきりしてくる。かつての冷水機にかわって水出しコーヒーやビールのサーバーを置いているところもあれば、社員が就業時間後やストレス発散のために使える卓球台やテーブルサッカーを置いているところもある。若い男性社員が多いオフィスで増えてきているのが、ラジコンのヘリコプターやおもちゃの銃などだ。こういったものを一概に悪いと言うつもりはないが、嫌いな人の気持ちを無視することになる場合がある。仕事をする環境に子どものおもちゃがあるのを好まない人は、仕事中に頭におもちゃの銃の弾が当たれば、激昂するだろう。

「楽しい」と表現されるものに反対するのは気まずいものだということには配慮しなければいけない。誰だって楽しくないやつだなどと見られたくないものだ。職場の文化として長く続いているものにたったひとりで反対するのはつらいものだ。特に、チームのなかで少数派に属する人は、矢面に立ちたくないはずだ。人が気楽に意見を言えるようにするとともに、オフィスでどういったことがよく行われているかに注意を払うと、全員が参加している気持ちになれる文化を築くために大きな効果があるだろう。

要するに、定着率を高くするには、今まで見てきたdevops共同体の方法を反映させた形で相互理解を保ち、共通の目標やニーズを満たし、人間関係を継続的に発展させていくことを通じて、社員との共同関係を維持することが大切だ。募集や面接から社員の定着を図るための施策までを通じて、文化をめぐる期待をはっきりとわかる形で定義しておこう。以上を念頭に置いた上で、これらの考え方を実際にどのように適用すればよいのかを見ていくことにする。

14.8 ケーススタディー：チームの成長とスケーリング

本章のケーススタディーでは、規模の異なる2つの企業でそれぞれ採用に関わっているふたりの話を聞いている。2007年設立のオンライン販売企業のdevops担当ディレクターと、1996年にカナダのアルバータ州カルガリで設立されたグローバルなデジタルマーケティング、デザイン企業であるCritical Massの技術担当ディレクターのフェイドラ・マーシャル氏である。ふたりはともにIT企業の採用プロセスに密接に関わっているが、アプローチは大きく異なる。ここでは、ふたりのアプローチの違いの理由に注目するとともに、それがそれぞれの置かれた状況のなかで意味を持つ理由を考えていく。

14.8.1 運用チームの構築と育成

オンライン販売企業のdevops担当ディレクターはもともと開発者だった。その後、オンラインストアのソフトウェアやPOSシステムを開発する大きなeコマース企業に入って0から運用チームを立ち上げた。さらに、彼はデジタルメディアの企業に移り、運用チームを最初期から立ち上げた。そこでは、彼は技術的な立場から本番運用と企業ITを管掌し、両部門の成長を支えた。

彼は、ディレクターレベルのポジションに加えて学習と成長の機会に恵まれている企業を探し、ある企業の多様性と文化に惹かれた。その企業はCEOとCTOを含め幹部の半分以上が女性で、シリコンバレーのほとんどの企業、いや一般のほとんどのIT企業と比べても、多様性が圧倒的に高かった。現在の社員は125名ほどで、そのうちの30人が技術関連の仕事をしている。

この企業は物理とクラウドの2種類のインフラを組み合わせて約50台のサーバーを実行しており、負荷が高くなったときにはオートスケーリング[†9]を活用して数百のジョブワーカーを実行する。彼らにとっての効果的なdevopsとは、企業の目標達成を支援するために、運用エンジニアと開発者の密接な共同作業を通じて「見事に自動化された」システムを作ることだ。そのなかには、運用の仕事、特に自動化のことを開発者に教えることと、開発者が構築するシステムのライフサイクルを通じて開発者と密接な共同作業をすることが含まれる。

14.8.1.1 社員の募集と面接

devopsに対するこのビジョンのもとで効果的な採用を行うために、このディレクターは自分の新しいチームの成長戦略についてさまざまなことを考えて試行錯誤を重ねてきた。この企業のdevopsチームには、現在、ディレクター以外に4人のエンジニアが所属している。初めてdevopsの仕事をする経験の浅いエンジニアから、一般社員に逆戻りした元ディレクターまで、さまざまな経験の持ち主である。全員がこのディレクターに採用された人たちだ。採用プロセスは、技術担当VPから採用人数の承認を得たのち、TwitterとGitHub、StackOverflowの求職掲示板に求人票を投稿するという形で進められる。多くの企業と同じように、リクルーターを使ってもあまりよい結果が得られなかった。この企業で必要とされるタイプの候補者を見つけるためには、IT業界専門の求人掲示板と既存のチームメンバーのネットワークのほうがはるかに役に立つことが明らかになったのである。

面接は、2回の電話による予備選考から始まる。1本は現在のチームメンバー、もう1本はこのディレクター自身が対応する。電話による予備選考を通過した候補者は、本格的な面接を受ける。面接では、ふたりのエンジニア、ひとりの技術担当ディレクター、ひとりのビジネスサイドの管理職、最後にエンジニアリング担当VPが候補者と話をする。面接は技術的なものもあれば、人を知り、成長過程のチームの一員としてどの程度力になってくれるかを評価するものもある。このディレクターのチームの場合、後者のために、候補者が前の職場のどこが好きでどこが嫌いだったか、何を追い求めていたか、職場のどういったところでやる気が出たり、やる気が失せたりしたかを探っていた。

このディレクターは、候補者が強い意見（どのテキストエディターを使うか、SQLとNoSQLのどちらを支持するか、気に入っているLinuxディストリビューションは何かなどについて）を持っているかどうか、その意見が強すぎて柔軟性がなくなっていないかどうかに注目したと言っている。ここでは、考えを変えない頑固な人は、チームのなかにうまく溶け込めない傾向があるからだ。また、ビジネス部門の管理職など直接配属されるチーム以外の人との面接は、候補者が他のチーム、特に非技術系のチームとうまく協力できるかどうかを知る上で役に立つ。

†9 サーバーCPUの負荷などのメトリクスにもとづいて、クラウドインフラストラクチャーで実行されるサーバーの数を自動的に増減させること。

強い意見と弱い執着

シリコンバレーの技術動向を論評しているポール・サフォーの2008年の記事（http://bit.ly/saffo-opinions）によると、IT業界のように少なくともある程度の不確実性がある環境を扱うときのものの見方としていちばんよいのは「強い意見と弱い執着」である。強い意見の部分は、特定の立場を取ることや何らかの意見を持つことを拒否せず、必要に応じて直観を働かせながら何らかの結論に到達するように心がけることを意味する。

弱い執着の方は、証明されている誤りに目を背けたりせず、現在の結論に合わないものを探し、新しい証拠にもとづいて自分の考えを変える意思があり、実際に変えられることを意味する。多くの人たちが、このようなものの見方をする候補者を採用したいと考えている。強い意見を持てない人は、強い意思決定権者やリーダーにはなれないだろう。しかし、自分の意見に対する執着が強すぎる人は、窮地に陥りやすく誤りから立ち直りにくい。

14.8.2 「英雄文化」の問題点

このディレクターは、自分たちの求人票が英雄文化を美化していると指摘されたことがある。長時間働くとか、独力で問題を解決したとか、サービスを動かし続けるために消火活動をしたといった「英雄的」な行動が、望ましいものとして評価されているというのである。そのとき彼は、自分たちの採用プロセスに改善が必要な部分があることに気づいた。

このような文化の問題点は不健康なことである。長時間労働と休日出勤は、燃え尽きの要因になり、肉体的な問題と心の問題の両方を引き起こす。また、チームの一部として効果的な仕事をするのではなく、自分自身が認められて昇進するのを目的に「英雄」になりたがる人を引き寄せてしまう。求人票で英雄文化を美化してしまったのは不注意なミスだったが、それによって候補者の特徴に影響を与えていた。

ジョブディスクリプションにおけるこういった記述の例としては次のようなものがある。

- 「110%を目指す」とか「要求以上のことをする」候補者を求めるような文句。これらは、ワークライフバランスに対する配慮がチームにほとんどないことを示している。不健康なだけでなく、こういった要件を示すと、候補者が独身者に偏り、家族に対して責任のある人（またはまともな時間に家に帰りたい人）を遠ざけてしまう。
- 「よく働き、もっとよく遊ぶ」チームという言い方。友だちを作るのではなく、社員を採用しようとしているのに、社員に就業時間外に仕事関連の社交的イベントに参加することを期待していることになる。そういったイベントがアルコールに偏るようなら、多くの候補者が敬遠するだろう。
- 「すごい」などの曖昧な形容。こういった言葉は、曖昧すぎて無意味であり、自分の「すごさ」を見せたいと思う人たちを引きつける。しかし、そういう人は自己中心的で学んだり人の話を聞いたりせず、ただでさえ詐欺師症候群[†10]に陥りやすい女性や有色人種の人たちを排除する傾向がある。自分のスキルを表現するために「ロックスター」、「忍者」、「ウィザード」といった言葉を使う人も同じである。

- 知識の証明のために、候補者に宿題その他の課題を与えるのも、社員の時間を大事にしていないことを暴露するとともに、仕事以外の責任が少ない人に採用が偏る方法である。もちろん、予備選考のための課題がすべて悪いわけではない。たとえば、候補者の思考プロセスや価値観の一端を知るために仮説的なシナリオをたどってみることはとても効果的である。しかし、些細な質問にあまり依存しすぎると、候補者にとても不快な思いをさせてしまう。

こういったものを始めとして英雄文化を強調するような採用条件を示すと、社員の睡眠時間が足らなくなるような職場を作り出してしまう。睡眠不足は創造性、生産性、共感の減退を招き、最終的に社員が仕事に不満を感じ、自信を失って、燃え尽きに陥る危険がある。

14.8.3 求人票と採用活動の問題点

このような目でジョブディスクリプションを分析すると、このディレクターのオンライン販売企業が「全体としての採用戦略が企業のことをよく示す」ことに対してかなり意識的なのがわかる。彼らはリクルーターを使わないという以前の決定を守り続けているが、それはリクルーター、特に第三者のリクルーターがあまりにも頻繁に問題を起こすからである。そもそも、企業の価値観を共有していないリクルーターは企業の代表にはなれない上に、候補者にとてつもなく不快な思いをさせたり、攻撃的にさえなったりすることがある。以下の例は、このディレクターやオンライン販売企業のものではないが、ジョブディスクリプションやリクルーター（内外を問わず）のメッセージのなかで特に注意しなければいけないものを示している。

14.8.3.1 手抜き仕事や細部に注意が行き届いていない仕事

メールの先頭が「%%FIRSTNAME%%さん、私たちは%%JOBTITLE%%に就任していただく人を探しています」になっているのを見かけることがある。このような場合、誰かがテンプレートからメッセージをコピーアンドペーストし、送信ボタンを押す前に内容をちらりとも見なかったために、このあまりに明瞭な誤りに気づかなかったことがはっきりと暴露されている。候補者が持っているかもしれないスキルを候補者のLinkedInプロフィールからコピーするのも、校正を省略するなら確実な方法だとは言えない。「バックエンド開発とビール飲みの経験」についての話を聞きたいというメールを送ってしまえば、誰かが自分の仕事のダブルチェックを怠ったか、とても不健全な文化を持つ企業が採用しようとしていることが明白になる。チームのすべてのメンバーに同じ定型文書をコピーアンドペーストして送るのは手抜きで、すぐバレる。そして、そんなやりかたをする企業の悪評はすぐに広まるのだ。

†10 詐欺師症候群とは、高い業績を上げているのに、自分の成功を内面化できず、自分は詐欺師だと思われているのではないかと心配になってしまう人のこと。

また、候補者になるかもしれない人が求職票の職種に興味がないときに、誰か他の人を推薦してくれと頼むのもとてつもない手抜きだ。今はほぼすべての企業が採用のために必死になっている。よい人を知っていたら、赤の他人の企業のためにただでリクルーターの仕事などしていないで、自分の企業の話をするだろう。人は進んで推薦をすることがよくあるが、それは自分が知っていて信頼している友人や同僚のためであって、用もないのにメールを繰り返し送り付けてくる赤の他人の企業のためではない。

14.8.3.2 排外的な言葉遣いやおよそプロらしくない言葉遣い

求人票や採用のメールに、応募するかもしれない人を排除するような言葉が含まれないように十分注意しよう。「コードをやっつける」、「ロックスター」、「キミは技術兵器と言えるか」などの度を越えて男くさい言葉遣いは、ステレオタイプな男の型にはまらない人たちを遠ざけるだろう。もっと悪いのは、過度に性差別的、同性愛差別的な言葉だ。ジョブディスクリプションのなかに景気づけに「女たちに札束の雨を降らせてやろう」とか「ロックスターの仲間になろう」といった言葉が躍っていたり、要件として「コードにゲイのように夢中になれること」といった言葉が使われていたりするのは、仕事の場ではあまりにも不適切であり、その企業は女性やLGBTQの人たちに敵対的だと指弾される。「30歳以下の都会的な男性」を求めているなどと書くのも同じで、性別や年齢を特定すると、採用活動を行う国によっては違法になることが多い。

14.8.3.3 見当違いの技術重視

エンジニアの多くは新しい技術を使えると喜ぶので、そういった技術を使って募集に興味を持ってもらおうとするのは間違っていない。しかし、特に事前の調査抜きで技術を押し出しすぎると逆効果になる。特定の技術の経験を要求するときには、しっかりと調査しよう。2年間の歴史しかない製品について10年の経験を要求したのでは、自分が何を言っているのかわかっていないという感じになってしまう。そんな印象を与えたかったわけではないはずだ。

また、単にどのような技術を使っているかではなく、企業が何をしているのかに関心を向けてもらえるものになっていることを意識すべきだ。使っている技術が本当におもしろいものなら、そのことに触れるのはかまわない。だが、その技術で何を作っているのか、企業が何をしているのかに触れずに技術の話題に終始するようなメールを応募してくれるかもしれない人たちに送るのは間違いだ。最新の「ホット」（繰り返しになるが、「ホット」や「セクシー」は応募してくれるかもしれない多くの人たちを遠ざける）な試作段階のツールをいつも使っているエンジニアリングチームなどと言っても、必ずしもチームをうまく売り込めるわけではない。

ジョブディスクリプションをlintにかけよう

lintは、問題の原因になりそうな怪しげなコード、危険なコード、移植性のないコードを探し出すプログラムのことである。エンジニアは、メインコードリポジトリにコードをコミットする前に、コードをlintにかけて分析し、よくあるエラーやスタイル上の問題をチェックする。

ジョブディスクリプションやリクルーターのメールを分析して、ここで説明したようなよく見られる問題をチェックする同じようなツールがある。Joblint（http://joblint.org）を使うと、自分では気づかなかった問題を洗い出してくれて、さらに今後何に注意すべきかがわかる。

このディレクターのオンライン販売企業は、求人票を見直し、このような「英雄的」な記述を取り除いた。現在は、ワークライフバランスなど企業の文化的な価値観を強調している。たとえば、1週間続くオンコールローテーションが終わったら、オンコールでありがちなストレスや睡眠不足の影響を緩和するために、担当エンジニアに1日の休暇を与えることなどに触れるようにしている。また、予約なしでやってくる質問など、内部からの割り込み仕事に対応する役割をローテーション制にしたり、こういったリクエストを追跡するためにチケットシステムを使ったりするなど、運用分野の仕事のおもしろくない部分に改善も加えている。

求人票の改善方法の例をさらにいくつか挙げておこう。

- 特定の技術ではなく、全般的なスキルに触れる。Puppetを2年間使った経験がある人を募集するといった言い方をせず、繰り返し行う単純作業の自動化や構成管理といった概念を表す言葉を使う。また、具体的な経験年数を書くことが必要かどうかも考えよう。たいていの場合は不要である。こういった柔軟性のない要件を書くと、本当なら応募してもらってよい人たちに応募してもらえなくなる。

- 重要な文化的価値観を強調する。文化とは、一緒に飲みに行き、テーブルサッカーで遊ぶ仲間がいるという話ではない。共感、効果的なコミュニケーション、サイロの解消、ワークライフバランスといった文化的価値観のことである。もちろん、チームにない価値観に触れてはいけない。採用者を確保するために価値観のところでウソをつくと、そのウソはすぐにばれて噂が広まってしまう。

- 性的に中立なジョブディスクリプションを心がけ、攻撃的な言葉が含まれないようにする。あなたが探しているのは、コードを書ける人で、コードを「やっつける」人ではない。

- 多様性の確保のための取り組みは、実際にしているのであれば特に強調しよう。また、広い範囲の候補者にとって魅力的な特典についても触れるべきだ。触れるべきは、ビールの冷蔵庫や卓球台ではなく、時間どおりに退社することを奨励する文化、育児休暇、トレーニングの機会などである。

多様性に富んだ採用のための参考資料
この業界における文化や多様性の問題をテーマとする独立系の雑誌Model View Cultureは、多様な人たちを採用するための25のヒント（http://bit.ly/mvc-diverse）を示している。これはチームの多様性を向上させたいと思う人にとっては貴重な資料である。

オンライン販売企業のディレクターと彼のチームにとって、新しい求人票の効果は抜群で、5人の採用に成功し、定着しなかったのはひとりだけだった。このとき採用した人たちの力で、まったく管理できていない「スノーフレーク」サーバーの集まりから完全に自動化したインフラストラクチャーに転換できた。チームは、自動化とテストの効果を熱烈に支持するエンジニアを採用するために努力し、マイクロマネジメントに走らずに彼らの裁量に委ねて最高の成果を引き出した。自動化とテストのインフラストラクチャーを徹底的に検討し、誰もが使い方やコントリビューションのしかたを知っている単純でドキュメントがしっかりしているツールを技術部門全体に提供できるようになったのだ。

14.8.4　個人とチームの育成

Critical Massのケーススタディーに移ろう。同社の技術担当ディレクターであるフェイドラ・マーシャル氏は、高等教育、金融、メディア、広告などの業界で15年に渡ってITの仕事をしてきている。彼女にとってdevopsとは、信頼できるコンピューターシステムを大規模にプロビジョニングし運用するために、開発者のコーディングスキルとシステム管理者の運用知識を活用することである。これは、システムを使っている業種とは無関係にどこでも重要なことである。彼女は、すでにあるジョブディスクリプションやポジションはそのまま活かしつつ、両方のエンジニアがそれぞれの力をフルに発揮できるような環境を作りたいと考えている。

彼女は、先ほどのオンライン販売企業のディレクターと同じように、チームを育てて向上させていくことに力を入れている。しかし、Critical Massは700人以上の社員を抱える企業であり、オンライン販売企業よりもはるかに大きな規模でシステムを運用している。そのため、全体としての目標は同じでも、実際の採用活動の内容は異なるものになる。

Critical Massは大きな企業なので、フルタイムで採用候補者を探す社員リクルーターを抱えている。リクルーターが社員であるため、リクルーターと密接に連絡を取って仕事ができ、リクルーターにチームや企業のビジョンをよく理解させることができる。そのため、前のケーススタディーで触れたようなリクルーターの問題を避けることができている。チームリーダーやハイアリングマネージャーは、リクルーターが探してきた採用候補者に満足できなければ、これらの問題を解決するために、担当リクルーターと共同作業する責任がある。

面接は、採用候補者の履歴を調べるための30分ほどで終わる電話面接と、その後のオンサイトでの対面の面接から構成される。実際の回数は、チームと採用候補者に予定されているポジションによって異なる。たとえば、経験の浅い開発者はオンサイトでの面接に1度出かければ採否が決まるが、高いレベルのポジションでは面接の回数が増える。

14.8.5 チームメンバーの育成と成長

面接が終わり採用が決まると、新入社員には必ず**キャリア開発担当者**が付く。キャリア開発担当者は、担当する社員のメンターとなる。メンティーの数は通常4人ほどだ。キャリア開発担当者は他の担当や職務も抱えており、長年の経験から、担当するメンティーが7人以上になると効果が薄れることがわかっている。キャリア開発担当者の目標は、どのような形であれ、メンティーが企業で成功を収められるように支援することだ。どのような形であれというのは、不満を感じて辞められてしまうよりも、内部でのポジションやチームが変わっていくほうがずっとよいからである。キャリア開発担当者は、少なくとも月に1回以上メンティーと個人的に会うことになっている。

Critical Massは、**360度評価**と呼ばれる手法で業績評価を行っている。この手法では、直接の同僚、直接の部下（そのような存在があれば）、上司（複数の場合もある）など、仕事で直接的な関係があるさまざまな人たちからの評価を集める。この事例では360度評価は匿名で行われ、キャリア開発担当者には、メンティーに対するすべての評価のコピーが提供される。そのため、たとえば著しく厳しい評価が下されている場合は業績改善計画を立てたり、メンティーが短期的および長期的なキャリア上の目標に近づくための具体的な計画の作成を手伝ったりして、業績評価をメンティーの向上に役立てる手助けをする。これらが、キャリア開発担当者がメンティーのために行う主要な部分である。キャリア開発担当者は、さらに一般的なキャリア開発のアドバイスや技術的な問題の解決の手助けなども行う。

Critical Massは、このようなキャリア開発とメンター制度の重視からもわかるように、社員の定着率の向上を採用や人材戦略の重要な部分としてかなり真剣に考えている。もちろん、金銭的な報酬が重要なことは理解しているが、単純に給与を上げることとは別に、社員が大切にされていることを感じられるような方法を用意しているのだ。

毎週開催される技術スタッフの会議では、チームメンバー全員が自分の取り組みとプロジェクトに対して行った貢献を話すことが奨励されている。また、月に1度、社員は同僚のなかからスポットボーナスの候補者を指名するよう求められる。スポットボーナスは、同僚からの評価という人間関係上の満足と金銭的な報酬をうまく組み合わせた制度だ。

社員が複数の関心を追求できるようにするとともに、社員が選んだ方向にキャリアを重ねていけるようにすることも、定着率向上のための重要な戦略である。マーシャル氏は、自分のチームのあるフロントエンド開発者の話をしてくれた。彼はチームでとても高い評価を受けていたが、JavaScriptとCSS以外の仕事もしたいと思っていた。彼は自分のキャリア開発担当者にそのことを話し、キャリア開発担当者がマーシャル氏にそのことを伝え、別の創造的なプロジェクトで毎週25%以上の時間を使えるようにすることを3人で決めた。このように職務の内容に若干の修正を加えただけで、彼はスキルセットを伸ばし、熱中できる技術分野の仕事をする機会をつかむことができ、企業は優秀な（そして、以前よりも満足している）社員を定着させることができたのである。

2つのケーススタディーを並べてみると、どちらの企業も全体的な目標（有能なエンジニアを採用し定着させること）は同じだ。だが、規模や具体的な状況の違いから、採用や定着のためのテクニックは異なるものになっている。規模の違いはあっても、2つの企業は、自分たちが作って維持したいと思っている文化を重視し、その目標に合うように採用や定着の戦略を発展させている。

特定の技術のスキルや経験だけで人を採用するのは、本書のツールに関する部分だけを読んで他の部分を全部読み飛ばすのと同じようなものだ。そういった技術重視の「ハードスキル」は、devopsを効果的なものにしている全体の構図のなかのごく一部にすぎない。今の特定の技術スタックを使った経験があるものの、企業の文化には溶け込めず、批判的思考、学習、問題解決のスキルのない人を採用した場合、将来技術の切り替えが必要になったり、新しい技術の追加が必要になったりしたらどうするのだろうか。

それに対し、人間的に素晴らしくて学習スキルを持つ開発者を採用した場合、その人の新しい状況への対応能力のほうが長期的にははるかに大きなメリットを生み出すだろう。チームを成長し発展させていく過程ではこのことに留意しよう。採用プロセスだけでなく組織全体がはるかに有効なものになっていくはずだ。

14.9 チームのスケーリングと成長戦略

チームは、ある意味では別々の組織と考えることができる。組織の規模が変化するなかで健全なチームを維持するには、しっかりとしたコラボレーションとアフィニティのスキルが必要とされる。ぜひ、第Ⅱ部と第Ⅲ部をもう1度読むようにしていただきたい。チームのライフサイクルを通じてチームを強化するための戦略はその他に3つある。

- チームを小さく柔軟なものに保つ
- コラボレーションを育てる
- 摩擦や対立をうまくさばく

以下の節では、これらの戦略がチームの健全性と生産性にどのような影響を与えるかを見ていく。

14.9.1 チームを小さく柔軟なものに保つ

組織が成長すると、考えもなしにチームを大きくしてしまうことがある。しかし、大きなチームでは知識を共有したり、同僚から互いに自由に学び合ったりするのが難しくなっていく。チームのメンバーそれぞれの得手不得手が把握できなくなると、ワークロードを柔軟にこなせなくなってくる。個人単位でタスクをこなすようになると、その個人がボトルネックになることが多い。特に、複雑なシナリオで個人が循環的に依存し合うようになると、ボトルネックの箇所で仕事が停滞する。

あなたの環境は今どのような状況だろうか。特定のテーマやサービスにおいて、知識がひとりに偏っているものはないだろうか。それぞれの人が複数の職種、職務をこなさなければいけない小さなスタートアップではこういったことがよく起きる。チームの成長とともに、ひとりへの知識の偏りは監視が必要になる。このような存在は、環境の見えない脆弱性になるのだ。もしその人物が退職を決心したり、人生の転機があって企業に残ることができなくなるような出来事に遭遇したりしたときに、引き止めのためにそれこそとてつもなく英雄的な努力が必要になる。

1960年代に、心理学者のフレデリック・ハーズバーグは、互いに独立して作用する仕事への満足要素と不満要素についての動機付け衛生理論（**図14-1**）を作るために、エンジニアや会計専門職の人たちに面接調査を行った[†11]。

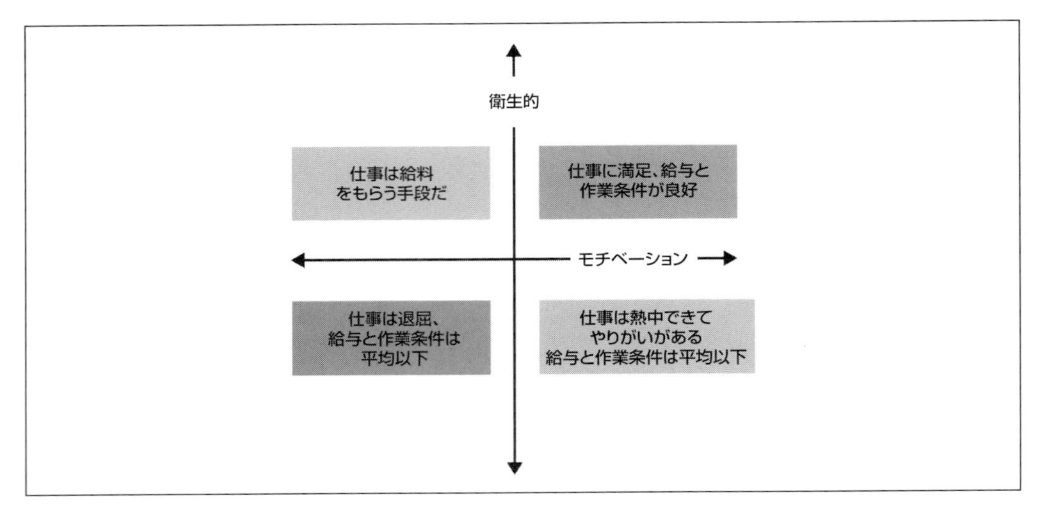

図14-1 動機付け衛生理論

モチベーションを上げる要素としては、やりがいのある仕事、達成したときの評価と認知、責任と自律性の承認、意味のある仕事をする機会などがある。これらは仕事への満足度を高める。個人にモチベーションと力を与える重要な要素は次の5つである。

- 自由
- やりがい
- 教育
- 個人的に意味のある貢献
- 前向きな環境

精神衛生の要素としては、安全性、公平な給与、特典、作業条件、休暇などがある。これらは、仕事に対する不満を取り除く効果がある。

1970年代になって、J・リチャード・ハックマンとニール・ビッドマーは、ハーズバーグの動機付け衛生理論にもとづき、グループの最適な規模に関する調査を行った。彼らは2人から7人までのグループを作り、さまざまな仕事を与えて、グループの規模がプロセスと業績に与える影響を評価した。仕事が終わったときに、彼らは参加者にグループの規模と与えられた仕事についてどう感

†11 Christina Stello, *Herzberg's Two-Factor Theory of Job Satisfaction: An Integrative Literature Review* (Minneapolis: University of Minnesota, 2011.)

じたかを尋ねた。この調査にもとづき、彼らはグループの最適な規模は4.6人と結論づけた。あなたのチームの規模もできる限りこの数値に近づけるようにすべきだ。ものごとを同意にもとづいて決定することが多い場合には、3人とか5人といった奇数のメンバー数を選ぶとよいだろう†12。

ハックマンとビッドマーは、チームのメンバー数が2桁になったときにチームを機能不全に追い込む要因も特定している。

- コミュニケーションと共同作業にまつわる雑務のコストは指数的に上がっていき、その分仕事に使える時間が短くなる。
- 仕事の引き継ぎが増えて、ミスと誤解が増える。
- チーム全体の結束力が弱まる。

時間とともに、チームは同じ仕事を効率よくできるようになっていくので、チームの仕事を増やしたり、チームの方向性を変えたりすることになる。チームが効率の限界にぶつかるような規模になり、仕事をこなすためにメンバーの追加が必要になったら、チームを分割したり、仕事を減らしたりすることを検討したほうがよい。

チーム内、チーム間の効率性を維持するために、必要に応じてチームを変化させていく必要がある。小さな組織では、全員が他のメンバーを互いに知っていて、双方向のコミュニケーション、帯域幅の広いコミュニケーションを実現できる。組織が成長していくと、個人間の帯域幅は狭くなり、全員が他の社員をすべて知っていることはとてもできないような点に達する。そうなっても、十分なコミュニケーションと共通理解を維持し、組織全体でdevops共同体の有効性を保つために、チームの規模は小さく保つべきだ。

14.9.2 コラボレーションを育てる

第Ⅱ部では、個人の経歴、目標、認知スタイル、マインドセットを知ることの重要性を説明した。チームを圧迫する組織からのプレッシャーや対立をうまく処理するための交渉技術についても触れた。ここでは、スケーリングの課題に直面したチームの成否を分ける主要な要素について考える。

効果的なコラボレーションを後押しするには、経営者や管理職の支援が不可欠だ。スタックランキングのようなやる気を削ぐ業績評価は決して使ってはいけない。さらに、望ましい行動を取るように仕向ける動機付けがあるとよい。

デビッド・エンゲルらは、優秀なチームを調査した結果、いちばん効率的で生産的なチームは、メンバーが「密接にコミュニケーションを取り合い、平等に参加し、空気を読むスキルを持っている」ことを明らかにした†13。リモートチームの研究でも、ローカルなチームで見られたような集合

†12 J. Richard Hackman and Neil Vidmar, "Effects of Size and Task Type on Group Performance and Member Reactions," *Sociometry* 33, no. 1 (March 1970).

†13 David Engel et al., "Reading the Mind in the Eyes or Reading Between the Lines? Theory of Mind Predicts Collective Intelligence Equally Well Online and Face-To-Face, PLoS ONE 9, no. 12 (2014)

知は、リモートチームでもきわめて重要なことがわかった。ローカルか否かにかかわらず、これらの重要なスキルを持つチームは、一貫して効率性でも生産性でも高く評価された。彼らが発見したことをまとめると、優秀で協調や協力を大切にするチームには、次のような特徴がある。

- チームメンバーがよい意味で相互依存している
- 効果的なコミュニケーションをしている
- 個人とグループがきちんと説明責任を果たせる

14.9.2.1 チームメンバーがよい意味で相互依存している

チーム内の相互依存というのは、相互信頼と他のメンバーに対する責任感という形で現れる。そのような信頼と尊重は、新しいチームでは時間をかけなければ実現しないだろうし、メンバーの出入りがあるたびに確立し直さなければいけない。

時間とともに、チームメンバーは他のメンバーの得手不得手を理解し、チームメンバーのそういった事情や余力にもとづいて仕事をどのように任せたらよいかを学ぶ。効果的なブレインストーミングを行えば、チームはアイデアの発見に平等に参加でき、そのアイデアを追求してどれが機能するかを判断できるようになる。

ハッカソンに参加して得られるスキルのなかには、職場の普通のチームと比べて短期間で形成し、共同作業を行い、解散に至るチームやグループを作るスキルが含まれる。締め切りもあるので、プロジェクトを完成させるために相互信頼が必要になる。優勝チームは、グループの得手不得手をすぐに見極め、チームのバランスを取るために必要な新メンバーを探す。

研究によれば、作業環境のなかでの個人の行動様式は、Giver、Taker、Matcherの3種類に分類される[†14]。

- Giverは、もらうよりも与えるタイプの人で、見返りを求めずに人を助ける。
- Takerは、与えるよりももらうタイプの人で、自分にとってのメリットがコストを上回るときに限って戦略的に他人を助ける。
- Matcherは、与えるものと受け取るものが等しくなるようにしながら仕事のしかたを加減する。

チーム内の個人は、ギブアンドテイクの加減に対しての好みがまちまちだということだ。これは、チーム内で個人間の対立が起きる理由のひとつになる。

† 14 Adam M. Grant, Give And Take (New York: Viking, 2013).

いつどのように支援を求めるかを学ぶ

チームのなかでは、コンテキストがはっきりしない状況を見分け、追加情報を獲得できるように反応することがきわめて大切になる。個人としては、自分のコンテキストにもとづいてものごとを理解し、何らかの行動を取るほうが簡単だが、それでは長期的に大きなコストがかかる。スタートアップから、成長して地位を確立した企業に新たに入った人にとって難しいことのひとつは、この変化がコンテキストに含まれており、自分の勝手な理解にもとづいて行動するのではなく、チームや組織の目標に従って仕事をしなければいけないことだ。

チームをひとつにまとめる強い絆がないグループのなかで情報や支援を求めると、誤解されマイナスに受け止められることがある。経験を積んだ人は、なおさら支援を求めにくい。キャリアを積み上げていくうちに、あらゆることで自立したエキスパートになれるしならなければいけないという考え方には、この点について誤りがある。

借りを作りたくないという気持ちから支援を求められない場合もある。支援を頼むと、その相手に借りや負い目というものを感じるようになる。健全な組織では、人は借りについての「貸借表」を作らず、チームや企業の全体的な利益のためにしなければいけないことに力を入れる。

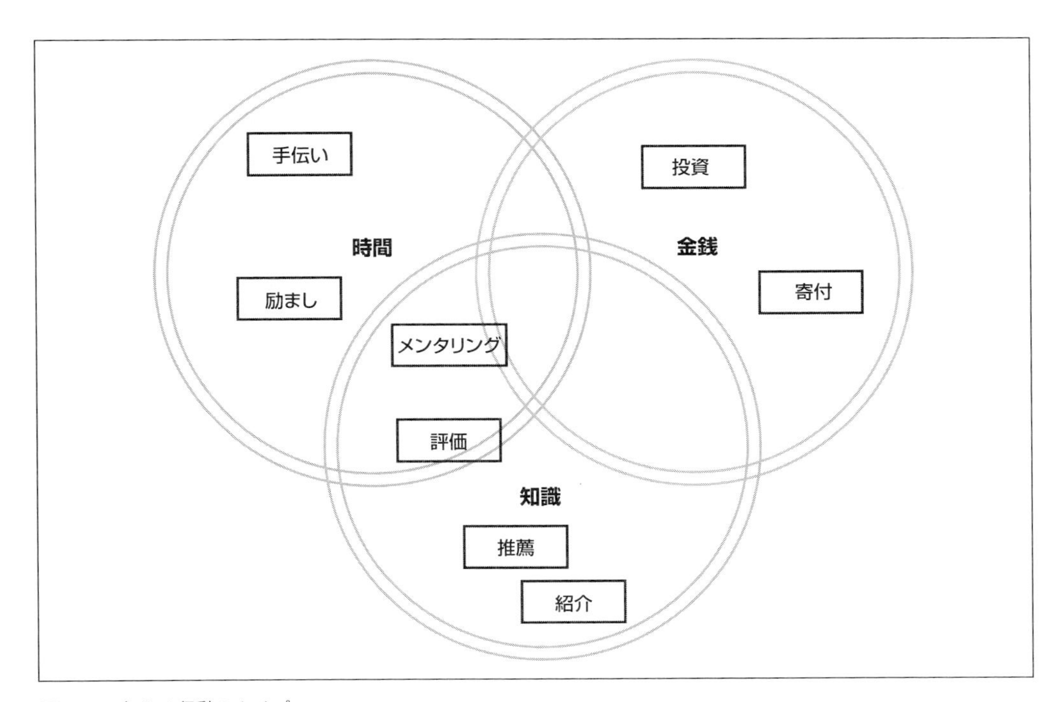

図14-2　与える行動のタイプ

与えるもののなかには3種類のものがある（**図14-2**参照）。

- 時間
- 知識
- 金銭

私たちの活動の大半は、これらの軸の範囲に収まる。個人の全体的な価値とコストを見るときには、これら3本の軸に沿って考えるとわかりやすい。たとえば、メンタリングやフィードバックの提供は、誰かを紹介することよりもコストがかかる。

よい「Giver」になろうと思うなら、自分が与えられるものは何か、与えることが自分にとって意味のある場面かを真剣に考えるようにすべきだ。与えようとしているものを相手が必要としていない場合があるので、そういうところで自分のリソースをムダ遣いしてはいけない。たとえば、何らかのことに対して励ましてくれと言われた場合、評価や個人的な知識は必要とされておらず、望まれてもいない。

課題と変化

質問をしなければ、相互理解と共通の基礎を維持する機会が減り、知識のなさを悪化させるような悪い行動の見本をこの業界での経験が浅い人たちに対して示すことになり、貴重な学習の機会をつぶし、仕事のやり直しのために時間をムダにすることになる。

支援を求めるときの第1歩は、相手との理解の差を縮めるために、自分が何を前提として考えているのかを示すことである。個人間に強力な絆が形成されている環境では、「ビレイのコミュニケーション」（「2.2.3.1　共同体の例」のロッククライミングの話題を参照）のように簡潔な形でも、双方が目標に進む上でどのような状況に置かれているかを十分理解できる。

プロジェクトやチームに新しく入ったメンバーや、新しく管理職として送り込まれた人は、十分な時間をかけて十分な労力を費やすまでは、他の人よりも余分にコミュニケーションが必要になる。チームがパンクしそうになってくると、何かが以前のようにスムースに進まなくなったときに、人は新しいもの、新しい人に不満をぶつけることがある。変化には痛みがともなうことを認めよう。精神力がないといって新人を非難したり、労力のムダだと言って新技術を拒否したりしないようにしなければいけない。

他人を支えることを課題としているチームは、「今すぐじゃなくて構わないよ」と言うべきタイミングや言い方を覚えるためにもうひと踏ん張りしなければいけない場合がある。人が他のプロジェクトに力を注いだり、十分な休息を取ったりするために時間を割くことを認めるようにしよう。仕事のために時間や知識を使いすぎて燃え尽きかけた人は、関係を傷つけるような問題行動を起こすことがある。たとえば、顧客に対して失礼な態度や皮肉な態度を取るようなことだ。このような行動が現れた場合、問題なのはその個人ではなくシステムかもしれない。

14.9.2.2　効果的なコミュニケーションをしている

チーム内の相互依存は、コミュニケーション戦略次第で深まる場合も阻害される場合もある。コミュニケーションについては、第Ⅱ部で効果的なコミュニケーションに重点を置いた見直しを勧めた。環境のスケーリングを検討するときには、考えなければいけない課題がさらに増える。

14.9.2.3　多様性

チームは、成長とともに何らかの幸運があって多様化していく（もちろん、注意と努力も必要である）。第Ⅱ部と第Ⅲ部で説明してきたように、多様性が高まると、長期的には違いを乗り越えることを通じて共感、創造力、問題解決能力が上がっていくものの、短期的には個人間の対立が深まることがある。組織が膨張する時期にはストレスの原因が増え、それが緊張を高めることがある。

管理職にこういった問題が起き得ることを意識させ、開放性や無意識の偏見に関するトレーニングを受けさせることが大切だ。組織が成長してきたら、チームや部門を専任で担当する人事担当者を配置し、問題が起きたときに一般社員と管理職の双方が相談できるようにすると役に立つだろう。

14.9.2.4　個人とグループがきちんと説明責任を果たせる

個人の説明責任とは、自分自身の行動によって起きた結果に対し、責任を認めて責任を負えることである。同僚が品質の高い仕事に力を注いでいることをチームのみんなが認めれば、チームの結束は高まり、チームはチームらしくなる。「品質の高い仕事に力を注いでいるか」と尋ねられれば、ほとんどの人は「イエス」と答えるだろう。人は自由が与えられれば自分のベストを尽くしたいと思うものだ。チームの全員が「はい、私のチームメイトは品質の高い仕事に力を注いでいます」と言えれば、そのチームには信頼、共通の価値観、結束力があると言える。

品質の定義

チームや組織のなかで品質を明示的に定義することが大切だ。顧客に対して自分たちの品質の定義をはっきり見せ、顧客の考える品質を教えてもらえるように働きかける。そうすれば、製品の出来、運用可能性、パフォーマンス、学習の評価軸が揃ってくる。明確な品質管理メトリクスを提供すれば、それぞれが説明責任を果たしやすくなる。

また、組織内の職務によって品質の定義は異なる。たとえば、コードを書くチームがコードの品質に力を注ぐと、ひとつのリリースに余分に時間を使い、同じように時間を必要とする他のチームを困らせてしまう。品質やさまざまな職務にとって大切なものについての共通理解が生まれると、問題にアプローチするときに不必要な対立が起きにくくなる。

1950年代にW・エドワーズ・デミングが提起した**QCサークル**は、よく似た仕事をしていて、品質の評価基準が揃っている人たちのグループである。品質についての考え方の一致は、チーム内の結束を高めるために役に立つ。チームのメンバーは、よく似た仕事をしていることが多いからだ。また、この一致は、devops共同体の強化のためにも役に立つ。品質の高い仕事についての共通の定義があれば、誤解が起きにくくなるからである。

チームの説明責任とは、チームの行動によって起きた結果に対し、責任を認め、責任を負えることである。個人がチームの説明責任を受け入れるかどうかの鍵を握っているのは、互いに他のメンバーを信頼し、それぞれの行動の説明責任を果たしているかどうかだ。高信頼のチームは、問題が発生したときに、メンバーが互いに説明責任を果たし、それを尊重する。問題の特定から議論までのタイムラグが短ければ短いほど、問題解決は早くなる。問題が長引くと、チーム内の不信ややる気のなさが助長される。

14.9.3 対立のマネジメント

第Ⅱ部では、交渉と対立の解決の戦略を取り上げた。企業では、歴史を重ねるなかで、習慣や行動様式が根付いていく。チームの健全性を保つために、管理職はメンバーが個人のビジョンと企業やチームのビジョンを一致させるよう支援し、個人とそのチーム行動スキルを押し上げ、基準や求められている行動に合わせようとする意欲を持たせる必要がある。

ある意味では、対立があるのはチームの健全性を示している。対立は、チームに新しい発想や視点を示す。チームに対立がなければ、それは対策が必要なくらいの同質性が支配しているのだ。組織に価値観をもたらすのは私たちの義務である。私たちがただの余剰人員なら、組織に切られても驚くわけにはいかないだろう。個人、チーム、組織が成長するには、健全な対立を解決するスキルが必要だ。

期待される行動の模範となる
チームの会議では、自分が期待している行動の模範を示そう。管理職が問題の解決に直接乗り出さず、同僚に問題についての不満だけを言っているのを見た部下は、同じ行動パターンをコピーする。これは、メンタリングやリーダーのポジションにある一般社員にも当てはまる。まわりの人たちは、仕事での行動になると、相手が管理職でなくても、あなたのことを指導者として見なして、あなたの行動を真似ることがあるのだ。

一方、対立とは、ハラスメントを容認したり奨励したりすることではない。ハラスメントは職場環境から取り除くべきものであり、ハラスメントがもたらすかのように見える価値によって正当化されるものではない。ハラスメントは、言われた当人が脅迫感、侮辱、屈辱感、意欲喪失などを感じるかどうかによって見分けられる。特にひどいのは、ハラスメントを行っているのがリーダーや管理職のポジションにある場合だ。ハラスメントの例を挙げておこう。

- 人が犯した過ちを非難する
- 人の能力を批判する
- 失業の脅しをかける
- ののしったり、こきおろしたりする
- 達成を侮辱したり否定したりする
- のけものにする

- 怒鳴ったりキーキー喚いたりする

こういった行動は、職場環境が病んでいるか不健全な状態になっていることを示す。特に成長段階にある小さな企業では、技術的スキルが優れた人物によるこういった問題行動を見逃したくなるかもしれない。ソフトスキル、人間関係のスキルの欠如や迷惑行動によるマイナスよりも、その人物の技術スキルやハードワークの価値の方を高く評価したくなるのだ。しかし、その人物が持つ影響力や、大きな企業ではその影響が拡散することを考えると、問題行動を認めたり助長したりすると、職場環境が時間とともにどんどん不健全で非生産的なものになっていってしまう。

14.9.3.1 チーム内の対立

チーム内にはさまざまな対立の原因がある。ここでは、そのなかでも一般的なものの一部を取り上げるとともに、個人またはチームレベルで使える解決方法の例を示す。

14.9.3.2 チームの目標との不一致

先ほども触れたように、すべての人にとってポジションがぴったり合うとは限らない。人によって、好み、モチベーション、仕事のスタイルなどは異なるが、それはまったくかまわない。多様性は、チームや組織の回復力を高めるもののひとつだ。そのため、チームの仕事の優先事項や作業スタイルが自分に合わないと思う社員が出てくることがある。大企業ほどそういう人は多いだろう。

原因は、チームの優先事項やプロジェクトに関心を持てないことかもしれないし、同僚や管理職との個人的な対立があるからかもしれない。もしくは作業スタイルの違いかもしれない。いずれにしても、チームの他の人はうまくいっていないと感じるだろう。この問題の解決は、あらゆる人たちの最大の関心事だが、マイナスの態度、対立の激化、作業品質の低下などにより、チームの他の人にマイナスの影響が及ぶことがある。同僚や管理職と定期的かつ頻繁に一対一で話し合えば、こういった問題を意外と早く見つけて解決できることがある。

着手と**仕上げ**は、第Ⅱ部で**スターター**と**フィニッシャー**という言葉で取り上げたように、私たちの経験でもよくぶつかる概念だ。これに関連して別のプロジェクトに異動させたり、同じプロジェクトのなかで担当を変えたりすると、摩擦軽減のために大きな効果を生むことがある。

大企業の利点のひとつは、チーム間や部門間の異動の選択の範囲が広いことである。第Ⅲ部で触れたように、ブートキャンプへの参加の機会を与えたり、チーム間でローテーションしたりすると、チームとの相性の悪さだけでなく、相性のよいチームがどこなのかまでわかることがある。こういった要因による異動は、避けるよりも奨励したほうがよい。

14.9.3.3 組織の目標との不一致

チームとの相性の悪さと同じように、組織全体やその目標との相性の悪さを感じることがある。これは、合併、買収、縮小といった変曲点のあとに起きることが多いが、組織のライフサイクルの別の時点で起きることもある。たとえば、小さなスタートアップで仕事をするのが合っているのに、組織が一定の規模を越えて成長すると、居心地が悪くなってくる人がいる。

個人と組織全体のあいだで大きな価値観の不一致がある場合は、チームとの相性の悪さよりも克服が難しい。こういった問題が起きたときには、必ずしもどちらかの過ちによるものではないということを認識することが大切だ。そして、悪感情を持たずにその人が相性のよい職場に移れるように手助けするとよい。そうすれば、将来、ただの悪い思い出になってしまうのではなく、企業を推薦したり企業がその個人を推薦したりする関係が生まれる可能性も出てくる。

14.9.3.4　インセンティブの不一致

組織、チーム、個人が成長し変化してくると、目標、優先事項、作業スタイルだけでなく、インセンティブになるものにずれが起きることがある。これも、合併、買収などの企業の規模が大きく変化する出来事が起きたあとに発生することが多い。

こういったずれを見つけるためにも、定期的な一対一の話し合いが役に立つ。そして、問題となっているインセンティブが金銭的なものなら、人事部が大きな役割を果たすことができる。しかし、企業自体が後退期に入っているときに金銭がインセンティブになっている場合や、チームや部門のことよりも品質の高い仕事をすることにやりがいを感じているような場合は簡単ではない。インセンティブの問題はチームや組織レベルで対処できる場合もあるが、マイナスの感情や意欲喪失の気分が個人からチーム全体に拡散しないうちに、できる限り早く対処するようにすべきだ。

14.9.3.5　チーム外部との対立、摩擦

チーム内で対立が起きるのはよくあることだが、部門や組織が大きくなると、チームを越えて発生することのほうが多くなる。実際、devops運動が始まった主要な理由のひとつは、チーム間の対立の解消だった。こういった対立は、チームごとのモチベーションや目標の違いが原因になっていることが多い。

14.9.3.6　非現実的な期待への反発

チームが非現実的な期待に対して反発するのは、経営やマネジメント側に責任がある。マネジメント側は、そのチームに対する期待がいつから非現実的になったのか、本当に非現実的なのかどうかも判断しなければいけない。特に、社歴の浅い社員や経験の浅い社員の割合が高いチームではそれが大切になる。

時間とともに、チームは自分たちに対する期待が非現実的になってきたと感じることがある。たとえば、第Ⅲ部と第Ⅳ部で説明した指名運用エンジニアモデルを使っている場合を考えてみよう。時間とともに組織が成長してサポートしなければいけないチームが増えていくと、指名運用エンジニアにしてもらいたいと思うことがどんどん増えてくる。運用チームの人数が増える前に期待ばかりがふくらんでいくと、そういった期待や必須業務はあっという間に非現実的になってしまう。このような問題は、そのチームの管理職が処理しなければいけない。一般社員は、それぞれが組織内で持つ影響力のレベルにもよるが、一般に管理職ほどの力はない。そのことも考慮のうちに入れて

おかなければいけない。

14.9.3.7 チームに対する期待とキャパシティーのずれの評価

期待されている仕事は不合理なものではないのに、チームがたびたび期待を裏切る場合、理由はひとつではない。そのようなときのいちばん直接的な結果は、そのチームの仕事に依存する他のチームからの信頼を失うことである。チームは仕事に関して説明責任を果たせる状態になっているだろうか。チームと個人の説明責任については、本章の前の方で取り上げたが、組織全体で大きな変化が起きると、個人とチームの両方にしわ寄せがいって期待にそえなくなることがある。そのような問題は、見つけ出して対処しなければいけない。

仕事量がチームのキャパシティーを越えていないか。企業にとっていちばん重要で価値のある仕事をするようにしよう。繰り返しになるが、特に組織が最近急成長を遂げたときには、チームにかけられた期待がどの程度現実的なものなのかに注意を払う必要がある。以前も述べたように、devopsは同じ人数で2倍の仕事をするための方法ではない。そのため、期待に応えられるだけの人員確保が必要だ。チームが自らの需要に応えるためには、時間、エネルギー、人員のニーズがすべて満たされていなければいけないのだ。

14.10 組織のスケーリング

組織全体のレベルでは、スケーリングの問題は大きな規模で発生する。意思決定は、適切なチームの適切な個人に伝わるようにしていかなければいけない。これらの意思決定のタイミングでのデータが十分に流れるようにするには、調整とデータの透明性が必要になる。孤立した形で仕事を進めているチームは、主として自チームのニーズを満たすツールを作る。そういったツールが、偶然他のチームでも役立つような場合があるかもしれないが、それは付随的なものでしかない。

14.10.1 中央集権チームと臨時チーム

サポート機能を提供するチームを中央集権化すると、ひとつのチームが他のすべてのチームのために全部のことをしようとして燃え尽きを起こしやすくなる。効率的なチームは、システムを機能させるために必要なことだけができる。サポートの価値が可視化されて組織内に伝わっていなければ、特に評価の階層構造ができあがっている組織では、サポートチームの価値は低く見られてしまう。それでは士気が破壊されるので、時間とともにチームとしての企業全体の力に影響を与える。

臨時チームを作って、ソリューションを設計、構築し、意思決定を伝えるための職種横断的なコラボレーションを奨励していく。そうすれば、複数の視点が導入できて変更が簡単になるはずだ。チームメンバーが職種の境界線を自由にまたげるようにもなる。

ひとりの人が組織にとってどれだけの価値を持つのかを測ることはできない。その人の価値を十分に理解できていなければ、その人が退職したあとで、その人がいないことによる影響を思い知ることになる。権限や責任がひとりに集中するような結果になる意思決定に注意するようにしよう。そのようなことをすると組織内に脆弱性を作り出すことになる。

14.10.2 リーダーシップの構築

協調的で協力的なリーダーシップチームを作り、日々の変更を決定し、好機や試練に取り組み、クリティカルパスを監視するようにしよう。これらさまざまな仕事はリーダーシップチーム全体に広がっていなければいけない。タスクのメトリクスを集められるツールがあれば、このチームに入るべき人の数や質を決める上で役に立つ。

スケーリングによる苦しみを経験しているのがどの部署であれ、課題に対処するときにリーダーたちが模範として示さなければいけない行動様式がある。それは、説明責任、集中、フォローである。リーダーたちが一貫した行動を取り、相互に価値を高めていけば、健全な組織を作るための力になる。

14.10.2.1 説明責任の文化

説明責任とは責任を認めて、それを負うことである。チームや個人のレベルでも組織全体のレベルでも同じである。説明責任は、まずチームや個人の観点から考えることができる。それはプロジェクトや個人の仕事の結果と学習や発達のための活動に責任を持つことである。最後に、財務や規制といったリーダーの観点からの説明責任を考えればよい。

視点の違いにかかわらず、「誰が自分たちに説明責任を負わせているのか、誰が自分たちの仕事を決めているのか」という問いに答えることが大切だ。この問いに答えることによって、誰が説明責任の内容を定義し、なぜ説明責任が重要なのかがはっきりする。説明責任の文化は、明確で合理的な目標、優れた仕事によるプラスの評価、うまくいかなかった仕事によるマイナスの評価から構成される。

第Ⅲ部で触れたように、説明責任とは非難の矛先を決めることだと考えたり、説明責任の追及によって恐怖が支配する文化を作ってしまったりするのは大きな間違いだ。かといって、問題を見過ごし、説明責任を避けてしまうと、説明回避の行動パターンが広がって、同僚や上に対する信頼が失われる。修正や改善のために必要な権限がないのに非難されてしまうと、説明責任の文化は恐怖と非難の文化に転化してしまう。

人が説明責任を果たせるのは当然だという考え方も大きな誤解だ。自律的な自己管理チームでも、リーダーは評価される行動を明確にして奨励しなければいけない。ビジネスゴールを明確にして説明責任をそれと結び付けることなしで、個人の説明責任をただ強調すると、ミスや誤解が増える。企業レベルの複雑さのもとでは、競合する目標や必須項目が多数あり、自分で説明責任を方向づけて自分に課していくのは難しい。

このように言ったからといって、人は自発的に努力できないし努力したりはしないと言っているわけではない。しかし、部下は積極的に自分たちのもとに問題や誤りについて相談しにくると思い込んで、管理職の側から動かなければ、説明責任に大きな穴を開けたままにすることになる。非難だらけな組織を非難のない組織に変えていく過程では、特にこのことに注意しなければいけない。ミスや仕事の品質の低さのために痛めつけられることに慣れた人たちは、当然ながらこういった問題を表に出すことを警戒する。非難だらけな行動や恐怖にともなう萎縮した行動に戻らずに、自分や他人が説明責任を果たせるようにするには、手引や指導が必要だ。

14.10.2.2 組織としての柔軟性

比較的大きな企業、特に古くからある企業は、変更やそれへの対応にずっと時間がかかると見られている。多くの場合、それは事実だ。数千、いや数十万といった数の人たちに影響が及ぶ変更を打ち出すためには、百人未満の人を対象として同じ変更を加えるのと比べて、単純に影響を受ける人数が違う分時間と労力が余分にかかる。

アジャイルなソフトウェア開発のメリットのひとつは、変更の頻度を上げられることである。フィードバックサイクルが短くなれば、新しい情報にもとづく変更を早く行うことができ、時間と労力のムダが減る。組織がどれだけ柔軟性を持てるかを左右するもうひとつ大きな要素がある。それは、チームがどのように組織され、チーム間のやり取りに影響を与えるプロセスがどのようになっているかだ。

大きな組織の柔軟性を考えるときには、次の問いに答えてみるとよい。

所属チームが異なる人たちはどのようにコミュニケーションを取っているか

効率の悪い組織では、少なくともひとつ上のレベルの上司に依頼しなければ、他のチームや同じレベルの社員と連絡を取り合うことができない。このプロセスは、上下のレベルが増えて組織が横に広がると、関わってくる人の数が増えるという理由だけで効率が悪くなる。

意思決定プロセスで正式な会議が必要か

変更のために何らかの書類を書かなければいけなかったり、システムに自動化されていない手作業の部分が含まれていたりすると、組織が大きいゆえに柔軟性や生産性に悪影響が出る形がひとつ増えることになる。

変更を加えるために、階層構造を何ランク上がらなければいけないか

自分のチームの仕事にしか影響が及ばない変更のために、直接の上司よりも上のレベルの管理職の承認が必要なら、必要以上に不自由な環境になっていると感じるだろう。

14.11 ケーススタディー：政府デジタルサービスgov.uk

次のケーススタディーでは、イギリス政府内閣府の部局で、ロンドンのホルボーン地区に本部を置く政府デジタルサービス（GDS）を取り上げる[†15]。ここでは、コンピューターシステムを通じた政府のサービス改革に取り組んでいる。2010年にマーサ・レーン・フォックスが"Directgov 2010 and Beyond: Revolution Not Evolution（2010年以降のDirectgov: 進化ではなく革命）"（http://bit.ly/fox-directgov）という報告書を提出し、2011年4月にGDSが設立された。GDSはPublic Expenditure Executive（Efficiency & Reform）の監督下に置かれている。

†15 このケーススタディーに書かれていることは、提供された情報からの私たちの解釈であり、必ずしもイギリス政府の立場を表すものではない。

14.11.1 明示的な文化

GDSでは、7つの原則（http://bit.ly/7-digital）を定めた。

- デフォルトでデジタル
- ユーザー第一
- ユーザー行動から学ぶ
- 信頼のネットワークの構築
- 障害の除去
- 技術リーダーが活躍できる環境の構築
- 全部自分でしようとしてはいけない（そんなことはできない）

> ユーザーから始めるというのは、単に技術をどうするかではなく、政府をどうするかだ。
>
> ジェニファー・パルカ、Code for America Summit

これらの原則では、価値観と禁止事項がはっきりと示されていることがわかる。たとえば「ユーザー第一」は、実験してみたいとか新しいツールやアーキテクチャーを学びたいというエンジニアの希望よりも、ユーザーの希望のほうが優先順位が高いと明示する価値観であり、「全部自分でしようとしてはいけない」は禁止事項である。否定的に表現された禁止事項よりも肯定的に表現された価値観のほうが多いことに注目したい。人に○○をするなというのは簡単だが、望ましい文化や空気を作るためには、どのような行動を求めているかを言うほうが効果的だ。

これらのデジタルの原則とともに、GDSは10個の設計原則（https://www.gov.uk/design-principles）も定めている。

- ニーズがあるところから始めよ
- 仕事を少なくせよ
- データにもとづいて設計せよ
- 単純にするために力を振り絞れ
- 反復し、さらに反復せよ
- 全員に当てはめろ
- コンテキストを理解せよ
- ウェブサイトではなくデジタルサービスを作れ

- 同一にせず、一貫させよ
- ものごとをオープンにせよ。そのほうがよくなる

これらの設計原則は、以前示したデジタル原則のひとつ「ユーザー第一」を反映している。ここでは、バックエンドコードだけでなく、ユーザーエクスペリエンスのあらゆる側面に重点を置いている。彼らの文化のポイントは、改革とはハードウェアとソフトウェアの技術のことだけではないという考え方だ。改革はユーザーエクスペリエンスも変える。そのよい例が、介護者手当請求のデジタルサービス（http://bit.ly/gds-service）の実装である。

GDSが政府のデジタルサービスに関して、この部分を変えたいと思っている仕事に集中できているのは、誤解を招くことの多い暗黙の了解に頼らず、自分の文化を明示的に言葉にしているからである。

14.11.2　計画立案

計画立案は、ソフトウェア開発やデジタルサービスを手がける組織にとって重要な部分である。与えられた時間のなかで優先して行うべき事項をはっきりさせるだけでなく、いつ何を達成したいのかを明示することにより、チームは目標達成の可能性を大幅に上げることができる。これは、明示的な文化を持つことと密接につながっている。目標のために計画を立てられるくらいに目標をきちんと定義できなければ、目標に到達できる可能性は大幅に下がるだろう。

GDSのシステム変更の計画立案プロセスは、ソリューション候補の検討と実際に提案されたソリューションの価値の検討のために十分な時間を使い、デジタル/設計原則に従いつつ、ニーズをいちばんよく満たすことができるものを確実に選ぶというものである。また、作業の調整のために政府内の他のチームと話し合い、GDSが計画している仕事をすでに行っているチームがないことも確認する。これは簡単な話に聞こえるかもしれないが、作業の重複によって時間を浪費することなく、全員が共通の理解のもとで有効な仕事をするにはきわめて大切だ。

プロジェクトに関するデータと要件が集まったら、彼らはオープンソースと市販ソフトウェアの両方でソリューションになりそうなものを評価する。プロトタイプを作り、それを開発、運用、サービスマネージャーのチームで共有する。こうすることにより、ソリューションの開発に本格的に取りかかる前にできる限り多くの主要なステークホルダーからフィードバックを得るとともに、方向転換したときにムダになる労力を最小限に抑え、全員のニーズをできる限り満たすようにできる。

組織のなかでプロジェクトなどの活動、特に大規模に運用されるものの計画を立てるときには、以下のことに注意を払うようにしよう。

- 他のチームやグループがすでにこの分野の仕事をしていないか
- 他のチームと作業を調整したりひとつにまとめたりするにはどうすればよいか
- 関与してもらわなければいけないステークホルダーや意思決定権者は誰か
- このプロジェクトの成功をどのように定義するか

14.11.3 抱えている難問

政府部局で特に難しい問題のひとつは、グループ間で仕事が重複することがよくあることだ（**図14-3**参照）。各グループは、自分たちが重点を置いている仕事や専門能力を持つ仕事に加え、アプリケーションで利用するコアサービスを用意しなければいけない。これらのコアサービスは一元管理されておらず、それらのスキルを持つ専門家を雇うために余分に時間を使わなければいけない。

政府内にマルチテナントプラットフォームサービスがあれば、サービスチームは法が求めるすべてのセキュリティやプライバシー要件を満たすサービスを一元的に提供できて時間を節約できるようになる。各チームがそれぞれの要件を満たす専用サービスを提供したり保守したりするよりも、一元的なサービスを提供するほうが、サービスチームは自分たちが専門とする分野、スキル、要件に力を注げる。そのような政府内のマルチテナントプラットフォームの主要な要件は、次のようになるだろう。

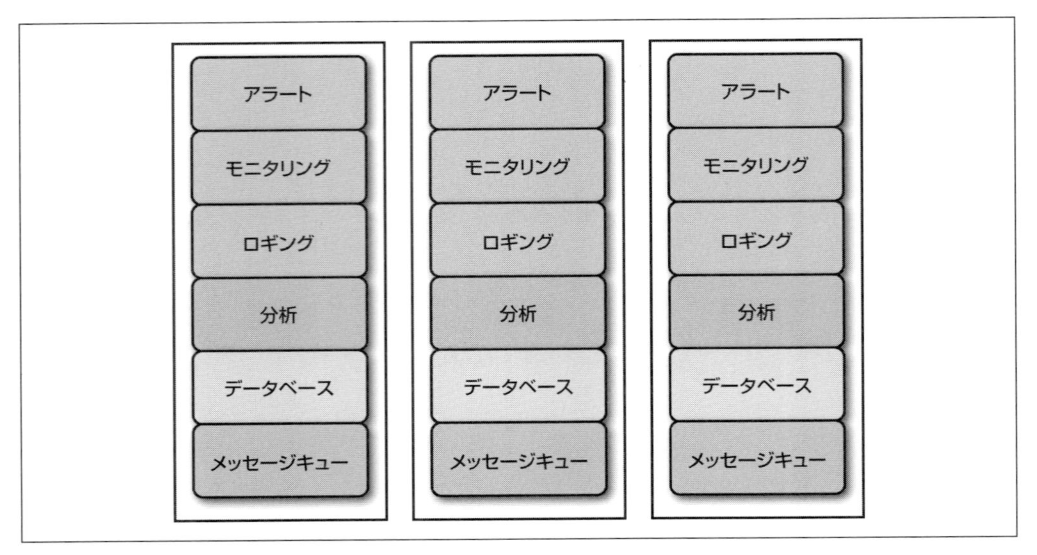

図14-3　政府内で重複しているサービス

- セルフサービスにすること
- 複数のサービスで利用できること
- コード、データ、ログの分離ができていること

セルフサービスにすれば、開発サイドでは、アプリケーションで必要とするさまざまな側面を完全にコントロールできる。プラットフォームチームは、必要なサービスの入手ではなく、プラットフォームの改良に力を注げる。これは、サービスチームとプラットフォームチームそれぞれの専門の仕事を後押しすることになる。

複数のサービスで利用できることという第2の要件には、いくつかの意味がある。ひとつのサービスプロバイダーに縛り付けられることを防ぐこと。競争により価格が下がること。単一障害点がなくなることだ。プロジェクトの検討をしているときに、パブリッククラウドを複数使うことの重要性が浮かび上がってきた。この要件が事前にわかっていたので、あるサービスプロバイダー固有の機能を使って他に移りにくくなってロックインされたり、あとから複数のプロバイダーに対応できるように拡張したりするのを避けることができた。しかし、その後同じ柔軟性が得られるオープンソースソリューションを使うことにしたので、GDSは結局これを要件から外すことにした。

部局ごとにコード、データ、ログを完全に分離するという第3の要件は、マルチテナントプラットフォームでいちばん重要なことである。これは、各グループや部局がそれぞれのセキュリティとプライバシー要件を満たせるようにするために必要不可欠である。他の2つの要件が満たされても、この要件が満たされなければ、プラットフォームは使いものにならず、取り組みを成功させることはできない。この問題の細部は政府部局特有のものかもしれないが、それ以外の組織などにも満たさなければいけないさまざまな法的要件（PCI、SOX、HIPAAコンプライアンスなど）がある。労力がムダになるのを避けるためには、最初の計画立案プロセスからこれらすべてを考慮しなければいけない。

14.11.4 アフィニティの構築

GDSは、アフィニティを構築するための方法のひとつとして、Global GovJam（http://www.govjam.org）に参加した。GovJamはハッカソンと似ていて、参加者が限られた時間内（この場合は48時間）で即興のプロジェクトを完成させる。GovJamは、Global Service JamやSustainability Jamに触発されて始まったものである。パブリックセクターに特化した形で緩やかなテーマを設け、参加者はアイデアに投票し、チームを結成する。

チームが結成されると、彼らは有権者と話をしてニーズを明らかにする。従来のハッカソンとは異なり、Jamは改良とイノベーションに関心を持つ人たちの間の協力を重視している。Global GovJamは、共通するテーマとプロトタイプのための共有プラットフォームを通じて、世界中の人たちをまとめ結び付ける。参加者たちは協力しあい、Twitter上で#ggovjamというハッシュタグを付けて情報を共有する。

次に、チームは集合的な経験と専門能力をもとに使えるものを活用して48時間の制限時間内に

プロトタイプを作る。彼らは定期的にデモを行い、他の人たちが製品をどのように使い、製品をどう感じているかを見て、学習したことにもとづき製品を改良する。大切なのは、自分たちが賞を取ることではなく有権者たちの利益になることなので、チーム間でアイデアや助言が共有される。このようにコラボレーションに重点を置いているのが素晴らしいところで、参加者はその協調的で協力的なマインドセットをGDSに持ち帰ってくる。

GDSがアフィニティを築くために行った第2の方法は、組織とその目的、手がけているプロジェクトの情報を共有するために定期的にブログを書くことである。ここでもさまざまなセキュリティやプライバシー要件を満たさなければいけないが、GDSの職員たちには、グループで一般公開しているブログに投稿することが奨励されている。投稿の内容は、有権者が利用できる新しい製品やサービスから、GDSの文化やプロセスを向上させるために試している方法までさまざまである。ブログは、GDSの仕事をしている人たちの顔を見えるようにするだけでなく、GDSのなかに学習と共有の習慣を根付かせるためにも役立っている。

最後に、GDSはアフィニティの構築のためにオープンソースコミュニティにも参加している。gov.uk（https://www.gov.uk）は、オープンソースソフトウェアを用いて構築されている。オープンソースソフトウェアを使っていることは、エンジニアたちがユーザーのニーズに集中するために役立っている。彼らのコードは、https://github.com/gds-operationsとhttps://github.com/alphagovで公開されている。

GDSの技術アーキテクチャー担当ディレクターであるジェームス・スチュワートは、ジュ・ランガスワーミーを引用しながら、**図14-4**に示すツール選択の一般的なアプローチについて詳しく話してくれた。

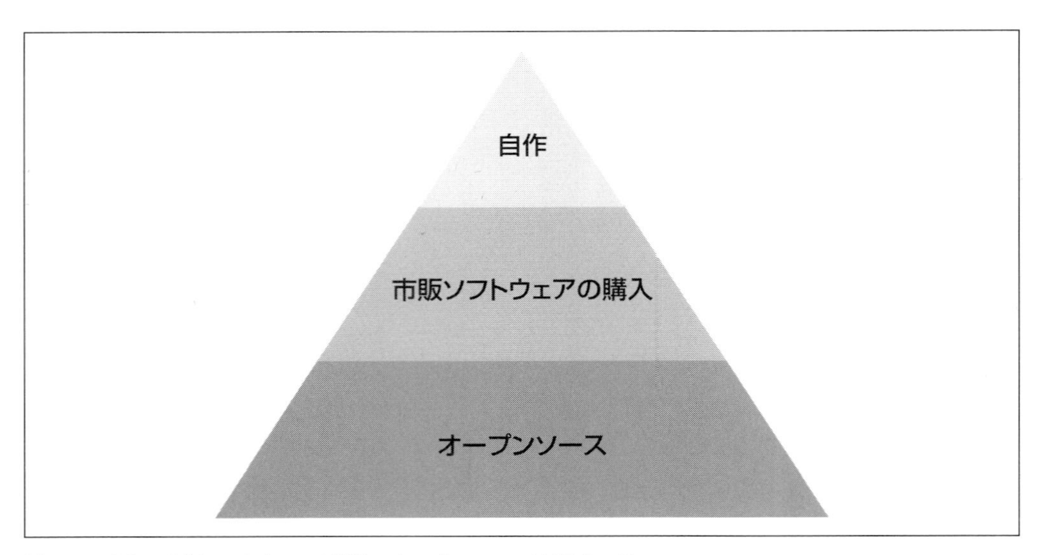

図14-4　自作、市販ソフトウェアの購入、オープンソースのピラミッド

> よくある問題ではオープンソースを使え。珍しい問題では市販ソフトウェアを使え。特別な問題では自作せよ。

基本的に、チームのすべてのメンバーは、毎日の問題をオープンソースで解決し、チーム全体に影響のある問題についてはコミュニティにコントリビューションすべきだということである。オープンソースへのコントリビューションには、単にコードをコミットしてドキュメント、バグレポート、イラストなどの項目を組み込むということ以上の意味がある。次に、まれにしか発生しない問題については、それを解決する製品を買う。最後に、組織やチームに固有な問題については、独自ソリューションを作るのが効果的である。

まとめると、GDSは、ユーザーに重点を置き、ユーザーが直面する問題の解決を大切にするという明示的に定義された文化を作って維持することに注力しており、コードだけでなく、デザインと全体的なエクスペリエンスを重視している。ムダをなくし、短期間で反復するというアジャイルのプラクティスを使い、政府の他の部局のデジタルサービスやITサービスの単純化にも貢献している。自分たちで設けた価値観や禁止事項とともに、コラボレーションとアフィニティを重視しており、政府が前進していくのに必要な文化を作る上でそれが大きな効果を生んでいる。

14.12 ケーススタディー：Target

この10年で人がいつどこでどのようにショッピングをするかは大きく変わった。Targetの顧客たちに、いつでもどこでもすぐに使えるアクセスを提供しなければいけない。サプライチェーンと顧客の需要の進化に合わせてすばやく戦略を調整できるようにする上で、ITはTargetにとってきわめて重要な役割を果たしている。

Targetは大企業なので、devopsの導入はトップダウンの一方的な決定ではなかった。複数のチームが別々にdevopsへの転換をスタートさせて、あとでそれを結合したのだ。結果としてその戦略が成功を生んだ。このケーススタディーの情報は、公開されたブログ記事、Targetの社員が公開の場で示したプレゼンテーション、企業の提出文書から集めたものである。

14.13 Targetの分析

Target Corporationは、ミネソタ州ミネアポリスに本社を置く小売販売の企業である。1902年にジョージ・デイトンがDayton Dry Goodsとして設立し、2015年半ば時点の従業員は34万7千人に上る。2015年の時点でアメリカ第2位の輸入業者でもある。ブリック・アンド・モルタルの店舗に加えて、銀行、医薬品、医療の分野にも進出している。

Targetは、現代の小売企業として、ITイノベーションの長い歴史（http://bit.ly/target-history）を抱えている。1988年に、Targetはすべての店舗と流通センターでUPCスキャナを導入し、店舗内の重点を行列の短縮から在庫の充実に変えた。Targetの長年のイノベーションの成果は、価格チェック装置、レジ、在庫チェック用の携帯装置、ギフト登録装置、流通センターが適切な季節に適切な在庫を確保するためのアプリケーションなどの内外のさまざまなサポート技術に現れている。

14.13.1 望ましい結果から始める

長い歴史を持つ大企業では、変化の道筋は曲がりくねった迷路を通るような感じになることが多い。よく通る道はリスクを最小限に抑えるベストプラクティスになっている。組織は、時間とともに積み重ねられた複雑さを反映したものになっている。一般的に言って、Targetのdevopsへの転換の出発点を明らかにするのはとても難しい。

実際には出発点はひとつだけではない。複数のチームが異なる時点でスタートしている。ヘザー・ミックマンが率いるAPIおよびインテグレーション開発チームとロス・クラントンが率いる運用インフラストラクチャーサービスチームの2つのチームがTargetにdevopsを根付かせるための仕事を行っている。個々のチームが通った道筋は簡単なものではなく、devopsという言葉をまったく使わずにスタートしたチームもある。それらのチームは「もっとリーンで、もっと高速で、もっと高品質なサービス提供」のような自分たちの目標を示す言葉を使ったのである。この言葉は、devopsの哲学をうまくつかんでいる。ヘザー・ミックマンは次のように説明している。

> 私はdevopsという用語を使うのをやめなければいけませんでした。devopsは、さまざまな誤解のために使いにくい言葉になっていました。同僚や上級リーダーたちと話をするときに、「devops」という言葉を口に出すと、彼らが話を聞かなくなることを直接経験しました。

ミックマンがdevopsという単語を使わなくなったのは、2章で最初に紹介した通俗モデルの力をよく示すものである。読者も、自分の組織のなかで、人が先入観のために話を聞いてくれないという経験を味わったことがあるかもしれない。ミックマンが身をもって体験したように、用語ではなく望ましい結果や変化に重点を置けば、組織に変化を起こしやすくなるかもしれない。変化は、個人から始まり、草の根の運動、トップダウンの支援、成功戦略の展開というように段階を追って発生する。

望んでいる結果に光を当て、言葉に対する感覚を研ぎ澄ますことは、変化を受け入れるためのプロセスとしてきわめて重要だ。改革をイメージさせ、触発する魅力的なストーリーを語れば、devopsなどという言葉はいらない。Targetでは、既存の取り組みに人がどれだけ影響を受けているかを理解することが大切だったのである。

14.13.2 大企業のなかでのアフィニティ

Targetの上層部は、既存の組織的な学習の文化を推進してアフィニティ構築を後押ししていた。組織的な学習という考え方を支持し、すべての社員がレベルアップすることを奨励していたため、Targetは全社に改革をスケーリングできた。彼らが重点を置いたのは、次の4つの要素である。

- 実験
- テスト
- 失敗
- 成功

ロス・クラントンは、多くのチームと幅広く経験をともにして、各チームが抱える難問とインセンティブ、引き継ぎ、説明責任の不一致についての知見とチームへの共感を得ることができた。

クラントンのTargetにおけるdevopsジャーニーは、これらの難問を解決する上で役立つ手引を探すところから始まった。多くの人がケビン・ベア、ジーン・キム、ジョージ・スパッフォードが書いた『The DevOps 逆転だ！究極の継続的デリバリー』（日経BP社）を薦めた。クラントンはそれを読み終えると、何冊か余分に買ってチーム内の他のメンバーに渡しただけでなく、この本のなかのさまざまなシナリオを実際に演じる外部イベントを開催した。

彼は、ディレクターのヘザー・ミックマンや、技術リーダーのジェフ・アインホーンといったITリーダーたちと連携して、多くのチームが必要としている共通の改革を推進するために組織全体からパートナーを探し出した。これは、別々のサイロのあいだにある「ギャップ」を意識するのに役立った。彼らは一緒になってNetflix、Google、Facebookのリーダーを含むこの分野の専門家たちと接触して、自分の組織に取り入れられるパターンを学んだ。

彼らが組織内での学習と改革の推進に立ち上がるとともに、外部にヒントを求めたことは重要なことであり、注目に値する。組織のなかだけでアイデアや戦略を探していると、今までと同じプラクティス、習慣、パターンから抜け出せないリスクがある。大きな組織改革を起こそうと思うときには、少なくともそれらの一部はあまり機能していないはずである。

無意味な模倣に走るような精神状態に落ち込んではいけない。他の企業が同じことをしていて、自分たちも同じ結果を達成したいからというだけで改革を進めるのではなく、外部で行われたことや専門能力がいかに優れているかを過小評価しないようにしなければいけない。

2014年のDevOps Enterprise Summitでは、ロス・クラントンがTargetでのdevopsジャーニーについて話したが、その内容は、組織のなかの人たちとのつながりの話であった。少数のチームで成功をつかむと、彼らはTarget内の広い範囲の人たちにさまざまな方法でメッセージを送り始めた。

- 2014年2月に、ゲストスピーカーとしてNordstromのロブ・カミングス、Chefのマイケル・デューシーを招いて初のdevopsミニカンファレンスを開催した。
- 定期的にイベントを開催し、ジェフ・サスナ、フレッチャー・ニコル、イアン・マルパス、シーン・オニール、ジェズ・ハンブルといった外部のゲストスピーカーを招いて話をしてもらった。これらの企業内イベントは、草の根運動の拡大に貢献し、最初のイベントでは160人だった出席者が2015年2月のイベントでは400人を超えるまでになった。

- これらのテーマについてもっと学びたい人たちの背中をさらに押すために、公開のQ&Aセッションとして毎週Automation Open Labsプログラムを開催した。
- 彼らは毎月のデモセッションも始めた。これは、コミュニティのメンバーが自分たちの仕事を紹介し、フィードバックを受け、インスピレーションを与えたり受けたりする機会になった。

彼らはリーン、devops、アジャイルの活動をひとつにまとめ、それらの分野の境界を越えたコーチを育てた。そして、コーチが一貫したメッセージを送り合うようにしたのだ。また、参加者が夢中になるようなコーチングセッションを通じて、意図的に品質の高い実践ができるようにしたのである。そして、http://target.github.ioを通じて外部に自分の経験を共有することを奨励した。これらはすべて、組織内や組織を超えたアフィニティを育てるためである。

14.13.3 大企業のツールと技術

ミックマンのチームは、Targetに散在するサイロによってシステムが複雑化するのを緩和するために、APIの構築を担当した。

ウォーターフォールで動いている組織では、時間とともに階層構造とプロセスがリスクを最小化する方向に向かっていく。職務は厳格に定義され、チームは他のサービスと密結合した単一のサービスに特化する。すると、全体でシステム変更について議論しなければならなくなり、リリースサイクルが長くなって、かえってリスクが大きくなる。

APIの開発は、組織内で膨らみ続ける文化的負債と技術的負債の削減のための手段だった。Targetは小売販売企業として、商品、店舗の位置と営業時間、宣伝、価格などの重要なAPIの開発に取り組んだ。APIの進化とともに、Targetは、顧客やPinterestなどのパートナーのエクスペリエンスの改善方法をすばやくテストして学習できるようになった。

devopsにおけるセキュリティの重要性

Targetのウィッシュリストアプリケーションは、2015年12月に個人情報漏洩を起こしたと報じられている。APIは、ソフトウェア同士のコミュニケーションインターフェイスを提供するものである。ソフトウェアを開発するとき、企業はそのソフトウェアをどのように使ってもらいたいかに気を取られ、ソフトウェアが実際にどう使われる可能性があるかをあまり考えないことが多い。

他のソフトウェアと通信するソフトウェアを作る場合、人間がそのソフトウェアに指示するための別のソフトウェアも作ることになる。ユーザーがそのソフトウェアとやりとりしてよい人かどうかを判断するために、認証と権限付与という関門を設けることが多い。認証は、操作している人がユーザー本人かどうかを検証する。権限付与は、ユーザーがシステムにアクセスしてできること（アクセスポリシー）を定義する。

Targetの個人情報漏洩では、APIに認証や権限付与の機能が十分に加えられていなかったようだ。サービスに認証機能を追加するのは難しい。特に、ユーザープロフィールを作らずに既知の情報からウィッシュリストを検索できるようにしたいといった場合だ。ウィッシュリストを作った人は販売企業に自分の識別情報を共有したいかもしれないが、ウィッシュリストを読む人はそうではない。だから、ウィッシュリストを読むために認証を必要としないのは、悪い選択ではない。

難しいのは、個人識別情報を使ってウィッシュリストを検索できるようにしつつ、個人識別情報を知らない人にはそれを明かさない安全なサービスを作ることだ。TargetのAPIの弱点は、ユーザーのアクセスポリシーが丸裸になってしまうことだった。認証や権限付与を経ていないユーザーには、たとえユーザーIDを知っていたとしても、個人識別情報へのアクセスを認めてはいけない。できれば、ユーザーIDは簡単に推測できないものがよい。しかし、Targetの場合、何らかの個人情報を知っていれば、その個人のすべての個人情報を取得する権限を付与されるようになっていたようだ。

これは組織のすべてが改革に参加していることの重要性を示している。蓄積した文化的技術的負債がたくさんある組織では、長い歴史を持つサイロをゆっくりと解体する過程で、こういった影響が現れるだろう。

Targetのリーダーたちにとっては、自分たちが求めている結果を実現できる正しいツールを見つけることが大切だった。第Ⅳ部で説明したように、特定のツールを使うことが重要なのか、ツールの使い方が重要なのかについては、個人レベルでも組織レベルでもさまざまな考え方がある。Targetの場合、適切なツールを選べば、ツールの選択が分かれてサイロ化することを避けられ、プラットフォームとAPIを「フルスタック」で管理下における。そのため、特定のツールを使うことが重要だった。

そこで、Targetはクラウドコンピューティングのプラットフォームに OpenStack、継続的インテグレーションと継続的デリバリーにJenkins、インフラストラクチャーの自動化と構成管理にChef、バージョン管理システムにGitHubを使い続けている。この組み合わせは、開発プロセスの透明性が大幅に上がったという意味でも、Targetにとっては大きな意味があった。開発者たちは、オフラインで自分たちだけでコードレビューするのではなくGitHubのプルリクエストを使うようになったが、これは運用スタッフにとってうれしいことだった。どのようなシステム変更が行われようとしているかがわかり、以前よりも簡単に開発プロセスに参加できるようになったのである。

さらに、chatopsが開発プロセスの密接不可分な一部になってくるにつれて、内部のコミュニケーションにHipChatを使っていることがとても有効なのがわかってきた。HipChatの導入によって、チーム内のコミュニケーションだけでなく、他のチームとのコミュニケーションもしやすくなった。彼らはchatopsを使って適切なチャンネルにアラートやイベントを流しているので、開発エコシステムのリアルタイムの姿がわかる。それにより、以前よりもずっと早くインシデントに対応できるようになったのである。

Targetは、ツール刷新の取り組みの成否を測るメトリクスのひとつとして、API数がどれくらい増えたかに注目している。APIの数は2014年10月の30から2015年2月には45に増えた。APIによって、チームやサービスのサイロ化や分離ではなく、それらの統合や共同作業／連動が実現できる。そのため、Targetにとって、APIの数は重要だ。内外のAPI要求が増えているだけでなく、それだけの増加があっても毎月のインシデントの数が減り、サイトが安定した状態を保っているところに意味がある。Targetの成功の大きな要因は以前の問題の一部を解消したことだが、適切なツールの組み合わせを見つけたことがコラボレーションを促進している。

組織内でツールの成功がどういう意味なのかをはっきりさせよう。達成したい結果を重視し、問題がどこにあるのかを明らかにしてから、その問題を解決するツールを探そう。特定のツールや技術が解決できる問題を探すのではだめなのだ。

14.13.4 大企業における知識の共有

一部の限られたチームで成功を収めると、ミックマンとクラントンは、Target内部の多くの人たちにメッセージを送り始めた。この改革を組織全体に展開するために、彼らは四半期に1度のペースで企業内DevOpsDaysを開催した。そして、Nordstromのロブ・カミングスやChefのマイケル・デューシーなど、外部から人を招いてキーノートスピーチをしてもらった。すでに触れたように、このイベントは新しい考え方の導入だけでなく、企業内のdevopsへの取り組みや進行状況に対する関心を呼び起こすためにも役に立った。

彼らが採用した第2の戦略は、組織全体を通じて一貫したメッセージを送るようにすることだ。彼らは**コーチ**という考え方を持っていた。リーン、devops、アジャイルなどの分野のさまざまなテーマの専門家が他の人やチームのコーチングやメンタリングを手伝うというものである。これらのテーマをひとつにまとめ、分野を越えたコーチを育てると、組織内に一貫した通俗モデルを確立し、devopsに関連するさまざまなコンセプトについて話をするときに話が噛み合うようになることがわかった。

devopsの取り組みをスケールアップするためのもうひとつの方法は、参加者が夢中になるようなコーチングセッションを開催することだ。これは、特にいくつかのチームではとても大きな効果を発揮した。組織の誰もが参加できるオープンラボも、知識を教えて共有するのをスケールアップするために役立った。そして、「自動化ハッカソン」は、さらに多くの人たちがこの改革に参加し、自分の仕事に活かす機会を生み出した。

これらは、Targetがうまく機能するツールやコラボレーションの方法を見つけただけでなく、うまく機能したもの（そしてそうでないもの）を組織全体で共有できた理由のごく一部である。Targetでは、トップダウンの支援と個人やチームのレベルでの草の根の取り組みの融合が大きな成果を上げているのだ。

実際のところ、一般社員やチームに自分自身の深い経験にもとづいて改革を推進させるというこのアプローチは、自分たちが正しい改革を行っているという自信を得るためにすべての組織で必要とされるものである。しかし、改革を起こすだけでなく、定着させるためには、経営トップや管理職の支援も必要とされる。

14.14 まとめ

過去の意思決定や現在の目的のために難問に直面することがある。これらの問題に個人、チーム、組織のレベルでアプローチしていけば、問題を評価し、解決方法を計画し、克服できる。実際、devopsを取り入れるときの最大の難問は、基本的にスケーリングである。さまざまなレベルにある障害は、歴史とともに大きくなって、組織のライフサイクルで発生するさまざまな変曲点にどのようにアプローチするかに影響を及ぼす。

現在のプロセスを評価し直してもとに戻らなければいけない場合もあるし、ペースを落として慎重にアプローチしていかなければいけない場合もある。すばやくダイナミックに進まなければいけない場合もある。成功するには、継続的な実践と失敗からの学習が欠かせない。

スケーリングの成功は、いつどのように方向転換すべきかを見極める科学と技芸の賜物であり、変化し続ける環境のなかで正しい道を選ぶためにはそれが必要だ。アウトドアクライミングと同じで、状況に合った道筋を案内してくれるカラフルにマークされたルートなど存在しない。個人、チーム、組織で必要とされるスキルのレベルアップが成功を準備してくれる。そして、全社レベルでの規模や複雑さのもとでも、効果的なdevopsの基本原則はそのまま有効に当てはまる。

15章
スケーリング：誤解と問題解決

本章では、よく直面するスケーリングの難問について検討し、その解決方法を考えていく。ここでは、管理職と一般社員の両方に関係のある分野を取り扱う。自分の現在の職務に直接適用できるものが見つかるかもしれないが、それだけでなく、他の職務の人たちが直面する難問についても読んで理解しておくと貴重な知見が得られるはずだ。

15.1 スケーリングの誤解

前の章でも説明したように、大企業のまま変わることなく、何か別の「エンタープライズdevops」なるものに取り組むだけではスケーリングの問題は解決しない。

15.1.1 一部のチームは共同作業できない

devopsの起源は、仲の悪い開発者のチームと運用のチームを使って説明される。チームとチームは誤解の蓄積によって緊張関係が生まれ対立する状態になる。第II部で説明したように、誤解は一概に悪いものではない。健全な組織であることを示す重要なサインでもある。チームが相互に対立しないようにすることはとても重要だ。個人間の対立なら一対一で理解を修復できる。だが、チーム間の対立を解消するには、それよりもはるかに複雑なプロセスが必要になる。チーム間の絆を修復することは大切だが、そのような対立を招いたプロセスも修復しなければいけない。

チームが互いにどのように付き合ったらよいかを学び直す関係修復の初期段階は、とても困難でぎごちない。チーム間の信頼を再構築するには時間がかかるし、プラスの経験の蓄積が必要だ。ひとつのマイナスの経験によって、積み上げたものがすべてぶち壊しになることもある。

注意しなければいけない行動パターンは次のとおりだ。

批判

性格的な特徴に対する個人攻撃

蔑視

相対的に上の立場からの言葉や行動

防衛反応

自己防衛的な言葉や行動

対話拒否

対話の感情的な拒絶

包括的な非難

「あっちはいつも」とか「あっちは決して」（あるいは「こっちはいつも／決して」）といった言葉

チームが「こっち」対「あっち」のパターンにはまり込んでいるのは、組織のアイデンティティの問題の現れだ。組織に属するチームは、成功について同じビジョンや定義を持っていることが大切だ。あるグループが、他のグループからの情報や透明性の欠如のために自分の目標達成が難しくなっていると思っていると、そのグループに対して感情的なニュアンスをこめて圧力をかけることがある。すると、チーム間の緊張が高まるのだ。

分散チームでは事態はさらに悪化する。成功のための優先事項や目標が異なる場合、対立は激化し、解決するには余分に労力が必要になる。分散チームでは、解決プロセスが全員にとって公平なものになるようにして、解決プロセスに参加しているという気持ちを持たせることが大切だ。

研究によれば、同僚たちが親密感を築いて関係を強化し、コミュニケーションや仕事の方法に関して理解と信頼を生み出すためには、現場視察が役に立つという[†1]。このような視察をいつどのように行うかはできる限り当事者に委ね、チームとチームに共同作業をさせるまでのプロセス全体に透明性を持たせなければいけない。自分たちに直接影響のある決定のときに蚊帳の外に置かれたと感じてしまうと、たとえ決定結果自体は評価に値する場合でも、人は反発するものなのだ。

2つの組織や企業が合併したときにも、2つのチームがそれぞれの仕事に悪影響を及ぼすほど対立することがある。このような場合、できる限り両方のグループのステークホルダーを参加させて前進することが大切だ。これは「こっち対あっち」の対立パターンが定着するのを防ぐ上でも役立つ。

このようなメンタリティは、自分の職を守るための手段として自分と自分の知識を孤島化し、周囲が依存するような関係を築き上げている人にも見られる。彼らは知識の流れの単一障害点やボトルネックになることにより、自分はチームや組織にとって大切なので取り除かれることはないだろうと考える。だが、こういった行動は同僚との関係にマイナスの影響を与える。したがって、彼らが抱えている知識を拡散するとともに、こういった人と所属組織のあいだに通常存在するであろう誤解を含め、さまざまな人間関係の修復のために手を打つべきだ。

15.1.2 改革を始めるためには経営陣の全面的な支持が必要だ

管理職としてのあなたは、直接の部下と彼らの仕事の有効性に大きな影響力を持っている。上層

†1 Pamela J. Hinds and Catherine Durnell Cramton, "Situated Coworker Familiarity: How Site Visits Transform Relationships Among Distributed Workers," *Organization Science* 25, no. 3 (2014).

部からの強力な指示があった場合、「クソの傘」[†2]として行動すればよい。つまり、部下たちの仕事の邪魔になる馬鹿げた非難をできる限りシャットアウトするのである。

まわりの人がチームに非現実的な要求をしてきたときには、チームを雑音から守るために、単純にそういった要求を自分のなかに溜め込んでしまえばよい（クソの漏斗）。

チームには、ツール、ワークフロー、プラクティスを試せるようにできる限り余裕を与え、チームに力を与えることをするようにしよう。組織の文化によっては、新しいツールやワークフローのほうが従来のものよりも効果的なことを示す実験の結果を見せるなど、実際の結果を示して上層部を説得したほうが早い場合がある。いつも反対ばかりする人たちの声がチームの耳に入らないようにするとともに、チームが自分たちにとっていちばんよい仕事の進め方を見つけられるようにするために、できる限りのことをしよう。

15.1.3 すぐには採用の予算が得られないのでdevopsを始められない

比較的小さな組織や急成長を遂げている組織では、文化をdevops化するために、そういったスキルセットやマインドセットを持つ人を採用すればよいだろう。しかし、すべてのチームや組織が大量の採用をできるわけではない。採用などまったく考えられない場合すらある。幸い、「10倍の仕事をするロックスター的devopsエンジニア」を大量に採用しなくても、devopsは十分実践できる。

目標の共通理解を作る

devopsのような考え方をチームに浸透させるには、まずdevopsの意味について共通理解を持つ必要がある。環境の何を変えたいのかだけでなく、その理由まで説明できるようにしよう。特に、とかく改革に手を出したがる大企業では、くだらない感じがしたり流行り文句にすぎなかったりする改革には疑問の目が向けられる。そのため、自分が起こしたい具体的な変化とそこから期待できる具体的なメリットを話せるようにしておかなければいけない。

学習の機会を提供し、それを利用することを奨励する

8章で説明したように、古臭いシステム管理者に新しいトリックを教えることは間違いなく可能だ。devops改革では、非難のないポストモーテムの進め方とDockerの使い方のように、新しいソフトスキルと新しい技術スキルの両方を学ぶことになるだろう。部下に持ってもらいたいスキルにはトレーニングを用意するようにしよう。また、組織を挙げて学習と成長のマインドセットを奨励するべきだ。

devopsの原則が強化される環境を作る

こういった改革を定着させるためには、みんなが改革を最大の関心事にするような環境を作る必要がある。コミュニケーションやメンタリングを活発に行ってほしいと思うなら、それらのスキルをスキルマトリックスやキャリア開発計画のなかに明示的に位置付けるこ

†2 これは、GoogleでGmailのプロダクトマネージャーを務めていたトッド・ジャクソンが最初に使ったフレーズで、彼は管理職として「クソの漏斗かクソの傘になれ」と言った。

とだ。無礼な行動を減らしたいなら、そのようなものを見かけたら指摘することを奨励する。破壊的な行動や虐待的な行動をしたときにはそれなりの責任を負わなければいけないようにする。コラボレーションと虐待の両方が同時に繁栄する環境が生まれることはまずない。あなた自身が不愉快な行動を許しているなら、あなた自身が協調的で協力的な環境の実現を積極的に邪魔しているのだ。

既存の環境とそこで見られる慣習や行動を変えたいと思うなら、小さな一歩からスタートしたほうがよい。明確な目標を示し、学習の機会を提供し、信頼、共感、コラボレーションが尊ばれる環境を作ろう。

15.2 スケーリングのトラブルシューティング

すべての組織のスケーリングにかかわる難問になんでも答えられる万能なソリューションはない。ここでは、組織がライフサイクルのなかで成長し、変化していくときによく見られるシナリオのいくつかを紹介する。

15.2.1 上が*X*を続けることを主張し続け、devopsの価値を認めない

前の章でTargetを取り上げたときにも示したように、改革を組織全体で進めて定着させるためには、どこかの時点で上層部の支持を取り付ける必要がある。しかし、Targetの事例が示すように、最初から支持を取り付けておかなければいけないわけでもない。ひとつのチームだけで始め、そのチームに実験のための時間を与える。そして、プラスの結果が生まれたところで初めて上層部に報告するのだ。すぐに満足な結果が得られるわけではないが、改革の価値を他の人に示す上では十分役に立つ。

上層部がなかなか乗り気になってくれないときには、自分が行いたい改革に直属の上司を巻き込むことができるかどうかを試してみよう。うまくいけば、次のようなことをしてくれるかもしれない。

- すでにある制約を回避できるようにする。
- あなたに代わって他の管理職と交渉する。
- チーム内で改革を実験できるようにする。
- さまざまな波及効果からあなたを守る。

直属の上司がdevopsの価値を認めてくれない場合には、当然改革を実現するのは難しくなる。だが、同じような方法でチーム内に賛同者を探すことはできる。上司が従来のツールや手法*X*を使い続けることにこだわるなら、それと並行して新しいツールや手法*Y*を使い、継続的に両者を比較できるようにする方法はないか。「上司をマネジメントする」ようなアイデアを仕入れて、改革をもっと効果的に進めたい理由を説明する方法を探し、上司もそのメリットを同じように感じられる

ようにしよう。

15.2.2 チームが忙しすぎる

過度に非現実的な要求を課しているわけではないのに、チームが慢性的に納期や要件を満たすことができない場合がある。その原因は、タスクやプロジェクトの要求を満たせるだけの要員がいないことである可能性が高い。時間を割いて、プロジェクトのワークロードや納期を見直してみよう。プロジェクト間で配置換えをしたり、現在のチームで現実的に達成できる水準に合わせて納期を調整したりしなければいけないかもしれない。

特に成長期には、人員を増やさなければいけないことが明らかになる場合もある。一方で、後退期でも注意が必要だ。プロジェクトの規模やワークロードを減らしていないのに、人員だけを減らしていることに気づく場合がある。コスト削減のために少ない人数で同じ量の仕事をこなそうとしたくなる気持ちになるかもしれないが、一定の水準を越えると、単に仕事の品質を下げ、社員を燃え尽きに追い込むだけだ。部下が実現できることについての期待値を現実にもとづいたものに保つことが大切だ。

同じ人数で多くの仕事を効果的に行うためには、よりハードにではなく、より賢く仕事できるようにするとよい。時間を増やして多くの仕事をこなすのではなく、現在のツールやプロセスに注目し、改善の方法を探るのである。今仕事のために使っているツールや技術やワークフローについて、チームのメンバーと話をして、もっと効率がよく、時間と労力のムダを減らせるよい方法を探そう。アイデアを外部に求めなければいけない場合もあるだろうが、今チームにいる人たちにも提案を求めるようにしよう。彼らが自分のアイデアや考えを聞いてもらうことに慣れていない場合には、時間と労力が必要になるかもしれない。だが、とても価値のある情報が得られるようになるかもしれない。

15.2.3 よい判断が下せていない

組織が成長して変化していくときには、問題がよく起きる。決定がとかく望ましくない結果を引き起こす（「*X*を試すことに決めたが、状況はよくならずかえって悪くなってしまった」）とか、意思決定プロセスに時間や労力のムダが含まれているように感じられるといったものだ。技術部門のメンバーが全員同じ部屋にいたときには簡単に決定を下せていても、組織が成長して世界中に複数の部門を抱えるようになると、意思決定が時間のかかる退屈なプロセスになってしまう。この問題に対処するための方法をいくつか挙げておこう。

プロセスを分析する

組織が大きくなると、さまざまな問題の責任の所在について混乱が見られることが増えてくる。問題やプロジェクトが複数のチームにまたがるものになると、責任分担が曖昧になったり、複数のチームで決定権を奪い合って対立の原因になったりすることがある。特に後者の場合、議論が多くなりすぎてものごとを決めにくくなってしまうため、意思決定プロセスの効率が悪くなりがちだ。それに対し、トップダウンの決定は、議論の時間を飛躍的に短縮するものの、結果はともかくプロセスに不満を残すことが多い。

明確性に問題があることを認識する
どのような意思決定が必要か、その影響は何なのかが不明確だったり、結論をめぐる不確定要素が多すぎたりする場合には、分析麻痺に陥ることが増える。

プロセスの重さに目を光らせる
プロセスが煩雑すぎて仕事の邪魔になっていたり、合理的な時間内に結論が得られなかったりすると、意思決定を避けるようになる。

生産性とリスクを秤にかける
人が意思決定を避けるようになると、生産性に影響を及ぼす。しかし、間違った意思決定のリスクを理解するには時間がかかる。間違ったときのコストが小さいのに、意思決定を避け続けると、時間をムダにして意思決定の意味が薄れてしまうことがある。

漸進的に改革を進める
ほとんどの決定は後戻りできないようなものではない。そう思えば、理解の枠組みを変えやすくなる。事後的に考えを変えることができると思うと、選択肢が多すぎるために起きる分析麻痺を削減できる。

安全に実験できるスペースを作る
失敗は、リスクを適切に分析し、必要なときによい判断を下すための方法を教えてくれる。これは、非難文化ではなく非難のない文化であることが大きなメリットになる場面のひとつだ。これによって、単純にボロ隠しをするのではなく、最良の結果を生み出すことに集中できるようになる。

意思決定を追跡調査するようにしよう。同じようなことを続けていながら異なる結果を期待するのは、労力のムダを引き起こすだけで馬鹿げている。意思決定と結果を追跡調査すると、軌道修正ができるようになり、自分が下した決定に自信を持てるようになる。

15.2.4 ほしい人材を引きつけることができない

人事部に人材に求める要件を伝え、地域のミートアップに参加して要件を考え直し、コミュニティに還元することを徹底しよう。しかし、組織の歴史的経緯によって、候補者の数や種類に影響が出てしまうような場合には、それ以外にさらに行うとよいことがある。

まずは、企業にそのような歴史と課題があることを認めよう。過去に報告された問題について、予想される質問を明らかにし、答えられるように準備しておく。企業について調べ、Glassdoorで評価記事を読み、それでも面接に来てくれるなら素晴らしいことだ。カンファレンスでプレゼンテーションしたり、オープンスペースでの会話に参加したりすることを通じて、現役社員が自分の仕事について話すことを奨励しよう。プレゼンテーションや参加を認めるためのプロセスは透明で明確なものにしなければいけない。

問題が採用プロセスにあるのか、面接官にあるのかを明らかにしよう。面接のトレーニングやペア面接を実施すれば、多くの人がより優れた面接官になれる。面接テクニックのなかに、候補者を遠ざけるようなものが含まれていないかどうかをチェックしよう。面接に丸1日、あるいは何日もかかったり、過度に挑発的な面接官がいたりすると、候補者は応募を諦めたり内定を辞退したりしがちになり、多様な社員を集めにくくなる。

これに関連して、行動や職場でのふるまいに問題のある社員がいる場合がある。こういった問題を長い間放置しておくと、まわりの人たちは問題行動が受け入れられていると感じてしまい、報告したり解決に乗り出したりすることを諦めるようになるので、そういった情報が表面化しにくくなる。しかし、多くの候補者を引きつけるためには、そういった人物、特に人種差別や性差別などの差別的な問題行動をとる人物を取り除くことが必要になってくる。

採用で最高の結果を得るためには、採用の候補となる集団のことをよく調べ、現実に即して彼らに応対するのも効果的だ。大企業で、業界の変化への対応が遅れるような歴史を重ねてきた企業であれば、スタートアップの社員を引き抜くようなことは考えるべきでない。組織の問題点や限界を意識して率直に認めよう。そうすれば、採用候補の人たちと採用活動が噛み合うようになり、採用プロセスが誤解を招くという悪評を避けられる。

15.2.5 組織変更や人員削減のために士気が下がっている

企業が下降局面に入ると、当然上層部は製品の生産ラインや人員を削減しようとする。文化的規範の変化によって、企業での経験、給与、面接などの評価が投稿されるようになった。それによって、企業内の環境の透明性が増している。Glassdoorは、企業の社員が匿名で情報を投稿し、社員になろうとしている人がそれを読んで自分の気持ちを見つめ直せるサイトのひとつである。

企業が後退期に入ったときのプロセスは、その企業の文化を反映したものになる。上層部が差し迫った組織変更についていつどのように話すかは大切であり、内部での文化に対する認知とメッセージが暗示する意味にずれがあると、社員のあいだに認知的不協和を引き起こす。

企業と現場とで人に対する評価にずれがあると、士気にマイナスの影響を及ぼす。企業が成績不振の人を削減すると発表し、チーム内で評価されているメンバーが解雇されると、残されたチームメンバーは認知的不協和を解決するために、見えない因果関係に自分なりの説明を考え出さなければならなくなる。

組織変更での企業の対応が悪いと、企業に残っている社員の士気が下がる。チーム間の協調や協力、チームワークが少なくなり、ストレスや病気による慢性的な欠勤やサービス障害が増える。組織変更や人員削減の理由によっては、期待したのとは逆の結果になる場合がある。

人員削減が迫っているときには、それを隠そうとしてはいけない。組織が大きければ大きいほど、人員削減が気になって本当のことを知りたいと思う人の行動や、機密情報の共有についての判断のまずさによって、リークが起きやすくなる。社員に知らせる前に人員削減が報道されれば、社員たちは自分の職か大切な同僚を失うかもしれないと思ってストレスを溜めるのだ。

この状況では、体験の透明性の重要性が非常に上がっている。したがって企業による人員削減の対処方法がまずかった場合、今後の問題に適切に対処し、透明性を上げるように努めることがきわめて重要になる。

採用の方法を見直し、修正しよう。採用プロセスがポジティブな体験になるようにしよう。悪い評価が書かれたとしても、電話での予備選考や面接で素晴らしい体験をした人たちがいれば、傷ついたイメージも修復しやすくなる。

入門者や初心者クラスの候補者を探そう。彼らをメンタリングして教育するのである。こういった人たちは短期的にはかえってコストがかかるが、長期的に力になってくれる。彼らは新しい視点を持ち込み、採用活動に新たな活気を生み出すことができる。

最後に、威張り散らす人間は解雇しよう。チームに対するメンバーの影響力を追跡して測ろう。優秀だとか仕事量が多いといった理由で、悪い行為を許してはいけない。彼らの行動はチームの他の人たちに悪影響を与え、面接の受験者にもその影響は及ぶかもしれない。

15.2.6 *X*のために独立したチームが必要かどうかわからない

プロジェクトや職務のなかには、一日がつぶれるほどの仕事がないため、複数の担当者を設ける必要がないものがあるかもしれない。だが、1人チームは燃え尽きや単一障害点を作り出す危険がある。**バス係数**とは、チームまたはプロジェクトのなかの何人が失われたら、チームとして前進するための知識な能力がなくなるか（または、何人がバスに轢かれたらプロジェクトやチームが復元不能になるか）を表す数値である。この場合、数値が低ければ低いほどよくない状態だ。問題に対処したり緩和したりする余地がないからだ。

定義上、1人だけのチームのバス係数は1である。そのひとりがバスに轢かれたり、病気になったり、休暇を取りたくなったり、退職したりするとどうなるだろうか。独立したチームを作るほどの仕事がなくても、知識を共有できる方法を探そう。

1人チームには、燃え尽きというもうひとつの深刻な問題がある。あることのやり方を知っているのがあるひとりだけなら、休んだり病気になったりするなという内外からのプレッシャーがかかる。元気を取り戻すための時間がないので、彼らのストレスレベルはどんどん上がる。自分が単一障害点にならないような職場を探したり、ストレスと燃え尽きによってやむを得なくなったりして、彼らが退職してしまう可能性も高くなる。複数の社員がパートタイムで責務と知識を共有できれば、フルタイムのひとりにそれらを集中させるよりも、個人にとっても組織にとってもよい結果になる。

第Ⅵ部
devops文化への架け橋

16章
devopsの4本柱を使って架け橋をつくる

devopsに力と大きな影響力を与えている重要な要素のひとつは、その柔軟性である。本書全体で説明してきたように、devopsの「唯一無二の正しい方法」は存在しない。特定のソフトウェアやプロセスも必要ではないし、スタートアップに限定した話でもない。

devopsの成功例として繰り返し話題になるストーリー（NetflixとEtsy）はある。だが、devopsの4本柱を使って生産性を向上させるための方法がこれらの事例にすべて含まれているわけでもない。確かに、文化面や技術面のプラクティスで有名になったEtsyのような企業には、共有すべき重要なストーリーがある。だが、本書では、devops界隈で以前から語り継がれてきたもの以外の広い範囲のストーリーを意識して取り上げるようにした。私たちが検討してきたストーリーが多種多様だからといって、devopsが重要でなくなってしまうわけでは決してない。むしろ私たち、そしてこの業界全体の仕事のあり方におけるdevopsの重要性を理解するには、その多様性こそが重要な意味を持つのだ。

devopsについて話そうとしたときに、よく話題になるのがサイロである。開発と運用の両チームがサイロ化して遠い存在になってしまい、効果的なコラボレーションはおろか、コミュニケーションすらほとんど取れていない状態になっているときに、サイロを壊すためにはどうすればよいかという話になるのである。しかし、私たちは、破壊的なメタファーではなく、建設的なメタファーでdevopsを考えたい。

私たちは、異なるチームや組織を、サイロではなく島だと考える。健全で豊かなエコシステムを維持するには、島の集まりがリソースを共有し、知識をやり取りし、住民の移動さえ認めなければいけない。そのため、島と島を結ぶ架け橋を作る必要がある。架け橋が増えれば増えるほど、島のネットワークはしっかりとしたものになるのだ。devopsの4本柱とともに取り上げてきたストーリーは、異なる人やチーム、組織という島のあいだにどうやって架け橋をつくるかを示している。

16.1 ストーリーの重要性

本書全体で、私たちはストーリーの重要性を強調してきた。4本柱のことは今までの部分でよくわかったと思う。ここからは、過去と現在のあなたのストーリーへの影響という点で、それらがどのように相互作用を起こしているかを見ていくことにしよう。

人が語るストーリーは、彼らの世界を収め、彼らの世界に意味を与えるコンテナである。
アンドリュー・レイマー

devopsとは、ある意味では、アイデンティティだと思い込んでいるものを理解し、場合によっては変えていくことである。職務にもとづいてアイデンティティだと思うものを内面化し、そのアイデンティティに一致しない行動を取る人たちを拒絶するとき、さまざまなことに影響を与える。たとえば、どのようなエンジニアを尊敬するのか。採用活動のなかでどのような候補者を有望だと考え、どのように面接に臨むか。何を「内輪」だと思うかといったことだ。devopsとは、「私はもともとこういうことをしているので運用だ」と言うのではなく、「私は今こういうことをしているので運用だ」と言うべきだということだ。これは、私たちが固定思考に代えて成長思考を推奨していることに通じている。「devopsをしているかどうか」ではなく、問題をどのように分析し、アプローチしているかが大切だ。

devopsが業界内でこれだけの牽引力を獲得した理由は、複数の視点からdevopsの重要性を分析すれば理解できるはずだ。チームや組織から見たとき、devopsは個人、そしてこの業界全体の日常と作業構造に影響を与える力を持っている。他のさまざまな企業の文化を分析することで、さまざまな種類の人を理解し、それらの人たちと交渉を持つことができる。また、これから生まれる新しい哲学のもとでdevopsの関係を理解する機会が得られる。

個人として個人的な経験からストーリーを分析し、耳を傾け、共有すれば、コミュニティに対する帰属感が高まり、グループの共通価値から安心が得られ、起きている事象の理解が深まる。グループとしては、共通の言語体系を通じてコミュニケーションが円滑になり、意味の共有を通じて摩擦が減り、共通の価値と現実認識を通じて結束力が高まる。

16.1.1 明示的なストーリーと暗黙のストーリー

人はコミュニケーションの手段としてストーリーを語ることを好んできたが、文化や歴史を伝える手段は語ることだけではない。

明示的なストーリーは、直接的にナラティブ（物語）の形を取って語られるものである。これは一般的なもので、事例として繰り返し語られる。私たちは意図的にこういったストーリーを語る。

暗黙のストーリーは、文化、歴史、行動についての情報を共有するものだ。こういったストーリーは直接的に語るものではない。

私たちが自分のdevopsジャーニーについて語るときには、暗黙のストーリーのことは考えない。暗黙のストーリーとはたとえば次のようなものだ。

求人募集に対する候補者への勧誘

面接をしていると、私たちは自分たちの企業の価値観を知らず知らずのうちに明かしている。週末の長時間の作業について触れると、ワークライフバランスが崩れているかもしれないというシグナルになる。社員が製品に情熱を注いでいることも示されるかもしれない。

ブログ記事の執筆

書かれている内容やレベルによって、価値観やどのような知識が求められているかが伝わる。

業界カンファレンスでのプレゼンテーション

カンファレンスでプレゼンテーションを行う人のポジションや職務によって、信頼や透明性が伝わる。一般社員が登壇することを奨励されている場合は、権威主義がないことが伝わる。

New RelicのSREエンジニア、アリス・ゴールドフス

私にとって、devopsとは開発のマインドセットと運用のマインドセットをブレンドして、しっかりとしたソフトウェアと信頼できるプラットフォームを作ることでした。自動化とテストと優れたインシデント管理だったのです。

しかし、devopsはそんなものよりもずっと大きなもの、文化そのものになることができるのです。チームとチームで共通の問題を解決するには、結局、まず互いに相手のことを理解しなければいけません。実際、devops文化は、そのような当たり前な形で機能します。ですが、現場にいたとき最初はそれがわかりませんでした。他のチームとコミュニケーションするのは当然。インシデント処理が非難なしでなければいけないのは当然。多様なメンバーが必要なのは当然。すべて当然のことだったのです。

私が幸運だったのは、バズワードやキックオフの助けを借りずに日常の作業プロセスにdevopsの価値観を組み込むことを追求している企業で働けたことです。私たちは、非難のないレトロスペクティブをしています。開発チームにSREを組み込んでいますし、可能な限り透明性も提供しています。たとえば、私たちの技術組織は、すべてのエンジニアがコントリビューションできるプロセスリポジトリによって統制されていて、私たちは最新のプロセス変更をまとめたニュースレターを毎月送っています。

ほとんどのエンジニアと話ができると思っていますし、話を聞いてくれる人、今参加しているプロジェクトで私を助けてくれる気持ちがある人も見つけられます。すべての本番エンジニアリングチームにオンコールのローテーションが回ってくるので、多かれ少なかれ同じ言葉が通じますし、互いに助け合っています。実際、私たちは、境界線が曖昧になるようなスキルセットを持つようになっていて、ソフトウェアエンジニアがLinuxの問題を解決したり、SREがシステムツールやウェブアプリケーションを書いたりします。

これで完璧でしょうか。いえ、もちろんそんなことはありません。他人のコードのために午前3時に起こされたら、非難したくもなるでしょうし、絶交したくもなるでしょう。しかし、そういったことを禁止する正式なプロセスが作られているので、一時的な感情によって人が傷つくようなことはありません。分野の境界を越えて興味を広げていくことが奨励されている文化があれば、多くの人はそこに定着します。そして、バランスの取れたチームの価値が認められていれば、経験の浅い人たちが活躍する場所が生まれます。

devopsがそういうものなら、誰もが実践すべきでしょう。

16.2 devopsの理論と現実

あるものが理論的に優れているからと言って、それを実践に移したときにどういう結果が出るかはわからない。ソフトウェアに変更を加えたことのある人なら、「これは理論的には動作するはずだ」と思ったことはあるだろうし、チームメイトに実際にそう言ったこともあるかもしれない。しかし、実際にそれを本番環境に移したときに、それがどのように動作するかという点では少し不確実な部分が残るはずだ。

私たちはみな、世界をどのように見るか、ものごとがどう動くと思うかに関するメンタルモデルを持っている。意識しているかどうかにかかわらず（意識しないことが多い）、日々の生活での考えや行動はこのメンタルモデルによって左右される。これは、理論やメンタルモデルが実際に使われるときにどのような役割を果たすかということで、**実践理論**と呼ばれる。しかし、世界をどう見るか、特定の状況のもとでどのように行動すると思うかを尋ねられると、それとは異なる答えを返すことが多い。どのように行動すると思うか、どのように行動したいと思っているかは、**信奉理論**と呼ばれ、実際にどのように行動するかとは必ずしも一致しない。

信奉理論が実践理論と違っていても、ほとんどの場合、それは騙そうとしているわけではない。ストレスや現実に直面したときに実際に行ってしまうことよりも、自分が正しい、プラスだ、より理想的だと思っているように行動するはずだと思いたがる。これは人間の自然な性質である。だから、サービス障害への対処では部下が最良の方法だと思うことをしてよいと言っている管理職が、実際にはマイクロマネジメントに走り、その違いに気づきもしないことはある。

16.2.1 現実のケーススタディー：実践を示すストーリー

本書は、全体を通じて現実に起きたケーススタディーを示し、devopsの実践理論の現実や違いを明らかにしてきた。非難のない環境があると口では言っていても、実際にそうなっているかどうかはまた別の話だ。

他の組織でのdevopsの実践内容を、カンファレンスの講演で聞いたりブログ記事を読んだりして、自分の組織と比較するときには、理論と現実の違いに注意しよう。他の企業の文化が自分たちよりもずっと先に進んでいるような感じがしてがっかりするかもしれない。だが、その企業の実践理論は、信奉理論とは異なることがよくあるのだ。

いつも同じ人や同じ組織が自分たちのやり方について話していたり、他の人たちがその人や組織のことを「業界のソートリーダー」と褒めたりしているのを見ると、イライラしてくるかもしれない。「あそこはそれでよかったのかもしれないけど、現実に、うちではそれではうまくいかないところがあるんだ」などと思うのである。組織によっては、その組織が抱える固有の問題のために、改革が難しくなることがある。

私たちは、人が思うよりも簡単に文化を変えることが可能だと言っているように見えるかもしれない。だが、組織や業種が異なれば要件や制約が異なるため、改革したいと思っているすべてのことを変えることはできないこともある。たとえば、PCIコンプライアンスを維持しなければいけない場合、クレジットカードを処理するサーバーをめぐるワークフローには簡単に変更できない部分があるだろうし、コンプライアンスのために従わなければいけない制約があるだろう。しかし、だからといって、組織の他の部分では大きな効果が得られるということに疑いがあるわけではない。

16.2.2 ストーリーから学ぶこと

ホーリズム（全体論）とは、全体のなかの部分は相互に密接に結び付いており、単なる総和以上のものとして見なければいけないという考え方である。devopsの4本柱にもこれが当てはまる。これらは個別に考えることもできるが、devops運動の強さは、4本全体とその相互作用を理解するところから生まれる。

私たちは、ストーリーを通じて次のことを学ぶことができる。

- 特定のツールや技術が選ばれたのはなぜか
- 目標達成のために人が互いにどのようにやりとりし、さまざまなツールを使っていったか
- ツールが現実の目標をどのようにして実現したか（あるいは実現できなかったか）
- 異なるチームや組織がさまざまな問題をどのように克服したか
- どのようなものが機能したか。さらに重要なこととして、機能しなかったものがあった場合それはなぜか

次の章では、チーム、グループ、組織の知識や学習のさまざまな形態を取り上げるとともに、アフィニティや学習を奨励するために加えられる変更について見ていく。

16.2.3 ストーリーで結び付きを作る

組織のさまざまな部分が相互にどのように結び付いているかだけでなく、実践者であり人間である私たちがどのように結び付いているかを考えることも大切だ。ソフトウェアや技術についての議論とそれを作る人や使う人の議論を完全に切り離すことはできない。ソフトウェアは人が人のために作るものなので、人間関係を無視して技術的な側面だけに話題を絞り込めば近視眼的になる。

ストーリーによって、私たちは相互に結び付きを作ることができる。私たちが1章で自分たちのストーリーを共有したのは、私たちがどのような経験をしてきたのかを読者に知ってもらい、読者のストーリーと重ね合わせて、私たちとのあいだに結び付きを作るためだ。ストーリーを共有すると、私たちは互いを顔のない匿名の群衆のひとりとかただのハンドル名やアバターではない現実の人間として相手を見られるようになり、そのような相手として交渉したり共感したりできる。

これらさまざまなストーリーに含まれる幅広い経験を共有して議論することを通じて、読者は次のようなことができるはずだ。

- さまざまな経験が文化の変化を導いているのを知ること
- devops支持を明言している組織が期待どおりの成果を上げているかどうかを知るためにどのような質問をすればよいかを学ぶこと
- 他の見方に対しての許容範囲を広げること
- 他社と自分の経験を観察し、複数の視点を比較対照すること
- 自分の信念や価値観を表現する力を伸ばすこと

本書の最後の2章では、ひとりの人間としての私たちに強い影響を与えるさまざまなストーリーを検討する。そして、それらのストーリーが私たちの共同作業の形に与える影響、それぞれの個人が成功をつかめる健全で持続可能な組織を作ることの意味を考えていく。

16.3 まとめ

読者のなかには、私たちが本書のなかで技術的なテーマについてあまり時間を割かず、文化的な要素について多くの議論をしてきたことに驚いた人がいるかもしれない。だが、組織に属する人が共有する価値観、信念、目標、実践から定義される文化は、特定のツールや技術よりもdevopsの実現に大きな影響を与える。

以前、devops共同体について説明したとおり、devopsとは個人とチームのあいだで相互理解を築き、長続きする関係を結べるようにするという共通の目標を作ることである。技術的な基礎をしっかりと理解している人が新しいプログラミング言語にすぐに対応できるのと同じように、人がともに仕事をするときの文化的な側面をしっかりと理解している組織は、他のツールや技術に簡単に対応できる。

効果的なdevopsのために必要とされる関係や結び付きを築くためには、私たちは互いに相手と結び付き、相手から学ぶことができなければいけない。ストーリーは、Usenetで読めるものでも、2009年の最初のDevOpsDaysで披露されたものでも、本書に書かれたものでも、このような結び付きと学習に役立つメカニズムを与えてくれるのだ。

17章
devops文化への架け橋：ストーリーから学ぶ

ストーリーは、話す人にとっても聞く人にとっても、学習の大きな部分である。学習とは、単に新しいツールや新しいプログラミング言語の使い方、何らかの技術的スキルの伸ばし方を学ぶことだけだと思われているかもしれないが、そうではない。それらさまざまなツールや技術を、なぜどのようにして使うかというコンテキストも、技術的な詳細以上とは言わないまでも、同じくらいの影響を持つ。

幸い、特定の環境のなかでツールを使うときの文化的なコンテキストを共有するのに、ストーリーという優れた方法がある。たとえば、NetflixのChaos Monkey（http://bit.ly/netflix-chaos-mnky）は、仮想マシンを無作為にクラッシュさせて本番環境のエラーを明示的にテストする。NetflixでChaos Monkeyをどのように使っているかに関するストーリーは、Netflixの次のような価値観を具体的に示す。

- 午前2時ではなく日中の、エンジニアがベストを尽くせるときにエラーを解決すること
- エラーを起こして止まるのではなく、サービスが縮退して動き続けるソフトウェアを書くこと
- ソフトウェアを運用するときのモードのひとつとしてエラーを想定すること

本章では、チームや組織の価値観を暗黙のうちに、あるいは明示的に示す文化的なコンテキストのさまざまな側面を取り上げていく。次に、あなた自身の環境でこういった学習を強化していく方法を取り上げ、チーム間さらには組織間での学習を後押しする方法を見ていく。

17.1 ストーリーが文化について教えてくれること

1章で述べたように、文化のかなりの部分は、人の集団が共有する価値観、基準、知識によって構成される。しかし、文化について話すことと、文化が日常の仕事のなかでどのように姿を現すかを見聞きすることは別のことである。

この節では、文化のなかでも特に重要な、価値観、禁止事項、神話、儀式、アイデアという5つ

の側面について考えていく。毎日の作業環境でこれら5つの側面がどのように確立していくのかを検討するとともに、読者自身の文化でそれらを分析するためのヒントを提供する。新しく組織に加わった人であれ、カンファレンスで講演するときの聴衆であれ、他の人たちに自分たちの文化を説明するときには、これら5つの側面を使う。

自分でストーリーを語るときに文化のこれらの側面を使うのはもちろんのこと、自分がストーリーを聞き、そこから学ぼうとするときにも、これらに注意を払うべきだというのを忘れないようにしよう。公式か非公式かに関係なく、誰かのストーリーを聞くときには、彼らが自分たちの文化について何を言おうとしているのか、文化のどの部分が暗黙のうちに語られ、どの部分が明示的に語られているかを考えるのである。文化的なコンテキストのどの要素がいちばん価値のあるものかに気づけば、他人のストーリーから学習するのも、自分のストーリーを通じて他者に何かを教えるのもうまくなっていく。

17.1.1 価値観

すべての組織が価値観を持っている。しかし、理論上あることになっている価値観と、実践で表に現れる価値観は必ずしも一致しない。価値観とは、組織の原則、行動基準、重要な部分とそうでない部分の判断方法である。

組織の価値観が内外にどのように伝えられているかは重要だ。信じている価値観はどこかに書き出されていることが多い。それらの価値観は、企業のウェブサイトや宣材、ジョブディスクリプション、社員手帳、標語ポスターなどに「顧客満足」、「チームワーク」のような形で書かれている。もしくは、全体ミーティングやプレスリリースなどでも繰り返し口にされているかもしれない。

17.1.1.1 理論上の価値観と実際の価値観

これらの言葉は原則を示しているが、組織の日常業務を見ると、実際の行動で示されている価値観とはずれていることが多い。

「見逃されてしまう基準はみんなが受け入れている基準だ」とよく言われる。これは、現在オーストラリアの陸軍参謀長を努めるデイビッド・モリソン中将が、将校によるセクシャルハラスメントの調査中に、オーストラリア陸軍で許容されている行動について、2013年の声明で述べたものだ。ハラスメントは許容できないと言っていても、ハラスメント行為が処罰されなければ、公式の価値観ではなく実際の行動が価値基準になってしまうのだ。

職場でも同じだ。モリソンは、権力を持つリーダーなどのポジションに立つ者こそ、行動基準を自ら示し、実施する責任を負うとも言っている。これは、加害者ではなく、違反者を処罰する権限と義務を持つ者に対してハラスメントの責任を追及したときに、かえってハラスメントの被害者が非難されること（不幸にしてよくあることだ）を防ぐという意味でも重要なことである。

しかし、だからといって、ハラスメントを目撃したときに告発できるのは、管理職やリーダーだけだと言っているわけではない。第Ⅲ部でも述べたように、全員にとって有益な行動基準を維持するためにいちばん効果的なのは、グループ全体で行動基準を決め、それを破った人を制裁することである。つまり、価値観を設定し実現するために、安全な環境のなかで自分の役割を果たさなければいけないのだ。そうすれば、ハラスメントの被害者（少数派に属し、権力が小さく、行動の安全が保障されない人が多い）が他の人の行動の責任を一方的に取らされることも防げる。

価値観は、組織全体でさまざまなチームがどのように処遇されるかにも現れる。第Ⅲ部でも触れたように、スタートアップでは、技術チーム、特にウェブやモバイル開発チームが他の非技術的なチームよりも大切にされることが多い。通常、それが言葉ではっきりと示されることはない。だが、エンジニアには柔軟なスケジュールやリモート勤務が認められるとか、ガジェット、トレーニング、出張の予算が多く与えられるとか、達成を高く評価されるといった行動からそれが明らかになる。

17.1.1.2 チームと組織全体の価値観の違い

次に、組織全体の価値観からチームの価値観に視点を移してみよう。すると、個々のチームが互いに異なる価値観を持ち、それが全体のなかで対立の原因になる場合があるのに気づく。チームの価値観の違いがdevops運動の発端となったことについてはすでに触れた。機能のすばやいリリースとサイトの安定性は、エンジニアリング部門における異なる価値観の一例である。しかし、チームや組織全体が考慮しなければいけない価値観は、仕事をどのように行うか、どのように評価するかだけではない。その他の価値観の例を挙げておこう。

- 「すばやく動け、どんどん壊せ」[†1]—あらゆるものよりも前進が大切だとする価値観である
- 教えること、共有することを大切にする—個人知よりも集合知
- 開放的で多様性のあるチームを大切にするか、それとも、すばやくチームを育てることを大切にするか
- 何であれ自分の考えを話すことを奨励するか、それとも、人が安心できる場を作るか
- チームプレイヤーになることを大切にするか、それとも、「一匹狼」になることを大切にするか
- 仕事した時間の長さと仕事の品質のどちらを重視するか
- 1日3回の食事を職場で食べることを奨励するか、それとも、家族と時間を過ごすことを奨励するか

チーム間でこういった価値観に違いがあり、特にそれらのチームが密接に連携して仕事しなければいけない場合には、価値観の違いが対立の原因になることがある。ポイントは、最初から違いや不一致を作らないようにすることではない。このような価値観の違いが浮上したときに、チーム間でどのようにコミュニケーションし、対立を解決するかである。

†1 訳注：Move fast and break things. FacebookのMark Zuckerbergの言葉。

社員が個人やチームの価値観を他の人に話す意思があるかどうか、そして実際に話せるかどうか。これらは、多様な個人を集めたグループと彼らの多様な作業スタイルや価値観を、組織がうまく調和させていけるかどうかを示すよいサインになる。これは、第I部で取り上げたdevops共同体の考え方と関係している。コミュニケーションを通じて、最初に、目標だけでなく、共通の戦略も含めた**共通の理解**を作り出す。あとは信頼の環境のもとで、個人やチームが共通の目標に向かって半ば独立した形で仕事を進めていくのである。

当然ながら、これは、目標、戦略、価値観の共通理解がなければ実現できない。議論したり伝えたりしなければ、何を目標として仕事をするかをどうやって知ることができるだろうか。サイロ化していてコミュニケーションが活発でない組織では、そうでない組織よりも、共通理解に達するために多くのコミュニケーションが必要になるだろう。また、信頼に支えられた非難のない環境を作り上げ、それを維持できるようになるまでに時間もかかるだろう。

17.1.1.3 価値観を伝えること

チーム、個人、組織のあいだで価値観を伝えるためにはどうすればよいだろうか。すでに価値観と目標に、重なり合って共通する部分がどの程度あるかをどうやって知ればよいだろうか。どうすれば、自分たちにとって何がいちばん重要なのかをうまく伝えられるだろうか。そして、異なる価値観の間の対立をどのように解決すればよいだろうか。

相手に心の準備を求める

こういった話を始めなければいけないときには、相手に心の準備を求める必要がある。主要なステークホルダーにそれぞれの価値観を言ってもらうためには、なぜそうすることが重要なのかを説明し、言ってもらった価値観を尊重しなければいけない。価値観の相違を解決しようとしているときに、「だってそういうものだから」という態度では対立を緩和させることはできない。関係するすべての人たちに、自分の価値観や視点を発言し議論する機会を必ず与え、全員の声を反映させよう。

コミュニケーションスキルのレベルアップ

全社の管理職が対立をうまく収めるスキルを持つように管理職向けのトレーニングを用意したり、すべてのレベルの一般社員に対するコミュニケーショントレーニングを提供したりすることも考えることにはなる。だが、何よりもまず、できる限り早く、社員のあいだによいコミュニケーションの習慣を育て、非生産的なコミュニケーションを打破していくようにすることが大切だ。

可能なら対面で話す

直接本人と顔を合わせて話すか、ビデオ会議を使うかにかかわらず、コミュニケーションには言葉にならない部分が多いことを思い出すことが大切だ。文字によるコミュニケーションではコンテキストやニュアンスのかなりの部分が失われ、誤解が起きやすくなる。文字によるコミュニケーションのほうが楽だと感じる人は、自分の考えを書き出す準備段階を設け、あとで顔を合わせて話すときにその内容を話せばよい。

記録して見直し、繰り返す

人は会議や対話で話題になったことをいつも覚えているわけではない。また、スケジュールの関係で会議に参加できない人もいる。また、直接話をしても誤解は起きるし、発言や合意の解釈が異なる場合もある。何が起きたかの記録があれば、それを見直し、共通理解に至るまで対話を続けていくためのしっかりとした出発点が得られる。

情報を可視化し、共有する

最後に、どのようなやり取りが行われ、どのような結論に達したのかを全員が見られるようにすることが大切である。日々の仕事に影響を与える価値観についての議論では特にそれが重要だ。

こういったコミュニティ構築のための「ソフトスキル」の仕事でも、技術的な仕事をするときと同じツールや戦略を使うようにしよう。参加者がツールの一般的なワークフローをすでに知っていて便利だというだけではない。新しいツールの使い方を学ばなければいけないことによる摩擦を軽減できるからだ。たとえば、チームがすでにコードの共同作業のためにGitHubのプルリクエストを使っているなら、チームや組織の価値観を規定するドキュメントのコラボレーションでもプルリクエストを使えばよい。

業界を見回すと、長時間労働を美化せず、人がいないときの対処方法を共有し、同僚が休暇を取りやすくなるようにして、持続可能な作業習慣を確立することが話題になり始めている。これは、とても素晴らしいことだ。ストレス、オーバーワーク、燃え尽き、その他の問題が存在しないようなふりをしても、それらをなくせるわけではない。苦しんでいるときに、人がそれを口にして助けを求めるのをはばかるように仕向けて辻褄を合わせているだけだ。チームと組織の価値観を考えるときには、このような人間的な側面を忘れてはいけない。

17.1.2 禁止事項

禁止事項とは、危険あるいは禁止されていることとして記述、周知されているもののことである。しかし、そういった知識が暗黙のものに留まっているか明示されているかは、チームによって大きく異なる。そして、明示的に書かれない内輪の知識となっていることが多い。環境における禁止事項の例を挙げてみよう。

- 本番環境でsudoを使わずrootとしてコマンドを実行すること
- 本番環境で構成変更をテストすること（単なるモニタリングスクリプトも含む）
- テストする前にバージョン管理システムにコードをコミットすること
- テストに合格していないのにデプロイに進むこと

- インターネットから入手したコードを企業のシステムで実行すること
- 金曜や帰宅時間の直前に本番デプロイを行うこと

禁止事項のなかには技術的なものもそうでないものもある。大切なのは、明示的にすれば、グループに新しく加入した人にも伝えやすくなるということを頭に置いておくことだ。誰でも、書き出されていなかったり、明示的に言われていなかったりすることは、実際に失敗するまでわからないだろう。

これは第II部で取り上げた質問の文化と推測の文化のように、育った文化の違いによって社会的もしくは文化的に期待されることが異なるということが表に出てくる場面である。価値観と禁止事項の両方を明文化すれば、devops共同体を自律的に守り維持する上でとても大きな効果がある。

技術的な禁止事項は、コードのコメントに書いておくこともできるし、Wikiページや共有ドキュメントに書くこともできる。本番環境にコードをデプロイする方法を書いたWikiページには、「ここで*X*に注意せよ」とか「警告: 先に進む前にここで*Y*が起きていることを確認せよ」といった形で禁止事項が書かれていることがある。こういった禁止事項は、以前のミスにさかのぼることができる場合が多く、そのミスの再発を防ぐために書かれているのである。

非技術的な禁止事項は、社員手帳や行動規範といった形で示されていることが多い。行動規範が重要な意味を持つ理由を深く掘り下げた文章（http://bit.ly/conduct-101）が他にあるので、ここでは、特定の組織のなかで、不適切な行動を詳細に規定し、違反に対する施策と罰則を明示し、違反報告のプロセスを示すために、行動規範は重要だということだけを言っておく。すべての企業は社員手帳、すべてのイベントは行動規範を持つようにして、そのなかで禁止される行為の種類や例、違反したときの罰則、問題や違反を目撃したときの報告の方法を明記すべきである。

17.1.2.1 禁止事項の記述と教育

技術的なものでもそれ以外のものでも、禁止事項を書くときにはできる限り具体的に書いたほうが役に立つ。特に、社会的もしくは文化的な禁止事項についてはそうだ。「不快なことをしない」としか書かれていなければ（あまりにも多くのものがそうだ）、「不快なこと」は何かという解釈に任せることになってしまう。すると、見解が対立したときに違反が報告されるようになる。そして、コミュニティや組織のなかで権力や特権を持たない人たちが、そのような理由で違反報告されるのではないかと不安な気持ちになる。それに対し、「会話やスライドにあからさまに性的な内容が含まれていてはいけない」のように書けば、何が認められていないのかがはっきりする。

特定の禁止事項が設けられている理由を説明するとよい場合が多い。これは、人の判断を導くために役立つコンテキストを提供するだけでなく、規則が軽く見られないようにするためにも意味がある。規則や禁止事項にはっきりとした理由があることがわかれば、抵抗する人は減るはずだ。技術的な禁止事項の場合は、禁止事項を実際にするとどのようなことが起きるかを示す形になることが多いだろう。あるいは、その禁止事項が必要になった事象のポストモーテムへのリンクを共有する形になることもある。行動規範のような社会的/非技術的な禁止事項が必要とされる理由など書く必要はないと思う人もいる。だが、全員の健康、安全、セキュリティが優先されることはいくら強調しても足りないはずだ。

最後に、禁止事項や規則を実際に守らせる方法に注意を払う必要がある。あなたの環境は非難のない環境だろうか、それとも見せしめとなる人を探すようなところだろうか。実際の処罰内容は記述と一致しているか。たとえば、行動規範に違反者はイベントから排除すると書かれている場合、本当に排除されているか。こういった禁止事項に対処しなければ、禁止事項は実際には重視されていないというメッセージを送っているのと同じだ。実際に実施するつもりのない罰則は書かないようにすることが大切だ。

実施状況に一貫性のない規則にも注意しよう。組織に規則を守らなくても許されるように見える人がいると、他の社員に対して悪い例になるだけでなく、全員の安全を犠牲にして、別の人が別の基準を立てるような環境になってしまう。

17.1.3 神話

本書では、全体を通してストーリーの重要性について何度も触れてきた。神話とは、文化やコミュニティのなかで「なぜ」を説明するために共有されてきた古くからのストーリーや信仰のことで、人の行動に影響を与えるが、実際のデータにもとづいていないことが多い。

17.1.3.1 神話の有害な影響

神話には有害なものとそうでないものがあり、その度合いはまちまちだ。いちばん害の少ないものは、迷信のような形を取る。運用エンジニアのあいだには、「今回のオンコールローテーションは今のところ悪くないな」のようなことを言って「オンコールの神様を怒らせるな」というジョークがあるが、これはオンコールをめぐる迷信と言えるだろう。しかし、神話のなかには、人のものの考え方、他者との接し方、自分のまわりの業界との距離の取り方に長く続く問題を引き起こすものもある。

有害な神話のいちばん顕著な例は「女の子は数学が苦手だ」というものである。この現象については9章でも触れたが、**ステレオタイプ脅威**と呼ばれている。自分に当てはまるマイナスのステレオタイプを言われたり思い出させられたりしたときに、人は実際よりも悪い成績を取ってしまうことが多い。たとえば、「女の子は数学が苦手だ」と言われた少女が数学のテストで悪い成績を取るようなものだ。これは、ストーリーが私たちに対してマイナスの方向にもプラスの方向にも心理学的影響を持つために起きることである。ある人たちが持っているマイナスの認識への証明や反証を考えなければいけない場合、それをする人にかかるプレッシャーや心理的負担はかなり大きなものになる。

「私はエンジニアじゃないので」というのも有害な神話である。エンジニアを賛美するような業界では、技術以外の仕事を専門とする人たちは、自分のスキルの価値を信じなくなり、自分の貢献度を割り引いて考えてしまう。しかし、ビジネスを成功させて、その成功を維持するには、単なる技術的なスキル以上のものが必要だ。エンジニアが他の社員の犠牲のもとで崇められるようなことがあってはいけない。

この神話には、成長思考ではなく固定思考が現れているという点でも問題がある。人は、まるで決して変わらない絶対的な真実のように、「私はエンジニアではないので」、「私は技術はわからないので」と言う傾向がある。それでは、プログラミングや運用のスキルを身に付けようという気持ちが失われてしまう。エンジニアは他の誰よりも重要だという神話は、エンジニアが自分もその一部となっている組織のビジネスや顧客対応の側面について学ぶ気持ちをなくすことにもつながる。技術とそれ以外というサイロは、Dev対Opsというサイロよりも広い範囲の人たちを巻き込んだものだが、今でも組織が最大限の力を発揮するのを妨げている。

17.1.3.2 神話の分析

このような有害な神話を前にしたとき、私たちはどのような害がもたらされるかだけではなく、そういった悪影響に対抗するにはどうすべきかも考えるようにしたい。さまざまなコーディングブートキャンプは、IT業界外の人たちの技術的なスキルを開発するために効果を発揮しているが、IT業界や組織のなかの非技術系の人たちにどのように対応すべきかを考える必要がある。エンジニア以外の人たちの技術的なリテラシーを育て成長を支援するにはどうすればよいか。エンジニアたちに、ビジネスリテラシーを学ぶことを奨励するにはどうすればよいか。ステレオタイプ脅威の悪影響と闘うために、面接プロセスでどのようなことをすべきか。

組織や企業はそれぞれに固有な神話やストーリーを抱えている。大切なのは、それに注目し、この業界を構成するさまざまなグループやコミュニティにそれらがどのような影響を与えているかを検討し、ストーリーの語られ方を向上させるためになにができるかについて疑問を持ち続け、反復的に前進していくことだ。

17.1.4 儀式

儀式とは、グループやコミュニティのメンバーが定期的に参加する様式化された行動のことだ。コミュニティの構築のためだけではなくコミュニティの価値観がどこにあるのかをはっきりさせるためにも役に立つ。社会学的な視点に立つと、様式化された儀式という観念にはもっと宗教的な意味が含まれる。だが、それほど行動が様式化されていなくても儀式と認めることはできる。むしろ、活動や行動を儀式と認めるためには、コミュニティのメンバー間で儀式についての知識がどの程度共有されているかとその行動がどの程度規則的に行われているかのほうが重要だ。

儀式は、儀式に参加することによる共通のアイデンティティの構築を通じて、コミュニティをひとつにまとめる手段として利用されてきた。そのことがよくわかる例が、男子寮や女子寮の勧誘や新入寮生、寮生候補に対して行われることが多い悪戯である。これらの伝統的で共有されている行動に参加すると、儀式が終わる頃には、仲間意識やグループのメンバーという意識が生まれやすくなる。

17.1.4.1 コミュニティ内の儀式

これまで触れたように、組織で強い協力や協調の関係を育てるためには、コミュニティを構築し、グループのメンバーという意識を植え付けることが重要であり、儀式はそのための有効な手段になる。しかし、今まで作り上げてきた儀式が排他的なものになっていないかどうかを意識することが大切だ。誰がどのように排除されるかによっては、個人にとってもコミュニティ全体にとっても有害になる。さまざまなIT企業で見られる儀式の例について考えてみよう。

慢性的に午後9～10時まで仕事が終わらない

こういった儀式は、仕事以外にもしなければいけないこと（たとえば家族の世話）がある人にとって問題なだけでなく、仕事と仕事以外のこととのバランスや境界線のない文化を強化する恐れがある。管理職がいつも遅くまで仕事をするような人たちだと、言葉ではそうではないと言われても、そのような行動が必要とされているように見えてしまう。

酒を飲んだりバーに行ったりしてマイルストーンや目標達成を祝う

祝賀会は、チームの人たちが成し遂げた仕事を評価するための素晴らしい手段だが、祝うための方法はたくさんある。バーでしか祝賀会を行わないとか、過度な消費を求めるといったアルコール中心の文化は、飲酒しない（あるいはあまり飲まない）人には気の毒であり、不健康でもある。

チャットでインターネットミームやポップカルチャーに言及する

chatopsが人気を集めるようになり、チャットボットがインターネットミームやポップカルチャーなど、内輪受けのジョークを喋ることがどんどん当たり前になってきている。共通のジョークは、チームのメンバー間やチーム間で仲間意識を育て結び付きを強める方法になる。しかし、意味がわからない人には仲間はずれになった感じを与え、仕事のなかで許容されることとそうでないことの境界線が曖昧になる。ある人にとっては害のないジョークや画像に見えるものでも、他の人には攻撃的に見える場合がある。多くのスタートアップは、大企業のキュービクルとの違いを示すために、何でもOKという考え方を採用しがちだが、これは純粋に開放的な作業環境の構築に貢献するものではない。

オフィスで腕立て伏せ100回チャレンジの競争をする

これもグループの絆を強めるために役立つことのある活動のひとつだが、肉体的能力のレベルが異なる人に対して必ずしも開放的だとは言えない。特に平均年齢が低いスタートアップでは、チーム活動は全体のごくわずかの人たちが楽しむものに偏りがちだ。ファンタジースポーツのチームとか、テーブルサッカー、卓球、ビリヤードとか、フィットネスチャレンジといったものは、「IT男子」的な雰囲気を醸し出す。そういったものは認められないと言うつもりはないし、全員が好きな活動を見つけることはできないかもしれない。だが、活動や儀式のタイプや選択肢に注意を払い、無意識のうちに誰かを選り好みしたり排除したりするものにならないように注意することが大切だ。

仕事中に食事やお菓子を無料提供する

無料で食事を提供するのはよい特典だ。だが、朝食や夕食を提供すると、ワークライフバランスを守り、職場の外で趣味や興味関心を追求するのではなく、もっとオフィスで時間を使えと言っているような印象を与える。

犬や子どもたちを連れてこられる時間を指定する

犬が好きな人もいるだろうが、全員が犬好きだとは限らない（アレルギーを持つ人もいる）し、犬が苦手な人もいることに注意しよう。社員の間の絆を深めるよい方法になる場合もあるが、特にオープンオフィスで犬を入れられるスペース、専用の子育てスペースなどを設けると、うるさくなって仕事に集中できなくなる可能性がある。

このように、儀式の議論ではバランスと配慮が問題になることは明らかだ。今までに取り上げた儀式は、すべてプラスになる形で利用できる。共通の体験を通じて人をひとつにまとめれば、コラボレーションやアフィニティを育てるために役立つだろう。しかし、これらはどれも人に居心地の悪さや排除されているという気持ちを持たせる側面を持っている。通常、この排除は表立ったものでなく、おそらく無意識のものだが、「文化適合性」という装いのもとで明示的なものになることがある。これは避けなければいけない。さまざまな儀式は、できる限り開放的なものにすべきなのだ。

企業の経営のために役立つ儀式もある。CEOが週に1度、就業時間中に開かれた場で質問に答えるとか、VPが四半期に1度ずつ管掌部門の全員と食事を取るといったものである。顧客がどのような問題点を訴えてくるかを知るために、社員にサポートローテーションへの参加を強く奨励するのもよい。こういった儀式は、今までに取り上げてきたものと同じように企業の文化を作るために役立つ。そして、これらは、社交的なものではなく、業務に直接関係するものなので、問題をはらんだものにはなりにくい。

17.1.4.2 儀式の変更と作成

儀式や習慣に関連して最後にもうひとつ考えておきたいことがある。それは、どれくらいの頻度で儀式を変えたり作ったりするか、それらの変更を組織全体にどのくらいはっきりと伝えるかだ。同じ儀式を5年続けたら、それらがもう古くて企業の現在の価値観に合わないものになったと判断することもあるだろう。もしくは、社員から新しいことをしてもらいたいと思われるかもしれない。特に多様性や開放性という面で大きく成長している組織では、あとから入社した人たちや新しいプロセスのために新しい儀式を作ったほうがよいかもしれない。

儀式が生産性と社員の人間関係にどのような影響をもたらしているか、儀式がなぜ重要で意味を持っているのか（あるいはその逆）を理解するために、儀式のあり方は継続的に検討することが大切だ。「いつもこうしてきた」では、技術的なものを特定の方法で行う理由にはならないし、社交的もしくは文化的な儀式を行う理由にもならない。

17.1.5 アイデアと知識

「いつもこうしてきた」は、何かを続ける理由にならないだけでなく、成長思考よりも固定思考のほうが幅を利かせている兆候でもある。いわゆる「ベストプラクティス」は、こういったものがよく見られる領域だ。ベストプラクティスとは、いちばん正しくいちばん有効だとして受け入れられ、支持される考え方や手順のことだ。だが、ウェブの運用や最近のソフトウェア開発のように動きの速い分野では、こういった考え方は問題を起こす場合がある。

人がベストプラクティスという考え方に頼りがちになることにはさまざまな理由がある。リスクを最小限に抑えようという気持ちからかもしれないし、モニタリングの追加や小さな変更のデプロイのように他の場所で効果を目にしているからかもしれない。今までに経験のない分野で大きな仕事を完成させようとするときには、業界のベストプラクティスに頼ることになるだろう。ものごとには客観的にいちばんよい方法があると思いたい性質が人間にはあるのだ。

17.1.5.1 「いちばんよい」アイデアを探す

問題は、「いちばんよい」これしかないという方法がない場合が多いこと、そして、すべての状況に同じように当てはまる「いちばんよい」方法など存在しないことである。現在は、製品やアーキテクチャーが複雑で多様なものになり、可変の部品が無数にあり、たくさんの技術面での選択肢がある。したがって、ある組織で最高の形で機能した方法が別の組織では役に立たないことがあるのだ。ある時点ではうまくいった方法が、半年とか1年あとにはベストのソリューションにならない場合もある。

人は、認知的不協和、すなわち両立しない考え方を同時に抱えたときに感じる不快感を解決したいと思うものだ。「いちばんよい」ものを探す文化から、「今はこれが適切」あるいは「デザインパターン」の文化に切り替えることができれば、将来、「いちばんよい」ものを別のものに取り替えなければいけなくなっても、認知的不協和は緩和されるだろう。絶対不変のラベルとして「いちばんよい」という言葉を使うのを止めれば、期待したほどうまく機能しないものやニーズや制限の変化にともない有効性が失われたものに認知的不協和を感じずに済むようになる。

人が「ベストプラクティス」や「今はこれが適切」というソリューションをどのようにして受け入れるのだろうか。仕事や学習のスタイルに好き嫌いがあるように、証拠の受け入れ方にも好き嫌いが現れる。権威が太鼓判を押せば十分という人もいれば、自分で直接経験してどの程度使えるかを確かめなければ満足できない人もいる。コミュニケーションの方法によっては、このような違いが対立を引き起こすことがある。

直接試したいタイプの人でも、すべてのソリューション候補を自分で試すのは現実的に不可能だろう。しかし、相手がそのような人だと思っていると、その人に対するコミュニケーションスタイルは影響を受ける。たとえば、試してみたことを詳しく説明したり、参考文献のリンクを示したり、グラフなどの計測結果を示すものを追加したりといった形をとるようになるのだ。

17.1.5.2 マインドセットと新しいアイデアの学習

新しい知識やアイデアをいつ、どのようにして、なぜ追求するか。これも、人によって違いがある。この点について、固定思考か成長思考かで大きな違いがあると言われても意外な感じはしないだろう。固定思考の人は、新しい知識を探したり受け入れたりしたがらない。固定思考の人が自分は賢いという自己意識を確立していると、新しいものを学ばなければいけないとか、何かについて考え方を変えなければいけないと言われた場合に、その自己意識が揺らいでしまう。固定思考の人は、新しい考え方、特にその人がそれまで抱えていた知識と矛盾するようなものに対して、他の人よりも強く拒絶する傾向があるのだ。

それに対し、成長思考の人は、自分が成功したのは生まれつき頭がよいからではなく、学習して努力した結果だと思っている。そのため、新しい知識を知ろうとするだけでなく、それを真実として受け入れる気持ちも持っていることが多い。健全な組織が成長し向上を続けるためには、成長思考を持つ人が必要だ。しかし、固定思考から成長思考に変わることはできる。このテーマについては、20章の参考文献リストを参照してほしい。

17.2 組織の壁を越えた交流

組織の内部でストーリーや体験を共有するだけでなく、組織の壁を越えてストーリーを共有できれば大きな意味がある。このような考え方に関してどのような行動を取るかは、長続きするdevops文化作りがどれだけ成功するかを示すよいサインになる。

個人と同じように組織も固定思考や成長思考を持つことがある。固定思考の組織は、長年に渡って成功を続けた大企業でも、ベンチャーキャピタルから潤沢な投資を受けた新しいスタートアップでも、自分の成功は当然のことだと思っている。このような固定思考のために、問題の兆候を無視したり、今のやり方を変えることに消極的になったりする。

それに対し、成長思考の組織は、自分たちの成功は保証されたものではなく、継続的な努力を必要とするものだと考えている。そして、継続的に学習、向上していくことに力を入れる。こういった組織は、自分たちが現在していることがベストだと考えず、新しい考え方を追求し、新しいソリューションを試し、技術的なことでも文化的なことでもよい方法を探している。

組織はどのようにして新しい情報を探し出すのだろうか。他の組織とどのような交流をするのだろうか。交流や情報交換の一般的な方法は、業界のカンファレンス、小さなコミュニティのイベント、技術交換プログラムなどである。

17.2.1 カンファレンスと出張

カンファレンスは、組織の外に出て他の実践者のことを学ぶ方法としてはとても効果的である。カンファレンスには、特定のデータベースソリューションやプログラミング言語など、何らかの技術に絞り込んだものも、モバイル開発、ウェブパフォーマンス、ウェブ運用などの広いテーマを取り上げたものもある。カンファレンスで行われる講演は技術的で専門的なものから文化的なものまでさまざまだ。通路（あるいはランチのテーブル、喫茶コーナーの行列）で自然に人が集まって発生するホールウェイトラックも新しい発見を生み出すことが多い貴重な機会である。

17.2.1.1 出張にかかるコスト

しかし、カンファレンスへの出張にはコストがかかる。交通費、宿泊費、日当、カンファレンス自体の参加費などの金銭的なものだけではない（カンファレンス参加費用をはじめとしたトレーニング予算がまだない場合は、すぐに作ったほうがよい）。参加者か講演者かにかかわらず、カンファレンスに参加するための出張には、それ以外に精神的、感情的、肉体的コストがかかることへの考慮が必要だ。

出張が必要になるようなカンファレンスでは、育児、ペットの世話、家事などのために準備が必要になる。これらのコストは通常は出張費には含まれておらず、家事の負担の大部分を背負っている人（多くは女性）に余分な負担をかける。出張が頻繁になると、出張の準備と家から離れることから、心配や不安、ストレスを感じるようになる。家族、友人、同僚から離れると孤独を感じるようになり、人間関係がまずくなることすらある。特に、頻繁な出張のために、慣れていないひとりに家事と育児を任せなければいけないときにはそうなることが多い。時差ボケや病気も現実の脅威である。

多くの企業は、出張に関して何らかの規程を設けている。一般的なのは、個人ごとにカンファレンスやトレーニングのための年間予算を設け、チームや部門ごとにも予算を設定し、ひとりの社員が参加できるイベントの数を設定するものだ。参加できるイベント数は、「主催者側が旅費や宿泊費を負担するカンファレンスはX、講演者として企業が費用を負担するカンファレンスはY、一般の参加者として企業が費用を負担するカンファレンスはZ」のように、誰がコストを負担するかによって細かく規定する場合もある。

カンファレンスやトレーニングのための出張に関する規程を作ったり見直したりするときには、旅費や宿泊費を主催者側に負担してもらえるかどうかは人によって異なることを頭に入れておく必要がある。多くのカンファレンスは、これらの費用を一切負担しないか、あらかじめ交渉した人だけに支払うか、著名な講演者だけに支払うかである。あらかじめ交渉した人だけに支払うやり方は女性には不利なこともある。女性はあまり交渉をしないように育てられており、実際に交渉をすると不利に扱われることが多いためだ。著名な講演者だけが費用を負担してもらえる場合、組織は経験の浅い講演者や若い社員に参加の機会を与えずに同じ人を繰り返し派遣する場合がある。

17.2.1.2 カンファレンスにおける安全への配慮

カンファレンスに参加するには講演が必要だと決めてしまうと、講演者が旅費や宿泊費の交渉をできる場合は組織にかかる負担が低くなるかもしれない。だが、講演をしたくない人たちから、学習したりネットワークを築いたりする貴重な機会を奪ってしまう。誰もが一般の人たちを相手に講演したいと思うわけではないし、講演は学習して身に付けるスキルのひとつである。ブログ記事や技術文献の執筆、オープンソースソフトウェアのコントリビューションなどの他の形でコミュニティに貢献したいと思う人もいる。

有名な講演者になると、被差別集団に属する人たちに過度な影響を与えてしまうリスクもある。脅迫やハラスメントが起きる危険があり、実際に起きている。カンファレンスやトレーニングに参加すること自体が危険な場合には、社員に参加を命じるようなことをしてはいけない。

被差別集団に属する人がカンファレンスに参加することが、あまりよい経験にならない場合もある。組織やチームから特定のカンファレンスに参加する社員はひとりだけに限ると規定している場合は、よく知っていて信頼できる誰かと参加できればどう感じるかを考えてほしい。実際、そのほうが安全なことも多い。業界イベントに出張して参加するときに安全面の配慮が必要な社員に対しては、十分なリソースを確保し、たとえば安全のためにタクシーの利用を認めるようにしよう。

最後に、講演や採用の目的で行くのと、単純に学習するために行くのとでは、同じカンファレンスでも体験してくることはまったく異なることに注意しよう。講演者は、自分の講演が終わるまでは、緊張して他人の講演に集中できないかもしれない。社員の候補探しや製品販売が目的でカンファレンスに来た人は、特に講演を聞かずにブースに詰めていなければいけない場合、学習の機会はなくなってしまう。

カンファレンスは、業界全体で知識を共有するための素晴らしい方法だ。組織やチームの予算、計画に組み込むべきだ。社員のスキルを育て、ネットワークを広げ、チームと組織全体の知識を広げるために、少なくとも年に1度は社員をカンファレンスに参加させるようにしよう。もちろん社員にとって負担にならないようにすることは忘れてはいけない。

17.2.2 コミュニティのその他のイベント

ミートアップなどの小さなイベントも、業界内の組織間で知識を共有するための素晴らしい手段になる。ミートアップは地域で開催されるものなので、通常は旅費や宿泊費はかからない。他の理由で出張しているときに現地のミートアップに参加することはあるが、ほとんどの場合、参加者は住んでいる地域のミートアップに参加する。

通常、こういったグループはカンファレンスよりもはるかに規模が小さい。だが、その分、参加者と主催者のコストも大幅に下がる。地域の企業に募集中のポジションや発売中の製品についてほんの数分話してもらうようにすれば、その企業がスペースを無料で提供してくれることも多い。そのスペースでミートアップグループがイベントを開催するのである。企業にとっても、こういったイベントを主催したり、ただ参加したりするだけでも、社員の候補を探すよい手段になる。

ほとんどの大都市では、すでにさまざまなテーマのグループやイベントがある。大きなカンファレンスと比べて、グループを作ったりイベントを開催したりするオーバーヘッドがずっと低いので、テーマは多様で具体的だろう。コストが低い分、新しいグループを立ち上げるのもはるかに簡単だ。したがって、エンジニアが少ない地域に住んでいたり、まだグループのない技術を見つけたりした場合には、自分で新しいミートアップを作ればよい。地域のコミュニティを活性化し、知識を共有するために効果的だ。

さまざまな講師を招くのも、視野を広げ、知識を共有するために役立つ。組織内の非公開の会合に講師を招くことも可能だが、それではコミュニティ全体での知識の共有はない。そして、相互扶助や還元の気持ちがないので、時間とともに講師が話をする場としては望ましくないものになっていくだろう。EtsyのCode as Craftのように、一般公開のイベントに講師を招く（そして、ライブであれ録画であれ動画を公開する）と、自分たちだけでなく他の組織にとっても利益になる。

さらにオーバーヘッドがかからないものとして、一般公開の技術ブログを運営する方法もある。そうすることで、組織はコミュニティ全体とのあいだで知識を共有できる。そして、講演よりも執筆のほうがずっと好きだという社員を見つけられるだろう。技術ブログは、業界内で企業の名前や文化を広め（採用には必ずプラスになる）、新入社員にさまざまな情報を提供し、他の企業に自分たちもストーリーの共有を始めようと思ってもらうためにも役立つ。

17.2.3　エンジニア交換

第Ⅲ部でも触れたが、エンジニア交換、すなわち別々の企業のふたりのエンジニアが短期的に職務を交換するプログラムは、適切に実施すれば、企業間でアイデアや知識を共有する素晴らしい方法になる。

エンジニア交換プログラムは、カンファレンスやブログよりも、組織の運営方法についてはるかに具体的で、おそらく現実的な姿を知ることができる。カンファレンスやブログは、外向けによい顔をして、完璧とは言えない詳細部分を省略する傾向がある。これは、ウソをつくというよりは、全体像を共有するために必要なことだ。これは特に間違いではない。だが、相互に学ぶという点では、煩雑な部分やあまりよくない部分も見て考えられるほうが、理解をはるかに完全なものにできる。

17.2.3.1　技術部門の文化と開放性

エンジニア交換プログラムがどれだけの成功を収められるかは、企業がエンジニア交換プログラムでどれだけオープンに組織の内部を見せるつもりがあるかによって左右される。外部から来たエンジニアに重要なことを任せたり学習させたりしない企業は、契約の義務を果たしていない。そのため、将来の交換プログラムには誘われにくくなるだろう。エンジニア交換は、共同体や社会的な契約のひとつの形態だ。共通の理解が必要で、両方がしっかりと参加しなければいけない。フェアプレイができていなければ、何らかの不利益を課されるようにしてもよいだろう。

エンジニア交換が認められるか否か、認められる場合でも奨励されるか嫌がられるか。これらは、組織のマインドセットをとてもよく示す。交換プログラムの両方の側でエンジニアがどのような待遇を受けるかには、注意を払うようにしよう。

- 同じ組織のなかで、チームや管理職によってプログラムへの積極性が異なるか
- 交換に参加したエンジニアがオンラインでメールをチェックし、交換中も通常業務をこなすことを求められているか、それともプログラムに集中することを許されているか
- 交換に参加したエンジニアは、参加したことをよいことだと認められているか、それとも、組織に対する裏切り者のように扱われているか
- 交換から生まれた新しいアイデアや提案がすぐに（異常なくらい早く）消えるか、それとも公平に考慮の対象にされているか
- 参加した外部のエンジニアがどれくらいの仕事をさせてもらえるか。それは意味のある仕事か忙しいだけの仕事か
- 参加したエンジニアは会議での発言を認められるか、それともオブザーバーでいなければいけないか

- 交換に参加したエンジニアは何かを残していったか（ステッカー、マグカップ、Tシャツなどのロゴ入りグッズ、エンジニアが取ったメモ、かなりの量の仕事）、それとも何も残していないか

組織やチームが停滞を感じていたり着地点が見つからないまま議論が堂々めぐりになっていたりするときには、外部から来たエンジニアの新鮮な視点や知見が新鮮な空気を送り込んでくれることがよくある。特定のスキルセットを持つエンジニアに来てもらうことも不可能ではないかもしれないが、エンジニア交換は、特定の問題の解決のためにではなく、成長思考を育て、新しい可能性やアイデアを追求するための場として利用することをお勧めする。

17.3 組織の壁を越えたアフィニティ

自分の組織が成長思考ではなく、固定思考で動いていたらどうすればよいだろうか。そもそも、自分の組織が固定思考の持ち主かどうかを見分けるためにはどうすればよいだろうか。

17.3.1 固定思考を避ける

固定思考の一般的な兆候は、「自分たちはいつもこうしてきた」という考え方に頑固にしがみついてしまうことである。これは、最新の試作段階の技術だけを使えと言っているわけではない。実際、何か月か先になっても本番環境では使われないようなもののために、自分たちが慣れた技術にこだわることにも大きな意味がある。問題をどれだけ解決してくれるかを踏まえて技術やツールを評価する意思を持った上で、それでも多くの問題では既知のよく使っているものを使い続けるなら、それはひとつの選択である。しかし、何か（特にプロセス）の変更についての検討を頑なに拒むようであれば、それは固定思考の兆候だ。

また、次のような言葉にも注意しよう。

- 「FacebookやNetflixやEtsyならそれもよいだろうけど、うちはそういう組織じゃない」
- 「うちのパフォーマンスは最高だよ。devopsなんていらないさ」
- 「うちは大企業だから、その手のものは役に立たないよ」

自分の組織の得手不得手、どのような技術的組織的価値を維持したいか、過去に成功したものは何かを知っていることは大切だ。だが、それらが今どうかではなく、今までずっとそうで、今後もそうであり続けるという意味合いを持つ言葉が出てきたときには、要注意だ。「私は数学が苦手だ」という個人の固定思考と「私は今数学が得意になるように努力している」という成長志向は、組織レベルでは「うちではdevopsは使えない」と「うちではコラボレーションを盛んにするための方法を探している」の違いとなって現れる。

17.3.2 小さな変更から始める

固定思考から成長思考に変えていくための方法として特にお勧めしたいのは、**小さな反復的な行動**をして、小さな成功を頻繁につかんで新しい習慣と思考パターンを強化していくことだ。組織レベルでは、次のようなことに注意するとよい。

すべてを一晩で変えようとしない

組織レベルの固定思考は、改革に悪い思い出がある人やさまざまな理由でリスクを嫌う人が複数いるために発生することが多い。そこで、小さな変更から始めるのが効果的だ。デプロイシステム全体を1度に変更するのではなく、その一部から始めよう。その一部は、間違ったドキュメントの訂正のような小さいものでよい。変更して改良できる小さなものを探そう。そして、変更や改革は状況を改善するだけでなく、必ずしも大きな問題やサービス障害を引き起こすものでもないという自信をつけていくのである。

結果ではなくプロセスに重点を置く

経営者や管理職がdevopsはスタートアップのためのもので、自分たちには関係ないと思っているなら、「devops改革」を目標に掲げたり、「devopsチーム」を作ろうとしたりしてもうまくいかないだろう。そのような場合は、構成管理の導入やモニタリングへのアプローチの方法の変更、最大の問題への対処など、変えたい部分を変えることに重点を置こう。大きすぎる風呂敷を広げることよりも改革の理由を強調するようにするのである。

ひとつのチームから始める

改革にはコストがかかる。改革の対象や影響が大きければ大きいほど、改革を実施するためにも改革が何らかの形で失敗したときのリスクという意味でもコストがふくらむ。だからこそ、小さなコード変更の継続的デリバリーがよい考え方になることが多い。部門全体とか組織全体を一度に変えようとせず、コストとリスクを下げるためにひとつのチームだけを変えるようにする。そうすれば、上からの支持が得やすくなる。組織全体に対する悪影響を抑えるために、比較的孤立したチームで試すのもひとつの方法だ。だが、他のチームとのあいだで活発なやり取りのあるチームで実験し、他の人たちにも改革のメリットを見せる方法もある。そうすることで、自分たちも新しいツールやプラクティスを取り入れたいと思ってもらえる効果がある。

学習の習慣を生み出す

個人であれ組織であれ、成長思考には習慣を変えることが含まれている。成長思考の重要な習慣は学習することだ。毎日のスタンドアップや毎週の状況報告会議で、それぞれが学んだおもしろいことを共有することを奨励しよう。学んだが役に立たなかったものでもよい。おもしろいと思った記事やブログ記事を共有し、他の人たちと議論できるメーリングリストを始めよう。また、地域のミートアップに参加したり、そこで学んだことを共有したりすることを奨励しよう。小さな形でポジティブな学習の習慣を定着させれば、学習のメリットは明瞭になり、大規模な組織的学習と文化の改革につながっていく。

結局のところ、組織の壁を越えたアフィニティに対する抵抗を打ち破るために特に効果的なのは、その原因となっているマインドセットを理解することである。管理職はカンファレンスのための予算を確保したり、内部講演会を実現したりする。一般社員は他の企業や組織とのあいだでの知識共有の効果を自ら示す。そうすれば、文化の改革を後押ししながら、リスクと恐怖を最小限に抑えることができる。

17.4 まとめ

本章で説明してきたように、文化は、価値観、禁止事項、神話、儀式、アイデアなどのさまざまな形で姿を現す。そのため、devopsの文化は組織によってさまざまな形を取る。それでも、人やチームが注意しなければいけない共通のテーマはある。だが、いちばん大切なのは、「文化が学習して成長する能力」を活かすのも殺すも個人と組織のマインドセット次第だということである。

すぐに「そんなものはうちではうまくいかない」とか「でも、うちはいつもこういう風にやってきたんだ」といった考えに飛びついてしまう固定思考では、固定的な考え方が自己完結的な予言になってしまい、大きな意味を持つ持続的な改革を生み出すことはできない。それに対し、個人と組織が学習することを重視し、個人と全体の努力で成長と改革は達成できると考える成長思考は、固定思考よりもはるかに改革を成功させやすい。

しかし、成長思考を持っていても、コラボレーションとアフィニティの文化を目標とする永続的な改革は一晩では達成できない。そして、改革の形は組織ごとに異なるものになる。このことを頭に置き、それでよいということを忘れないようにすることが大切だ。すべての組織が同じ価値観や同じ文化を持たなければいけないわけではない。むしろ、自分が望む文化を実現するには、自分の価値観を見つけ出すことが大切である。組織には、暗黙のうちにせよ、明示的に定義されているにせよ、価値観がある。しかし、価値観が明示され、明確になっていればいるほど、そこから学ぶことが容易になる。

18章 devops文化への架け橋：人と人のつながりを育てる

ストーリーは、成功を収めた技術や効果的な文化を学ぶのに役立つだけではない。人と人とのあいだに強い結び付きを作り、維持していくきっかけにもなる。第Ⅲ部でも述べたように、個人やグループの間の強いつながりは、企業の健全性や生産性にプラスの効果を与える。

ストーリーは、このようなつながりを個人レベルで育てていく手段だ。自分自身についてのストーリーであるナラティブ（物語）から価値観を知ると、互いに相手を理解して共感を深めるのに役立つ。本章では、ナラティブのいくつかの要素を取り上げ、それがdevopsの全体的な文化的コンテキストとどのように関わっているのかを考える。また、こういった個別のストーリーの積み重ねが組織の健全性にどのような影響を与えるか、不健全な文化システムではなく健全な文化システムを作るためになにができるかについても考えていく。

18.1　仕事をめぐる個々のストーリーとナラティブ

「気になるのは仕事のことだけさ」などと言ったり、他のスキルよりも技術的なスキルを高く評価したりして、職場で個人的なことや人間関係的なことに立ち入るのを避ける人がいる。しかし、自分だけのためにソフトウェアを作っている個人企業を経営しているのでもない限り、一緒に仕事をする人がいて、他の人のためにソフトウェアを作っているのである。仕事の方程式から人間関係の側面を取り除くことはできない。

本章では、職場で個人のストーリーが果たす役割やそれが組織の文化に与える影響、逆に組織の文化が個人のストーリーに与える影響について考える。人が企業に入ってから辞めていくまで、こういったナラティブは、組織の文化の重要な一部であり、組織がそのなかで働く人たちにとってどれくらい健全なものかを左右する。

18.1.1　テイラー主義と個人のストーリーの価値

19世紀末、アメリカの機械エンジニアのフレデリック・ウィンズロー・テイラーは、ワークフローの改善と経済的効率性や生産性の向上に関する管理理論をまとめ始めた。最初の目標は、生産工程の発展のために科学的手法を応用して、製造における作業効率を引き上げることだった。彼は、ムダの除去やベストプラクティスの標準化など、今日でも多くの業界で重視されているアイデアをいくつも示した。だが、今やテイラー主義は支持されなくなってしまっている。その理由は、作業システムにおける作業者を軽視していたことだ。

> 肉体的に銑鉄を扱うことができ、それを自分の職業に選ぶほど無気力で愚かな人間は、銑鉄を処理するための科学をまず理解できないだろう[†1]。

テイラーは、「平均的な人間と第一級の人間には違いがある。ほとんどの場合、第一級の人間は2倍から4倍のことができることはあまり知られていない」という考えを持っていた。基本的に、それぞれの作業者は、使っている手法やプロセスの詳細をいちばんよく知りながら、その大半は自分の作業方法を改善できないというようにテイラー主義者たちは考えていた。

テイラーは、改善を思いつくのは、それらの作業者の「上」にいる専門家だけだと考えていた。この考えは、彼らが管理するシステムに影響を及ぼす感情や行動といった個人が持ち込む価値観を無視していた。これとリーンやTPS（トヨタ生産システム）の理論を比較してみよう。リーンやTPSでは、製造ラインの作業者たちは、自分たちのシステムについて深い知識を持っているものと見なされる。そして、そのプロセスの改善提案が奨励されている。

個人の力と意見を重視し、仕事をいちばんよく知る人たちに仕事の改善方法を提案してもらう。このことは、大きな成果を生んでいるdevopsの実践現場での基礎のひとつになっている。実際、devops運動は、自分たちのプロセスの欠陥、すなわちサイロによって開発者と運用担当者のあいだにコラボレーションとコミュニケーションが失われているという問題に気づき、仕事の進め方を変えてプロセスを改善する方法を考え始めた作業者たちが始めたものだ。

ホリー・ケイのdevopsについての発言

devopsは、ここ数年の技術革新から生まれた最大のゲームチェンジャー[†2]のひとつだ。私がdevopsでいちばん評価しているのは、孤立した開発とシステム管理の両部門から生まれた党派的で対立的な文化を吹き飛ばしたところだ。さまざまな種類の優れた技術をひとつにまとめ、両者の隙間を埋めることには全面的に賛成する。

devopsの概念にとって、ツールと文化のどちらが重要かという問いには、devopsという言葉と同じくらいの歴史がある。本書全体で説明してきたように、私たちは文化こそがdevops運動の本質だと考えている。文化は、働き方やその働き方をする理由、相手との交渉の仕方、ツールの選択と利用方法、仕事に関連した決定を下す方法などを左右する。

文化は、明らかに人間と強く結び付いている。目標や作業スタイル、解釈方法が異なるさまざまなグループの人たちが、同じツールやポリシーを使い、大きく異なる文化や作業環境を作り上げる。私たちが取り上げている仕事が、人間によって究極的に他の人間のために行われるものでなければ、こういった対話は起きない。だからこそ、第Ⅱ部で述べたように、人がどのように仕事を

†1 監訳注：銑鉄とは高炉などを使って鉄鉱石を還元して取り出した鉄のこと。
†2 監訳注：途中交代で参加してゲームの流れを変える選手。それが転じて世の中の流れを大きく変える人や出来事を指す。

し、どのように考え、何をモチベーションとしているかを考えることが重要になるのだ。

文化は、個人レベル、組織レベルの両方の価値観とも強く結び付いている。健全で有効なdevops文化の主要な価値観は、個人の重要性を認め、それぞれの仕事の専門能力に敬意を払い、個人が自分のナラティブを作るとともにチームと組織のナラティブに影響を与えられるようにすることである。以下の節では、価値観が暗黙のうちに、そして明示的にどのようにして姿を現わすかを見ていく。

18.1.2 大切にされる人

誰がいちばん大切にされるかは、チームや企業の価値観の大きな手がかりになる。たとえば、新しく入社した人が歓迎されるときに価値観が顔を出す。いちばん歓迎される新入社員というのは、業界でよく知られた「ロックスター」のような有名人であることが多い。ひょっとすると高い金を使って他社から引き抜いてきたのかもしれない。多くは無意識のうちに、有名人のほうが他の誰よりも重要であり、そういった人の「引き抜き」は、既存の社員を定着させることよりも意味があるというメッセージを送っていることになる。新しい「ロックスター」のためのボーナスや給与のために、既存の社員の昇給、ボーナス、その他の利益に回るはずだった予算が削られている感じがするようなら、反感がたまり、退職者が増えたりするだろう。

上級の職務に就いている人は、そうでない人よりも大切にされることが多い。意識的もしくは無意識的な偏見によって、出世していくにつれて顔ぶれが同質的になっていくようなら、目に見える形で大切にされているのが一部のグループに偏っていることを示している。どのグループに属しているか次第で騒がれたり大切にされたりするのは誰も望まない。言及すべき特徴がそれだけであるかのように、「やった、ついに女性が加わったぞ」と言われたことのある人なら、この問題を証言できるはずだ。組織があまり目立たない人や経験の浅い人も大切に思っており、歓迎しているのを示すために、そういった人たちを祝福することも大事である。

人が組織に入るということは、確立されたコミュニティに加わるということである。コミュニティが新しいメンバーをどのように歓迎するかは、コミュニティが健全かどうかをよく示す。私たちは、Chefのエンタープライズフィールドソリューションアーキテクトで、ニューヨークを拠点にして仕事をしているニコール・ジョンソンに、devopsとそのコミュニティについて感じていることを聞くことができた。彼女は、この8年間、インフラストラクチャーの仮想化、クラウドコンピューティング、システムの運用、自動化などのさまざまな分野の仕事をしてきている。

エンタープライズフィールドソリューションアーキテクト、ニコール・ジョンソンの発言

実践者や今のコミュニティのメンバーだけがdevopsの力を認めればよいわけではありません。経歴や業種に関係なくdevopsコミュニティに新たに参加してくる人を歓迎し続けることが大切です。今、銀行や製造業などの古くからある業種の大企業がdevopsの恩恵を受けるようになってきています。devopsとは、単に**あらゆるものを自動化する**ことではありません。devopsとは、すべてのメンバーを価値ある大切な人として認めて受け入れるという、仕事のあり方の問題に関わるものです。効果的なコラボレーションとは、必ずしもツールがうまく機能しているというだけのことではありません。devopsの文化を支持して組織内のサイロを叩き壊し、最終的に他の場所でコラボレーションする機会を有効に活かせるようにしていくことなのです。

技術のなかでも比較的古い世界からChefのようにdevopsを体現している組織に移ってきてはっきりわかったことがあります。それは、このような仕事のあり方を全面的に採用すれば、意味のある持続可能な改革を進めるための環境が生まれるということです。私は、技術ではなく、サイロの存在を認める組織構造こそが最大の障害になっている多くの場所で働いてきました。ITと組織の改革を進めるためには、サイロの壁を壊すことが必要不可欠です。

私は何年間もシステムのデプロイ、アプリケーションのデプロイ、そしてテストの自動化の仕事に携わってきました。そして、多くの組織で自動化を最終的に完成させるために役立ったのがdevopsでした。あと少しの部分でうまくいかないのは、多くの場合、技術的な障害のためではなく業務のサイロ化とコラボレーションの欠如のためなのです。

devopsコミュニティに新しく参加したときにすぐにわかったのは、組織が協調的で協力的な文化を築き、Infrastructure as Code、自動化、継続的デリバリーを組み合わせて、ビジネスの進め方を改革できた大きな要因はdevopsだということです。しかし、devopsにはそれよりもずっと多くの内容があるということも、それからすぐにわかりました。そして、devopsコミュニティが私を歓迎してくれたことにはとても感謝しています。

新しい同僚がどんどん加わる組織であれ、今まで参加したことのないカンファレンスであれ、devopsを実践している人たちの世界的なコミュニティであれ、コミュニティに入って最初に経験したことは、その人のコミュニティに対する見方と自分をそのコミュニティのなかでどう位置づけるのかに大きな影響を与える。

グループの古参メンバーとして新メンバーと出会い、関わっていくときにはこのことを頭に入れておくことが大切だ。多様な視点を大切にしていると口で言うのと、意見が異なるときに相手を大切な存在として扱えるかどうかはまったく別の問題である。ここでも、暗黙の価値観が姿を現す。

18.1.2.1 昇進

組織の価値観が現れやすい分野としては昇進もある。特に、昇進の過程に不公平な部分がある場合、昇進の内容や発表の方法には組織の文化の価値観が暗黙のうちに現れる。発表が完全に管理職の裁量に任されている場合には、意識的もしくは無意識的な偏見が表に出てくる。たとえば女性の成功よりも男性の成功のほうが華々しく紹介されたり、あるチームが他のどのチームよりも高く評価されたりする。そうすると、自分の貢献があまり評価されていないと感じる個人やチームの恨みを買う。

大切にされていると感じるかどうかは仕事に対する満足度を大きく左右する要素のひとつだ。したがって、昇進の発表方法の標準を規程化すると、社員に公平に扱われていると感じてもらうために大きな効果がある。その規程は、「レベルXへの昇進は、本人のチームの翌週のミーティングで発表する。レベル*Y*への昇進は、次の部門全体のミーティングで発表する」といった簡単なものでよい。

組織全体で昇進の扱い方の標準や規程を作ると、歴史的に不公平だった部分を公平にして、組織全体に公平と人間尊重の文化を育てるために役立つ。

18.1.3　リモート勤務

サンフランシスコやニューヨークといった技術の中心地での生活費が上昇するなかで、それよりも人が少なく生活費がかからない地域に住みたいと思う人が増えている。郊外の環境で家族を育てたいと考える夫婦もいれば、収入の多くの部分を家賃に取られることにうんざりした独身者もいる。人がリモート勤務したいと思う正当な理由はたくさんある。現在は、高速インターネットはどこでも使えるようになり、ビデオ会議ソフトウェアも発達した。仕事の内容からみて問題のない人たちにリモート勤務を認めない技術的な理由はどんどん少なくなっている。もちろんそれにあてはまらない人もいる。たとえば、ハードウェア自体のテストが職務に含まれる人は、ハードウェアが大きすぎて合理的に輸送できないとか、専用の施設でのテストが必要といった場合には、リモート勤務が適さない。また、データセンターの運用担当者はどうしてもデータセンターの近くにいなければいけない。しかし、ソフトウェア関連のほとんどの職務は、リモートでも問題なくこなせるのだ。

リモート勤務者を抱えたことがない管理職は、「デスクに歩いていって働いているところを見ることができなければ、仕事をしているかどうかわからないじゃないか」と反論することが多い。人がやっている仕事の可視性はおもしろい考え方だが、管理職は毎週80時間働いている人と単に働いているふりをしている人の違いを見分けられないのが現実だ。

仕事をしているふりというのは、オフィスでもリモート勤務でもよく起きる。実際にどれだけの仕事が行われるのかが気になるなら、生活コストが高いオフィスでの勤務を全員に強制するのではなく、しっかり面接するなどの他の方法で対処すべきだ。

リモート勤務には、コラボレーション、コミュニケーション、仕事の可視性などをめぐって独特の課題があるのは間違いない。だが、そういった課題に対処できる人たちにさえリモート勤務を認めない組織は、自分の価値観をさらけ出していることになる。これは明示的に示されている価値観ではなく、暗黙の価値観である場合が多い。こういった文化は、プロセスに改善の余地がある場合でも、「いつもこうしてきたから」といって変わらない傾向がある。リモート勤務を認めないのは、実際の仕事の有効性よりも仕事をしているように見えることを大切にする文化を反映している。オフィスで何時間過ごしたか、何行のコードを書いたかといった数値は、仕事の品質をよく示すメトリクスにはならない。

チームや勤務地を変えたい社員に対して組織がどのような反応を示すかは、その組織の健全性や柔軟性をよく示す。仕事の品質や納期を守れているかどうかではなく、オフィスで過ごしている時間数のような誤ったメトリクスを重視している企業は、社員の満足度を引き下げるとともに、仕事の実際のアウトプットも減らしている。第Ⅱ部でも取り上げたように、チームやプロジェクトの一員としてコラボレーションするための作業スタイルにさまざまなものを認めることには大きなメリットがある。全員に対して働く場所や時間を強制すれば、社員を認めて社員から学ぶのではなく、作業スタイルの違いを抑圧することになる。

チーム間の異動などについてのコミュニケーションのあり方も考える必要がある。企業が透明性についてなんと言ってるにせよ、どの程度の透明性が実際に推奨されているか、許されているかを見れば、透明性に対する企業の実際の態度はいろいろ見えてしまう。社員は自分がチームや勤務地を変えたいと思っていることをオープンに話すことが認められているか。直接の同僚は、このような異動が起きるかもしれないことを知っているか、それとも、実際に異動が発生するまで蚊帳の外に置かれるか。部門や組織の本人以外の人たちに異動を知らせるのは誰か。異動した本人か、その上司か、それとも誰も発表しないのか。

18.1.4 退職の形

社員の退職も、どのように伝えるかが本人の周囲の人たちやチームに大きな影響を与える領域のひとつである。まず考えなければいけないのは、人事部門や上司だけではなく、仕事の上でいちばん密接な関係にある人たちにどの程度の予告をするかである。退職者の職務によっては、他の社員に引き継いでおかなければいけない仕事や知識が相当の量になる。ここでも、事実の知らせ方が組織の価値観について多くのことを明らかにする。「チームプレイヤーになれ」の見かけを取り繕うのか、それともチームメンバーが効果的に仕事を進められるように透明な情報共有を行うかである。

退職の事実が知られると本人以外のチームメンバーの士気が下がると信じ込んでいるために、退職予定者にそのことを固く口止めする組織がある。だが、私たちはそのような習慣には強く反対する。人が退職するというのは単純な事実だ。仕事をしている人なら誰もがわかっている話である。退職予定者に退職することを口止めすると、仕事や知識の引き継ぎに大きな支障が出る。さらには、他の人たちが退職者のしていた仕事に関して質問する機会が失われ、秘密主義のためにかえって士気に大きな悪影響が及ぶ。誰かが退職するという単純な事実を秘密にしていては、信頼の文化が育たない。他にどのようなことが自分に知らされていないのかを社員たちが勘ぐり始めるだろう。

繰り返しになるが、社員に退職という選択とその理由についてどれだけの透明性を認めるかは、組織の透明性に見合ったものになる。透明性を上げれば上げるほど組織に対する信頼が高まり、組織に対する信頼が高まれば透明性も上がる。自己都合で辞める場合と、解雇や退職勧奨によって辞める場合とでは、退職の処理のしかたに違いが出るのは確かだ。しかし、どんな情報をどのように伝えるかは、その組織が信頼と率直を尊ぶ文化なのか、そうではない文化なのかをはっきりと示す。

18.1.4.1 退職する理由

人が退職する理由を追跡すれば、組織の問題がありそうな分野に関する貴重な情報源になる。もちろん、辞めていく人たちが理由を正直に言える状態で、言う意思があるのが前提になる。残念ながら、組織が理由を理解することによっていちばん利益が得られるような状況は、理由を簡単に説明してもらえそうにない状況でもある。危険やハラスメントを感じ、その状況が解決しない場合、最後の面談の場でそのような状況を説明するのは危険だと思うだろう。あるいは、使えないプロセスを改善したり文化的な問題を修復したりといった努力を繰り返したのに前進が見られないような場合には、その問題を改めて説明しても無意味であり何も変わらないと思うだろう。

しかし、人が退職する理由としてよく見られるものはいくつかある。それらは個人的な理由ではなく、組織の文化全体の問題を反映しているので、検討すればそれなりの利益がある。

人の時間を大切にしない

オフィスで社員の時間を大切にしないだけでも十分にひどい。だが、勤務時間外に仕事をさせるのが当たり前になると、外部に興味関心や責任がある人たちは確実に去っていく。外部に関心事があり、仕事を忘れて休み、充電できる人は、仕事をするときには他の人よりも集中して生産的である場合が多い。それに、仕事以外の責任を持たない人を好む文化は、あっという間に異性愛の独身男性が集まる同質的な文化になってしまう。そもそも、企業は、緊急時やオンコールローテーションを除いては、社員に勤務時間外に仕事をさせることはもちろん、メールのチェックをさせることも期待してはいけない。もしそういったことを義務として要求するなら、あらかじめジョブディスクリプションに理由とともに明示し、少なくともそのような職に応募しようとしていることを理解してもらわなければいけない。それを怠れば、燃え尽きや退職者を生み出してしまう。

人を大切にしない

同僚、上司、組織から大事にされていないと感じる人は、他に選択肢があれば、その職に長い間しがみつきはしないだろう。人は職から離れるのではなく、上司から離れるのだとよく言われる。これは、単純な意見の違いや個人的な衝突のために辞めるのではなく、上司が自分を大切にせず、自分のことを信頼していないと感じたときに辞めるという意味であることが多い。ある仕事をするために採用されたのに、その仕事ができないくらい細かくマイクロマネジメントされれば、よそに行けば自分のスキルをもっと評価してくれるはずだと考えて当然だ。上司が自分を支援してくれないとか、キャリア開発を支持してくれないと思ったときにも、同じことが起きる。

信頼を返してくれない

どのような関係であっても、信頼は双方向でなければいけない。企業、特にスタートアップでは、社員に多くのことを求めることが多い。そのなかには、最初の合意よりも長い時間の労働だったり、企業のために重要だという理由で関心の湧かないプロジェクトの仕事をすることだったり、資金繰りが苦しいときの給与カットまでもが含まれるかもしれない。

> 特に社員が非主流派のグループに属する場合、これは個人的なリスクとなることがよくある。そして、リスクを求めるなら、信頼を求めるときと同じように、信頼を返さなければいけない。そのような信頼に見合う方向に企業が進んでいないとか、信頼に見合うほどの指導力を見せてもらっていないと感じる人は、信頼に見合うものを感じられる別の場所に移っていく。

退職者がこういった理由をはっきりと言ってこない場合もある。それでも、できることは複数ある。たとえば、特定の管理職のもとで働いている人が複数、あるいは頻繁に辞めているといったパターンを探すのもよいだろう。他にも、「正式に」要求されてもいないのに、多くの人が夜間や週末に勤務するのが当たり前になっているかどうかを調べる手もある。経験の浅い社員や自分の価値をもっと証明しなければいけないと思っている社員には、暗黙の期待が目に見えるくらいの効果を生むことを思い出してほしい。もしくは、経営陣や組織の方向性に大きな変化が起きているときや起きたあとに退職者が増えていることに気づくことはできるはずだ。これらは、本来あるべき姿よりもコミュニティがメンバーとうまくいっていない兆候かもしれない。

18.2 文化的負債

技術的負債とは、システム設計、ソフトウェアアーキテクチャー、ソフトウェア開発、技術の選択などの技術的な決定が最終的に生み出すもののことだ。一方で、文化的負債は、採用や解雇の決定、コミュニティの基準の制定や施行、組織の階層構造、価値観といった文化的な決定が最終的に生み出しているもののことである。

文化的負債にも技術的負債と同じことが当てはまる。つまり、いつか返済しなければいけないし、負債の原因となっている問題を長期に渡って手付かずにしていればいるほど、利息が蓄積して、将来負債から抜け出すことが難しくなる。文化的負債の例を挙げてみよう。

- 一緒に仕事をするのがとてつもなく難しいとか、続けざまにハラスメントを起こす、企業のイベントでいつも飲みすぎることで知られるエンジニアを採用してしまう。そして、他の社員が彼に辞めてくれとか問題行動を変えてくれと言うよりも、彼を避けたり自分が辞めてしまったりすることを選ばざるを得なくなる。

- 中間管理職の階層をたくさん作りすぎたために、不必要なプロセスができたり、サイクルタイムが延びたり、リストラや人員削減に取り組めなくなったりする。

- カンファレンスやコミュニティが行動規範がないとか強制されないということで有名になり、そのなかの少数派グループのメンバーにとって危険な場所として知られるようになる。それでも問題行動のある人がコミュニティ内で有名だからか、他の人の安全を犠牲にしてそういった人の参加が認められ続ける。さらにはそういう人が講演者として招かれる。

- メーリングリストのなかで差別的もしくは攻撃的な言葉が認められたり、さらにはかえって奨励されていたりして、新しいメンバーが入ってきたりコントリビューションしたりしにくくなる。

- いつも仕事をしていてすぐにつかまるという悪いサイクルを組織が作り出してしまい、他の人も仕事をしていてすぐに返事を返してくれることを期待して深夜にメールを送るようなことが平気で行われる。率先して仕事を減らそうとして、チームプレイヤーではないと見られるのは嫌だとみんなが思うようになっている。

組織の健全性について考えるとき、組織の全体的な力を向上させようと思うなら、技術的負債とともに文化的負債についても考えることが大切だ。

このような状況には、即効薬のように短期的に効果のある合理的な改善策はない。特に信頼や安全の問題があるときには、退職していく人たちにその本当の理由を言わせるようなことはできない。しかし、文化的な問題の兆候に目を光らせ、安全で開放的、非難がなく信頼が支配する文化を育てていくことはできる。

18.3 システムの健全性

企業や組織の健全性について考えるときに最初に頭に思い浮かぶのは財務的な健全性である。どれだけの収益と利益があるのか、毎年の成長率はどうなっているのか、マーケットシェアや顧客獲得はどうなっているかといったことだ。ときどき、採用率や退職率に注目する組織やチームも出てくる。だが、特に財務的に順調なときには、こういったメトリクスは軽く扱われることが多い。

しかし、本書で今まで説明してきたように、燃え尽きなどの問題は、チームや組織の士気や生産性に影響を与えるだけでなく、組織や業界を作り出す人たちの健康に影響を与えるものなので、真剣に考える必要がある。燃え尽きや健康に影響を与える個別の要因だけではなく、システム的な要因についても分析することが大切だ。個人と組織の幸福のためにプラスの変化を起こしたいと思う管理職も、健全でバランスの取れた方向にキャリアを進めていきたいと思う個人も、システムや組織の健全性にかかわる要素を見分けられなければいけない。

しかし、こういった情報、特に自分が今所属しているわけではない組織の情報は簡単に手に入らない。ストレス、燃え尽き、不安、その他健康に関わる心配事は、さまざまな理由で仕事に関わってくるので、みんな口にしたがらない。弱い人だとかチームプレイヤーになれないなどと思われたくない。プロフェッショナルなコンテキストのなかで個人的すぎることを持ち出したくない（実際には、両者は重なり合っていることが多いのだが）。自分たちの問題を他人に共有され、議論の対象にされたりしたくない。そういった理由のためだ。企業が将来社員になる人たちに対して企業を売り込む場である面接や採用のウェブページでは、退職率の高さ、燃え尽きに陥った社員数、その他文化の「ネガティブ」な側面について触れることはまずない。では、組織の実際の健全性を知るためにはどうすればよいだろうか。

18.3.1 病んだシステムの分析

2010年にブロガーで法医人類学、心理学の研究者でもあるIssendaiというペンネームの人物が、彼らの世界で「病んだシステム」と呼んでいるものについての記事を書いた。それは、個人的なものであれプロフェッショナルなものであれ、人間関係が機能不全であったり不健全であったりするのに、人がそこから抜け出せないような関係のことである。病んだシステムの4つの特徴または法則は次のとおりである（職場環境という文脈で示してある）。

人を忙しすぎてものごとを考えられない状態に置く

職場の人が忙しすぎてものごとを考えるのに時間を使えなくなると、自分の環境がいかにネガティブで不健全なものかを認識しにくくなる。これには、忙しすぎて互いに話ができない状態にすることとか、「時間のムダ」だからといって冷水機やコーヒーステーションで一服しづらくすること、外部の人と付き合いにくくすることも含まれる。最後のものは、「企業への忠誠心」といった理由によるものだが、技術的な問題の解決方法であれ、社会的な問題の解決方法であれ、社員が外を見ることを嫌う空気は悪い兆候である。

人をいつも疲れた状態にする

いつも忙しい状態に置くのとよく似ているが、人をいつも疲れた状態にしておくと、彼らはものごとの進め方をじっくりと考えることができなくなる。これは単に肉体的に疲れた状態だけではなく、精神的、感情的に疲れた状態にすることも含まれる。一日中システムの火消し作業に追われ、唯一のオンコール担当者として毎晩待機していなければいけない状況だと、作業の一部を自動化しようとかうまく機能していないプロセスを修正しようといったことに肉体的、感情的エネルギーを注ぎ込むことができない。ましてオンコールのやり方を根本的に変えようとか、他の仕事を探そうといったことに考えが及ばなくなる。私たちは本書全体を通じて、永続的な変化を起こすためには労力が必要であり、一晩でいきなり変えることはできないということを繰り返し言ってきた。つまり、改革を維持し新しい習慣を定着させるために必要なエネルギーが人になければ、状況は変わらない。仕事で疲れ果ててしまうと、人は燃え尽きやそれに近い状態になり、近い将来くらいでは何も変わらないと諦め（正しいかどうかわからないが）、モチベーションらしいモチベーションなしにただ給料をもらうために仕事をするだけになってしまう。このような状態で働く人が増えていくと、それが組織の慣性になって、組織全体が疲れきってしまう。

人を感情的に入れ込んだ状態にする

人は、感情的に入れ込んだ状態になればなるほど、何かに固着するようになる。自尊心がチーム、製品、組織全体の成功と密接に結び付いているときには、特にこれが激しくなる。初期段階のスタートアップでは、意図的に極端な忠誠心を育てようとすることがよくある。それは、製品や組織に対する情熱があれば、ワークライフバランス、人並みの報酬、本物の休暇制度などを考えたりしないはずだという圧力をかけているのだ。組織のなかでの調和や、所属集団に密接に結び付けた形でのアイデンティティを強調すると、人は感情的に入れ込んだ状態に追い込まれていく。社員のクローゼットが企業のロゴ入りのアイテムばかりになるくらいに次々に無料支給したり、朝食や夕食、ドライクリーニング、その他社員を職場に長時間縛り付けるための特典を与えたり、終業後の「自由参加」の社交イベントで意思決定を行い、そういったイベントに参加しない人がグループのことに口出ししにくくなるようにすれば、こういう状態に近づいていく。「金の手錠」、すなわち何年も働いてから得られるストックオプションなどの特典を用意して辞めにくくするのも、人を入れ込んだ状態に追い込む方法のひとつである。

間欠的に人の労をねぎらう

間欠的な報酬の魅力については、心理学で徹底的に研究されているテーマだ。よく知られているのはネズミを使った実験である。レバーを押すたびに餌をもらえるネズミは腹が減ったときにしかレバーを押さないが、レバーを押してもときどきしか餌をもらえないネズミは次にいつ食べられるかがわからないので、前のグループのネズミよりも頻繁にレバーを押す。人間の頭は、間違いなくネズミの頭よりもはるかに複雑にできているが、同じことが人間にも当てはまる。テレビゲームやギャンブルはこれを最大限に活用している。職場では、部下にフィードバックを与えるかどうかが一定しない管理職や、まったく不透明な昇給、昇進、ボーナスのシステムなどがこれに当たる。

病んだシステムは全体としてどのような感じになるのだろうか。人はいつも攻めではなく守りの態勢で、絶えず次の火消し作業に追われていて前進することも溜まった技術的負債を大きく返済することもできないでいる。そして、組織はそういう危機を餌にして生きているような感じになる。何しろ火消し作業が多いので、まれにやってくる短期的な繁忙期だけでなく、夜間や週末を含めていつもメールやチャットをチェックし、電話での連絡を受けて返答に追われている。趣味や興味関心がなく外部とのつながりもない忙しい社員、燃え尽きた社員、入れ込んだ社員が企業に溢れかえっている。

以上の例の一部は極端でわざとらしいと感じる場合もあるかもしれない。しかし、残念ながら、今日のIT業界のさまざまな部分でごく普通に見られる光景である。文化的な負債や病んだシステムの例をひとつも見聞きしたことがないという読者は、人が心配事を打ち明けられる安全な環境を全力で作るようにすべきだ。

18.3.2 健全なシステムの構築

人を病んだシステムに縛り付けるこのような特徴が見つかったということは、社員の利益を第一に考えていない組織で働いているということだ。そのときには、これらの特徴をひっくり返して、組織を健全なシステムに変身させる方法を考えよう。健全な組織の特徴は、次のようにまとめられるだろう。

じっくり考える時間を作る

健全なシステムは、単に人に考える時間を与えるだけでなく、考えることを積極的に奨励しなければいけない。たとえば、管理職にすべての部下と定期的に一対一で話し合うことを義務付けたり強く奨励したりする。内部に人が共同作業をしたり人間関係を深めたりするためのスペースを作る。思考やアイデアの共有のために正式なメンターシップ制度を設けたり非公式な社交の場を設けたりする。そういったものだ。問題に対する解決方法や共同作業のための方法を自由に考えられる雰囲気を作ろう。環境を非難なしにして、実験が認められ、実験を試みた人がスケープゴートにならないようにする。さらに、組織の誰もが重役と話をしたり質問をしたりできるオフィスアワーを開催するのもよい。コミュニケーションがトップダウンの一方通行ではなく双方向的になるようにすれば、さらにものを考えることを奨励できる。

休息や充電を奨励する

自分にどれくらいの仕事ができるかを現実的に考え、それ以上の仕事を引き受けないようにすることを奨励する。こういった改革はトップダウンで上が模範を示していかなければいけない。たとえば、上司やリーダーが言っていることが実際の行動と異なる場合、人はリーダーがしている行動の方を真似るものである。夜間の仕事は規則ではなく例外にする。夜間勤務が常態化してきた場合には、正常な勤務時間でこなせる以上の仕事を予定に入れなくなるようになるまで、積極的に計画プロセスを改良していくようにしよう。長期的にツールやプロセスを改善していくために、短期的に「通常の」仕事の時間が削られることになっても、技術的負債と文化的負債を返済する努力をしよう。攻めの仕事の時間がないからと言って、いつもつまらない守りの仕事ばかりさせないようにしよう。現場をよく知る人たちのソリューションを積極的に探り、耳を傾け、日常業務で彼らの利益になって組織の目標達成にも役立つ活動のために、権限、時間、リソースを与えるようにしよう。

仕事以外の活動への参加を奨励する

社員に休みを取らせ、守りではなく攻めの仕事をできるように後押しするのと同じように、健全なシステムは社員が仕事以外の興味関心、趣味、活動を持ち、それを育てていくことを奨励するものである。それは、社員がこういったことを通じて幸せで円満になり、仕事でも生産的になることがわかっているからだ。オフィスで過ごす時間の長さよりも仕事の品質を重視するようにしよう。社員に時間、感情的なエネルギー、そして特にアイデンティティを組織や製品にすべて注ぎ込むようなことを求めず、経験や関心に多様性が生まれるようにしよう。休暇取得の下限を設定して、オフィス以外で時間を過ごさせるようにしよう。このときも、管理職や役員が誰からもわかるようにオフィスから消えて連絡も絶つようにして、模範を示すことが大切だ。また、社員がストレス、心配、その他の精神衛生上の問題や燃え尽きに対処するために役立つリソースを確保しよう。

定期的に公平に人の労をねぎらう

自分の内部からのモチベーションが外部からのモチベーションよりもはるかに強力なのは確かだ。しかし、現実には、人は払わなければいけない借金や面倒を見なければいけない家族を抱えている。そして、人には、時間と労力を費やしただけの報酬をもらう権利がある。すべての管理職が同じ手続き、タイムフレーム、ガイドラインを使って給与査定をし、異なる上司のもとにいる人が昇給やボーナスで大きく異なる扱いを受けるようなことがないようにしなければいけない。また、全社共通で使う標準の給与テーブルを作り、定期的に社員全員が適切な等級に分類されるように査定する。無意識の偏見は実際にあることだ。たとえば、女性は交渉しないように育てられていることが多く、実際に給与交渉をすると、他とは異なる扱いを受ける可能性があることを忘れないようにしよう。また、リクルーターや採用担当の管理職がこういったことを利用して、少数派グループのメンバーの給与を大幅に下げて「節約」しないようにしなければいけない。どのようなものであれ、昇給やボーナスをめぐる規則を社員の推測に任せるのではなく、公開された形で明確に示せば、社員のストレスは下がる。

なかには、複数の仕事の口から自分にあったものを選ぼうとしていたり、現在の仕事を続けるかどうかを考えたりしている人もいるだろう。そのような人は、これら4つの特徴を見て、健全から不健全までのスペクトラムのどのあたりにその組織が位置しているか判断するようにしよう。どちら側であれ、極端な方向に振れている組織はあまりないはずだ。自分にとってどの部分がいちばん大切かを考え、それにもとづいて評価を下そう。

18.3.3 組織の健康と個人の健康

先ほど説明した病んだシステムほど不健全でなくても、組織やシステムの要素が個人の健康を害する場合がある。職場の多様性や開放性を検討すると、その重要な例がわかるはずだ。今日のほとんどすべてのIT企業のように、男性が支配している環境で働く女性は、ほとんどいつもストレスの生理学的な兆候を示していることが研究によって明らかになっている。これは、ハラスメント、無意識のうちの差別、その他の形の性的偏見がなくてもそうなる。

このストレスは、健康に対して長期間、顕著に影響を及ぼす場合もある。85%以上が男性という職場で女性が働くと（繰り返しになるが、ほとんどの技術部門は残念ながらそうだ）、コルチゾールの分泌異常が継続的に起きる。コルチゾールは長期的にも短期的にも時間の経過によって分泌量が変わるストレスホルモンだ。「唯一無二」あるいは「申し訳程度」しかいない女性たちの場合、コルチゾールの分泌レベルとパターンが通常の日々のストレスパターンよりもはるかに高くなる。時間とともに、女性の身体はこのような慢性的なストレス状態、「闘争・逃走反応」モードになれてしまい、そのような職場を離れて多様性を重視する職場に移っても、コルチゾールレベルが再調整されて正常に戻るまで何年もかかるのだ。

コルチゾールレベルが高くなると、肉体と精神の健康にとても悪い影響が及ぶことがある。免疫システムの弱体化、甲状腺機能の減退、骨、筋肉、結合組織の衰弱につながることもある。今までの研究は性別の違いだけを対象としてきたが、同じ属性を持つ人が自分だけ、あるいは数人しかいない「申し訳程度」な存在で、絶えずステレオタイプな脅威に立ち向かわなければいけない立場にある人たちは、同じようにストレスによる健康障害の危険に晒されているはずだ。有色人種やLGBTQの人は、ほとんど間違いなくこういった問題に対処しなければいけない。

組織内部のストレスや健康問題を悪化させるその他の要因としては、ワークライフバランスの欠如が挙げられる。研究によれば、プレッシャーが高くいつもスイッチが入った状態を強いられる環境では、性差別、人種差別、年長者差別、その他さまざまな形の偏見が増幅されるという。こういった組織は、社員がオフィスにいる時間の長さばかりを重視しているが、それが社員、特に仕事以外に世話しなければいけない相手を持つ女性や年長の社員にマイナスの影響を与える。

社員に慢性的に長時間労働をさせたがる環境には、当たり前とされている労働時間であれ、環境全体の開放性であれ、現状に疑問を持たない社員を好む傾向もある。こういった特徴は、長期的な生産性や健康にとってマイナスなだけでなく、マーク・ザッカーバーグによく似たフード付きパーカーを着ているエンジニアというステレオタイプに合わない人には、プレッシャーの高い長時間労働がさらにストレスを与えてしまう。

「devopsエンジニア」を雇えば、ふたりのエンジニアを抱えるコストをかけずに、2つの異なる職務のスキルを持ち、フルタイムの開発者にもフルタイムの運用エンジニアにもなれるひとりの人間を雇うことができると勘違いする組織はとても多い。これは正しくないし現実的でもない。仮に正しくても持続可能性がない。ひとりの人間を雇ってふたり分の仕事をさせようとすれば、長期的には仕事の質が下がり、燃え尽きを引き起こすだろう。しかも、人使いの荒い企業だという評判が立つことになる。

こういった問題は、目立たず、時間とともに悪化し、悪影響が大きくなり、外からも内からも見つけにくいという点でたちが悪い。病んだシステムでは、体験したことに対する認識や感覚を疑わせるガスライティングと呼ばれる心理的虐待が行われている。社員は自分たちが過剰反応していたり変な想像をしていたりするのではないかと勘違いさせられてしまうのだ。そのような状態では、環境がいかに病的かに気づくのは難しい。また、長時間のストレスとコルチゾールやその他のストレスホルモンの順化により、そのような環境を正常だと感じるようにもなってしまう。

18.3.4 健全な文化と不健全な文化の見分け方

事前に病んだシステム、不健全な作業環境かどうかを見分けるにはどうすればよいだろうか。あるいは、時間とともに環境が悪化している場合、どのようにしてそれに気づき、辞め時を判断したらよいだろうか。現在働いているところでも、面接で尋ねる質問でも、先ほど説明した「健全なシステム」の特徴に加えて、以下の項目に注意しよう。

どのようにして意思決定が下されるか

決定が与えるはずの影響の大きさの違いによって意思決定プロセスが異なるか、それともごく些細なことでも面倒な承認プロセスが必要とされているか。日常業務のなかで、エンジニアまたはその他の一般社員に意思決定の権限がどの程度与えられているか。経験の浅いチームメンバーに、学習プロセスの一環として自分で選択をして結果を引き受ける実験を認めているか。大きな決定では、影響を受けるすべての関係者の同意が必要とされているか。一部の人たちには他の人と同じプロセスが適用されていないように見えるか。意思決定の権限を持ち、組織で文化について多くのことを発言できる人は誰か。組織で改革を実現するのはどれくらい簡単か。

典型的なリリースサイクルはどうなっているか

自動テストがあるかどうかとか、どの程度の頻度でリリースが行われているかといった直接的な質問以外に、リリースサイクルについて質問する。そうすれば、第Ⅲ部で説明したサイクルタイム、リードタイムの詳細がわかる。よく言われるように「完璧を求めてかえって事態を悪化させてはいけない」。つまり、何らかの「完璧」の定義に到達させようとしたり、いつも「もうひとつ別のもの」を追加しようとしたりすると、よいものをタイムリーにリリースできなくなる。完璧にこだわりすぎているチームや組織は、遅すぎて顧客を獲得したり維持したりできなくなるだろう。もっとも、サイクルが遅くなりすぎる理由は他にもたくさんある。

チケットのライフサイクルはどうなっているか

チケットで処理できる程度の仕事をしなければならなくなったときに、誰がチケットを発行するか。チケットの担当者はどのように決まるか。チケットを発行した人が担当者を選ぶのか、該当するチーム、プロジェクトのメンバーが何らかのキューからチケットを取り出すのか、プロジェクトごとにチケットを受け取って担当者を決める人がひとりいるのか、これらが何らかの形で組み合わせられているのか。チケットの処理はどれくらい優先されているのか。その優先順位は、個人やプロジェクトの違いを越えてどの程度一貫したものになっているか。チケットの期限はどの程度守られているか。厳格な期限が決められている職場や期限がまったく決められていない職場は、仕事に優先順位付けができていない兆候なので注意しよう。

リスクはどの程度まで大きいとリスクになるのか

意思決定がどうなっているのかに注目するのと似ているが、リスクの処理の方法からも、組織やチームについての多くの手がかりが得られる。リスクを負って何かをする場合、どのような分野が多いか。それは、新しいツールや技術を使うリスクか、それとも新機能のアイデアを顧客が望んだり必要としたりしているかといったリスクか。他の人よりもリスクを負うことに関して自由が与えられている人がいるか。スタートアップなどで、CTOに対しては誰も抵抗したり疑問をぶつけたりできないことがある。そういうCTOはペットプロジェクトの一部として製品のかなりの部分を書き直すことが認められているのに、その他の人はプロセスや規則に従わなければいけないといったことはないか。どのような形であれ、他の全員と同じルールを守らなくてもかまわない「カウボーイ開発者」がいると、チームや組織にとって問題になる。

就職活動で内定をもらった企業を評価する場合でも、今いるところに残るかどうかを考える場合でも、システムの相対的な健全性は重要なポイントだ。他のすべての部分が等しければ、当然、健全なほうを選ぶだろうが、そのようにあらゆる要素で同程度になる組織は存在しない。しかも、外から（または面接から）文化の健全性を見分けるのはとても難しい。その組織で働いている人やつい最近まで働いていた人から率直な考えを聞けると、入社後の自分を予想する上で価値のある手がかりが得られるだろう。

18.4 まとめ

個人として他の個人や組織とどのようにやり取りするかは、組織の文化がどのように作られ維持されるかを大きく左右する。自分の仕事についてストーリーやナラティブを語ると、他の人にも同じナラティブを認め、共感を育てつながりを強化できる。

本章では、過去の技術や文化に関する決定から生まれた技術的負債と文化的負債についても取り上げた。どちらも比較的簡単に蓄積するが、できあがってしまうとそれをなくすのは難しい。また、あらゆる事象を危機として扱ったり、毎日一晩中メールに返信し続けたりといった悪習を絶つのも難しい。個人とそのストーリーは、所属する組織に大きな影響を与えるが、個人として最初に考えなければいけないのは、組織の健康ではなく自分の健康を守ることだ。

devopsジャーニーを続けていくなかで、ストーリーの共有がいかに有益かは頭に入れておくべき重要なことである。自分のストーリーが暗黙のうちに、あるいはあからさまに文化や価値観について語っていることに注意を払おう。また、他の個人やチーム、組織とどのような関係を結び、何を学んでいるか、技術的負債や文化的負債が組織やそのなかの人たちにどのような影響を与えているかについて語っていることにも注意しよう。

19章 まとめ

ついに本書の最後までやってきた。おめでとう。そしてここまで読んでくれてありがとう。私たちは本書でさまざまな個人や組織のストーリーを紹介しながら多くのことを語ってきた。変えたいことをすべて変える時間はないかもしれないし、本書で効果的なdevops文化として説明してきたもののなかには自分の現状とは関係のないものが含まれている場合もあるだろう。万能なソリューションはないことを思い出してほしい。大切なのは、あなた個人やあなたの周りの人たちにとっての問題を明らかにすることだ。つまり、今優先すべきいちばん切実な問題、あとで変えればよい問題、現在の自分たちにとっては問題ではないことを見分ける必要があるのだ。

私たちは、devopsを実践するための「唯一無二の正しい方法」、「全部入りのdevops」、devops-as-a-serviceといったものはないことを示してきた。また、個人のコラボレーション、チームや組織のアフィニティ、組織全体でのツールの使い方を改善するための考え方やアプローチ、組織がこれらの概念をもとに必要に応じて変化するための方法を説明してきた。読者は、製品の品質と社員の作業効率や幸福のすべてを向上させたい組織が、いろいろな方法でこれらの共通テーマを実現する方法を学んだはずだ。

これらの原則は、どのプログラミング言語を使っているか、インフラストラクチャーを管理するためにどのツールを使っているか、最新の光輝くコンテナ技術を使っているかどうかにかかわらず通用する。共通の目標の達成、共通の理解の浸透、健全で持続可能な価値観や習慣の発展のために効果的なdevopsの4本柱がどのように作用するかをしっかりと理解しよう。そうすれば、ひとつのツールや技術よりもはるかに長続きする文化を作る方向に向かっていける。どのように共同作業を進めていけばよいか、協調や協力の関係を修復し維持するためにどうすればよいかについて新たな理解を生み出したからこそ、devopsには大きな影響力があるのだ。

devopsは、ウェブ企業や小さなスタートアップだけのものではなく、開発と運用チームだけに当てはまるものでもない。devopsの4本柱にまとめられた原則とアイデアは、ソフトウェア開発を実践する上での大転換にとどまらず、組織のあらゆる部分に応用でき、大企業や政府の部局でも活用できる。これらの理論を実行に移す方法は無数にある。大切なのは、他の人たちのストーリーにのめり込みすぎて自分のまわりの環境を見失わないことだ。

あなたの組織の文化やdevopsジャーニーの状況がどのようなものであれ、最終目標は、毎日行うデプロイの回数を増やしたり、特定のオープンソースツールを使ったり、他の組織が成功を収めるために使ったプラクティスをただそれだけの理由で取り入れてみたりすることではない。このことは忘れないようにしよう。最終目標は、顧客のために問題を解決できる組織を作り維持することだ。業種や規模にかかわらず、時間を割いて、その目標を達成するために役立つ小さな目標や価値観、アイデアを考えよう。暗黙の価値観が確立してしまって変えられなくなるのを待っていてはいけない。

19.1 次のステップ

あなたが本書を読み始めたのは、自分の組織のなかで文化的、技術的に有効な変化を生み出すためのガイダンスや知見が得られればと思ったからだろう。では、次に何をすればよいだろうか。

20章の参考文献リストをチェックしよう。このリストには、私たちが役に立つとかおもしろいと思ったさまざまな書籍、記事、動画、本書で引用した参考文献、devopsなどの文化的な改革に関心のある人に役立つと思われる文章へのリンクが含まれている。

組織内、チーム内、あるいは自分自身の作業習慣のなかで、改善したい最大の問題を優先して改革に着手しよう。あなたの経歴や専門がどのようなものかにもよるが、変えたいと思うことがたくさんありすぎて、どこから始めたらよいかがわからないかもしれない。毎日の仕事のなかでいちばんイライラする部分は何か、自分や同僚がムダな時間とエネルギーをたくさん注ぎ込んでいる部分はどこか、自分の仕事のなかですぐに効果が現れる感じがする部分は何なのかを自問自答してみよう。

そのようにして考えたことをチームや組織に共有しよう。共通の部分を見つけ、協力し合って組織の改革を成功させよう。企業の重役ならもちろん、重要な改革を担おうという思いが強ければ、大きな影響力を示すことができるだろうし、示すことになるだろう。

個人でできること、チーム内のコラボレーションが必要なこと、組織レベルでの取り組みが必要なことをしっかりと分析しよう。このプロセスを通じて意識しなければいけないのは、自分自身が変化に対応できることだ。変化に対しては、少なくとも何らかの抵抗を感じるのが人間の性質というものだ。すべての変化が改悪にしか見えないという精神状態で時間を費やしすぎるようなら、抵抗の度合いが非生産的なレベルにまで悪化しているのだ。

効果的な成長や改革を阻む習慣や思考プロセスに目を光らせよう。いちばん痛みを感じる問題を優先させていくようにすれば、仕事で感じるイライラや不満がどこからやってくるのかがわかってくる。適切ではないツールやプロセスに加えて、身に付いた無力感、プレッシャー（自分が勝手に感じている期待も、他者の期待に応えようとして感じているプレッシャーも）、職務への固定観念などが前進を阻んでいることがわかるかもしれない。

組織で指導者の立場にある場合には、組織が前進するための文化をしっかりと確立する責任が加わる。devops共同体は共通理解次第であることを忘れないようにしよう。リーダーとして、「devops」の実践を成功させるというのはどういう意味なのかをはっきりさせて、組織内に共通理解を確立していかなければいけない。文化は、明示的であれ暗黙のうちにであれ、価値観を持っているということを忘れないようにしよう。明示的に表現された価値観であれば、根拠を推測したり、議論して変更したりするのもはるかに簡単になる。

トップレベルの支援が必要なのは事実だが、永続する改革はトップダウンの命令という形では生まれない。全社に影響を与える改革は、すべての組織の支持を必要とする。つまり、リーダーは、決定を下せなくならないようにしながら、個人の声を効果的に吸い上げる方法を見つけ出し、全体としての意見をまとめていく必要がある。これは、手厚い支援があって敵意が少ない環境、怖がらずに質問でき、新しいことを試すことができ、うまくいっていないものを指摘できる環境を作るということでもある。

そして、新しい視点を獲得しながら、チームや組織の改革の過程を評価し直すために、必要なときに本書の関連する章を読み直すようにしてほしい。半年から1年かけて全体を読み直してもよいだろう。

19.2　効果的なdevopsを生み出すために

devopsは、箇条書きリストの項目のひとつではない。組織内で特定の改革を優先し、それを達成するのはよいが、devopsには本当の意味での**終わり**はない。継続的で反復的なプロセスである。共通理解をずっと維持しながら、絶えず刷新していかなければいけない。そうでなければ、長い間共有され続けることはないだろう。

devopsは、チームを作ったり名前を変えたり、肩書に「devops」の文字を入れたり、最新のクラウド上のコンテナプラットフォームを購入するだけで達成できるものでもない。devops一式を買ってきてインストールすることはできない。しかし、特定のツールや技術がなくても（あるいは排除しなくても）、devopsは実践できる。devopsは開発や運用チームだけの問題ではなく、エンジニアだけの問題でもない。誰か他の人に責任を押し付ければ達成できるものではないのだ。

devopsとは、理解、共感、絆である。devopsが持つさまざまな側面のなかの一部とか、本書のさまざまな章のなかのどれかを優先して重点的に取り組むことはできるが、devopsの本当の強みは、4本柱の相互作用から生まれる。これら4本柱が結び付くと、持続可能な職場習慣と洗練された人間関係を持つ文化の基礎が形成され、強化される。

devopsとは、組織のすべてのメンバーが全体にとって価値のあることをコントリビューションするのを奨励することだ。オーケストラと同じように、そのためには練習、コミュニケーション、協調や協力が必要であり、数人の「ロックスター」をアイドル化するようなことがあってはいけない。

devopsとは、継続的な変化のプロセスに参加することへの誘いであり、組織内のすべてのチームにやってくる勝利への感謝であり、虐待行為の明確な拒絶である。ガーデニングと同じで、組織を持続的に成長させ、ビジネスを成功に導くためには、肥料をやり、水をやり、雑草を抜く日常的な作業を続けなければいけない。切り花のブーケを買ってもガーデニングにはならないように、単純に「devopsソリューション」と称するツールを買ってきてもdevopsにはならない。devopsを本当に効果のあるものにするのは、文化を構築して維持するための継続的な作業である。

効果的なdevopsの4本柱の共通理解を維持していければ、私たちは自分の組織や業界自体を今までよりも生産的、持続可能で価値のある存在にしていくことができる。私たちがコミュニティとしてともに成長し、学習していくために、私たちのウェブサイト（https://effectivedevops.net/）であなたのストーリーをぜひ公開してほしい。改革の狼煙を上げよう。

20章 さらに深く学習するために

20.1 devopsとは何か

- Apache HTTP Server Project. "About The Apache HTTP Server Project――The Apache HTTP Server Project." https://httpd.apache.org/ABOUT_APACHE.html.
- ComputerHistory. "Jean Bartik and the ENIAC Women." Posted November 10, 2010. http://bit.ly/bartik-eniac.
- Dekker, Sidney. *The Field Guide to Understanding Human Error.* Farnham, UK: Ashgate Publishing, 2006.
  『ヒューマンエラーを理解する―実務者のためのフィールドガイド』シドニー・デッカー（著）、小松原明哲、十亀洋（翻訳）、海文堂出版
- Dekker, Sidney, and Erik Hollnagel. "Human Factors and Folk Models." *Cognition, Technology & Work* 6, no. 2 (2004): 79–86.
- ENIAC Programmers Project. "ENIAC Programmers Project." http://eniacprogrammers.org.
- Humble, Jez. "Continuous Delivery vs Continuous Deployment." http://continuousdelivery.com/2010/08/continuous-delivery-vs-continuous-deployment.
- Humble, Jez, and Farley, David. *Continuous Delivery.* Upper Saddle River, NJ: Addison-Wesley, 2010.
  『継続的デリバリー 信頼できるソフトウェアリリースのためのビルド・テスト・デプロイメントの自動化』デイビッド・ファーレイ、ジェズ・ハンブル（著）、和智右桂、高木正弘（翻訳）、KADOKAWA/アスキー・メディアワークス

- Poppendieck, Mary, and Thomas David Poppendieck. *Implementing Lean Software Development*. Upper Saddle River, NJ: Addison-Wesley, 2007.
  『リーン開発の本質』メアリー・ポッペンディーク、トム・ポッペンディーク（著）、高嶋優子、天野勝、平鍋健児（翻訳）、日経BP社
- Walls, Mandi. *Building a DevOps Culture*. Sebastopol, CA: O'Reilly Media, 2013.

20.2 コラボレーション：ともに仕事をする個人たち

- Friedman, Ron. "Schedule a 15-Minute Break Before You Burn Out." *Harvard Business Review*. August 4, 2014. https://hbr.org/2014/08/schedule-a-15-minute-break-before-you-burn-out.
- Greaves, Karen, and Samantha Laing. *Collaboration Games from the Growing Agile Toolbox*. Victoria, BC: Leanpub/Growing Agile, 2014.
- Gulati, Ranjay, Franz Wohlgezogen, and Pavel Zhelyazkov. "The Two Facets of Collaboration: Cooperation and Coordination in Strategic Alliances." *The Academy of Management Annals* 6, no. 1 (2012): 531–583.
- Heffernan, Margaret. "Why It's Time to Forget the Pecking Order at Work." TEDWomen 2015, May 2015. http://bit.ly/heffernan-pecking.
- Hewlett, Sylvia Ann. "Sponsors Seen as Crucial for Women's Career Advancement." *New York Times*, April 13, 2013. http://bit.ly/nyt-sponsorship.
- O'Daniel, Michelle, and Alan H. Rosenstein. "Professional Communication and Team Collaboration." In *Patient Safety and Quality: An Evidence-Based Handbook for Nurses*, edited by Ronda G. Hughes. Rockville, MD: Agency for Healthcare Research and Quality, US Department of Health and Human Services, 2008. http://bit.ly/comm-collab.
- Popova, Maria. "Fixed vs. Growth: The Two Basic Mindsets That Shape Our Lives." BrainPickings.com, January 29, 2014. http://bit.ly/fixed-vs-growth.
- Preece, Jennifer. "Etiquette, Empathy and Trust in Communities of Practice: Stepping-Stones to Social Capital." *Journal of Computer Science* 10, no. 3 (2004).
- Schawbel, Dan. "Sylvia Ann Hewlett: Find a Sponsor Instead of a Mentor." Forbes.com, September 10, 2013. http://bit.ly/hewlett-sponsor.
- Silverman, Rachel Emma. "Yearly Reviews? Try Weekly." *Wall Street Journal*, September 6, 2011. http://bit.ly/wsj-reviews.
- Stone, Douglas, and Sheila Heen. *Thanks for the Feedback*. New York: Viking, 2014.

20.3 アフィニティ：個人からチームへ

- Fowler, Chad. "Your Most Important Skill: Empathy." ChadFowler.com, January 19, 2014. http://bit.ly/fowler-empathy.
- Granovetter, Mark S. "The Strength of Weak Ties." *American Journal of Sociology* 78, no. 6 (May 1973).
- Herting, Stephen R. "Trust Correlated with Innovation Adoption in Hospital Organizations." Paper presented for the American Society for Public Administration, National Conference, Phoenix, Arizona, March 8, 2002.
- Hewstone, Miles, Mark Rubin, and Hazel Willis. "Intergroup Bias." *Annual Review of Psychology* 53 (2002).
- Hunt, Vivian, Dennis Layton, and Sara Prince. "Why Diversity Matters." McKinsey.com, January 2015. http://bit.ly/mckinsey-diversity.
- Kohtamäki, Marko, Tauno Kekäle, and Riitta Viitala. "Trust and Innovation: From Spin-Off Idea to Stock Exchange." Creativity and Innovation Management 13, no. 2 (June 2004).
- Mind Tools Editorial Team. "The Greiner Curve: Understanding the Crises That Come with Growth." MindTools.com, N.d. http://bit.ly/greiner-curve.
- Schwartz, Katrina. "How Do You Teach Empathy? Harvard Pilots Game Simulation." KQED.org, May 9, 2013. http://bit.ly/teach-empathy.
- Sussna, Jeff. "Empathy: The Essence of Devops." Ingineering.IT, January 11, 2014. http://bit.ly/sussna-empathy.

20.4 ツール：文化を加速させるもの

- Allspaw, John. "A Mature Role for Automation: Part 1." KitchenSoap.com, September 21, 2012. http://bit.ly/allspaw-automation.
- Caum, Carl. "Continuous Delivery vs. Continuous Deployment: What's the Diff?" Puppet blog, August 30, 2013. http://bit.ly/cd-vs-cd.
- Coutinho, Rodrigo. "In Support of DevOps: Kanban vs. Scrum." DevOps.com, July 29, 2014. http://bit.ly/kanban-v-scrum.
- Cowie, Jon. *Customizing Chef*. Sebastopol, CA: O'Reilly Media, 2014.
- Dixon, Jason. *Monitoring with Graphite*. Sebastopol, CA.: O'Reilly Media, 2015.

- Forsgren, Nicole, and Jez Humble. "The Role of Continuous Delivery in IT and Organizational Performance." In the Proceedings of the Western Decision Sciences Institute (WDSI), Las Vegas, Nevada, October 27, 2015.
- Friedman, Ron. "Schedule a 15-Minute Break Before You Burn Out." *Harvard Business Review*. August 4, 2014. http://bit.ly/hbr-breaks.
- Humble, Jez. "Deployment pipeline anti-patterns." http://bit.ly/humble-anti-patterns.
- Kim, Gene. Kanbans and DevOps: Resource Guide for *The Phoenix Project* (Part 2)." IT Revolution Press, N.d. http://bit.ly/kanbans-devops.
- Konnikova, Maria. "The Open-Office Trap." The New Yorker, January 7, 2014. http://bit.ly/open-office-trap.
- Ōno, Taiichi. *Toyota Production System*. Cambridge, MA: Productivity Press, 1988. 『トヨタ生産方式—脱規模の経営をめざして』大野耐一（著）、ダイヤモンド社
- Rembetsy, Michael, and Patrick McDonnell. "Continuously Deploying Culture." Etsy presentation at Velocity London 2012. http://vimeo.com/51310058.

20.5 スケーリング：変曲点

- Clark, William. "Explores Motivation Research——A Boss' Tool." *Chicago Tribune*, August 4, 1959.
- Cole, Jonathan R., and Stephen Cole. "The Ortega Hypothesis." *Science* 178, no. 4059 (1972): 368–375.
- Theory of Mind Predicts Collective Intelligence Equally Well Online and Face-to-Face." *PLoS ONE* 9, no. 12 (2014).
- Grant, Adam M. *Give and Take*. New York: Viking, 2013.
- Griswold, Alison. "Here's Why Eliminating Titles and Managers at Zappos Probably Won't Work." *Business Insider*, January 6, 2014. http://bit.ly/holacracy-unlikely.
- Hackman J. R. "The Design of Work Teams." In *The Handbook of Organizational Behavior*, edited by Jay W. Lorsch. Englewood Cliffs, NJ: Prentice-Hall, 1987.
- Hackman, J. Richard, and Greg R. Oldham. "Motivation Through the Design of Work: Test of a Theory." *Organizational Behavior and Human Performance* 16, no. 2 (1976): 250–279.

- Kurtz, Cynthia F., and David J. Snowden. "Bramble Bushes in a Thicket: Narrative and the Intangibles of Learning Networks." In *Strategic Networks: Learning to Compete*, edited by Michael Gibbert and Thomas Durand. Malden, MA: Blackwell, 2007.
- Mickman, Heather, and Ross Clanton. "DevOps at Target." Posted on October 29, 2014. http://bit.ly/devops-target.
- Puppet. "2015 State of DevOps Report." http://bit.ly/2015-state-of-devops.
- Rose, Katie. "Performance Assessment with Impact." devopsdays Silicon Valley 2015. Posted on November 13, 2015. http://bit.ly/rose-perf-assess.
- Shannon-Solomon, Rachel. "Devops Is Great for Startups, but for Enterprises It Won't Work——Yet." *Wall Street Journal*, May 13, 2014. http://bit.ly/wsj-devops-enterprise.
- Tanizaki, Jun'ichirō. *In Praise Of Shadows*. New Haven, CT: Leete's Island Books, 1977. 『陰翳礼讃』谷崎潤一郎（著）、中公文庫

20.6 devops文化への架け橋

- Fox, Martha Lane. "Directgov 2010 and Beyond: Revolution not Evolution." GOV.UK, November 23, 2010. http://bit.ly/fox-directgov-2010.
- Gillespie, Nicole A., and Leon Mann. "Transformational Leadership and Shared Values: The Building Blocks of Trust." *Journal of Managerial Psychology* 19, no. 6 (2004).
- Indiana University. "Women in Mostly Male Workplaces Exhibit Psychological Stress Response." EurekAlert, August 24, 2015. http://bit.ly/women-male-workplace.
- Reed, J. Paul. *DevOps in Practice*. Sebastopol, CA: O'Reilly Media, 2013.

20.7 お薦めのカンファレンスとミートアップ

- !!Con（http://bangbangcon.com）
- AlterConf（http://www.alterconf.com）
- Berlin Buzzwords（https://berlinbuzzwords.de）
- CoffeeOps（http://www.coffeeops.org）
- CSSconf EU（http://www.cssconf.eu）
- devopsdays（http://www.devopsdays.org）
- Infracoders（http://infrastructurecoders.com）

- JSConf EU（http://www.jsconf.eu）
- Open Source and Feelings（http://osfeels.com）
- Open Source Bridge（http://opensourcebridge.org）
- Monitorama（http://monitorama.com）
- SassConf（http://sassconf.com）
- Strange Loop（http://www.thestrangeloop.com）
- Velocity（http://conferences.oreilly.com/velocity）
- XoXo（http://www.xoxofest.com）

20.8 お薦めのPodcast

- Arrested DevOps（https://www.arresteddevops.com）
- DevOps Cafe Podcast with John Willis and Damon Edwards（http://devopscafe.org）
- Food Fight Show（http://foodfightshow.org）

索 引

数字

A

B

C

D

E

さ行

た行

な行

は行

ま行

や行

ら行

わ行

● 著者紹介

Jennifer Davis（ジェニファー・デイビス）

DevOpsDays（http://www.devopsdays.org/）の世界的なオーガナイザーであり、DevOpsDays Silicon Valleyのローカルオーガナイザー、CoffeeOps（http://www.coffeeops.org/）の創設者である。サンフランシスコ地域で複数のコミュニティミーティングを支援している。Chefでは、インフラストラクチャーの構築や管理を単純化するChefクックブックを開発している。また、複数のカンファレンスでdevops、IT文化、モニタリング、自動化について講演をしている。仕事以外の時間には、ベイエリアでのハイキングやものづくりの稽古を楽しみ、パートナーのBrian、犬のジョージと素晴らしい時間を過ごしている。

Ryn Daniels（リン・ダニエルズ）

Etsyの上級運用エンジニアである。自動化と運用が好きだというところから出発して、モニタリング、構成管理、運用ツールの開発のスペシャリストとなった。Velocity、DevOpsDays、Monitoramaなどのさまざまなカンファレンスでインフラストラクチャーの自動化、モニタリングソリューションのスケーリング、この業界の文化的改革について講演をしている。DevOpsDays NYCの共同オーガナイザーのひとりであり、Ladies Who Linux New Yorkの運営を手伝っている。Brooklynで猫たちと暮らしており、余暇にはチェロの演奏、ロッククライミング、ビールの醸造を楽しむ。

● 監訳者紹介

吉羽 龍太郎（よしば りゅうたろう）

株式会社アトラクタ取締役最高技術責任者 / アジャイルコーチ。アジャイル開発、DevOps、クラウドコンピューティング、組織改革を中心としたコンサルティングやトレーニングを提供。野村総合研究所、Amazon Web Servicesなどを経て現職。認定スクラムプロフェショナル（CSP）/ 認定スクラムマスター（CSM）/ 認定スクラムプロダクトオーナー（CSPO）。Microsoft MVP for Azure。著書に『Amazon Web Services企業導入ガイド』（マイナビ）、『SCRUM BOOT CAMP THE BOOK』（翔泳社）、『サーバ／インフラエンジニア養成読本DevOps編』『Chef実践入門』（技術評論社）、『CakePHPで学ぶ継続的インテグレーション』（インプレス）、訳書に『変革の軌跡』（技術評論社）、『ジョイ・インク』(翔泳社)、『カンバン仕事術』（オライリー・ジャパン）、『Software in 30 Days』（アスキー・メディアワークス）など。

Twitter：@ryuzee（https://twitter.com/ryuzee）

ブログ：http://www.ryuzee.com/

● 訳者紹介

長尾 高弘（ながお たかひろ）

1960年千葉県生まれ。東京大学教育学部卒、株式会社ロングテール（http://www.longtail.co.jp/）社長。訳書に『詳解 システム・パフォーマンス』『プロダクションレディマイクロサービス』『Infrastructure as Code』（以上、オライリー・ジャパン）、『The DevOpsハンドブック』『The DevOps逆転だ！究極の継続的デリバリー』（以上、日経BP社）、『Scalaスケーラブルプログラミング第3版』（インプレス）、『The Art of Computer Programming Third Edition日本語版』（ドワンゴ）、『Rによる機械学習』（翔泳社）など、百冊以上。『縁起でもない』『頭の名前』（以上、書肆山田）などの詩集もある。

● 表紙の説明

表紙の動物は野生のヤク（Bos mutus）。圧倒的な容貌と友好的な性格をもつウシ科の動物であるヤクはチベット高原北西の山間部に生息している。

野生のヤクは体高が高く、こぶのある背、地面まで垂れ下がった毛むくじゃらの毛が特徴で、アメリカンバイソン、アメリカンバッファローや家畜牛などを含むウシ科の中で最も大きな種である。オスは肩までの高さが 1.5 ～ 2 メートル、重さはおよそ 1 トンあり、メスはその 1/3 ほどの大きさである。

ヤクは肺が大きく、赤血球が多く、厚い毛におおわれているため、高所で暮らすのに適している。山登りが得意で、氷で覆われた岩の多い地形を、先が割れたひづめと強い脚力で進み、頭の両側からはえている曲がった角で雪をかき分けて餌をとる。逆に高温には弱く、熱を避けるために季節ごとに移動する。

野生のヤクは草木やコケなどをエサとしており、群れを作って暮らす平和的な草食動物である。100 頭ほどで牧草地に暮らし、10 頭ほどのグループで移動する。

世界中で 1,200 万頭を超えるが、そのほとんどが家畜として飼われている小さなヤクである。野生は減少傾向にあり、30 年間でおおよそ 30% 減っている。主な原因は密猟だが、家畜用のヤクとの異種交配も減少の要因と言われている。野生のヤクの寿命は 23 年ほどである。

Effective DevOps
——4本柱による持続可能な組織文化の育て方

2018年3月23日　初版第1刷発行

著　　者　Jennifer Davis（ジェニファー・デイビス）、Ryn Daniels（リン・ダニエルズ）
監 訳 者　吉羽 龍太郎（よしば りゅうたろう）
訳　　者　長尾 高弘（ながお たかひろ）
発 行 人　ティム・オライリー
印刷・製本　日経印刷株式会社
発 行 所　株式会社オライリー・ジャパン
〒160-0002　東京都新宿区四谷坂町12番22号
Tel　(03)3356-5227
Fax　(03)3356-5263
電子メール　japan@oreilly.co.jp
発 売 元　株式会社オーム社
〒101-8460　東京都千代田区神田錦町3-1
Tel　(03)3233-0641（代表）
Fax　(03)3233-3440

Printed in Japan（ISBN978-4-87311-835-2）
乱丁、落丁の際はお取り替えいたします。